高压电气设备局部放电检测传感器

唐　炬　张晓星　肖　淞　著

科　学　出　版　社

北　京

内 容 简 介

电气设备的局部放电既是加速绝缘劣化的主要因素，又是有效表征绝缘缺陷的重要参量，对局部放电进行准确监测(检测)，可以及时发现危及设备安全的潜在绝缘故障，实现对电气设备绝缘的在线监测与故障诊断及状态评估，具有重要的理论和工程实用价值。本书紧密围绕电气设备局部放电的特点、用于局部放电检测的各类传感器的工作原理、性能提升与评估以及传感器在各类电气设备局部放电监测中的应用，从局部放电信号的电测法、非电测法、气体分解组分法和传感技术应用等方面展开系统全面的论述，为电气设备局部放电监测提供理论和技术方面的指导。

本书适合从事电气设备设计、制造和运行维护等工作的人员阅读和参考，也可作为高等院校相关专业的研究生和高年级本科生的参考书。

图书在版编目(CIP)数据

高压电气设备局部放电检测传感器 / 唐炬，张晓星，肖淞著．—北京：科学出版社，2017．5

ISBN 978-7-03-052575-8

Ⅰ．①高…　Ⅱ．①唐…　②张…③肖…　Ⅲ．①高压电气设备-局部放电-检测　Ⅳ．①TM7

中国版本图书馆 CIP 数据核字(2017)第 084294 号

责任编辑：张海娜　王　苏 / 责任校对：桂伟利

责任印制：赵　博 / 封面设计：蓝正设计

科学出版社 出版

北京东黄城根北街 16 号

邮政编码：100717

http://www.sciencep.com

北京中石油彩色印刷有限责任公司印刷

科学出版社发行　各地新华书店经销

*

2017 年 5 月第　一　版　　开本：720×1000　1/16

2025 年 4 月第六次印刷　　印张：22 3/4

字数：450 000

定价：198.00 元

(如有印装质量问题，我社负责调换)

前　言

安全、可靠、优质和经济供电是现代大电网的基本要求，其中安全和可靠尤为重要，不仅关系国民经济发展，而且直接影响人民生活乃至社会公共安全。一旦电网发生大面积停电事故，造成的经济和社会损失不可估量。构成电力系统的主体是输变电一次设备，它们承担着电网运行各个环节的重要任务，其安全可靠运行是直接保障电网供电可靠性的基石。目前，对于国内外电网大停电事故的原因和电网中存在的主要问题，国内外更多地强调问题出在电网运行本身上，而对电气设备自身故障引发的电网事故不够重视。事实上，电气设备安全是电网安全的第一道防线。

大型输变电一次设备在设计、制造、运输、安装、调试和运行过程中，其内部会不可避免地存在金属遗留物(毛刺)、绝缘子气隙、金属微粒、绝缘子表面污染、接触不良或磁短路等典型绝缘缺陷，这些缺陷在运行电压下会产生局部放电(partial discharge，PD)。PD有“绝缘肿瘤”之称，它会进一步损伤绝缘材料，而绝缘材料的损伤又会加重PD的发展，从而形成恶性循环，最终可能导致设备绝缘能力完全丧失。因此，PD既是加速绝缘劣化最主要的原因，又是表征绝缘状态最有效的特征量。对PD进行准确监测(检测)，可以及时发现危及设备安全的潜在绝缘故障，实现对电气设备绝缘的在线监测与故障诊断及状态评估，为电气设备的检修提供参考依据，及时预防和阻止严重电网事故的发生。

PD检测技术的发展受到电力系统、电气设备制造商等相关领域的广泛关注。国际电工委员会(International Electrotechnical Commisson，IEC)和我国相关研究机构都在PD的测量原理和方法等方面作了具体规定，并制定了一系列标准。目前，随着数字化技术和传感器技术的迅猛发展，电气设备的PD检测技术也有了较快的发展。

本书以用于电气设备PD检测的传感器为主要研究对象，对各类PD检测方法所采用的传感器的性能要求、原理及性能提升、与不同电气设备的适应性和评价标准进行了深入分析和探讨。全书共12章：第1章综述大型电力变压器、气体绝缘装备和电力电缆等主要电气设备内部常见绝缘故障及PD检测方法；第2章详细介绍PD检测传感器的基本参数、环境参数和可靠性等各项指标；第3章着重介绍PD脉冲电流法原理，并对不同类型的脉冲电流传感器及其评价标准进行深入探讨；第4章首先介绍特高频传感器的表征参数，然后介绍适应于不同电气设备PD检测的多类特高频传感器，并提出其评价标准；第5章着重分析PD产生超声波的机理及其传播规律，介绍常用的超声传感器及评价标准；第6章介绍不同介质中

PD的光谱特性，对紫外、光纤和红外等光测技术及评价标准进行探讨；第7章对检测PD特征分解组分的电化学气敏传感器及评价标准进行详细介绍；第8章对检测PD特征分解组分的纳米传感器的掺杂、制备和表征等进行研究和阐述，并提出其评价标准；第9章介绍PD特征分解组分的光谱检测方法及传感器的性能参数；第10章介绍不同检测手段在电力变压器PD检测中的应用；第11章介绍不同检测手段在气体绝缘设备PD检测中的应用；第12章着重围绕电力电缆介绍不同的PD检测手段的应用。唐炬负责撰写第1～3章、第5～7章，并负责全书统稿和各章的修改及审定；张晓星负责撰写第4、8、9章，并协助统稿和出版过程中的相关工作；肖淞负责撰写第10～12章；曾福平协助完成第5、6章；潘成协助完成第1、12章；杨东博士负责全书图形和曲线的绘制。

本书是作者及其研究团队近20年对电气设备局部放电检测（监测）中的放电机理及传播特性、传感器技术、特征提取、故障辨识及评估等关键科学与技术问题系统研究后取得初步成果的总结。在研究过程中，得到了国家重点基础研究发展计划（973计划）项目“防御输变电装备故障导致电网停电事故的基础研究”（2009CB724500）和“电气设备内绝缘故障机理与特征信息提取及安全评估的基础研究”（2006CB708411），国家自然科学基金面上项目“组合电器中混合绝缘缺陷局部放电机理及模式识别研究”（50377045）、“用复小波（包）提取GIS复杂电场中局部放电信号研究”（50577069）、“GIS缺陷诱发突发性故障与绝缘状况评判的基础研究”（50777070）、“超高频局部放电源信号畸变校正及重积分定量标定的基础研究”（50977095）和“流动状态下工程纯油绝缘介质的放电特性与击穿机理及影响因素研究”（51377181），以及重庆大学输配电装备与系统安全及新技术国家重点实验室自主研究经费等的持续资助。研究团队的魏刚、曹政钦、张永泽、桂银钢、肖晗艳和凌超等博士以及孟凡生、陈秦川、代自强、喻蕾、吴晓晴、李新、程政和张戬等硕士在课题研究中付出了大量的精力；在成果试用、开发和推广应用过程中得到了重庆、广东、新疆、江苏、山东、海南和贵州等省、市、自治区电力公司及有关专家、技术人员的大力支持和资助。同时，在本书的撰写过程中，南方电网科学研究院的李立浧院士、哈尔滨理工大学的雷清泉院士、华中科技大学的程时杰院士等提出了很多宝贵的建议，并给予了热情的支持和帮助，在此表示诚挚的感谢！同时，本书还引用了国内外同行在本领域研究所取得的初步成果，也一并表示谢意！

在电网建设高速发展的今天，希望本书的出版能为广大读者以及电力行业的工作者提供一些技术上的帮助。

由于作者水平有限，加之电气设备的PD检测技术正在迅速发展，本书疏漏之处在所难免，敬请广大读者批评指正。

作　者

2017年2月

目　录

第1章　绪　　论

在整个电力系统中，输变电一次设备担负着从发电、输电、变电、配电和用电的全部工作任务，其性能、功用及运行状态将直接影响电力系统的安全与稳定运行。气体绝缘组合电器(gas insulated switchgear，GIS)和大型电力变压器等是输变电一次设备最重要的电气设备，其内部存在的各种潜伏性缺陷，在运行电压下会产生不同程度和形式的局部放电(partial discharge，PD)，PD产生的强电磁陡脉冲和局部过热会不同程度地加速绝缘材料的损伤，使其绝缘性能逐步下降，绝缘材料的损伤又加重产生PD，从而进一步加快绝缘材料的劣化，以致形成恶性循环，导致绝缘击穿性损坏，最终可能因设备故障而引发电网大面积停电的严重事故。

本书以GIS和大型电力变压器的绝缘检测(监测)为主要研究对象，详细介绍检测电气设备PD的各类传感器及其检测方法。本章在介绍两种电气设备结构特点的基础上，分析其内部PD的危害、产生及发展过程，并依据其内部结构的特点及绝缘介质的特性归纳相应的PD检测方法，最后总结与各种检测方法对应的传感器在PD检测中的应用。

1.1　气体绝缘组合电器结构

1.1.1　气体绝缘组合电器的总体结构

GIS是20世纪60年代中期才出现的一种新型电器装置，它是把变电所里各种电气设备除变压器外全部组合装配在一个封闭的金属外壳里，常充以0.4～0.5MPa的SF_6气体，以实现导体对外壳、相间以及断口间的可靠绝缘[1]。GIS是由若干相互直接联结在一起的单独元件，如母线、断路器、隔离开关、接地开关、避雷器、互感器等构成。GIS与传统敞开式高压配电装置相比，具有占地面积小、结构非常紧凑、安装快、不受外界环境的影响(如污染等)、运行可靠性高、检修周期长和安装方便等优点[1,2]，因此，GIS设备自问世以来，受到使用者的青睐。

随着城市建设规模的不断扩大和现代化发展，建设敞开式的变电站已变得更加困难。由于GIS结构非常紧凑，整个装置的占地空间大为缩小，其占地面积可小到户外变电站的30%[3]，且随着电压的升高，占地显著减小。近年来，在国内大城市主城区，特别是在城市高密度建筑群中，新建的变电站基本上都采用GIS设备，可以大大缓解城市建设用地的紧张，为此，GIS设备被越来越广泛地应用于高压、超高压以及特高压输变电系统中，已成为新建变电站的主要设备之一。

GIS 可以按照多种方式分类，如安装场所、结构形式、绝缘介质及主接线等方式。

按照安装场所，可分为户外型和户内型。这两种类型结构基本相同，只是户外型需要附加防气候措施，以适应户外环境；而户内型的运行环境较为稳定。

按照结构形式，可分为圆筒形和矩形。圆筒形 GIS 依据主回路配置方式的不同，又可分为单相壳形、部分三相一壳型、全三相一壳型、复合三相一壳型等。

按照绝缘介质，可分为全 SF_6 气体绝缘型和部分 SF_6 气体绝缘型两种。

按照主接线图，可分为单母线、双母线、单(双)母线分段、桥形接线、3/2 断路器接线[4]。

依据当前 GIS 的制造成本和技术水平，一般情况下，110kV 及以下电压等级的 GIS 设备大都采用三相共箱结构，500kV 及以上电压等级的 GIS 设备大都采用单相单箱结构。因此，实际应用中，需要根据电压等级高低以及 GIS 变电站规模大小，合理选择 GIS 设备结构及其间隔数量。特高压 1000kV 兰江站室外 GIS 现场布置示意如图 1.1 所示。

图 1.1　特高压 1000kV 兰江站室外 GIS 设备

GIS 设备的基本元件包括断路器、隔离开关、接地开关、互感器、避雷器、套管、母线及密度监视装置等。

1. 断路器

断路器是 GIS 设备的核心元件，主要是由灭弧室和操动机械结构组成。灭弧室封闭在充有一定压力的 SF_6 气体壳体内。断路器分为单压式和双压式两种，目前广泛使用的是单压式断路器。由于其结构简单,使用内部压力一般为0.5～0.7MPa,且预压缩行程较大,因此分闸时间和金属短接时间均较长。单压式断路器的断口可以垂直布置,也可以水平布置。水平布置的特点是两侧出线孔需支持在其他元件上,检修时灭弧室由端盖方向抽出,因而没有起吊灭弧室的高度要求,但侧面则要求有一定的宽度。断口布置的断路器,出线孔布置在两侧,操动机构一般作为断路器的支座,检修时灭弧室垂直向上吊出,配电室高度要求较高,但侧面距离一般比断面水平布置的断路器要小[4]。

2. 隔离开关

隔离开关是由绝缘子壳体和不同几何形状导体构成的最佳布置。铜触头用弹簧加载,使隔离开关具有高的电性能和机械可靠性。隔离开关必须精心设计和试验,使其能开断小的充电电流,而不产生太高的过电压,否则会发生对地闪络。隔离开关和接地开关的操动机构对于大多数GIS为同一设计,其主要特点是电动或手动操作。利用电气链锁可以防止误操作,同时,在终端位置可机械联锁。

3. 接地开关

常用的接地开关按其功能分为两种类型:一种是设备检修用接地开关,用于变电站内作业时的保护,只有在高压系统不带电情况下可操作;第二种是快速关合接地开关,可在全电压和短路条件下关合,其快速关合操作主要靠弹簧合闸装置来实现。

4. 电压互感器

电压互感器按其原理可分为电磁式和电容式两种类型,既可以满足横式安装,也可以满足卧式安装,且直接接在GIS设备内的母线管上,为了方便连接,通常制作成一个独立的气室间隔。电磁式电压互感器主要用在110kV及以下的GIS设备,电容式电压互感器主要用在220kV及以上的GIS设备。使用中严禁电压互感器二次绕组侧发生短路故障,以防止因短路引起二次侧电流剧增而烧坏设备与危及人身安全。

5. 电流互感器

GIS设备中的电流互感器通常有两种结构:一种是以SF_6为主绝缘而安装在金属壳内的穿心式结构,既可用于断路器侧,又可用于母线侧;另一种是开口式电缆结构,只能用于母线侧。当电流互感器空接头时,一定要用较粗的铜线将其接线柱短接,以防因开路引起二次侧产生高压以损伤相应设备和危及人身安全。GIS设备逐渐趋向小型化、模块化、智能化,出现了电子式电流互感器的应用。由于不同GIS设备厂家采用的结构系列不同，生产GIS设备用的电流互感器也各有差异。电子式电流互感器采用罗柯夫斯基(Rogowski)电流传感器技术来测量电流，具有较宽的线性特性，保证了在所测量或保护的电流范围内不会出现饱和情况。

6. 避雷器

用SF_6绝缘的避雷器的主要元件与普通避雷器相同，但它结构很紧凑，火花间隙元件与大气密封隔绝，整个避雷器用干燥压缩气体绝缘，其性能高度稳定。因此，有可能使用配置较低的火花放电电压的避雷器，它对系统的保护提供了足够的裕度。与普通避雷器相比，可放电电压过冲减小10%。在SF_6绝缘避雷器中，由于金属接地部分与带电部分靠得很近，避雷器元件上的电位分布是非线性的，因此在结构设计上要特别注意沿元件的电位补偿。

7. 套管

SF_6充气套管是GIS设备与油浸电力变压器或架空线或电缆连接的主要部件，其套管内充入一定压力的SF_6气体。为了防止GIS设备上的环流扩大到主变压器上，以及防止主变压器运行时产生的电磁振动传至GIS设备上，在SF_6充气套管上设有绝缘垫和伸缩节。

8. 母线

母线结构分为分相式和三相共筒式两种。前者将单相母线安装在接地的金属圆筒中间，用盆式绝缘子支撑，可避免相间故障；后者将三相母线采用对称三角布置在一个共同接地的金属圆筒内，各相母线间及金属圆筒分别采用绝缘子三角对称支撑，而金属圆筒内的空间绝缘主要由SF_6气体绝缘介质承担。

9. 气体密度监视装置

SF_6气体绝缘开关设备的绝缘强度及SF_6断路器的开断能力与SF_6气体密度有关，而气体的密度随温度而变，故需监视SF_6气体密度，为此设置了密度监视装置(实际中密度的控制是通过监视SF_6气压来实现的[5])。间隔绝缘子分隔的每个独立气室，必须各自安装密度监视装置。

密度监视装置可按工作原理、结构形式和安装方式分类：

(1) 按工作原理分为有指针和有刻度或数字的密度表，带电触点或能实现控制功能的密度继电器。

(2) 按结构形式分为弹簧管式、波纹管式和数字式。

(3) 按安装方式分为径向安装、轴向安装和其他安装方式。

SF_6气体密度监视装置用于GIS中，其本身也可能成为一个漏点，因此要求

SF_6气体密度监视装置的漏气率不大于10^{-9}Pa·m^3/s。

1.1.2　气体绝缘组合电器的应用与发展

由于GIS设备与敞开式变电站设备相比具有不可比拟的优势，加上GIS设备技术快速进步和中国电力输送容量剧增，自21世纪以来，全国电网用GIS设备为主的变电站明显增多，GIS设备在中国电网的应用日益广泛。据2014年高压开关行业年鉴统计，2005～2014年550kV GIS设备的全国产量情况见图1.2。

根据世界各国的经验可知，对于高电压等级的GIS设备来说，减小断路器的断口数，就能有效地使GIS设备小型化、轻量化。对于较低电压等级的GIS设备来说，实现三相共筒化和复合化，就能有效地使GIS设备小型化和轻量化。同时，GIS设备也朝着元件多功能化和监控诊断智能化方向发展。

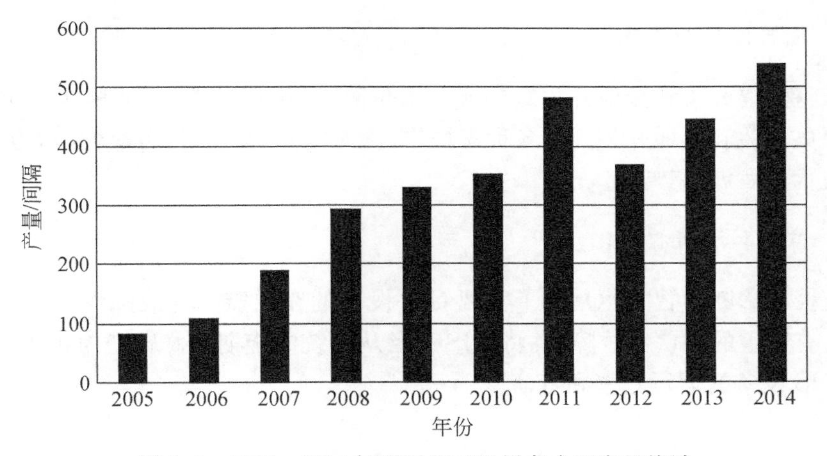

图1.2　2005～2014年550kV GIS设备全国产量统计

1. 三相共筒化

一些发达国家都在大力发展三相共筒化结构，尤以日本参数做得最高，其实现了300kV电压等级的GIS设备全三相共筒化结构、550kV电压等级的GIL母线三相共筒化结构。三相共筒化结构在各大制造公司的GIS产品中占有相当大的比例。

三相共筒化结构代表着GIS设备在较低电压等级的发展方向。所谓三相共筒化结构，是指将主回路元件的三相装在一个圆筒的接地外壳内，通过环氧树脂浇注绝缘子对高压电极加以支撑和电位隔离。这种GIS设备结构紧凑，一般可缩小占地面积40%以上。由于壳体数量减少，可大大节省材料；又由于密封点数和长度减少，漏气率低；还可减少涡流损失和现场安装工作量。

2. 复合化

继三相共筒化之后,GIS 设备又向更加小型的复合化方向发展。目前,有公司制作的复合化 GIS 设备,其安装面积减小为原来的 42%,体积减小为原来的 31%,重量减轻为原来的 50%。复合化主要是将电缆终端、电压互感器、电流互感器、避雷器、隔离开关和接地开关置于一个圆筒气罐内。由于线路侧元件的复合化,充气罐数量减为原来的 1/2,密封部位减少 50%以上。又由于采用混合灭弧,减少了 50%以上的操作,故可采用电动弹簧操作机构,并使用弹簧储能。

总之,GIS 设备在较低电压等级向三相共筒化和复合化方向发展,使得 GIS 设备更加小型化、轻量化、智能化,这将带来更好的技术经济效益,因此受到用户的肯定。

3. 元器件多功能化

若将隔离开关和接地开关复合成三工位隔离/接地开关,可省略电气联锁,不存在隔离开关和接地开关间的各种误操作,从而提高安全运行可靠性,这也是单元隔断技术的发展趋势。

4. 监控和诊断智能化

监控和诊断的智能化是为了实现 GIS 设备的在线监测与故障诊断,以便尽早发现具有危害的潜伏性故障,并将 GIS 设备从传统的定期维修转变为状态维修,以提高 GIS 设备的运行效率和寿命。

1.2　电力变压器结构

1.2.1　电力变压器的总体结构

大型电力变压器结构非常复杂,但总体由两部分构成,即功能部分和保护部分。变压器的功能是依据电磁感应原理进行电压高低的变换,其通过绕组和铁心的有机结合来实现。变压器的保护是指为功能的安全发挥而采取的一系列有效防御措施[6]。

1. 功能部分

1）电压高低变换

在磁路相通的变压器铁心上,缠绕不同匝数的多相绕组,当一相绕组(原边绕组)接入交流电源后,根据电磁感应定律,交流电源电压就在原边绕组中产生一个交流励磁电流，交流励磁电流就会在铁心中感应出与之变化的磁通，磁通以铁心为闭合回路，既能穿过原边绕组，又能穿过其他(副边)绕组，并在副边绕组中产生感应电压，以实现电压变换，感应电压的大小与原副边绕组的匝数比成正比，同时若副边绕组形成回路，随之产生的感生电流大小也与原副边绕组匝数比成反比。

2）能量传递

利用变压器铁心的磁通聚集能力，原边绕组中的励磁电流给铁心励磁，将绕组的电场能转化为铁心的磁场能。铁心的磁场能在副边绕组(有第三绕组时则包括第三绕组)中感应电势，通过副边回路产生电流，将磁场能恢复为电场能，以便用不同电压大小传递能量。

2. 保护部分

1）防御性保护

在变压器发挥电压电流大小变化功能的过程中，存在“电、热、力”三种自然物理作用的破坏。为了保证功能的正常发挥，建立电(电磁场)致故障防御系统、热(温度)致故障防御系统和力(作用力)致故障防御系统。电致故障防御系统是限制作用电磁场强度部分和保证耐受电磁场强度部分。热致故障防御系统是可以调节散热能力的散热装置和显示运行温度的设施。力致故障防御系统是显示各种作用力效应的测量设备和抗御各种作用力破坏的设施。变压器防御性保护装置一般包括瓦斯保护、纵差动保护、电流速断保护和零序电流保护等。

2）抢救性保护

变压器抢救性保护是沿用“保护”一词，实际上并不能起到保护作用，而是在变压器发生故障以后，限制故障范围以减小由此带来的损失。抢救性保护部分是为电力变压器功能部分服务的，如果保护设计不合理或不可靠，就会影响变压器功能的发挥，导致“功能反被保护误”的情况出现。目前由于抢救性保护部分出问题而引起的变压器停电事故频发，应予以高度重视。变压器抢救性保护的效果是由器身的烧损和油箱损坏的程度来衡量的。抢救性保护装置一般有继电保护切断电源、灭火装置用于灭火等。

1.2.2　电力变压器的分部构成

大型电力变压器一般由铁心、绕组、绝缘介质(变压器油或 SF_6 气体等)、油箱、冷却装置和绝缘套管等主要部分构成[7]。图 1.3 是特高压 1000kV 单相变压器。

1. 铁心

铁心是变压器磁路的部分，变压器通过铁心内的磁通随时间的变化而变换电压与电流，在不同匝数的绕组内感应出不同等级的电压与电流。为了降低铁心在

图 1.3　特高压安吉站 1000kV 单相变压器实体

交变磁通作用下的磁滞损耗和涡流损耗，铁心材料一般采用导磁系数高的冷轧晶粒取代硅钢片，以缩小体积和重量，同时也可以节约和降低导线电阻所引起的发热损耗。铁心包括铁心柱和铁轭两部分。绕组套在铁心柱上，铁轭连接起铁心柱，使之形成闭合磁通路。

2. 绕组

绕组是变压器的电路部分，常用漆包和固体绝缘带缠绕的扁导线或圆导线绕在铁心柱上。通过改变绕组的匝数来改变变压器输出绕组的电压。变压器绕组应有足够的绝缘强度、机械强度和耐热强度。根据高压绕组和低压绕组的相对位置，绕组可分为同心式与交叠式两类。同心式绕组根据绕制特点又可分为圆筒式、螺旋式、连续式和纠结式等几种类型。

3. 绝缘介质

传统的大型电力变压器都采用绝缘油作为主要绝缘介质。新式的大型电力变压器有些采用 SF_6 气体作为主要绝缘介质，它与 GIS 设备中采用的一样。变压器中的绝缘油是由石油精炼而成的矿物油，它的作用主要是两点：一方面对变压器中的固体绝缘进行浸渍和保护，填充固体绝缘中的空气隙和气泡，防止外界空气与潮气侵入，保证绝缘的可靠；另一方面促进变压器绕组、铁心及其他发热部件的散热。而 SF_6 气体绝缘介质只有第一种作用。

4. 油箱及附件

电力变压器的器身是放置在装有油绝缘介质的油箱内。大型电力变压器的油箱一般采用钢板焊接而成,要求机械强度高、变形小以及焊接处不渗漏等,同时应实现变压器运行时的散热冷却以及检修运输时保护器身的作用。中、小型变压器多采用吊器身式油箱,大、中型变压器广泛采用吊箱壳式油箱。电力变压器的附件主要还有冷却系统、保护测量装置以及分接开关等。

5. 绝缘套管

当变压器绕组的引出线要从箱内穿过油箱引出时,必须经过绝缘套管,以使带电引线与箱体之间绝缘。绝缘套管主要由中心导电杆和绝缘瓷套组成。导电杆在油箱内的一端与绕组相连,在外部的一端与外线路相连。

1.3 局部放电的危害、产生及发展过程

1.3.1 局部放电对电气设备绝缘的危害

根据大量已损坏的高压电气设备解剖和许多电老化试验研究可以看出,PD往往是造成绝缘损坏的主要原因之一。通过制定非破坏性的试验方法,研究PD造成绝缘损坏的机理,从而找出提高绝缘使用寿命的途径,这已成为电气绝缘领域中重要的研究课题之一。国内外学者都对此开展了大量的研究。一般认为PD对绝缘产生的破坏作用大致有以下几种基本形式:

(1) PD时电子和离子的轰击,造成表面的侵蚀,再加上能量消耗产生局部过热,造成高聚物绝缘材料裂解。

(2) PD中产生的臭氧、硝酸以及其他产物与绝缘材料起化学反应,使绝缘材料发生劣化,降低其绝缘性能。

(3) PD产生的紫外线、X射线等辐射,促使绝缘材料变质。

实际上各种破坏形式可能是同时存在,也可能在一定时段是以某一破坏形式为主,这要取决于绝缘材料的本性和试验条件[8]。

本领域将电气设备内出现对绝缘性能有严重危害的PD称为“绝缘肿瘤”,若不及早发现并及时治愈,它会由小变大,由弱变强,甚至由局部延伸到整体,逐步发展成为严重的火花放电、局部电弧放电等突发性绝缘击穿故障,致使设备绝缘能力完全丧失,最终可能导致因设备故障诱发电网大面积停电的严重事故。此外,通过对表征输变电装备早期绝缘故障的主要特征量PD进行有效监测(检测),可及时发现危及设备安全的潜在绝缘故障,实现对气体绝缘装备绝缘运行状态的自动感知与主动防御,为建立起电网安全运行的第一道防御系统提供技术保证。

1.3.2 局部放电的产生与发展过程

分析电气设备内不同PD产生的机理与发展过程,可以从绝缘介质的电气击

穿理论出发。变压器油和 SF_6 气体与空气一样，在正常情况下都是良好的绝缘介质，其原子（或分子）正常状况下的内部储能很小。但是，当电极之间的电场强度超过某一临界数值时，原子吸收了外部能量而被激励，若达到游离态，即原子放出自由电子，本身变为正离子，均参与导电，就会使绝缘介质突然丧失绝缘性能，电导陡增，绝缘介质从绝缘状态逐渐发展到“击穿”状态[9]。这个变化过程可分为两种状态现象。

1. 非自持放电

如果放电是由外部因素（各种离子射线）与所加电场共同作用引起的，当去掉外部因素作用后放电随即停止，则这种放电称为非自持放电[10]。

这里所指的外部因素包括宇宙射线、高能粒子碰撞、高温炽热摩擦或高能射线照射等，这些因素会使阴极表面激发出自由电子，在电场强度作用下，自由电子从阴极向阳极快速移动。在移动过程中，这些自由电子难免与绝缘介质的分子发生碰撞，其产生的能量使分子分裂出正离子和新自由电子。新自由电子积累了足够的动能而快速移动，同样可与分子发生碰撞而产生新的分离。在最初自由电子从阴极移动到阳极的过程中，间隙中的自由电子数目越来越多，形成电子崩。电子崩的自由电子数目随其移动距离而按指数函数增长，用公式可表示为

$$N = N_0 e^{\alpha d} \tag{1.1}$$

式中，N_0 为原始游离的自由电子数目；N 为到达阳极时单位时间和面积内的自由电子数目；α 为自由电子游离移动在单位长度内发生的碰撞次数或电子空间游离系数；d 为电极间自由电子的游离距离。也可以用放电电流的形式表示：

$$I = I_0 e^{\alpha d} \tag{1.2}$$

式中，I_0 为外部因素激励的游离开始时的放电电流。可见，当外部因素不存在时，即 $I_0 = 0$，放电过程不能维持。

2. 自持放电

在外部因素作用去掉后，仅靠电极间所加电场作用而能维持的放电，称为自持放电[11]。

当初始电子崩中的正离子撞击阴极表面时，如果使阴极表面逸出 1 个及以上能够产生二次电子崩的有效自由电子，即便没有外部因素的作用，放电仍然可以自持进行下去，这就是自持放电的原因与过程。

阴极释放出的自由电子在向阳极快速移动的过程中形成电子崩，电子崩里面的自由电子及离子数目随移动距离按指数规律增长。由于自由电子的迁移率很大，自由电子以极大的速度集中在电子崩的头部，而在电子崩的尾部留下大部分正离子。在电子崩的发展过程中，自由电子和正离子的数目都不断增加，崩头和崩尾

之间的电场强度随之加强。当这种电场强度发展到某一临界状态时，可能产生一些新的电子崩。原始电子崩和新电子崩汇合构成一个迅速向阳极方向扩展的具有正负带电粒子的混合通道，也就是阳极流注的发展过程。同样，在原始电子崩尾部的强电场区域内，如果条件具备，同样可以构成一些新的电子崩。在原始电子崩尾部，新电子崩和原始自由电子汇合，形成向阴极方向发展的阴极流注。

流注的形成即气隙放电通道的产生，也是气隙放电通道的发展过程。此过程一旦完成，放电过程便获得了独立继续发展的能力，此时外界游离因素的存在与否已经无关紧要，放电过程从非自持状态转化为自持状态，流注形态的形成为自持放电创造了条件。可以用如下公式表达这个条件：

$$N = N_0 \frac{e^{\alpha d}}{1-\gamma(e^{\alpha d}-1)} \tag{1.3}$$

式中，γ 表示正离子撞击阴极表面时释放出的自由电子数目。或用放电电流形式表示：

$$I = I_0 \frac{e^{\alpha d}}{1-\gamma(e^{\alpha d}-1)} \tag{1.4}$$

因此，可以知道自持放电的条件为 $\gamma(e^{\alpha d}-1)=1$。

非自持放电状态转化为自持放电状态的电场强度及电压称为放电的起始电场强度和电压。在比较均匀的电场中，相当于气隙发生击穿的电场强度和电压。不均匀电场中，起始电压小于击穿电压，电场越不均匀，两者的差别越大。

1.4　局部放电检测方法与评价

在正常工作电场作用下，整个绝缘材料只有部分区域发生局域性的放电，而没有贯穿施加电压的导体之间，即尚未击穿，这种放电的形态和现象称为 PD，也是本书主要讨论的放电形式。PD 通常发生在设备内部的固体绝缘或液体和固体复合的绝缘中，而对于被空气绝缘介质所包围的高压导体附近发生的 PD，通常称为电晕放电。

从对 GIS 设备和电力变压器的 PD 现阶段研究结果表明：其放电脉冲具有非常快的上升前沿，所激发的电磁能量在 GIS 气室或变压器箱体内来回传播；同时，微小的火花或电晕放电会使电离气体通道发生扩散，产生超声压力波，出现被激励的原子发光致使 SF_6 气体或变压器油产生化学分解物[4]。因此，电气设备内产生的 PD 所诱发的许多物理和化学效应均有对应的很多检测方法，大致可分为电检测法和非电检测法两大类[8]。本书进一步将非电检测法分为两大类，其中超声波检测法和光检测法作为物理检测方法仍然归为非电检测法；化学检测法归到局放分解组分检测法中。

1.4.1 非电检测法

非电检测法主要包括超声波检测法和光检测法。

1. 超声波检测法

GIS设备和电力变压器的PD超声波检测法是利用安装在电气设备外壳上的传感器来检测内部缺陷放电时电子间剧烈碰撞产生的超声波信号[7]。由于该方法对电气设备的运行没有任何影响，因此，可对运行状态中的电气设备进行在线监测。用于超声波信号监测的传感器主要有加速度和声发射两种原理。超声波检测法的灵敏度不仅取决于PD产生的能量，而且主要取决于超声信号传播的路径。气体、变压器油、固体绝缘材料、外壳、导体及其他零部件对超声波信号的传播特性影响各不相同，致使超声信号在电气设备内部的传播相当复杂；同时，PD形成的超声波所产生的振动加速度很小，且信号随距离衰减很快，检测频率也低，在现场存在各种强烈干扰的情况下，检测的灵敏度不高。但它的主要优点是在设备不停电的情况下，方便地在电气设备外部进行测量，适用于委托交接试验和周期性运行检查。

2. 光检测法

光检测法是利用安装在电气设备内部的光电传感器(如光电二极管或光电倍增器)进行PD的光信号测量。由于光检测探头安装在电气设备内部，感应由PD产生的微小电火花伴随的强烈光辐射，因此检测系统几乎不受各种电磁干扰，灵敏度较高，且能检测放电发生的位置。但由于光检测法要求视距可见，不能有遮挡，否则会出现检测“死角”。SF_6气体(变压器油)的光吸收能力随着气体密度(距离)的增大而提高，加上设备内壁光滑而引起的反射等原因，往往会给检测结果带来影响，所以这种方法的可用性较低[9]。另外，实际GIS设备因有许多气室，所以需要大量光电传感器，检测的成本较高；同时，由于光检测法的技术复杂，电气设备的生产厂家一般不配备故障诊断的光检测系统，用户不可能在运行的电气设备内部加装光检测传感器。为此，这种方法不适合对已投运的电气设备进行PD在线监测。

1.4.2 局放分解组分检测法

在PD作用下，SF_6气体将发生裂解，生成一系列的分解产物。放电初期，分解产物为金属氟化物、SF_4以及低氟化硫，它们极易与氧发生反应，在极短的时间内形成如氟氧化物的特征产物，最稳定的是SOF_2和SO_2F_2。当PD发生在环氧绝缘材料附近时，还会产生CF_4[12]。由于SOF_2和SO_2F_2很稳定，可用容器将气体样本带到实验室进行分析，也可在现场用便携式气相色谱仪进行分析，检测出的分解气体灵敏度约为0.03ppm[13]。

这种化学方法显得很有吸引力，在小容量的实验室测试中，大约50h后可以测到10～15pC的放电量[14]。但是，在GIS设备中发生PD时，因存在诊断气体会被SF_6气体强烈地稀释、GIS中的吸附剂和干燥剂可能会影响化学方法的测量灵敏度，断路器动作时产生的电弧又会引起误判断尚未完全解决的问题。因此，目前该检测法还只能定性反映GIS中PD的总体程度。据最新研究报道[15-18]，基于SF_6分解组分分析法(decomposed components analysis，DCA)的气体绝缘设备绝缘监测与故障诊断理论与方法的研究，已取得了长足的进展，正在建立相应的故障诊断技术。

当电力变压器内部出现绝缘故障时，变压器油和固体绝缘材料都会发生分解产生特征气体，电或热故障可以使变压器油中某些C—H键和C—C键断裂，伴随生成少量活泼的氢原子和不稳定的碳氢化合物的自由基，如CH_3^*、CH_2^*、CH^*。这些氢原子或自由基通过复杂的化学反应迅速重新化合，形成氢气和低分子烃类气体，如甲烷、乙烷、乙烯、乙炔等气体并溶解于油中。纸、层压纸板等固体绝缘材料分子内含有大量的无水右旋糖环和弱的C—O键，它们的热稳定性比油中的碳氢键要弱，并能在较低的温度下重新化合。当油纸绝缘中出现PD时，产生的主要气体组分为H_2、CH_4和CO，次要的气体组分为C_2H_2、C_2H_6和CO_2。可以采用油脱气装置提取油中溶解的气体，然后将气体注入色谱仪进行分析。这就是用于油纸绝缘设备故障诊断的油中溶解气体分析(dissolved gas analysis，DGA)方法。

DGA方法已广泛应用于电力变压器的绝缘故障诊断，技术较为成熟，积累了丰富的故障诊断经验。由于放电产生气体是一个积累的过程，化学检测方法的结果具有一定的延时性，因此基于DGA方法的在线监测系统正在得到广泛应用与推广。

1.4.3　电检测法

电检测法包括常规脉冲测量方法和特高频方法。

1. 常规脉冲测量方法

1) IEC 60270标准推荐的方法

众所周知的IEC 60270标准推荐的方法，也称脉冲耦合电容法，是测量PD最常用的方法，其最大优点是能够准确定量测量。该方法要获得最大的灵敏度，测试系统必须良好屏蔽，且需要合适的电容相匹配，适合设备单元检测。对于多个单元构成的整体设备，需要分别检测，测量很不方便。另外，该方法使用频率范围为高频(千赫兹量级)的脉冲，抗电磁干扰的能力差，且不能进行PD源的定位，因此不适宜具有强电磁干扰环境的现场使用。

2）外被电极法

外被电极法的原理是利用贴于电气设备外壳上电极形成的电容来耦合设备内部产生 PD 引起的脉冲电压信号变化[8,9]。其优点是结构简单、易实现，但最小检测量受地线影响。

3）测量通过地线的电流

当电气设备内部发生 PD 时，在接地线上有高频微电流流过，因此可以在接地线上安装高频微电流传感器对信号进行检测[13]。该方法的优点在于精心制作的传感器可以在较宽频率范围（几十至几千赫兹）内保持很好的传输特性。由于电气设备外壳通常是多点接地，流过接地点的脉冲电流信号很小，加之接地处有时又不便安装电流传感器，给现场使用带来不便。另外，接地线有时还会引入干扰脉冲信号，因此实际中不宜采用在电气设备外壳接地线上安装高频微电流传感器感应脉冲电流的方法来检测 PD 信号。

4）在绝缘子内预埋电极

可利用事先已经埋设在绝缘子里的电极作为脉冲信号电容耦合探头进行内部 PD 测量[19]。因为预先埋入的电极处于金属容器内，所以抗外部电磁干扰性能较好，灵敏度较高。但必须在制造时设计预埋电极，而且必须考虑预埋电极对绝缘子绝缘性能的影响。

2. 特高频法

常规的电气测试方法用于电气设备 PD 检测时，或是干扰信号缺乏识别依据，或是影响电气设备的正常运行，或者兼而有之。于是，PD 特高频（ultra high frequency，UHF）检测方法应运而生，由于其突出优点和研究取得的显著成果，目前已经成为 PD 检测的有效手段，正被广泛用于电力行业的在线监测，甚至已开始列入运行设备必检内容。

UHF 法是 20 世纪 80 年代开始研究的一项新技术。UHF 法测量的频率范围为 300MHz～3GHz[20]。随着 PD 诊断技术的不断发展，UHF 法在英国、法国和德国进行了部分理论分析和试验研究，尤其是瑞士 ABB 高电压技术公司在 550kV 的 GIS 试验装置中对 UHF 法的适用性与灵敏度进行了深入的研究[20]，并与常规的脉冲电流法进行了对比。结果表明 UHF 法具有灵敏度高、抗干扰能力强、能进行 PD 源定位和识别绝缘缺陷类型等诸多优点。我国在 21 世纪才开始对电气设备 PD 的 UHF 检测法进行深入研究[9]，并已取得了令人满意的效果，尤其是在监测设备的研制上，许多指标已达到甚至超过国外同类产品。

UHF 法的原理是利用装设的天线传感器接收由 PD 陡脉冲所激发并传播的 UHF 电磁波信号[21]。在 GIS 设备高气压的 SF_6 气体中，PD 总是在很小的范围内发生，具有极快的放电时间特性，快速上升时沿的 PD 陡脉冲含有从低频到微波频段的频率成分。而电力系统中的电晕放电脉冲持续时间较长、陡度较缓,其等值频率一般在150MHz以下,在空气中传播时衰减很快。因此,当电气设备中发生PD时,可通过检测其发出的电磁波中300～3000MHz的信号来评价PD情况,从而避开常规电气测试方法中难以避开的电晕放电等强电磁干扰,以提高检测系统的信噪比。

UHF法的主要优点有:抗低频干扰能力强,能对PD源进行定位,根据所测信号的频谱及统计特征来区分不同的缺陷类型,同时能够进行长期现场监测,灵敏度也能满足工程要求。因此,特别适宜连续远距离在线监测,被认为是电气设备PD在线监测技术中具有很好应用前景的方法之一。

1.4.4　各种主要检测方法的比较

将电气设备内PD各种主要检测方法进行比较,有以下基本结论:

(1) 局放分解组分检测法不受电磁干扰影响,但缺乏高灵敏传感器和具有故障检测延时特性,还无法给出准确的检测结果,适合于对运行设备进行在线定性监测。

(2) 超声检测法的优点是可在电气设备外部进行测量,并有较高的灵敏度,适用于委托交接试验和周期运行检测。由于其检测范围有限,需要大量的传感器,因此不适合在线监测。

(3) IEC 60270推荐的PD脉冲电容耦合法,灵敏度较高,能对放电量进行定量,一般用于设备的形式试验、出厂试验以及现场离线测量。但抗干扰能力较差,其检测频带大都处于现场主要电磁干扰频段,且由于GIS和电力变压器为多点接地,分流了接地脉冲电流,灵敏度进一步降低。因此,该方法不宜应用于对运行设备的在线监测。

(4) UHF方法抗干扰能力强,能识别缺陷类型,而且现场定位精度高,很适合电气设备在线监测,但要获得最大灵敏度,传感器需要安装在电气设备内部,较大缺点是现场的定量检测技术问题还没有完全解决。

1.5　传感器在局部放电检测中的应用

由前面的介绍可知,当电气设备内部出现PD时,可以用非电检测法、分解组分检测法和电检测法来对其进行检测。在检测系统中最关键的部件是传感器。传感器是一种按一定的精度把被测量转换为与之有确定关系、便于应用的某物理量的测量部件或器件,用于满足系统信息的传感、传输、储存、显示、记录及控制等要求。传感器在电气设备PD检测中尤为重要,其对电气设备中PD的检测起着基础性的作用,可以说,没有传感器就没有PD在线监测的科学与技术,没有传感器也就无法保证电气设备安全稳定运行。

传感器是测试系统中的第一级，也是感应和拾取被测信号的部件，传感器的性能直接影响到测试系统的测量精度。国内外对PD检测中传感器的研究开展了大量卓有成效的工作，其性能指标和新技术日新月异。按照传感被测信号性质和方法的不同，传感器大致可分为以下类型：

1）超声传感器

将声发源在被探测物体表面产生的机械振动转换为电信号，现在应用的超声传感器大部分是基于压电元件构成的，国内外众多科研人员根据不同的检测目的和环境，研制出不同性能和不同结构的超声传感器。常用的超声传感器有压电晶体传感器、电磁超声传感器和PD超声阵列传感器等。

2）光测传感器

光测传感器一般用于检测PD过程所产生的光辐射。通过PD光脉冲或经光电转换后的信息，可以进行PD脉冲光谱分析和幅值检测。光测传感器经过几十年的发展，目前主要有紫外光、荧光、光学-超声波以及光纤电流传感器等类型，应用最广泛的有紫外光检测和光纤检测两种传感器，其检测原理稍有不同，且检测性能各有所长。

3）分解组分分析传感器

它是检测电气设备内部发生绝缘故障后产生分解气体组分的传感器。由于电气设备绝缘介质长期受到电应力、热应力和机械应力的作用，不可避免地会逐渐劣化，其绝缘介质性能会下降，导致绝缘介质分解产生各种化学成分，劣化严重时将引发绝缘故障。化学分析传感器就是通过检测这些故障导致的分解产物，分析分解组分的含量、种类、变化率，及时发现设备内部的绝缘缺陷，避免重大的绝缘事故发生。分解组分分析传感器也可以分为电化学气敏传感器、纳米气敏传感器和光学类化学传感器等。

4）脉冲电流传感器

脉冲电流法是最传统的测量方法，且其是由英国电气工程学会提出的，又称ERA法，已成为IEC 60270标准，是目前在PD定量检测中应用最广泛的一种方法。根据被测脉冲电流信号幅值和频率的不同，测量脉冲电流测量通常分为分流器法和非侵入式脉冲电流测量法。

5）UHF传感器

UHF传感器在电气工程领域通常是指无线UHF天线传感器，把空间UHF电磁波能量转换成高频电流能量。IEEE协会对天线传感器的定义是在发射或接收系统中，经设计用于辐射或接收电磁波的部分。UHF传感器主要分为内置和外置两大类，其中内置传感器又主要分为静电耦合的电容式和无线感应的天线式。

由以上介绍可知，各个传感器依据其性质和特点不同，用在不同的电气设备和不同的部位。为了更加准确地测量电气设备内部产生的PD，现场可以采用多种检测方法相结合的方式进行综合诊断。本书将在后续章节中详细介绍各种传感器的参数、特性及其应用。

参考文献

[1] 邱毓昌．GIS装置及其绝缘技术．北京:水利电力出版社,1994.

[2] 黎明,黄维枢．SF_6气体及SF_6气体绝缘变电站的运行．北京:水利电力出版社,1993.

[3] 罗学琛．变电所使用GIS设备与常规设备的综合比较．中国电力,1996,29(4):24-26.

[4] 刘文福．电气设备．北京:中国石化出版社,2006.

[5] 李建基．特高压、超高压、高压、中压开关设备实用技术．北京:机械工业出版社,2011.

[6] 董宝骅．大型油浸电力变压器应用技术．北京:中国电力出版社,2014.

[7] 广东电网公司电力科学研究院．电气设备及系统．北京:中国电力出版社,2014.

[8] 葛景滂．局部放电测量．北京:机械工业出版社,1984.

[9] 梁曦东,陈昌渔,周远翔．高电压工程．北京:清华大学出版社,2003.

[10] 严璋,朱德恒．高电压绝缘技术．2版．北京:中国电力出版社,2007.

[11] 邱昌容,王乃庆．电工设备局部放电及其测试技术．北京:机械工业出版社,1994.

[12] 苏舜．GIS内部放电监测方法的分析．东北电力技术,1997,1(7):7-11.

[13] 肖登明．电力设备在线监测与故障诊断．上海:上海交通大学出版社,2005.

[14] Van Brunt R J. Physics and chemistry of partial discharge and corona- recent advances and future challenges. IEEE Transactions on Dielectrics and Electrical Insulation, 1994, 1(5): 761-783.

[15] 唐炬,陈长杰,刘帆,等．局部放电下SF_6分解组分检测与绝缘缺陷编码识别．电网技术,2011,(1):110-116.

[16] Tang J, Liu F, Meng Q, et al. Partial discharge recognition through an analysis of SF_6 decomposition products part 2: Feature extraction and decision tree-based pattern recognition. IEEE Transactions on Dielectrics and Electrical Insulation, 2012, 19(19): 37-44.

[17] Tang J, Pan J, Yao Q, et al. Feature extraction of SF_6 thermal decomposition characteristics to diagnose overheating fault. Science Measurement and Technology IET, 2015, 9(6): 751-757.

[18] 刘帆．局部放电下六氟化硫分解特性与放电类型辨识及影响因素校正[博士学位论文]. 重庆:重庆大学,2013.

[19] Kopejtkova D, Molony T, Kobayashi S, et al. A twenty-five year review of experience with SF_6 gas insulated substations(GIS). CIGRE, Paris, 1992: 23-101.

[20] Kurrer R, et al. Antenna theory of flat sensors for partial discharge detection at ultra- high frequencies in GIS. The 9th ISH on High Voltage Engineering, Graz, 1995, 2(6): 5615-5619.

[21] 唐炬,朱伟,孙才新,等．检测GIS局部放电的超高频屏蔽谐振式环天线传感器研究．仪器仪表学报,2005,26(7):705-709.

第 2 章　传感器评价指标

传感器一般由信号敏感元件、转换元件和测量电路三部分组成[1]，如果是有源的，还应该有辅助电源单元，其功能框图如图 2.1 所示。传感器的评价指标是对各组成部分性能特点的整体衡量，通常分为定性和定量表述指标。

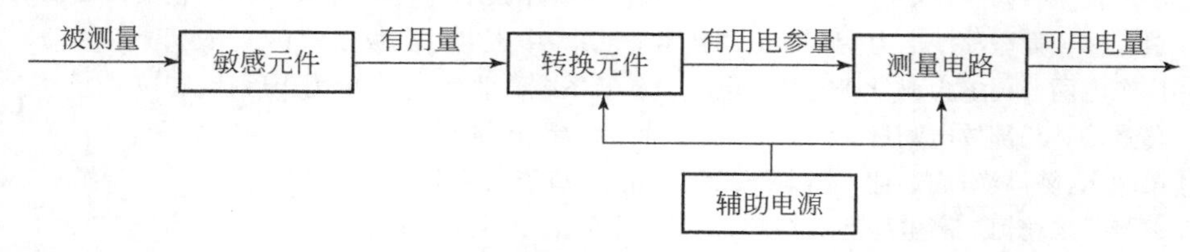

图 2.1　传感器典型组成及功能框图

2.1　基本参数指标

在大多数实际使用情况下，被测信息的感应与转换都是由特定的传感器完成的。因此，传感器是测试/测量系统中最基础的部件，其性能优劣直接关系到对被测信号的准确获取，它的重要性已被业界充分认识，并已成为研究和开发的热点。而对传感器的研究主要集中在如何提高传感器的性能指标。传感器性能指标是衡量其性能优劣的评价标准，也是设计传感器的主要目标，它是用户选择使用的重要依据。

在实际中，传感器是在特定的、具体的环境中工作。其整体性能会受到自身结构、电路系统及环境因素等多种因素的影响。但为了保证传感器功能的正常实现，对传感器基本参数指标有一定的要求，且主要体现在以下三方面：

首先，传感器要能检测出反映设备状态的特征量信号，即有着良好的静态特性和动态特性。静态特性是指检测系统的输入为不随时间变化的常量（稳定状态的信号或变化极其缓慢的信号）时，系统的输出与输入之间的关系。它主要包括灵敏度、重复率和精度等。动态特性是指当输入量随时间变化时，输入与输出间的关系（动态量指周期信号、瞬变信号或随机信号）。

其次，传感器在检测过程中，要求对被测系统及设备无明显影响或者影响很微弱，否则会使传感器获取信号的准确性和可行性降低，甚至造成被测系统及设备的非正常工况。

最后，传感器应具有良好的可靠性和较长的工作寿命。

PD 是电气设备绝缘介质局部区域自持放电。与绝缘介质击穿或者闪络不同，PD 是绝缘局部区域的微小击穿放电[2]。但是，PD 的出现对电气设备绝缘介质的危害异常严重，在电气领域被认为是“绝缘肿瘤”[3]。原因是当介质中发生 PD 时，会产生高能电脉冲、电磁波、超声波、光以及局部过热等一系列物理和化学现象，会加速绝缘介质的损伤或劣化，最终导致绝缘性能的完全丧失，即所谓的绝缘击穿。与此相应，对 PD 的检测出现了电学检测法、声学检测法、光学检测法及化学检测法等。为了实现对电气设备的 PD 监测，就必然需要不同类型的传感器来获取 PD 产生的声、光、电及化学特性等不同类型的物理特征信号。为此，对于不同类型和特点的信号传感器就有不同的性能指标要求。

2.1.1　量程指标

传感器量程又称“满度值”，是表征传感器或系统能承受最大输入量的能力。其数值上等于测量系统示值范围上、下限之差的模。当输入量在量程范围以内时，测量系统正常工作，并保证预定的性能。例如，一个电压传感器的测量下限是－5V，测量上限是＋5V，则该传感器的量程为＋5－(－5)＝10V，测量范围为－5～＋5V。但实际使用时，一般只用额定量程的 1/3～2/3，这个区间是传感器的最佳传感范围。

此外，在传感器设计时，需要设计一定的过载能力，即超过额定量程以后能够承受的能力范围。目的是当工作超过此值时，传感器将会受到永久损坏，因此传感器不能在过载情况下使用。

2.1.2　灵敏度指标

1. 灵敏度

传感器灵敏度是指传感器输出的变化量 Δy 与引起该变化量的输入量 Δx 之比，即其静态灵敏度，其表达式为

$$k=\Delta y/\Delta x \tag{2.1}$$

k 为传感器校准曲线的斜率。对于线性传感器，其特性的斜率均相等。因此，灵敏度 k 为一个不变的常数。以拟合直线作为其特性的传感器，也可认为其灵敏度为一个常数，与输入量的大小无关。而对于非线性的传感器，其灵敏度不为常数，具体的应以测量点的 $\mathrm{d}y/\mathrm{d}x$ 为准，如图 2.2 所示。

有时，还会用到相对灵敏度的概念，即输出变化量 Δy 与被测量的相对变化率 $\Delta x/x$ 之比：

$$S_{\mathrm{r}}=\frac{\Delta y}{\frac{\Delta x}{x}\times 100\%} \tag{2.2}$$

此外，灵敏度的量纲是输出、输入量的量纲之比。当传感器的输出、输入量的

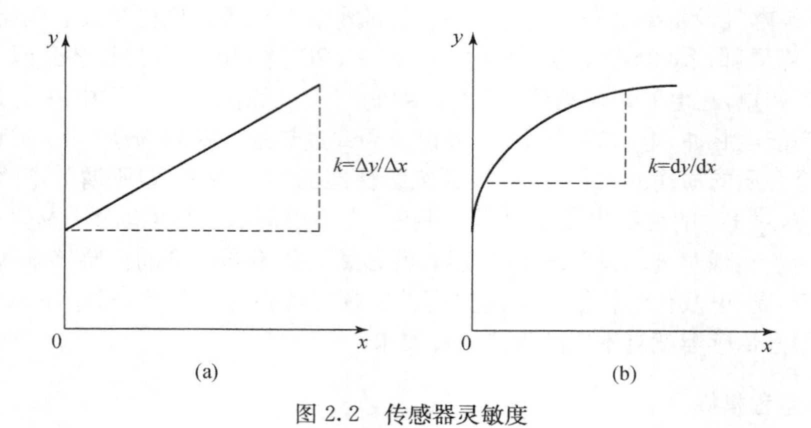

图 2.2 传感器灵敏度

量纲相同时，灵敏度可理解为放大倍数。提高灵敏度，可得到较高的测量精度。但灵敏度越高，测量范围一般越窄，稳定性也往往会越差。

以电流传感器为例，其测量系统的灵敏度指该系统在输出信号$U_S(t)$与被测电流$i_0(t)$呈线性关系的频率范围内，$U_S(t)$与$i_0(t)$的比值 k（单位：V/kA）[4]，代表传感器的传递特性。在实际应用中常用标度值（kA/V）代表灵敏度，实为灵敏度的倒数 $1/k$。

2. 分辨率

分辨率是指传感器能测量到输入信号最小量变化的能力，即能引起输出量发生变化的最小输入变化量（$\Delta x_{\min}$）。当输入量变化小于分辨力时，传感器输出无变化。分辨率定义为

$$F=\frac{\Delta x_{\min}}{\overline{y}_{F.S}}\times 100\% \tag{2.3}$$

式中，$\overline{y}_{F.S}$为传感器输出满量程。

3. 满量程输出

满量程输出指在规定条件下，传感器测量范围的上限 $X_{\max}$和下限 $X_{\min}$输出值之间的代数差 m：

$$m=X_{\max}-X_{\min} \tag{2.4}$$

4. 输入输出阻抗

输入阻抗是指一个传感器输入端的等效阻抗，反映了对电流阻碍作用的大小。在低频电路中，对于电压驱动型电路，输入阻抗越大，对电压源的负载就越轻，也就越容易驱动，且不会对信号源有影响；而对于电流驱动型电路，若输入阻抗越小，则

对电流源的负载就越轻。但在高频电路中，还要考虑阻抗匹配的问题。

输出阻抗是在输出端处测得的阻抗，可看做一个信号源的内阻。

此外，由于传感器存在输入端补偿电阻和灵敏度系数调整电阻，传感器的输入电阻都大于输出电阻。

2.1.3　精度指标

1. 静态误差

传感器的精度又称为静态误差，是指测量结果的可靠程度，反映了测量中的各类综合误差，综合测量误差越小，传感器的精度越高。传感器的精度用其量程范围内的最大基本误差与满量程输出之比的百分数表示，基本误差是传感器在规定的正常工作条件下所具有的测量误差，由系统误差和随机误差两部分组成。

工程技术中为简化传感器精度的表示方法，引用了精度等级的概念。精度等级以一系列标准百分比数值分挡表示，代表传感器测量的最大允许误差。如果传感器的工作条件偏离正常的工作条件，还会带来附加误差。一般而言，温度附加误差就是最主要的附加误差。

2. 线性度

传感器实际的输出与输入关系曲线偏离拟合直线的程度，称为传感器的线性度或非线性误差。

$$e_L = \pm \frac{|\Delta_{max}|}{\overline{y}_{F.S}} \times 100\% \tag{2.5}$$

式中，Δ_{max}为输出与输入实际曲线和拟合直线之间的最大偏差；$\overline{y}_{F.S}$为传感器输出满量程。

3. 重复性

重复性是指传感器在相同条件下，输入量按同一方向作全量程连续多次变化时，所得特性曲线一致的程度。即多次重复测试时，在同是正行程或同是反行程中，对应同一输入的输出量不同的程度。数值上常用标准偏差的两倍或三倍与满量程的百分比表示：

$$E_z = \pm \frac{\alpha\sigma}{\overline{y}_{F.S}} \times 100\% \tag{2.6}$$

式中，α 为置信系数(2～3)；σ 为标准偏差；$\overline{y}_{F.S}$为传感器输出满量程。

也可以用正、反行程中的最大偏差表示：

$$E_z = \pm \frac{\Delta R_{max}}{2\overline{y}_{F.S}} \times 100\% \tag{2.7}$$

式中，ΔR_{max}为正、反行程中的最大偏差；$\overline{y}_{F.S}$为传感器为输出满量程。但因标定的循环次数不同使其最大偏差值不同，因此不可靠。

对于标准偏差 σ 的计算，主要有如下两种方法。

1）贝塞尔公式法

$$\sigma=\sqrt{\frac{\sum_{i=1}^{n}(y_i-\overline{y}_i)^2}{n-1}} \tag{2.8}$$

式中，y_i 是某校准点的输出值；$\overline{y}_i$ 是输出值的算术平均值；n 是测量次数。

2）极差法

极差指某一校准点校准数据的最大值与最小值之差。用该法计算标准偏差的公式为

$$\sigma=\frac{w_n}{d_n} \tag{2.9}$$

式中，w_n 是极差；d_n 为极差系数，其值与测量次数 n 有关，查表 2.1 可得。

表 2.1 极差系数表

n	2	3	4	5	6	7	8	9	10
d_n	1.41	1.91	2.24	2.48	2.67	2.88	2.96	3.08	3.18

采用上述方法时，若有 m 个校准点，正反行程共可求得 $2m$ 个 σ，一般取其中最大者计算重复性误差。

此外，值得指出的是，重复性反映测量结果偶然误差的大小，而不表示与真值之间的差别，有时重复性很好，但可能远离真值。

4. 阈值

当传感器的输入在从零开始缓慢增长时，其输出一开始也是保持为零的，直到输入增长到某个最小值后，输出才发生变化，这个最小值就是阈值。因此，可以把阈值看做传感器在零点附近的分辨率。

5. 稳定性

稳定性表示传感器在一个较长的时间内保持其性能参数的能力。理想的情况是不论什么时候，传感器的特性参数都不随时间变化。但实际上，随着时间的推移，大多数传感器的特性会发生改变。这是因为敏感元件或构成传感器的部件，其特性会随时间发生变化，从而影响了传感器的稳定性。稳定性一般以室温条件下经过规定时间间隔后，传感器的输出与起始标定时的输出之间的差异来表示，称为稳定性误差。稳定性误差可用相对误差表示，也可用绝对误差来表示。

2.1.4　动态性能指标

传感器的动态特性是传感器对随时间变化的激励(输入)响应(输出)特性。动态特性取决于传感器本身,也与被测参量的变化形式有关。在工程实际中,一般要求传感器能迅速、准确和无失真地再现被测信号随时间变化的波形,使输出与输入随时间的变化一致,即良好的动态特性。实际传感器除有理想的比例特性环节外,还有阻尼、惯性环节。输出信号与输入信号没有完全相同的时间函数,这种输出与输入之差就是动态误差。动态误差越大,传感器动态性能越差。由于绝大多数传感器都可以假设为一阶或者二阶响应系统。传感器的动态特性可以从时域和频域两个方面进行评价[5]。

在时域内评价传感器的动态特性时,常用的激励信号有阶跃函数、脉冲函数和斜坡函数等,传感器对所加激励信号的响应称为瞬态响应。常以传感器的单位阶跃响应评价传感器的动态性能。

1. 一阶系统的时域响应

设一阶系统的稳态输出为 y_c,瞬态响应为

$$y(t)=y_c(1-e^{-\frac{t}{\tau}}) \tag{2.10}$$

图 2.3 为阶跃响应曲线。

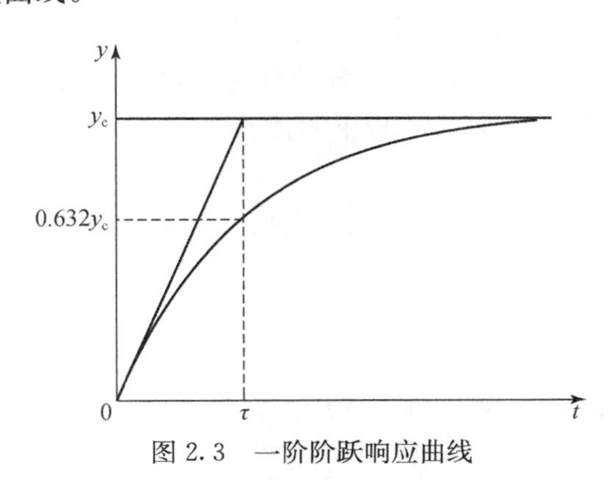

图 2.3　一阶阶跃响应曲线

1) 时间常数 τ

输出量上升到稳态值的 63.2%所需的时间常数为 τ。当 $t=0$ 时,响应曲线的初始斜率为 $1/\tau$。τ 越小,系统响应越快,稳定时间越短。

2) 响应时间 t_s

响应时间为在响应曲线上,系统输出达到一个允许误差范围的稳态值,并永远保持在这一范围内所需的最小时间。根据允许误差范围的不同有不同的响应时间,如表 2.2 所示。

表 2.2　一阶系统的响应时间

允许误差	响应时间	系统输出
2%	$t_{0.02}=4\tau$	98.2%
5%	$t_{0.05}=3\tau$	95%
10%	$t_{0.10}=2.3\tau$	90%

可见，τ 越小，系统的响应时间越短。

3）上升时间 t_r

上升时间为系统输出响应值从 5%（或 10%）到达 95%（或 90%）稳态值所需时间。当为 5%～95%时，$t_r=2.25\tau$。当为 10%～90%时，$t_r=2.2\tau$。t_r 不从 0%开始计算，可避开阈值，易于确定起始位置。

4）延迟时间

延迟时间为一阶系统输出响应值达到稳态值的 50%时所需的时间：$t_d=t_{0.5}=0.7\tau$（$t_{0.5}$ 为允许误差为 50%的 t_s）。其意义在于，当输入量不是理论上的阶跃信号时，粗略地表征传输延迟量。

2. 二阶系统的时域响应

$\zeta\geqslant 1$ 的二阶系统在阶跃信号输入作用下的输出响应是单调曲线，其响应指标可参考一阶系统定义。$\zeta<1$ 的二阶系统的过渡过程存在振荡，其时域指标除响应时间、上升时间或延迟时间外，还有以下表征参数。

1）峰值时间 t_p

输出达到第一个峰值所需的时间 t_p，为阻尼振荡周期 T 的一半，即

$$t_p=\frac{T}{2} \tag{2.11}$$

2）超调量 a

通常用过渡过程中超过稳态值的最大值 $y(t_p)$ 与稳态值之比的百分数表示，即

$$a\%=\frac{y(t_p)-y(\infty)}{y(\infty)}\times 100\% \tag{2.12}$$

式中，$y(t_p)$为第一次超过稳态值的峰值。

3）衰减率

衰减振荡型（$0<\zeta<1$）二阶系统过渡过程曲线上相差一个周期 T 的两个峰值之比。

4）稳定误差 e_m

其为无限长时间后传感器的稳态输出值 y_c 与目标值之差 δ_m 的相对值，即

$$e_m=(\delta_m/y_c)\times 100\% \tag{2.13}$$

3. 一阶系统的频域响应

传感器对正弦信号的响应特性称为频率响应特性。频率响应法是从传感器的频率特性出发研究传感器的动态特性的方法[6]。

一阶传感器的数学表述：

$$a_1\frac{\mathrm{d}y}{\mathrm{d}t}+a_0y=b_0x \tag{2.14}$$

时间常数 $\tau=a_1/a_0$。

频率响应函数：

$$H(\mathrm{j}\omega)=\mathrm{j}\frac{1}{\tau(\mathrm{j}\omega)+1} \tag{2.15}$$

幅频特性：

$$A(\mathrm{j}\omega)=\frac{1}{\sqrt{1+(\omega\tau)^2}} \tag{2.16}$$

相频特性：

$$\varphi(\omega)=-\arctan(\omega\tau) \tag{2.17}$$

图 2.4 为一阶传感器的频率响应特性曲线。

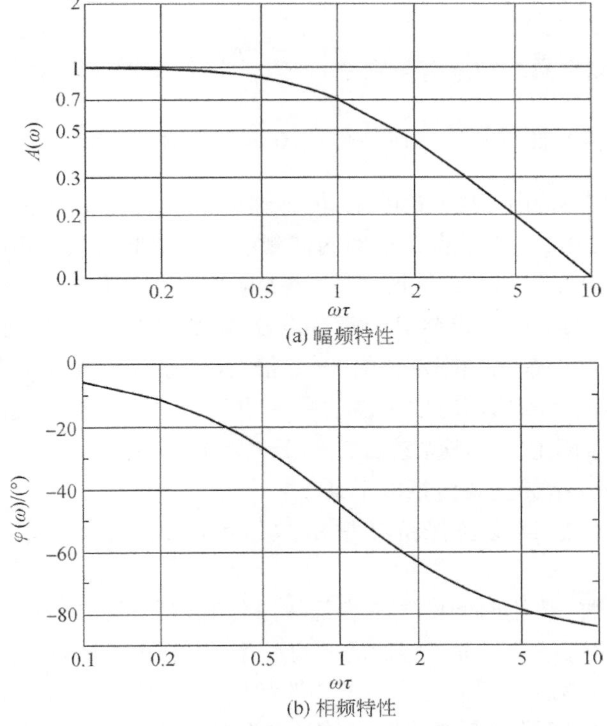

(a) 幅频特性

(b) 相频特性

图 2.4 一阶传感器的频率响应特性曲线 Bode 图

由式(2.14)和式(2.15)可以看出,时间常数 τ 越小,频率响应特性越好。当 $\omega\tau \ll 1$ 时,$A(\mathrm{j}\omega)\approx 1$,$\varphi(\omega)=-\omega\tau$,这表明传感器的输出与输入为线性关系,相位差与频率 ω 呈线性关系,保证了测量是无失真的,输出 $y(t)$ 能较好地反映输入 $x(t)$ 的变化情况。因此,用一阶系统描述的传感器,其动态响应特性的优劣主要取决于时间常数 τ。时间常数 τ 越小,阶跃响应的上升过程越快,频率响应的上截止频率也越高。

4. 二阶系统的频域响应

二阶传感器的数学表述、频率特性表达式、幅频特性和相频特性分别为

$$a_2\frac{\mathrm{d}^2 y}{\mathrm{d}t^2}+a_1\frac{\mathrm{d}y}{\mathrm{d}t}+a_0 y=b_0 y \tag{2.18}$$

$$H(\mathrm{j}\omega)=\left[1-\left(\frac{\omega}{\omega_n}\right)^2+2\mathrm{j}\zeta\frac{\omega}{\omega_n}\right]^{-1} \tag{2.19}$$

$$A(\mathrm{j}\omega)=\left\{\left[-\left(\frac{\omega}{\omega_n}\right)^2\right]^2+\left(2\zeta\frac{\omega}{\omega_n}\right)^2\right\}^{-1/2} \tag{2.20}$$

$$\varphi(\omega)=-\arctan\left[\frac{2\zeta\frac{\omega}{\omega_n}}{1-\left(\frac{\omega}{\omega_n}\right)^2}\right] \tag{2.21}$$

式中,传感器或测量系统的固有角频率 $\omega_n=\sqrt{\frac{a_0}{a_2}}$;传感器或测量系统的阻尼比 $\zeta=\frac{a_1}{2\sqrt{a_0a_2}}$。二阶传感器的频率响应特性如图 2.5 所示。

由频域响应图和相应表达式可见,传感器的频率特性主要取决于传感器的固有频率 ω_n 和阻尼比 ζ。为了得到精确的被测信号的幅值与波形,在系统设计时,一般必须使其阻尼比 $\zeta<1$,固有角频率 ω_n 至少应大于被测信号频率的 3~5 倍。如果被测信号为非周期信号,可将其分解为各次谐波,这时系统的固有角频率 ω_n 不低于输入信号谐波中最高频率 $\omega_{\max}$ 的 3~5 倍,这时系统可确保动态测试精度。阻尼比 ζ 是传感器设计和选用时要考虑的另一重要参数,$\zeta<1$ 为欠阻尼,$\zeta=1$ 为临界阻尼,$\zeta>1$ 为过阻尼。一般系统都工作于欠阻尼状态。

频率响应特性指标主要包括以下几项:

(1) 频带。传感器增益保持在一定数值内的频率范围,对应有上、下截止频率。

(2) 时间常数 τ。用时间常数来表征一阶传感器的动态特性。

(3) 固有频率 ω_n。二阶传感器的固有频率 ω_n 表征了其动态特性。

此外,使用传感器时要根据其动态特性和使用条件确定合适的使用方法,同时对给定条件下的传感器动态误差做出估计。若传感器的动态性能不佳,就无法快

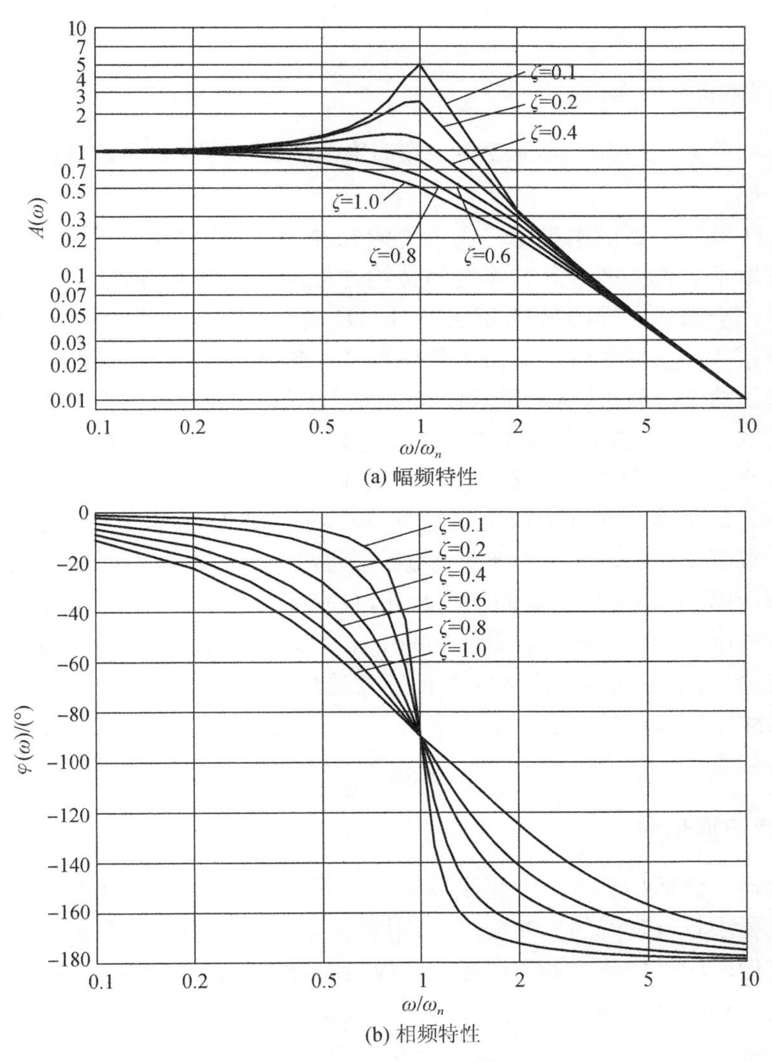

图 2.5　二阶传感器的频率响应特性曲线

速、无失真地再现动态被测信号随时间变化的规律，无法为其后面的系统提供准确的信息，将带来较大的动态误差，可以说传感器的动态特性将直接影响测试系统功能的发挥[7]。

2.2　环境参数指标

一般而言，在对传感器的准确度进行选择时，应使传感器的准确度略高于理论计算值，这是因为客观条件，尤其是环境条件的限制造成实际使用时精度会有所降低。

2.2.1　温度指标

传感器的温度指标主要体现在工作温度范围、温度漂移、灵敏度温度系数和热滞后等方面。

由于传感器广泛应用于工农业生产的各种实践环境中，一切科学研究和生产过程要获取信息都要通过其转换为易传输与处理的电信号，但大多数传感器的敏感元件采用金属或半导体材料，其静特性与环境温度有着密切的联系，通常都有一定的温度系数。实际工作环境由于传感器的工作环境温度变化较大，又由于温度变化引起的热输出较大，将会带来较大的测量误差。同时，温度变化也影响零点和灵敏度值的大小，会造成静态工作点的不稳定，使电路动态参数不稳定，继而使其输出信号会随温度变化而漂移(即“温度漂移”)，甚至使电路无法正常工作。温度漂移通常是传感器工作环境温度偏离标准环境温度(一般为 20℃)时的输出值的变化量与温度变化量之比。对于温度漂移，通常必须采取措施以减少或消除温度变化带来的影响，即进行温度补偿。此外，在实际工程中，还应尽可能使传感器在允许温度范围内工作。较高或者较低的工作环境温度均会影响传感器的测量精度和使用寿命。例如，高温环境可能对传感器造成涂覆材料熔化、焊点开化、弹性体内应力发生结构变化等问题。对于高温环境下工作的传感器常加有隔热、水冷或者气冷等装置。

2.2.2　抗冲振指标

传感器广泛运用于各个工程领域中，可能面对较大的冲击和振动。若对每一种传感器要求具有良好的抗冲振能力，则有时又会增加设计和制造成本，所以应根据实际应用环境设定传感器的抗冲振指标，其主要包括各向冲振容许频率、抗振幅度、加速度及冲振引起的误差等[8]。

2.2.3　大气环境参数

在工程实际中，传感器可能会面对其他环境因素，如环境湿度、气压、介质腐蚀和电磁干扰等。

以湿度为例，在输变电装备外绝缘中，相对湿度大于 80%时，称为高湿；相对湿度小于 40%，称为低湿或干燥。湿度不仅影响电气传感器的测量精度，还对绝缘强度、霉菌生长、金属腐蚀等都有严重影响。在高湿环境中，环境中的水分可能附着于传感器上的测量材料，进而影响其测量精度。此外，高湿度还可能影响外绝缘能力，使传感器绝缘材料表面的电阻降低，泄漏电流大大增加，甚至造成绝缘闪络或击穿，发生绝缘故障。同时，潮湿环境还会加速传感器材料的腐蚀，会严重降低其性能和使用寿命。

2.3　可靠性指标

可靠性指标称为后期质量指标，该指标是必须经过使用或试验才能得知的质量指标，所以又称为时间质量指标[9]。衡量传感器的可靠性没有专门的尺度，目前主要包括这几个参数：工作寿命、平均无故障时间、保险期、绝缘电阻和耐压水平等。其中，常用可定量描述同一批型号传感器的平均无故障时间（MTBF 或 MTTF）来说明产品的可靠性水平，并作为主要可靠性指标[9]。

工作寿命：传感器施加规定的连续和断续额定值而不改变其性能的最长时间。

平均无故障时间：传感器相邻两次故障之间的平均工作时间，也称为平均故障间隔。

绝缘电阻：绝缘阻抗相当于传感器桥路与地之间串联了一个阻值与其相当的电阻，绝缘电阻的大小会影响传感器的各项性能，而当绝缘阻抗低于某一个值时，传感器将无法正常工作。

耐压水平：传感器工作时所能承受的最高电压。不同的传感器，对耐压水平有不同的要求。

2.4　其 他 指 标

2.4.1　电源

电源指标主要针对有源传感器，通过供电方式、电源电压、电源稳定性和功耗等方面来表征。

供电方式：对有源传感器的供电方式，因其工作条件和要求的不同，主要有长期供电、短时（工作时）供电以及定时供电等方式。

电源稳定性：电源的稳定性直接关系到传感器能否正常使用。如果电源不稳定，波动比较大，可能导致传感器无法正常工作。

功耗：传感器因工作条件的不同，有不同的功耗。另外，功耗大小对传感器的使用寿命有较大影响。

传感器种类繁杂，工作条件各不相同。因此，需要根据传感器使用的具体条件和环境确定具体的电源标准。

2.4.2　结构

结构方面的指标包括外形尺寸、重量、外壳、材质、结构及颜色等。与电源方面的指标类似，不同传感器因功能、使用需求和环境等条件的要求和限制，结构方面的要求各有不同。

2.4.3 安装连接

传感器的安装连接主要包括固定方式、信号连接和馈线方式等内容。具体的指标同样需根据工程实际中的具体要求决定。

参 考 文 献

[1] 李科杰．新编传感器技术手册．北京：国防工业出版社，2002：264-281.
[2] 李军浩，韩旭涛，刘泽辉，等．电气设备局部放电检测技术述评．高电压技术，2015，41(8)：2583-2601.
[3] 黄亮．变压器局部放电源的半定松弛逐次逼近定位方法研究[博士学位论文]．重庆：重庆大学，2014：1，2.
[4] 曾正中．实用脉冲功率技术引论．西安：陕西科学技术出版社，2003.
[5] 俞阿龙，李正，孙红兵，等．传感器原理及其应用．南京：南京大学出版社，2010.
[6] 李艳红，李海华．传感器原理及其应用．北京：北京理工大学出版社，2010.
[7] 赵阳．传感器的非线性校正及动态补偿研究[硕士学位论文]．上海：上海交通大学，2007：4，5.
[8] 金发庆．传感器技术与应用．3版．北京：机械工业出版社，2012.
[9] 王天荣，周真，王丽杰．传感器可靠性指标的剖析．传感器技术，1995，3：14，15.

第 3 章　脉冲电流传感器

3.1　脉冲电流法原理

测量 PD 的脉冲电流法[1]是由英国电气工程学会提出的，又称 ERA 法，得到了 IEC 60270—2000 推荐，目前在电气设备局部放电测量中的应用最广泛。它的基本原理是在一次设备产生 PD 时，试品 C_x 两端会产生一个瞬时的电压变化 ΔU ，此时在回路中就会产生一个脉冲电流，经过耦合电容 C_k 耦合到检测阻抗 Z_d 上，表现为脉冲电压信号，进过传输、采集、放大和显示等处理，就可测定设备产生 PD 的一些基本参量。脉冲电流测量 PD 的等效电路如图 3.1 所示[2]。

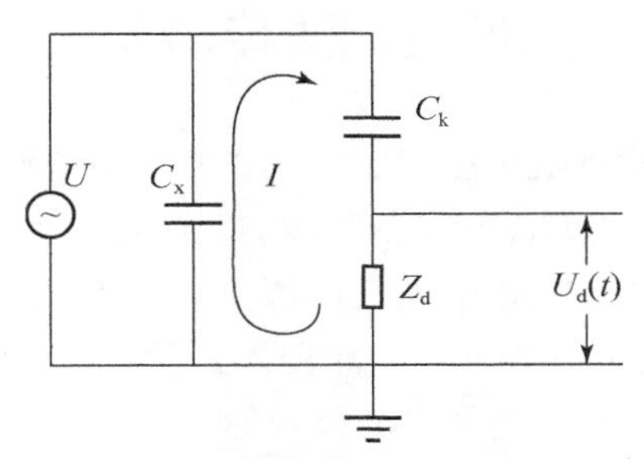

图 3.1　典型的局放脉冲检测电路

U -试验电源；C_x -试品电容；C_k -耦合电容；Z_d -检测阻抗；$U_d(t)$-脉冲电压信号

以固体绝缘介质中局部放电的测量为例，当固体绝缘中存在气泡，发生局部放电时，其等效电容为 C_x ，其示意图和等值电路如图 3.2 所示[3]。

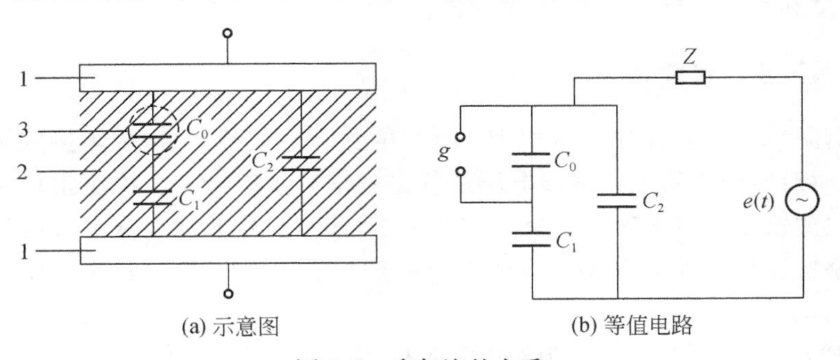

(a) 示意图　　(b) 等值电路

图 3.2　含气泡的介质

1-电极；2-绝缘介质；3-气泡

气泡的电容为 C_0，与气泡串联的绝缘电容为 C_1，与气泡并联的无气泡绝缘电容为 C_2，$C_0 \ll C_1 < C_2$，C_0 上并联以间隙 g，表示气泡放电，则间隙 g 击穿。放电前，极间电容为 $C_x = C_2 + C_1 C_0/(C_1 + C_0)$ 。

脉冲电流法主要利用 PD 频谱中的较低频段部分，一般为数千赫兹至数百千赫兹(至多数兆赫兹)，以避免一定范围内的电磁干扰。测量仪器一般配有脉冲峰值表指示脉冲峰值，并可以连接示波器显示脉冲大小、个数、相位以及时域波形。脉冲电流法的主要优点是检测的灵敏度高，而且可用已知电荷量的脉冲注入校正方法，定量测出 PD 量 q 。它的主要缺点是其检测频带和现场严重的电磁干扰频带重叠，大大降低了检测的灵敏度和信噪比，因此主要适用于实验室或停电环境的测量。即便如此，脉冲电流法仍然是目前电气设备制造厂家和电力行业检修部门广泛应用的 PD 测试方法。例如，电气设备制造厂在设备出厂前，采用脉冲电流法进行 PD 量标定；变电站现场采用脉冲电流法测量变压器、大型电机、电压互感器、电力电容器和电力电缆的 PD 等[2]。

3.2 脉冲电流法传感器的分类

测量脉冲电流常用检测阻抗法和非侵入式脉冲电流测量法两种。传统的定期离线 PD 检测主要采用标准耦合电容器和检测阻抗配套作为电流传感器，因为检测阻抗必须接入放电回路中，需要改变电气设备的运行接线方式，这在许多情况下是不允许甚至无法实现的。另外一种方法是非侵入式脉冲电流测量法，在用脉冲电流法进行在线监测电气设备 PD 时，利用电磁耦合的方式来获得 PD 信号，对一次设备接线无影响，更易被电力系统接受，但该方法现场定量校正很困难，主要还是以相对变化量来判断 PD 的发展及其严重情况。目前，非侵入式脉冲电流测量主要采用 Rogowski 线圈(简称罗氏线圈)和光学电流传感器来获取脉冲电流信号[4]。

脉冲电流传感器将脉冲电流信号转换为脉冲电压信号，需要具有较高的灵敏度、线性度和良好的抗干扰能力。

3.2.1 检测阻抗传感器

检测阻抗的主要作用是获取 PD 所产生的脉冲电流信号，并转换成脉冲电压信号，同时对所施加的工频试验电压及其谐波信号予以抑制。检测阻抗是连接被试品与检测仪器主体部分的一个关键部件，其获取信号的性能优劣直接与检测阻抗的频率特性与灵敏度有关。检测阻抗一般可分为 RC 型和 RLC 型两大类，如图 3.3所示。

由 PD 引起的脉冲电流 I 流经检测阻抗产生的脉冲电压信号 U，经传输、采集、放大和显示等处理，就可测定 PD 的视在放电量，单位为皮库 (pC) 。

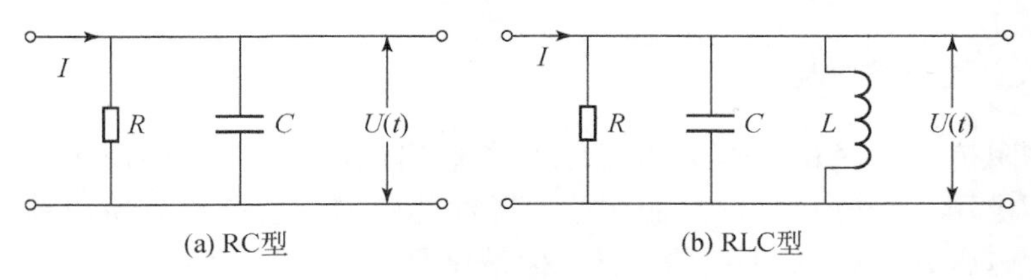

图 3.3　检测阻抗

1. RC 型检测阻抗

当被试品中产生 PD 时，会在被试品绝缘缺陷等效电容 C_x 两端产生一个脉冲电压 Δu。由图 3.1 与图 3.3 可知，因偶合电容 C_k 与检测阻抗电容串联的电容 C 也并联在 C_x 上，因此可以推导出脉冲电压 Δu 为

$$\Delta u=\frac{q}{C_x+\dfrac{C_kC}{C_k+C}} \tag{3.1}$$

脉冲电压 Δu 是瞬变的，它在 C_k 与 C 上的电压大小可认为按电容反比分配，故 C 上建立的电压为

$$\begin{aligned}\Delta u_d&=\Delta u\frac{C_k}{C_k+C}\\&=\frac{q}{C_x+\dfrac{C_kC}{C_k+C}}\frac{C_k}{C_k+C}\\&=\frac{q}{C+\left(1+\dfrac{C}{C_k}\right)C_x}\\&=\frac{q}{C_v}\end{aligned} \tag{3.2}$$

$$C_v=C+\left(1+\frac{C}{C_k}\right)C_x \tag{3.3}$$

式中，C_x 为被试品绝缘缺陷等效电容；C_k 为耦合电容；C 为检测阻抗电容；q 为视在放电量。

当 $C\to0$ 时，$C_v\to C_x$，$\Delta u_d\to\Delta u$。在 PD 很快消失后，Δu_d 不能马上消失，C 上的电压经电阻 R 放电，故 Δu_d 按指数关系衰减，即

$$u_d(t)=\Delta u_d\mathrm{e}^{-\alpha_d t}=\frac{q}{C_v}\mathrm{e}^{-\frac{t}{R_dC_t}} \tag{3.4}$$

式中，α_d 为检测回路的衰减常数，它是检测回路时间常数 τ_d 的倒数。

$$\tau_d=\left(C+\frac{C_kC_x}{C_k+C_x}\right)R_d=C_tR_d \tag{3.5}$$

式中，C_t 为调谐电容，即检测阻抗两端上的总电容。

2. RLC 型检测阻抗

检测阻抗由电感 L、电容 C 及电阻 R 并联组成，如图 3.3(b)所示。在被试品 PD 瞬间，电压 Δu 按电容分配(假定放电脉冲的前沿为阶跃波)，所以检测阻抗 C 上的初始电压 Δu_d 和 RC 型电路一样。但被试品 C 上放电电流的变化与 RC 型电路不同，由于 C 与 L 中各自储存的电能与磁能交替转换，检测阻抗上往往会呈现一个衰减振荡的电压信号 u_d。

当 $\alpha_d \ll \omega_d$ 时：

$$u_d(t) = \Delta u_d e^{\alpha_d t \cos\omega_d t} = \frac{q}{C_v} e^{\alpha_d t \cos\omega_d t} \tag{3.6}$$

式中，α_d 为检测回路的衰减常数：

$$\alpha_d = \frac{1}{2R_d C_t} \tag{3.7}$$

ω_d 为检测回路的振荡频率：

$$\omega_d = \sqrt{\frac{1}{L_d C_t} - \alpha_d^2} \approx \frac{1}{\sqrt{L_d C_t}} \tag{3.8}$$

如果放电脉冲的前沿较缓慢，即具有 $1-e^{-\frac{t}{\tau}}$ 的形式，其中，τ 为放电脉冲前沿的上升时间。当 $\alpha_d \ll \omega_d$ 时，检测阻抗上的电压信号 u_d 为

$$u_d(t) = \frac{q}{C_v} \frac{1}{\sqrt{1+\tau^2\omega_d^2}} \left[e^{-\alpha_d t \cos(\omega_d t - \varphi)} - e^{-\frac{t}{\tau}\cos\varphi} \right] \tag{3.9}$$

式中，$\varphi = \arctan(\tau\omega_d)$。

当 $\alpha_d = \omega_d$ 时，$Q=1/2$，目的在于使衰减振荡接近其临界阻尼状态，以缩短脉冲持续时间，提高脉冲分辨率。同时，α_d 取较小值(约 1.5×10^5/s)，以保证足够的灵敏度及准确度。此时，如果脉冲为阶跃波($\tau_f \approx 0$)，则

$$u_d(t) = \frac{q}{C_v}(1-\alpha_d t) e^{-\alpha_d t} \tag{3.10}$$

脉冲电流法的测试回路中主要包括以下元件：

(1) 将试验电压加于被试品上的电源(试验变压器)U。

(2) 将回路中由 PD 产生的脉冲电流信号经检测阻抗 Z_d 转化为脉冲电压 Δu。

(3) 为了使脉冲电流有效流过检测阻抗形成闭合回路需要使用耦合电容 C_k，C_k 还有隔离工频高电压直接加在检测阻抗 Z_d 上的作用。

(4) 阻塞阻抗 Z_m(也称高压滤波器)的作用有两个：一是阻塞放电电流，使之不致被变压器的入口电容旁路；二是抑制从高压电源进入的干扰。

(5) 测量及显示检测阻抗输出电压的装置 M。

根据试验回路的不同接法如图 3.4 所示[2]。检测阻抗(传感器)的接法分为三

种，即并联法、串联法(依试品 C_x 与检测阻抗 Z_d 并联还是串联而定)与平衡法。平衡法需要两个相似的被试品，其中一个替代耦合电容器 C_k。

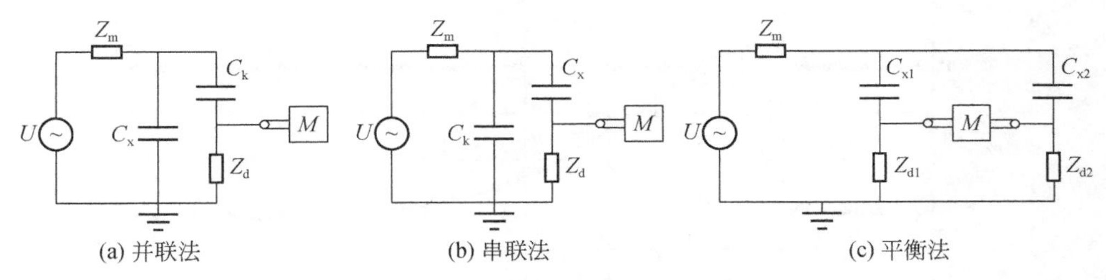

图 3.4　脉冲电流法的测试回路

检测阻抗法实测 PD 的接线如图 3.5 所示，图中包含了 UHF 法测量 PD 信号的接线示意。试验的脉冲电流法是依据 IEC 60270 标准。在 UHF 检测方法中，被测信号为 UHF 电磁信号，其检测量为电磁信号的幅值，以 mV 为单位。试验电源为无晕试验变压器，传感器为外置微带天线，波形采集为带宽为 1GHz、最大采样率为 20GS/s 的数字存储示波器，试验环境温度为 20°C[5]。利用 UHF 法与脉冲电流法测得的 PD 信号如图 3.6 所示。

用 IEC 60270 标准检测到的 PD 脉冲电压与被试品的视在放电量 q 是成比例的，但其比例系数与回路及仪器性能有关，因此必须进行校准，以确定整个试验回路及仪器的刻度因数 K_c，计算可得视在电荷量。校准前按实际试验情况接好电路，试验校准线路如图 3.7 所示，将一输出可调的 PD 校准仪与被试品并联，在试品上产生放电量已知的脉冲信号。通过示波器可以测量检测阻抗两端电压的幅值大小。调节 PD 校准仪输出不同的放电量，可以绘制检测阻抗两端电压 U(mV)与视在放电量 q(pC)的关系如图 3.8 所示，所得到的拟合曲线公式在允许的误差范围内。

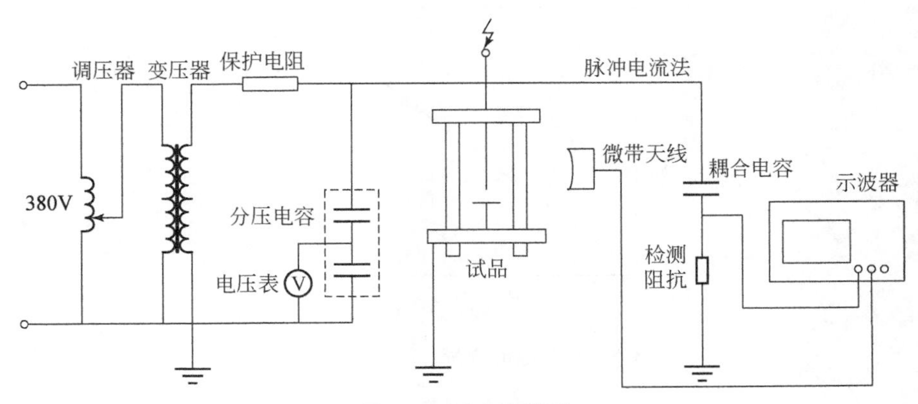

图 3.5　试验接线图

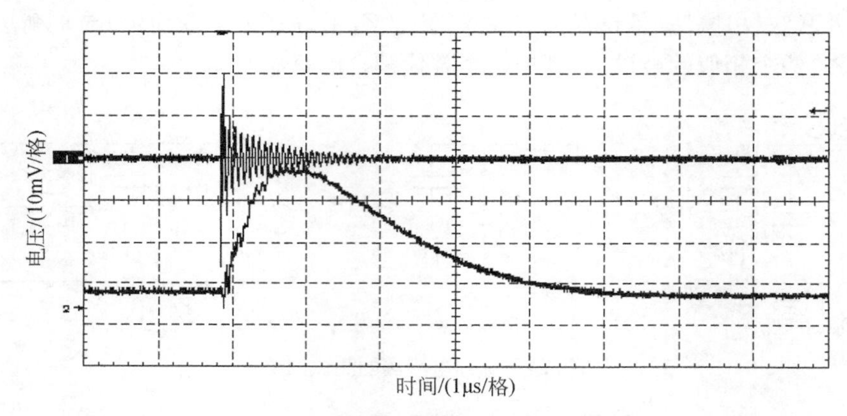

图 3.6 UHF 法和脉冲电流法的信号波形

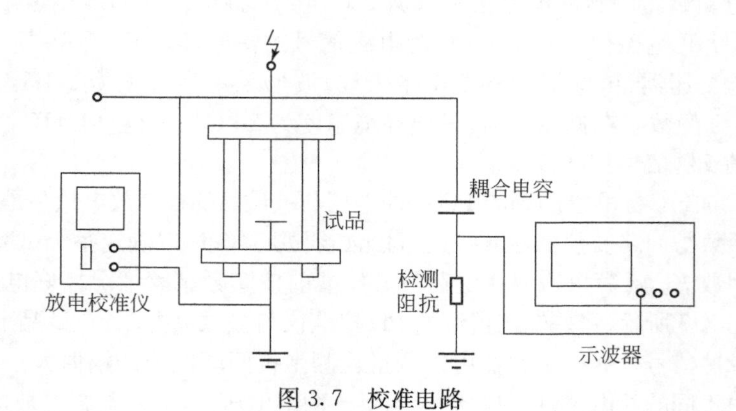

图 3.7 校准电路

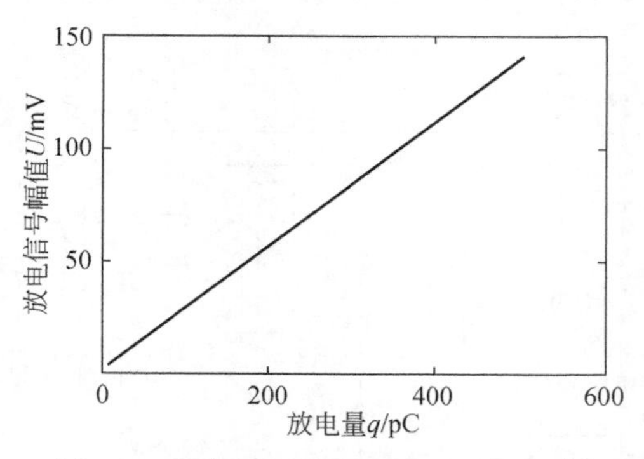

图 3.8 脉冲电流测量支路的校准曲线[5]

3.2.2　罗氏线圈传感器

Rogowski 和 Steinhaus 在 1912 年发表了题为 *The measurement of magnet motive force* 的论文，根据麦克斯韦第一方程证明了围绕导体的线圈端电压可用来测量磁场强度，并且该电压与线圈形状无关，因此，这种线圈称为罗氏线圈[6]，又称空心线圈和磁位计。罗氏线圈广泛用于脉冲大电流和直流大电流测量，其对灵敏度要求较低，多采用的是空心线圈；而 PD 产生的脉冲电流是微安和毫安级的小电流，要求有较高的灵敏度，必须采用高磁导率的材料作为磁心。不过两者的基本工作原理相同。

罗氏线圈的结构原理如图 3.9 所示[7]。

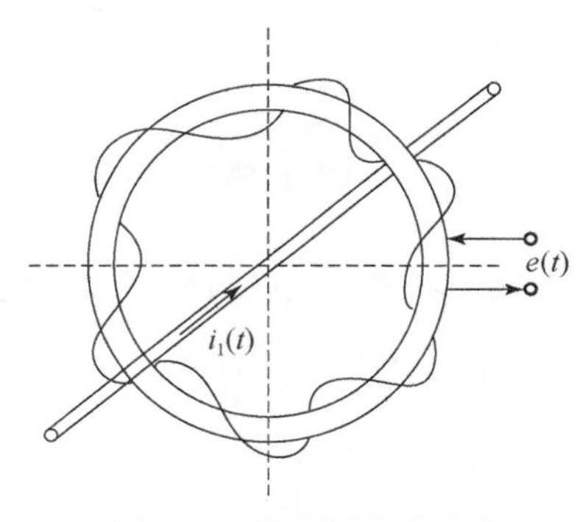

图 3.9　罗氏线圈原理图

电流信号 $i_1(t)$和次级线圈两端的感应电压，即输出信号 $e(t)$的关系为

$$e(t)=M\frac{\mathrm{d}i_1(t)}{\mathrm{d}t} \tag{3.11}$$

式中，互感为

$$M=\mu\frac{NS}{l} \tag{3.12}$$

式中，N 为次级线圈匝数；S 为磁心截面；l 为磁路长度。由式(3.11)可见，输出信号 $e(t)$的大小与 $i_1(t)$的变化率成正比。若在输出端加上积分电路，则 $e(t)$与待测电流 $i_1(t)$的变化成正比。

传感器的积分方式分为两种，分别适用于宽带和窄带型传感器。

1. 宽带型电流传感器

宽带型电流传感器又称为自积分式传感器[8]，在线圈两端并接一个积分电阻 R，如图 3.10 所示。根据电路工作原理，可列出下列电路方程：

$$e(t)=L\frac{\mathrm{d}i_2(t)}{\mathrm{d}t}+(R_L+R)i_2(t) \tag{3.13}$$

$$L = \mu \frac{N^2 S}{l} \tag{3.14}$$

式中,L 是线圈的自感;R_L是线圈电阻。当满足条件

$$L\frac{di_2(t)}{dt} = (R_L + R)i_2(t) \tag{3.15}$$

时,

$$e(t) = L\frac{di_2(t)}{dt} \tag{3.16}$$

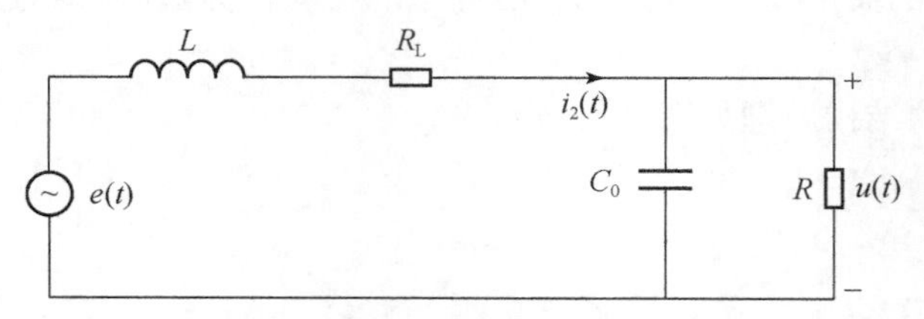

图 3.10　宽带型传感器等效电路

由式(3.11)、式(3.12)、式(3.14)和式(3.16)可以得到:

$$i_2(t) = \frac{1}{N}i_1(t) \tag{3.17}$$

则

$$u(t) = Ri_2(t) = \left(\frac{R}{N}\right)i_1(t) = Ki_1(t) \tag{3.18}$$

信号电压 $u(t)$ 和监测的电流 $i_1(t)$ 呈线性关系。式中,K 为灵敏度,它与 N 成反比,与自积分电阻 R 成正比。实际上,积分电阻 R 常并联一个杂散电容 C_0,如输出端并接的信号电缆。由此可列出以下微分方程式:

$$e(t) = LC_0\frac{d^2u(t)}{dt} + \left(\frac{L}{R} + R_L C_0\right)\frac{du(t)}{dt} + \left(1 + \frac{R_L}{C_0}\right)u(t) \tag{3.19}$$

对式(3.11)和式(3.19)进行拉氏变换,并设初始条件为零,可得传递函数为

$$H(s) = \frac{u(s)}{I_1(s)} = \frac{R}{N}\frac{s}{RC_0 s^2 + \left(1 + \frac{R_L C_0 R}{L}\right)s + \frac{R_L + R}{L}} \tag{3.20}$$

对于自积分式宽带传感器,因 $R_L C_0 R/L \ll 1$,故

$$H(s) = \frac{R}{N}\frac{s}{RC_0 s^2 + s + (R_L + R)/L} \tag{3.21}$$

对式(3.21)取模,得幅频特性为

$$H(\omega) = |H(j\omega)| = \frac{1}{C_0 N}\frac{\omega}{\sqrt{\left(\frac{R_L + R}{RC_0 L} - \omega^2\right)^2 + \left(\frac{\omega}{RC_0}\right)^2}} \tag{3.22}$$

当 $\omega = \omega_0 = \sqrt{\dfrac{R_L + R}{RC_0L}}$ 时，$|H(\omega)|$ 最大，即

$$H(\omega)_{\max} = |H(j\omega)|_{\max} = K = \frac{R}{N} \tag{3.23}$$

与式(3.18)的结果相同，此时

$$f = f_0 = \frac{1}{2\pi}\sqrt{\frac{R_L + R}{RC_0L}} \tag{3.24}$$

一般 $R_L \ll R$，则式(3.24)变为

$$f_0 = \frac{1}{2\pi\sqrt{LC_0}} \tag{3.25}$$

f_0是该传感器的谐振频率，按 3dB 带宽，即 $H(\omega) = \dfrac{1}{\sqrt{2}}|H(j\omega)|_{\max}$，估计其上下限频率为 ω_H 和 ω_L，可得到

$$\omega_H\omega_L = \omega_0^2 = \frac{R_L + R}{RC_0L} \tag{3.26}$$

带宽为

$$\omega_H - \omega_L = \Delta\omega = \frac{1}{RC_0} \tag{3.27}$$

实际上，ω_H 通常比 ω_L 大一个数量级以上，故

$$\omega_H \approx \frac{1}{RC_0}, \quad f_H = \frac{1}{2\pi RC_0} \tag{3.28}$$

则

$$\omega_L \approx \frac{R + R_L}{L}, \quad f_L = \frac{R + R_L}{2\pi L} \approx \frac{R}{2\pi L} \tag{3.29}$$

根据式(3.14)、式(3.23)、式(3.28)和式(3.29)即可对宽带传感器进行设计。

2. 窄带型电流传感器

窄带型电流传感器又称为外积分式或谐振型电流传感器，它比宽带型传感器具有更好的抗干扰性能。由积分电阻 R 和积分电容 C 构成的积分电路如图 3.11 所示。

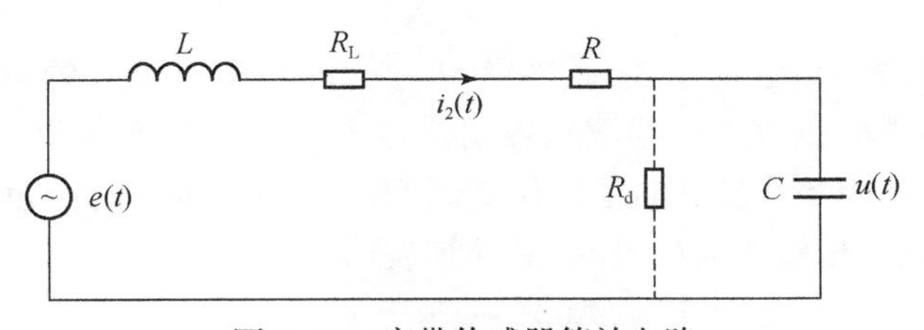

图 3.11　窄带传感器等效电路

可列出等效电路方程为

$$e(t)=L\frac{\mathrm{d}^2 i_2(t)}{\mathrm{d}t}+(R_\mathrm{L}+R)i_2(t)+\frac{1}{C_0}\int i_2(t)\mathrm{d}t \tag{3.30}$$

当被测电流 $i_1(t)$ 的频率为 $f=\frac{1}{2\pi\sqrt{LC}}$ 时，电路发生谐振，则式(3.30)变为

$$e(t)=(R_\mathrm{L}+R)i_2(t) \tag{3.31}$$

由式(3.11)可得

$$u(t)=\frac{M}{(R_\mathrm{L}+R)C}i_1(t) \tag{3.32}$$

为了提高检测灵敏度，通常取 $R=0$，故灵敏度为

$$K=\frac{M}{R_\mathrm{L}C} \tag{3.33}$$

为了使传感器监测脉冲电流时，保证其脉冲分辨时间 t_R，在 C 上并联阻尼电阻 R_d，此时等效电路的构成与图 3.11 完全相同，所不同只是具体参数的选取，故可得与式(3.22)相同时，幅频特性为

$$H(\omega)=\frac{1}{CN}\frac{\omega}{\sqrt{\left(\frac{R_\mathrm{d}+R_\mathrm{L}}{R_\mathrm{d}CL}-\omega^2\right)^2+\left(\frac{\omega}{R_\mathrm{d}C}\right)^2\left(1+\frac{R_\mathrm{L}R_\mathrm{d}C}{L}\right)^2}} \tag{3.34}$$

相应的谐振频率为

$$f_0=\frac{1}{2\pi\sqrt{LC}}\sqrt{\frac{R_\mathrm{d}+R_\mathrm{L}}{R_\mathrm{d}}} \tag{3.35}$$

一般 $R_\mathrm{L}\ll R_\mathrm{d}$，故

$$f_0=\frac{1}{2\pi\sqrt{LC}} \tag{3.36}$$

灵敏度为

$$K=\frac{R_\mathrm{d}}{N+\frac{R_\mathrm{L}R_\mathrm{d}C}{M}} \tag{3.37}$$

一般 $R_\mathrm{L}R_\mathrm{d}C/M\ll N$，则

$$K\approx\frac{R_\mathrm{d}}{N} \tag{3.38}$$

文献[9]研制了测量幅值高、前沿为纳秒级的小电流信号的自积分式罗氏线圈，首先确定线圈的匝数 N。线圈匝数的确定不仅需要考虑自积分条件和线圈输出信号的强弱，还应该注意其对线圈传输时间的影响。线圈的传输时间 T 为感应电流信号在线圈中传输所需的时间，其计算表达式为

$$T=N(p^2+l^2)^{1/2}(\mu\varepsilon)^{1/2} \tag{3.39}$$

式中，p 为线圈绕线的匝间距；l 为线圈骨架矩形截面的周长。由此可见，传输时间

T 与线圈匝数 N 成正比。被测量的导线如果不在线圈中心，那么在线圈的不同位置感应出的电动势会有时间差，这会引起输出信号的畸变。它会在输出电压信号上叠加一个振荡，这个振荡会在4～5倍的传输时间后消失，所以通常要求线圈的传输时间 T 小于4～5倍的被测电流上升时间 t_{R}，以减少这个振荡对输出信号的干扰。此外，由于存在匝间电容的影响，线圈绕线一般为一层，所以线圈匝数还受磁环骨架大小的影响。因此，线圈的匝数又不能过多。图3.12为一绕制的罗氏线圈实物。

图3.12　绕制的罗氏线圈实物

线圈骨架可以选用绝缘材料，也可以选用磁性材料，主要由被测电流信号的脉宽和罗氏线圈应满足的自积分条件来决定。一般来说，不管用什么材料做骨架，只要环不是太大，$t_{\mathrm{R}} < 7\mathrm{ns}$ 是不难做到的。

电感线圈的品质因数定义为 $Q=\omega L/R$，其中，L 和 R 分别为线圈的电感和电阻，Q 值的物理意义为线圈的无功伏安值与消耗能量的比值。要满足罗氏线圈的自积分条件，必须尽可能地提高线圈的电感 L，即提高线圈的 Q 值，但同时又要适当减少线圈的匝数(减少线圈匝数也可以减少导线电阻造成的铜损耗)。因此，要求所选用的线圈骨架具有高的 μ 值及低的损耗。此外，由于所测电流的频带很宽，所以要求线圈骨架材料的 μ 值对频率的不稳定系数及工作频率范围均满足要求。

根据前面的要求，磁性材料是线圈骨架的最佳选择，常用的磁性材料有镍锌铁氧体和锰锌铁氧体。这些材料的导磁率是频率的函数，其存在截止频率，当超过截止频率时，导磁率随着频率的升高而急剧下降。镍锌材料的初始导磁率低而截止频率高，锰锌材料正好相反。

线圈绕线直径 d 和线圈匝数 N 对传感器性能的影响不同。根据不同磁心材料、漆包线以及线圈匝数，文献[9]设计了四种不同幅频特性的高频电流传感器作为宽频带电流传感器。各线圈的参数如表3.1所示。

表 3.1 各线圈参数

传感器编号	A	B	C	D
线圈材料	镍锌	锰锌	锰锌	锰锌
线圈匝数 N	34	38	38	38
绕线直径 d/mm	0.8	0.35	0.8	0.8
线圈自感 L/mH	1.7	11.4	11.4	40.67
线圈互感 M/mH	0.05	0.3	0.3	1.07
等效电阻 R/Ω	0.069	0.5	0.096	0.096

四种传感器传递函数的幅频特性如图 3.13 所示，由图可知，B 类传感器最符合局放信号检测的要求。下面采用 B 类传感器进行电缆 PD 信号检测试验。

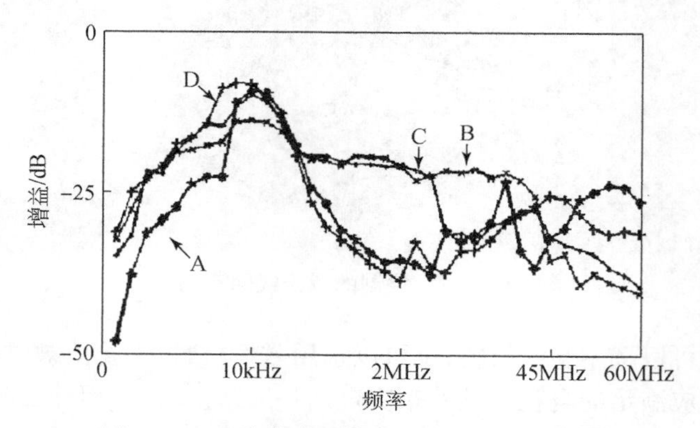

图 3.13 四种传感器传递函数的幅频特性[9]

试验电路如图 3.14 所示，试验电源由 TDGC-5 型工频试验变压器提供，幅值可达±100kV。将电缆导体线芯接至该变压器的高压输出端，铜屏蔽层接地，将电流互感器套在接地线上。采用 Tektronix TDS 3032B 型示波器显示、记录放电波

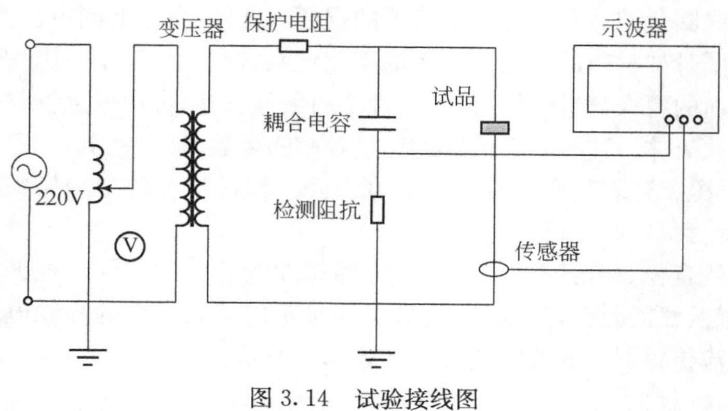

图 3.14 试验接线图

形，其最高采样频率达2.5GS/s，带宽为300MHz。示波器的通道1连接电流互感器的输出，通道2连接脉冲电流法的检测阻抗。试验在相对湿度为40%、室温条件下进行。将变压器缓慢调节，使输出电压逐渐增大，直到检测到局放信号，注意观察示波器的波形。

图3.15中，图3.15(a)为B类电流传感器所检测的电缆试样的PD信号，图3.15(b)采用检测阻抗的传统脉冲电流法对比信号。可以看到，电流传感器检测的信号与脉冲电流法检测的信号相似，可以认为其检测的PD信号真实可信。同时，电流传感器的PD脉冲上升沿时间短，对PD脉冲反应灵敏。

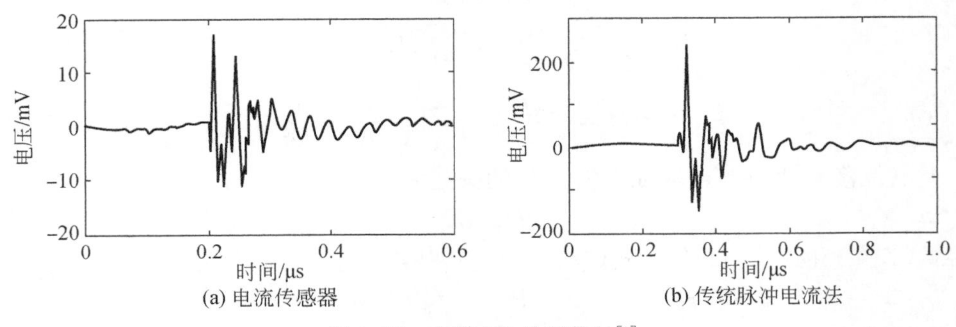

图3.15　电缆PD检测信号[9]

3.2.3　光学电流传感器

光学电流传感器是利用法拉第磁光效应发展起来的一种无源传感器，通过测量光波在通过磁光材料时偏振面受电流产生磁场的作用而发生偏转来确定电流的大小[10]。这种方法应用光纤传递信号，抗电磁干扰能力强，信号衰减小，可以简化测量设备的绝缘结构，国内外的相关研究比较多。

一束线偏振光在介质(晶体或光纤玻璃)中传播时，其偏振面在外磁场作用下发生旋转，旋转的角度与磁场强度的大小和在磁光材料中光与磁场发生作用的长度以及介质的特性、光源波长、外界温度等有关，这种现象称为Faraday磁光效应，实际上反映了具有磁矩的物质与光波之间的相互作用[11]。磁光效应这一物理现象必然与介质的介电常量ε、电导率δ和磁导率密μ密切相关。磁光效应及其与各种物理效应的相互作用多处于高频情况下，此时ε已涵盖了δ所有的作用，而$\mu=1$。因此，在以下的磁光效应理论推导中，仅用ε就可以了。根据经典电子动力学理论，应用洛伦兹电子运动方程和麦克斯韦方程组可描述磁光效应[12]。

电流在流经导体周围感应出一个变化的磁场，根据经典电子动力学理论，在磁场作用下的磁光介质中，每一个谐振电子的运动可以用洛伦兹电子运动方程来表示：

$$mr=-m\omega_0^2 r+e\left(E+\frac{1}{3\varepsilon_0}P\right)-gr+e\mu_0 H_i r\times h \tag{3.40}$$

式中，ω_0 为介质原子的固有运动频率；m 为电子的质量；e 为电子电荷；ε_0 和 μ_0 分别为真空电容率和真空磁导率；P 为电极化强度矢量；H_i 为外加有效磁场 H 的单位矢量；h 为 H_i 方向的单位矢量。考虑到介质中光频范围内磁导率 $\mu\approx 1$，通常所使用的介质的电阻率很高，即电导率 $\sigma=0$，自由电荷密度 $\rho=0$，而且没有传导电流，光频电磁波满足的麦克斯韦方程组为

$$\begin{cases}\nabla\cdot D=\varepsilon_0[\varepsilon]\nabla\cdot E+\nabla\cdot P=0\\ \nabla\cdot B=\mu_0\nabla\cdot H=0\\ \nabla\times E=-\dfrac{\partial B}{\partial t}=-\mu_0\dfrac{\partial H}{\partial t}\\ \nabla\times H=-\dfrac{\partial D}{\partial t}=-\varepsilon_0[\varepsilon]\dfrac{\partial E}{\partial t}+\dfrac{\partial P}{\partial t}\end{cases} \tag{3.41}$$

电位移矢量 D 与电场强度矢量 E 的关系为

$$D=\varepsilon E \tag{3.42}$$

将式(3.40)和式(3.42)代入式(3.41)中，整理得

$$\begin{cases}s\cdot((\varepsilon_0[\varepsilon]a+1)\cdot P+t\varepsilon_0[\varepsilon]\beta P\times h)=0\\ s\cdot H=0\\ \dfrac{n}{\mu_0 c}[s\times(aP+\mathrm{j}\beta P\times h)]=H\\ -\dfrac{n}{c}s\times H=(\varepsilon_0[\varepsilon]a+1)P+t\varepsilon_0[\varepsilon]\beta P\times h=0\end{cases} \tag{3.43}$$

式(3.43)就是磁光效应的麦克斯韦方程组，是处理磁光效应的理论基础和通用方程组。由于线偏振光在具有磁矩(包括固有磁矩和感应磁矩)的介质中反射或透射时，具有磁矩的介质原子中的电子运动规律会受到外界磁场的影响，从而使原本各向同性介质的电子极化特性发生改变，描述极化特性的介电张量表现为各向异性，在磁光效应中，介电常量张量 ε 的变化均与介质磁化强度 M 密切相关，因此，ε 的变化可以用 M 的幂级数展开。根据张量的性质，并应用昂萨格关系 $\varepsilon_{ij}(M)=\varepsilon_{ij}(-M)$ 。在直角坐标系下，介电常量张量的各个分量可表示为

$$\varepsilon_{\mathrm{r}}=\begin{bmatrix}\varepsilon'_{11} & \varepsilon'_{12} & \varepsilon'_{13}\\ \varepsilon'_{12} & \varepsilon'_{22} & \varepsilon'_{23}\\ \varepsilon'_{13} & \varepsilon'_{23} & \varepsilon'_{33}\end{bmatrix}+\begin{bmatrix}0 & \varepsilon''_{12} & \varepsilon''_{13}\\ -\varepsilon''_{12} & 0 & \varepsilon''_{23}\\ -\varepsilon''_{13} & -\varepsilon''_{23} & 0\end{bmatrix} \tag{3.44}$$

式中，等号右边的第一项为对称项，与 M 的偶次方有关；第二项为反对称项，与 M 的奇次方有关。

对于对称性高于正方(四角)的晶系，M 平行于 c 轴或 z 方向，坐标轴 x、y、z 分别平行于晶体的 a、b、c 轴，根据诺埃曼原理可得 $\varepsilon_{11}=\varepsilon_{22}$ ，$\varepsilon_{12}=-\varepsilon_{21}$ ，$\varepsilon_{13}=\varepsilon_{31}=\varepsilon_{23}$

$=\varepsilon_{32}=0$,因此,式(3.44)可简化为

$$\varepsilon_r=\begin{bmatrix}\varepsilon_r & j\sigma & 0\\ -j\sigma & \varepsilon_r & 0\\ 0 & 0 & \varepsilon_r\end{bmatrix} \tag{3.45}$$

$$\sigma=\varepsilon''_{12}=2n_0\frac{dn}{d\omega}\frac{eB_e}{2m} \tag{3.46}$$

式中,$\varepsilon_r=\varepsilon'_{12}$,为介质的相对介电常数;$n_0$ 为各向同性介质的折射率;B_e 为外界磁场沿 z 轴的分量;$dn/d\omega$ 为介质的色散。由于入射光波为线偏振波,将偏振光数学表达式代入式(3.43)中,整理得到

$$\begin{cases}\dfrac{n}{c}(E\times s)=-\mu_0 H\\[2mm] \dfrac{n}{c}(H\times s)=-\varepsilon_0\varepsilon E\end{cases} \tag{3.47}$$

将式(3.45)代入式(3.47)中,可得出

$$\begin{bmatrix}n^2(1-\alpha^2)-\varepsilon_x & -n^2\alpha\beta-j\sigma & -n^2\alpha\gamma\\ -n^2\alpha\beta+j\sigma & n^2(1-\beta^2)-\varepsilon_x & -n^2\beta\gamma\\ -n^2\alpha\gamma & -n^2\beta\gamma & n^2(1-\gamma^2)-\varepsilon_x\end{bmatrix}\begin{bmatrix}E_x\\ E_y\\ E_z\end{bmatrix}=0 \tag{3.48}$$

式中,α、β 和 γ 分别为波矢 k 在 x、y、z 轴的方向余弦。E 具有非零解的条件是式(3.48)中的三阶系数行列式等于零,由此得到

$$n^4(\varepsilon_x\alpha^2+\varepsilon_x\beta^2+\varepsilon_x\gamma^2)-n^2[(\varepsilon_x^2-\alpha^2)(\alpha^2+\beta^2)+\varepsilon_z\varepsilon_x(\alpha^2+\beta^2+2\gamma^2)]+\varepsilon_z(\varepsilon_x^2-\sigma^2)=0 \tag{3.49}$$

由式(3.49)可以得出折射率 n。对于法拉第效应,设波矢 k 平行于磁化强度 M 方向,M 平行于 z 轴方向,则 $\alpha=\beta=0$,$\gamma=1$,若光波在对称或各向同性的介质中传播,则 $\varepsilon_x=\varepsilon_y=\varepsilon_z=\varepsilon=0$,将这些条件代入式(3.43)和式(3.49)就可以得到

$$n_{\pm}^2=\varepsilon\pm\sigma \tag{3.50}$$

将式(3.50)代入式(3.48),可得到

$$E_y=njE_x \tag{3.51}$$

与 n_+ 对应的 $E_y=-jE_x$ 为右旋圆偏振光,与 n_- 对应的 $E_y=+jE_x$ 为左旋圆偏振光。由此可见,在磁光效应中,入射光为线偏振光,一个沿着外磁场方向传播的线偏振光可以分解为转动方向相反的左、右旋圆偏振分量。为了求出线偏振光在介质中传播时偏振面的旋转角度,取偏振光的数学表达式的实部可得到:

$$\begin{cases}E_x^+=\dfrac{1}{2}E_0\cos\left(\dfrac{2\pi n_+}{\lambda}z-\omega t\right)\\[2mm] E_y^+=-\dfrac{1}{2}E_0\sin\left(\dfrac{2\pi n_+}{\lambda}z-\omega t\right)\end{cases} \tag{3.52}$$

$$\begin{cases} E_x^- = \dfrac{1}{2} E_0 \cos\left(\dfrac{2\pi n_-}{\lambda} z - \omega t\right) \\ E_y^- = -\dfrac{1}{2} E_0 \sin\left(\dfrac{2\pi n_-}{\lambda} z - \omega t\right) \end{cases} \tag{3.53}$$

式中，λ 为真空中的光波波长。将式(3.45)、式(3.46)和式(3.52)、式(3.53)代入式(3.43)中，得到左、右旋圆偏振光的折射率为

$$n_+ = \sqrt{\frac{N^2 ec^2 \mu_0 / m}{\omega_0^2 - \omega^2 - \dfrac{N^2 e}{3\varepsilon_0 m} + \dfrac{e\mu_0 H_i \omega}{m}} - 1} \tag{3.54}$$

$$n_- = \sqrt{\frac{N^2 ec^2 \mu_0 / m}{\omega_0^2 - \omega^2 - \dfrac{N^2 e}{3\varepsilon_0 m} - \dfrac{e\mu_0 H_i \omega}{m}} - 1} \tag{3.55}$$

若 n 为实数，意味着介质对光波没有吸收，那么，由于左、右旋圆偏振光互相之间不发生作用，以速度 c/n_+ 和 c/n_- 向前传播，出射后它们之间仅存在相位差，从而合成的仍为线偏振光，但其偏振面相对于入射线偏振光发生了一定的偏转。经过一段距离 L 后，两个分量之间的相位差 δ 为

$$\delta = \frac{2\pi}{\lambda} L (n_+ - n_-) \tag{3.56}$$

此时，电场强度矢量 E 为

$$\begin{cases} E_x = E_x^+ + E_x^- = E_0 \cos \dfrac{\pi(n_+ - n_-)}{\lambda} z \cos\left[\dfrac{\pi(n_+ + n_-)}{\lambda} z - \omega t\right] \\ E_y = E_y^+ + E_y^- = E_0 \sin \dfrac{\pi(n_+ - n_-)}{\lambda} z \sin\left[\dfrac{\pi(n_+ + n_-)}{\lambda} z - \omega t\right] \end{cases} \tag{3.57}$$

式(3.57)代表合成后的光仍为线性偏振光，只是当它在介质中沿 z 轴方向传输距离 L 后，其电场强度矢量 E 相对于入射光旋转一个角度 θ，即相对于原来的振动方向转过了 θ 角，即为 Faraday 旋角。

$$\theta = \arctan \frac{-E_y}{E_x} = \frac{\pi}{\lambda} L (n_+ - n_-) \tag{3.58}$$

比较(3.56)和式(3.58)可以看出，两个圆偏振光之间的相位差 δ 和 Faraday 旋转角 θ 之间的关系为

$$\delta = 2\theta \tag{3.59}$$

将式(3.59)进行泰勒展开，并忽略高次项，可以得到

$$\theta = \frac{e\mu_0 \lambda}{2mc} \frac{dn}{d\lambda} = VLH_i \tag{3.60}$$

这就是 Faraday 和 Verdet 发现的磁光效应经验公式。从以上推导可知，由于外磁场的作用，介质折射率发生变化，两个旋向不同的圆偏振光以不同的速度传播，这就是 Faraday 旋转产生的原因。其中，H 为作用在介质上的磁场强度，V 为

Verdet 常数，表示介质的磁旋光能力，通常由试验测得。例如，普通石英光纤的 Verdet 常数为 $V=4.68\times10^{-6}\,\text{rad/A}$（波长为 633mn），对于特定的介质，$V$ 值随波长的增加而迅速减小。需要注意的是，式(3.60)仅适于顺磁性和逆磁性等弱磁性介质，而对于铁磁性和亚铁磁性介质，由于 M 和 H 的非线性关系和介质存在磁饱和，θ 和 H 之间并不是简单的正比关系。在外界平行磁场的作用下，通过介质（光纤）的线偏振光方位角将发生变化，变化大小与外界磁场大小成正比，与光程 L 成正比。

图 3.16 为磁光式电流法的构成图，其用磁光玻璃（具有磁光效应的玻璃）作为传感单元，当一束线偏振光通过置于磁场中的磁光玻璃时，线偏振光的偏振面会在平行于光线方向的磁场作用下旋转。根据磁光效应和安培定律可知，偏振面旋转的角度 θ 和产生磁场的电流 I 间有如下关系：

$$\theta=\mu_0\int lH\,\mathrm{d}l=VKI \tag{3.61}$$

式中，V、K 为常数。由式(3.61)可知，角度 θ 和被测电流 I 成正比，通过检测偏振光、偏振面、偏振角度的变化，就可间接测量出被测导体中的电流值。

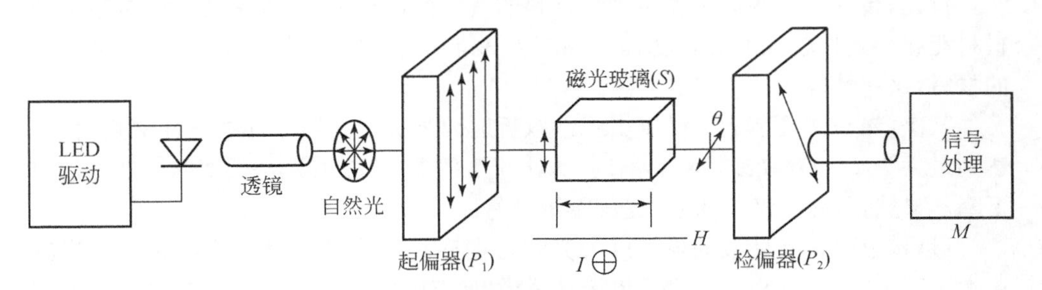

图 3.16　磁光式电流传感器的构成

光学电流传感器具有测量频带宽、动态范围大、测试精度高、抗电磁干扰和运行安全可靠等优点，其缺点是准确度和稳定性不易控制，易受温度和振动影响。

对光纤电流传感器的结构进行分析可以发现，基于法拉第磁光效应的光纤检测系统至少应该有如下三个环节组成：

(1) 实现被测电流对其产生的磁场的积分变换，其输入为被测电流，输出为与被测电流位置有关的磁场积分，也可称为电磁转换环节。

(2) 传感环节实现磁场对偏振光的调制作用，其输入为磁场积分，输出为线偏振光的法拉第旋转角。

(3) 光检测环节，将不可直接检测的法拉第旋转角转换为能够被光电检测器接收的光强信号。

三个环节的数学模型分别为

$$\int_0^L H(x)\mathrm{d}x = ni \tag{3.62}$$

$$\varphi = V\int_L H(x)\mathrm{d}x \tag{3.63}$$

$$u_0 = f(\omega, \delta_0, L, \theta)\varphi \tag{3.64}$$

式中，第一个环节代表磁场积分与被测电流的倍数关系，称为电流放大倍数，对前述闭合光路传感器而言即为光路的圈数。

传感器的总体灵敏度为

$$\frac{\mathrm{d}u_0}{\mathrm{d}i} = f(\omega, \delta_0, L, \theta)Vn \tag{3.65}$$

由于一般PD电流约为几毫安到几十毫安[13]，因此，要提高用于PD检测的光纤电流传感器的灵敏度。作为一套系统的组成部分，实现对电流的测量，光纤电流传感器的最终灵敏度由各个环节共同决定。相互制约的关系可能使不同环节对灵敏度产生相反的影响，还需要考虑系统整体价格和实用化等因素的影响，因此，提高灵敏度必须综合考虑总体效果。

首先，传感环节的灵敏度由光纤材料的费尔德常数决定，采用费尔德常数大的材料能够得到比较大的灵敏度，但通常光纤材料的费尔德常数较小，作为已经选定的材料，这一情况无法改变。

其次，光检测环节的灵敏度由线性双折射因子决定。当不存在线性双折射时，达到最大为1；当存在线性双折射时，为小于1的数，且随着光程长度的增加而加速下降。显然，从这一环节来看，光程越短越好。

最后，电磁转换环节的灵敏度与光程方向磁场大小和积分长度成正比。当磁场大小确定时，增加积分长度可以增加灵敏度。例如，闭合光路传感头采用增加光路圈数的方法，在积分长度确定的情况下，增加磁场的大小，可以提高这一环节的灵敏度。显然，依靠增加光路圈数的方法可提高换能环节的灵敏度，但是光程增加的同时也会降低转换环节的灵敏度，有可能使总体灵敏度反而下降，因而这种方法只有在光路损耗较小时才有意义。当传感光纤从4m增加到500m时，全封闭光纤电流传感器的光路损耗变化不超过2mV，所以增加传感光路的长度并综合考虑每个环节的性能，进而找到提高光纤电流传感器灵敏度的方法是可行的。

传统的光纤传感系统通过螺线管结构使偏振光围绕着无限长通电导体旋转来测量电流，或者是将被测电流绕成螺线管型式，光纤传感系统成直线型光路位于螺线管的轴线上，这两种光纤电流测量系统在光纤测量上是一致的[14]。文献[15]提出了双螺线管式结构设计，分别将通电导体和光纤绕成螺线管结构，使导体所形成磁场方向与光路传播方向相同，光纤电流传感器对平行于偏振光的磁场进行测量，可检测到2mA的PD电流。根据安培定律，光路闭合后，旋转角度θ只与闭路内的电流大小有关，而同外界电磁场无关，即$\theta = k_1 k_2 Vi$，k_1为闭合光路圈数，k_2为螺线管形状通电导体匝数，i 为被测电流。采用双螺线管的测量方式缩短了光纤长度，减少了光路损耗，与单螺线管结构相比，可提高光纤电流传感器灵敏度 k_1 或者 k_2 倍[15]。

电缆中的PD主要是由电缆绝缘中的缺陷引起的。电缆由于存在气隙、杂质和金属毛刺等均会产生PD。为了检测光学电流传感器对XLPE电力电缆中PD信号的传感性能，文献[9]模拟了电力电缆中的气隙放电、沿面放电和表面放电三种典型缺陷，其模型示意图如图3.17所示。

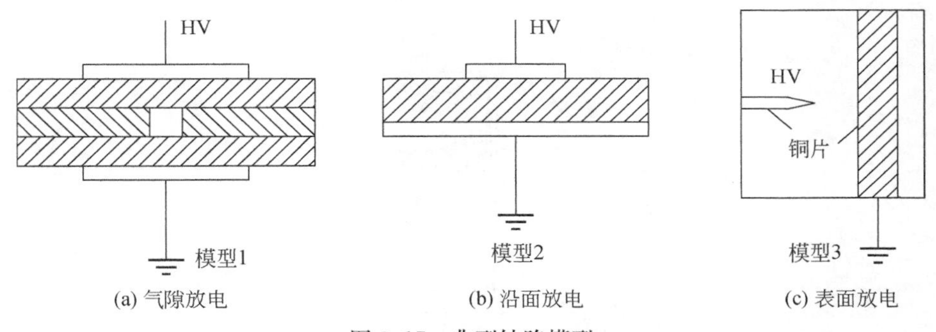

图3.17　典型缺陷模型

图3.17(a)为气隙放电模型，两层电极同心放置，中间夹有三层交联聚乙烯，尺寸为40mm×40mm，中间层的交联聚乙烯中心为一半径为1mm的气隙，试验时置于绝缘油中。图3.17(b)为沿面放电模型，由一层尺寸为40mm×40mm的交联聚乙烯和两片铜电极构成，其电极的四周打磨成光滑的角度，防止电极尖端产生放电影响PD信号。图3.17(c)为表面放电模型，交联聚乙烯尺寸为40mm×40mm，两个电极之间的间距为5mm。

试验电路类似图3.14，不同的是传感器为光学电流传感器，并且采用IEC 60270标准推荐的传统脉冲电流法对光学电流传感器PD信号进行对比试验。利用光学电流传感器对图3.17中的三种典型缺陷进行检测，其试验结果如图3.18所示。试验结果表明，光学电流传感器对交联聚乙烯中的典型缺陷反应灵敏，能够检测出缺陷的PD信号。

图3.19为光学电流传感器检测信号和脉冲电流法对比信号波形。由图3.19可以看出，图3.19(a)中的信号与图3.19(b)中的信号很相似，而且图3.19(a)中传感器的反应时间短，对信号的灵敏度高。这也就说明，光学电流传感器采集的PD信号和脉冲电流法采集的PD信号有很好的对应性，说明研制的光学电流传感器可用于PD电流信号的在线检测。

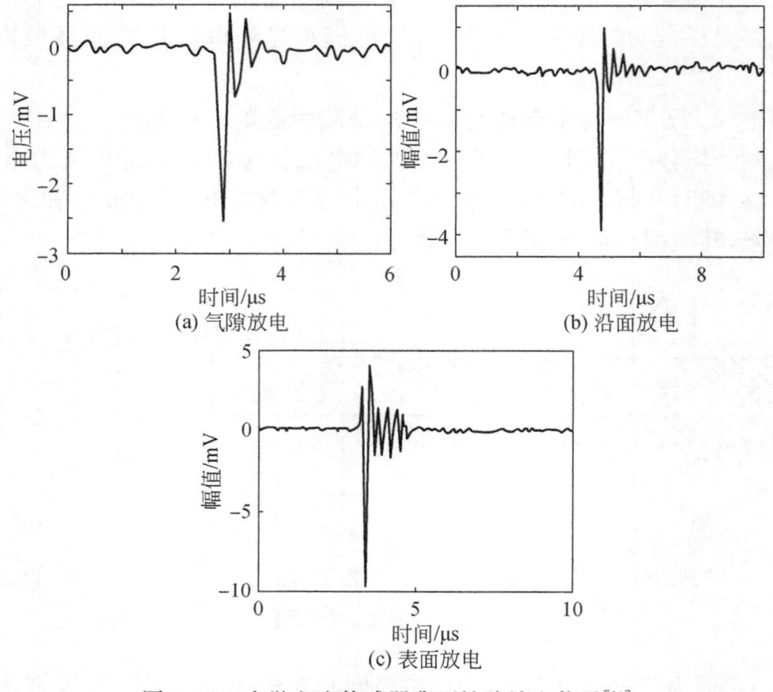

图 3.18　光学电流传感器典型缺陷放电信号[10]

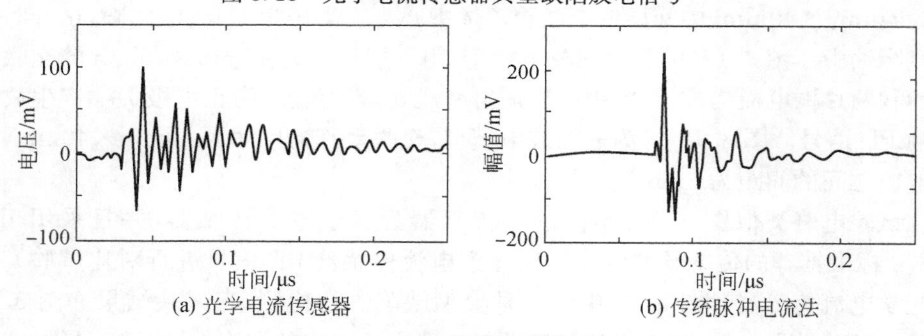

图 3.19　光电检测电缆局放波形

3.3　脉冲电流法传感器评价标准

试品电容量的逐渐增大，对电流传感器的灵敏度要求越来越高[2]。例如，10μF 的电容，当放电量为 2pC 时，只相当于 0.2μV 的电压变化。

3.3.1　传感器检测灵敏度

PD 检测仪的检测灵敏度是用保证一定信噪比的条件下，所能检测到的最小视在电荷来表示的。从理论上来说，测试回路噪声是决定仪器检测灵敏度的极限。所以设计合理的仪器，一般在电路设计上都采用以测试回路噪声决定检测灵敏度。根据国内外的运行经验，电力变压器的PD量在数千皮库时仍可继续安全运行，当达到10000pC及以上时，则应引起高度重视，因为此时绝缘可能存在明显的损伤。

测试回路噪声主要来自检测阻抗中电阻的热噪声。电阻 R_d 上的方均根噪声电压为

$$E_t=\sqrt{4KTR_d\Delta f} \tag{3.66}$$

式中，K 为玻耳兹曼常量；T 为热力学温度；Δf 为噪声带宽。

由于电阻 R_d 两端电容 C_t 的存在，因此噪声谱密度为

$$E_n(f)=\left(\frac{4KTR_d\Delta f}{1+\omega^2C_t^2R_d^2}\right)^{1/2} \tag{3.67}$$

由此可以得到

$$\int_0^{\infty}E_n^2(f)\mathrm{d}f=\frac{KT}{C_t} \tag{3.68}$$

所以测试回路的噪声电压有效值为

$$u_n'=\sqrt{\frac{KT}{C_t}}=\sqrt{\frac{(n+1)KT}{C_v}} \tag{3.69}$$

式中，n 为试品电容与耦合电容之比，$n=\frac{C_x}{C_k}$。

噪声幅值为其有效值的2.5倍，即

$$u_{nm}'=2.5\sqrt{\frac{(n+1)KT}{C_v}} \tag{3.70}$$

放电脉冲在检测阻抗上的脉冲峰值应不小于测试回路噪声幅值的两倍，即

$$u_{dm}'\geqslant 2u_{nm}' \tag{3.71}$$

$$\xi\frac{q}{C_v}\geqslant 5\sqrt{\frac{(n+1)KT}{C_v}} \tag{3.72}$$

因此，最小可检测的放电量为

$$q_s=\frac{5}{\xi}\sqrt{(n+1)KT}\sqrt{C_v}=7\times10^{-4}\frac{\sqrt{n+1}}{\xi}\sqrt{C_v} \tag{3.73}$$

由式(3.73)可见，由测试回路决定检测灵敏度，则最小可检测电荷 q_s 与 $\sqrt{C_v}$ 成正比。粗略来说，q_s 与试品电容量的平方根 $\sqrt{C_v}$ 成正比。

3.3.2 脉冲分辨率

PD通常发生在正弦波由零升至峰值的两个象限内，例如，有多个放电点，两个象限内就会产生许多放电脉冲。如果每个脉冲从开始到结束要占据很长时间，相邻脉冲就要交叠，形成测试误差，故有必要讨论脉冲分辨率的问题[2]。

脉冲分辨率是指在50Hz正弦波的一个象限内能分辨的脉冲数。也有标准用脉冲分辨时间来表示这个概念,意义明晰。脉冲分辨时间是指两个相继脉冲之间由于波形重叠而造成的脉冲幅值误差不超过10%时的最小时间间隔,一般以μs计。根据这个定义,可以使用时间间隔可调的双脉冲发生器来予以定量测试。

对于RC型检测阻抗,此时放电脉冲是呈指数式衰减的单向脉冲波形。如脉冲发生交叠,其结果总是相加的。检测阻抗上的电压为$u_d(t)=\frac{q}{C_v}e^{-\alpha_d t}$,其中,$\alpha_d$为衰减常数,它决定波形衰减的快慢,是决定分辨率的主要因素。$\alpha_d=\frac{1}{R_d C_t}$,其倒数为检测回路的时间常数$\tau_d$。其中,$R_d$为检测电阻,$C_t$为$R_d$两端的总电容。

为了使各脉冲能充分分辨,脉冲必须经过约3倍时间常数的间隔再出现另一个脉冲。故脉冲分辨时间为

$$t_R=3\tau_d=3R_d C_t \tag{3.74}$$

50Hz试验电压下四分之一周期占有的时间为$\frac{1}{50\times4}=\frac{1}{200}$s,因此每四分之一周期的脉冲分辨率为

$$\gamma_d=\frac{1}{200}/(3\tau_d)=\frac{1}{600\tau_d}=\frac{1}{1800R_d C_t} \tag{3.75}$$

对于LCR型检测阻抗,其波形是衰减的振荡波。当脉冲叠加时,其结果可能增大,也可能减小。

LCR型检测阻抗上的电压为

$$u_d(t)=\frac{q}{C_v}e^{-\alpha_d t\cos\omega_d t} \tag{3.76}$$

式中,α_d为衰减常数,$\alpha_d=\frac{1}{2R_d C_t}$。故检测回路的时间常数为$\tau_d=\frac{1}{\alpha_d}=2R_d C_t$,脉冲分辨时间为$t_R=3\tau_d=6R_d C_t$。四分之一周期的分辨率为

$$\gamma_d=\frac{1}{200}/(3\tau_d)=\frac{1}{600\tau_d}=\frac{1}{3600R_d C_t} \tag{3.77}$$

3.3.3 放电量校正

在PD的电测量方法中,检测仪的显示器上所显示的放电脉冲的幅值、模拟脉冲峰值表或数字脉冲峰值表所指示的数值,究竟代表试品的放电量为多少在没有经过校正的检测系统中是不确定的。只有经过定量校正或放电量的分度后才能确定放电量的大小数值。电测法PD检测系统的定量校正是根据视在放电电荷的定义。试品C_x上产生了PD,可以用一个与试品电容C_x并联的一个有源支路来模拟。校正时,用能产生符合要求的脉冲发生器,串联一个小电容量的注入电容C_0,当满足$C_0\ll C_x+\frac{C_k C_m}{C_k+C_m}$时,注入试品的电荷量$q_0=u_0C_0$。式中,$u_0$为已知的校

正脉冲的幅值。这时，在PD检测仪的显示器上可测得脉冲的高度H_0、在脉冲峰值表上可读得读数l_0，则放电量的分度系数为

$$K_0=\frac{q_0}{H_0}(\text{pC/mm}) \tag{3.78}$$

或

$$K_0=\frac{q_0}{l_0}(\text{pC/格数}) \tag{3.79}$$

经过校正后，应保持检测系统的连接回路不变、放大器宽度不变和系统灵敏度不变，才能保持放电量的分度系数K_0不变，去掉校正用的人工模拟支路后，对试品按试验规程施加规定的试验电压。当试品发生PD时，在检测仪的显示器上将测得PD脉冲幅值为K(mm)，或在脉冲峰值表上读得脉冲峰值为l（格数或数值）。于是，测得试品的视在放电量(pC)为

$$q=K_0H \tag{3.80}$$

或

$$q=K_0l \tag{3.81}$$

当然，H和l的取值范围要在检测仪的线性范围内。由此可见，校正脉冲定量的正确与否将直接影响PD的测量结果。为此，必须对影响定量校正的诸因素加以分析，并做出必要的规定[2]。

3.3.4 检测阻抗传感器评价标准

检测电压的时间特性及频率特性如图3.20所示。衡量检测阻抗的品质，主要依据测量的灵敏度、准确度和分辨率三个因素[2]。

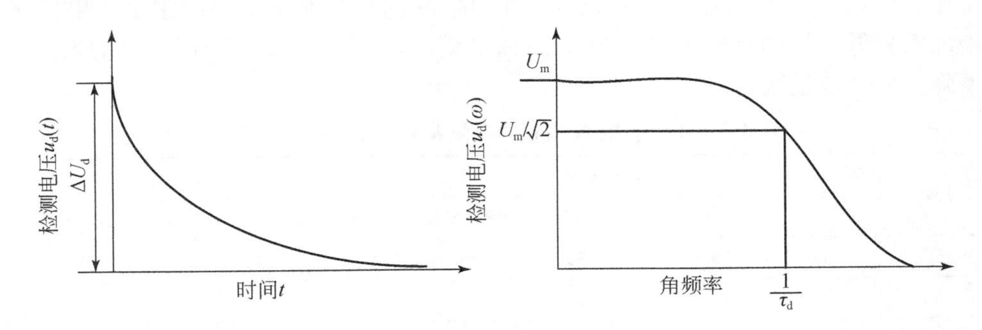

图3.20 检测电压的时间特性与频率特性

在采用RC型检测阻抗时，应考虑如下几点：

(1) $u_d(t)$的幅值Δu_d与放电量q成正比。在一定的q下，减小C_d可以增大Δu_d，即可提高灵敏度。

(2) R_d虽然与Δu_d无关，但R_d小即α_d小，衰减快，$u_d(t)$的频谱就会很宽，如果

放大器的频带不够宽,就会降低检测的灵敏度。

(3) α_d 太大还对准确度不利。因为它要求校正脉冲的前沿更陡,否则,检测阻抗上的电压 $u_d(t)$ 尚未到达其峰值,就已显著衰减了。

(4) RC 型检测阻抗上的电压是非周期性的单向脉冲,每个脉冲与绝缘内部 PD 脉冲一一对应。脉冲持续时间短、分辨率高。α_d 越大,分辨率越高。

(5) 如果放电脉冲是具有时间常数为 τ 的前沿(如油隙中的 PD),即具有 $1-e^{-\frac{t}{\tau}}$ 的形式,则 RC 型检测阻抗上的电压为

$$u_d(t)=\frac{q}{C_v}\frac{1}{1-\tau\alpha_d}(e^{-\alpha_d t}-e^{-\frac{t}{\tau}}) \tag{3.82}$$

其峰值小于 $\frac{q}{C_v}$,且随放电脉冲上升沿 τ 而变,但是 $u_d(t)$ 对时间的积分为

$$\int_0^\infty u_d(t)\mathrm{d}t=\frac{q}{C_v}\frac{1}{1-\tau\alpha_d}\left(\frac{1}{\alpha_d}-\tau\right)=\frac{q}{C_v\alpha_d} \tag{3.83}$$

可见 $u_d(t)$ 对时间的积分值,即 $u_d(t)$ 曲线下的面积与脉冲前沿 τ 无关,且与 q 成正比。故对于测量视在放电量 q 来说,用积分式的仪表是有利的。而低频放大器(往往是带滤波器的放大器)就是一种积分式的放大系统。

LCR 检测阻抗参数的选择,应对灵敏度、准确度及脉冲分辨率等诸因素予以综合考虑,合理权衡、兼顾三个主要因素间的关系。

3.3.5 罗氏线圈评价标准

表 3.2 给出了用铁淦氧体做磁心的宽带型传感器[16],在不同的匝数 N 和积分电阻 R 条件下,对传感器特性影响(如灵敏度 K 等)的实测结果。可见,K 与 R 成正比,与 N 成反比;f_L 随 R 的增加而增加,随 N 的增加而下降;f_H 则随 R 和 C_0 的增加而降低。特别是传感器经 20m 传输电缆后,上限截止频率 f_H 因 C_0 的增加而下降了一个数量级。

表 3.2　不同匝数 N 和积分电阻 R 对传感器特性的影响

N	R/kΩ	直接测量结果			经 20m 电缆后		
		f_L/kHz	f_H/kHz	K/(V/A)	f_L/kHz	f_H/kHz	K/(V/A)
50	2.50	39.0	530	48.0	22.0	52	47.0
50	1.25	17.8	923	24.0	18.2	77	23.9
50	0.62	7.4	1650	12.3	7.4	138	12.1
50	0.31	3.5	2000	6.2	3.5	272	6.2
25	0.62	30.0	1622	24.4	30.0	149	24.0
25	0.31	14.0	2050	12.3	14.0	295	12.2
25	0.15	7.0	2064	6.0	7.0	589	6.0

窄带型传感器的参数选择比宽带型复杂一些。从式(3.37)可知，当 R_d 和 C 固定时，N 有一个最佳值，使 K 最高；而 C 增加，灵敏度下降。L、C 的值可由式(3.36)即由已确定的 f_0 来选择。磁心选定后，由匝数确定 L，故 N 和 C 可能需要试算几次。R_d 的大小取决于脉冲分辨时间 t_R，按 RC 型检测阻抗考虑，可取 $t_R=3\tau_d=3R_dC$[2]。t_R 取决于对监测系统的要求，例如，监测 PD 时，t_R 可取 100μs 以下[17]。用铁淦氧做磁心的谐振型传感器的一些典型参数如表 3.3 所示[18]。

文献[9]设计的自积分式罗氏线圈待测电流峰值为 100μA，线圈感应的电流峰值理论值为 100/34μA 和 100/38μA，线圈绕线选择的漆包线直径为 0.35mm 和 0.8mm，磁心选用镍锌铁氧体或锰锌铁氧体。由于待测电流峰值很小，负载电阻设计为 50Ω。具体的传感器参数见 3.2.2 小节。

表 3.3　铁淦氧做磁心的谐振型传感器的典型参数

N	L/mH	f_0/kHz	C/pF	R_d/kΩ	t_R/μs
20	0.73	40	21700	0.77	50
		250	560	10	20
		400	220	30	20

3.3.6　光学电流传感器评价标准

光学电流传感器结构简单，制作和安装都十分方便，适合于 PD 在线监测[15]。从光纤的损耗特性来看，一般是随着波长加长，光纤损耗减小，1.31μm 处正好是光纤的一个低损耗窗口。这样，1.31μm 波长区就成了光纤一个很理想的工作窗口，综合考虑选择 1310nm 的波长，其 Verdet 常数为 1.086×10^{-6} rad/A，且其能够保证光的偏振态基本不发生改变。

激光二极管的发光功率较大，而发光二极管的发光功率较小，但是发光二极管的驱动电路比较简单，并且对温度和光纤稳定性要求较低，价格相对便宜；发光二极管的寿命更长，性能下降比较缓慢，所以选用发光二极管作为光源。发光二极管是一种冷光源，是固态 PN 结器件，加正向电流时发光。它是直接把电能转换成光能的器件，没有热转换的过程，其发光机制是电致发光，辐射波长在可见光波红外区，发光面积很小，故可视为点光源。功率为 1.7mW，光谱宽度为 5nm，中心波长为 1310nm。保偏光纤对光源的谱宽和稳定性有较高的要求，即谱宽要窄，稳定性要好。图 3.21 为发光二极管的 P-I 特性曲线，发现发光二极管的工作电流为 10～20mA时，其线性度最好。因此，二极管的工作电流需选择在 20mA。

光学电流传感器采用全光纤式，即光纤不仅起到传输信号的作用，而且传感器的传感作用也是由光纤完成的。本节的传感光纤为保偏光纤，起偏器和检偏器之间的传感光纤长度约为 128m，闭合光路直径约为 2.5cm，光路圈数为 1700。

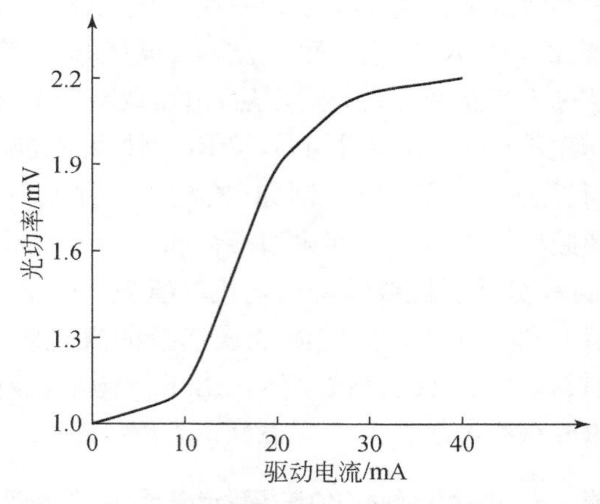

图 3.21　光源的 *P-I* 特性曲线

光电检测器使用的半导体材料主要有 Si、Ge、InGaAs、InGaAsP 等，波长范围为 0.4～1.6μm，种类包括光纤通信系统应用的光电管、PIN 探测器、具有内增益的雪崩探测器和包括光纤传感系统应用的一般光电管、光电池、光电三极管、光电倍增管(PMT)等。针对 PD 检测，重点考虑灵敏度、响应时间和波长三个参数。对光学电流传感器主要有以下几点要求：

(1) 其工作波长必须在 1310nm 波段内具有较高的响应度。

(2) 传统光学电流传感器是用来检测工频电流的，即使检测高次谐波分量也不会超过 1kHz。而 PD 脉冲是宽频带信号，进行 PD 检测时，光电探测器必须有足够的带宽，才能够迅速而不失真地响应高频 PD 信号。

(3) 其附加噪声要尽可能小，同时自身性能受环境变化影响较小。

根据上述原则，选择硅材料 PIN 光电二极管作为光电探测元件，其响应时间为 0.5ns，暗电流小于 1nA，光敏面面积为 75μm，灵敏度为 0.85A/W，工作波长为 1100～1650nm。

参 考 文 献

[1] International Electrotechnical Commission. IEC 60270. High Voltage Test Techniques-partial Discharge Measurements. Geneva：Edition，2000.

[2] 邱昌容，王乃庆. 电工设备局部放电及其测试技术. 北京：机械工业出版社，1994.

[3] 杨保初，刘晓波，戴玉松. 高电压技术. 重庆：重庆大学出版社，2011.

[4] 张华伟，孙越强. 几种非侵入式电流测量技术. 现代电子技术，2005，(21)：80-83.

[5] 谢颜斌. 超高频局部放电信号等效源数学模型及其与放电量的关联分析[博士学位论文]. 重庆：重庆大学，2010.

[6] Cooper J. On the high-frequency response of Rogowski coil. Plasma Physics，1963，(5)：285-289.

[7] 王昌长,李福祺,高胜友．电力设备的在线监测与故障诊断．北京:清华大学出版社,2006.

[8] 揭秉信．大电流测量．北京:机械工业出版社,1987.

[9] 张磊．基于 XLPE 电缆局部放电检测的传感器研究[硕士学位论文]. 天津:天津大学,2009.

[10] 邓向阳,李泽仁,田建华,等．测量脉冲大电流的四光路光学电流传感器技术．强激光与粒子束,2005,17(9):1303-1306.

[11] Ulmer E A. High accuracy Faraday measurements. International Conference on Optical Tiber Sensor,1988,21:1-4.

[12] 刘公强．磁光学．上海:上海科学技术出版社,2000.

[13] 高文胜,王猛,谈克雄．油纸绝缘中局部放电的典型波形及其频谱特性．中国电机工程学报,2002,22(2):1-5.

[14] 李岩松,张国庆,郭志忠．提高光学电流互感器准确度的组合方法．电力系统自动化,2003,27(19):43-47.

[15] 陆宇航．基于光纤电流传感器的局部放电检测方法研究[博士学位论文]. 天津:天津大学,2008.

[16] 赵秀上,王振远,朱德恒,等．在线监测用电流传感器的研究．清华大学学报,1995,35(S2):121-127.

[17] 中华人民共和国国家质量监督检验检疫总局．局部放电测量(GB/T 7354—2003). 北京:中国标准出版社,2004.

[18] 王昌长,郭恒,朱德恒．在线监测电力设备局部放电的电流传感器系统的研究．电工技术学报,1990,(2):12-16.

第 4 章　特高频传感器

PD 是电力系统中电力设备绝缘监测的重要内容，因为电力设备中 PD 总在很小的范围内发生，具有极快的击穿特性，放电脉冲持续时间约为几纳秒，产生的脉冲波头上升时间仅为 1ns 左右[1]，激发的电磁波频率可覆盖低频到特高频段(300～3000MHz)。其中，特高频电磁波可在电气设备内部有效地传播，且信号衰减相对很小，而电气设备所在环境中的干扰信号的频率一般不会高于 200MHz。因此，可以运用特高频传感器通过接收特高频段的电磁波信号对设备的 PD 情况进行诊断评估。该检测方法最早在 20 世纪 80 年代的英国，由 Boggs 和 Stone[2]将其应用于 GIS 设备的 PD 检测中[3]。该检测方法由于具有抗干扰能力强、灵敏度高等优点，近年来发展迅速。

特高频法检测 PD 的关键是特高频传感器。PD 是一种局部范围内非平稳陡脉冲信号，具有电磁暂态特性，相对于高电压和大电流而言是一种极其微弱的脉冲信号，从而使 PD 信号容易被强电磁干扰信号所淹没而难以有效获取。因此，设计研制性能优异的特高频传感器是利用特高频法实现对电气设备中 PD 在线监测的关键技术。目前，国内外学者对用于不同电气设备 PD 检测的特高频传感器的研究都有所涉及。就 GIS 而言，除了能够在设备内部安装圆环或圆盘形内置传感器外，还通常在盆式绝缘子处安装外置特高频传感器进行 PD 信号的检测，由于 GIS 金属外壳在盆式绝缘子处的不连续，PD 激发出的电磁波信号可在盆式绝缘子处泄漏并被外置传感器接收[4-6]。就变压器而言，由于其通常采用油绝缘方式，密封性能好，将特高频传感器安装在外部不能对其进行有效的检测，因此通常从油阀处插入或在手孔处安装内置天线传感器进行 PD 检测，其中，套筒单极子等天线具有较好的检测性能[7,8]。此外，为了进一步提高检测效果并且不妨碍变压器的安全运行，有研究采用介质窗口，将其安装在变压器油箱上，使 PD 产生的电磁波经过它辐射出来被安装在外侧的特高频传感器所接收[9]；也有研究将传感器安装至变压器油箱接缝处，接收接缝处泄漏的电磁波信号[10]，这种方法虽然操作方便且不妨碍变压器运行，但检测灵敏度和抗干扰能力有所降低。就同轴电缆而言，由于电缆接头的结构较小，因此可以运用体积较小的探针天线安装在金属盒内，并将其夹在接头后方，该方式既保证了监测不受外界电磁环境的干扰，又由于监测距离近而具有较好的监测效果[11,12]。本章将详细介绍特高频传感技术及相关传感器在 GIS、变压器设备以及电缆中的应用。

4.1 特高频传感器的基本概念及表征参数

特高频传感器实际是一种天线传感器,作用是把PD产生的电磁波能量转换成高频电流能量,从而实现PD信号的检测。天线是一种能量转换装置,大多数天线传感器发射时的行为与接收时的行为相同,属于互易器件,发射天线将导行波转换为空间辐射波,接收天线则把空间辐射波转换为导行波。天线用作发射还是接收要根据实际情况需要而定,天线传感器能够像透镜聚焦光波那样聚焦无线电波。本节主要介绍特高频传感器的接收原理及表征传感器性能的主要参数[13]。

4.1.1 特高频传感器接收原理

用于电气设备PD检测的特高频传感器均可视作一种接收天线,能够将耦合到PD所产生的空间电磁波信号转变为电压或者电流信号,如图4.1所示。由于接收天线总是位于发射天线辐射场的远区,一般认为到达接收天线处的无线电波是均匀平面波。假设来波方向与天线轴构成入射平面,入射电场可分为两个分量:一个是与入射面相垂直的分量 E_v;一个是与入射面相平行的分量 E_h。只有与天线轴相平行的电场分量 $E_z=-E_h\sin\theta$ 才能在天线导体 d_z 段上产生感应电动势 $\mathrm{d}E=-E_zd_z=E_h\sin\theta d_z$,从而在天线上激起感应电流 $I(z)$。如果将 d_z 看成一个处于接收状态的电基本振子,则可以看出无论电基本振子是用于发射还是接收,其方向性都是一样的。

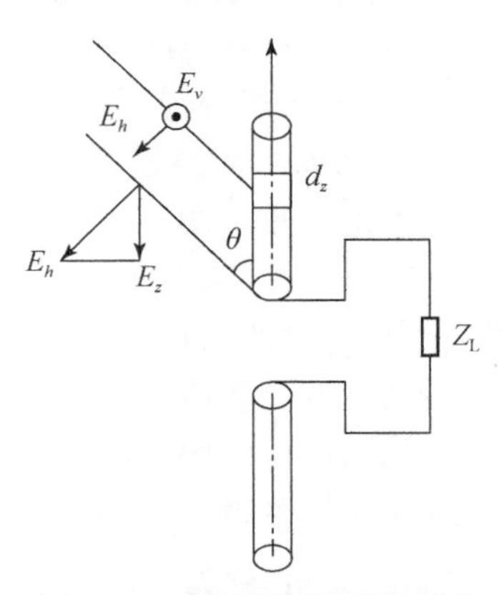

图4.1 天线接收原理示意图

接收天线接收到的磁场激起感应电流,并通过传输线送到负载,就有功率的输出。利用"电路"的模型分析,接收天线自身在这个电路中相当于一个电压源,此电压源可由理想的电压源 V_{oc}(等效电路开路电压)和内阻抗 Z_{in} 构成,此内阻抗就是从外电路两端看进去时接收天线的输入阻抗,常用 $Z_{in}=R_{in}+\mathrm{j}X_{in}$ 表示。接收天线的等效电路如图4.2所示,图中 Z_L 表示负载阻抗。

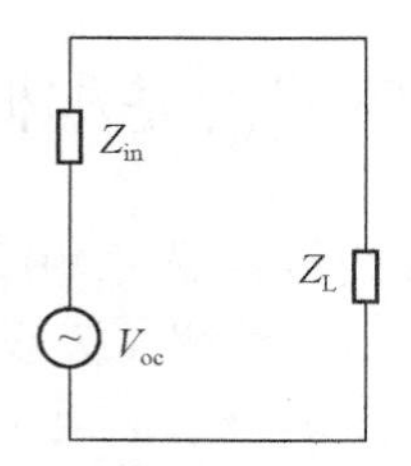

图 4.2 天线接收电路示意图

当天线以最大接收方向对准来波信号方向进行接收时，且天线的极化与来波极化相匹配。当 Z_{in} 与 Z_L 共轭匹配（即 $Z_L = R_{in} - jX_{in}$），接收天线处于最佳工作状态，传送到匹配负载的最大功率 P_{Lmax} 为

$$P_{Lmax} = \frac{V_{oc}^2}{8R_{in}} \tag{4.1}$$

式(4.1)表明，除了通过减小损耗、与输出相匹配等方式以外，要想在天线传感器上得到较大的辐射功率，还需要增大天线对电磁波的感应，而天线传感器所能感应到的最大电压取决于天线的结构设计，它也是整个 PD 监测系统的基础。

4.1.2 方向图

方向图和方向性系数是描述天线方向特性的主要参数。其中，方向图是度量天线各个方向收发信号能力的一个指标，通常以图形方式表示功率强度与夹角的关系，主要用于描述天线辐射电磁场强度在空间的分布状况，直观地反映电磁场大小的空间分布。天线方向图也指在离天线一定距离处，辐射场的相对场强（归一化模值）随方向变化的图形。通常采用通过天线最大辐射方向上的两个相互垂直的平面方向图来表示，是衡量天线性能的重要图形，可以从天线方向图中观察到天线的各项参数。

图 4.3 为完整的方向图。图中包含所需最大辐射方向的辐射波瓣叫天线主波瓣，也称天线波束。主瓣之外的波瓣叫副瓣或旁瓣或边瓣，与主瓣相反方向上的旁瓣叫后瓣波。瓣宽度是定向天线常用的一个很重要的参数，它是指天线的辐射图中低于峰值 3dB 处所成夹角的宽度。主瓣最大辐射方向与两侧的两个半功率点（即场强为最大值的 $1/\sqrt{2}$）之间的夹角，称为主瓣宽度，也称半功率波瓣宽度。主瓣宽度越小，天线辐射的电磁能量越集中，说明定向性越好。副瓣最大辐射方向上的功率密度与主瓣最大辐射方向上的功率密度之比的对数值，称为副瓣电平，一般以分贝表示。通常，离主瓣近的副瓣电平要比远的高，所以副瓣电平通常是指第一副瓣电平。一般要求副瓣电平尽可能低。主瓣最大辐射方向上的功率密度与后瓣最大辐射方向上的功率密度之比的对数值，称为前后比，通常以分贝为单位。前后比越大，天线辐射的电磁能量越集中于主辐射方向。

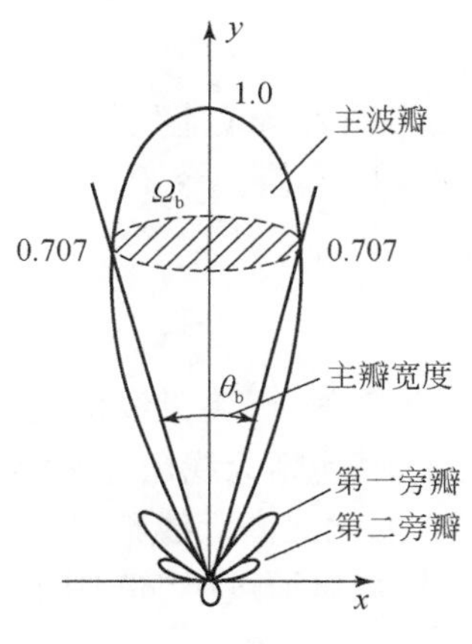

图 4.3　天线方向图

4.1.3　方向性系数

方向性系数 D 作为描述天线方向特性的重要参数之一，可定量地说明天线辐射电磁波能量的集中程度。在同样的距离和相同辐射功率条件下，将天线方向图上最大功率密度与全向天线（点源）的辐射功率密度之比定义为方向性系数 D。同时，当天线的总辐射功率 P_r 等于点源天线的总辐射功率 P_{r0} 时，方向性系数 D 也等于天线方向性系数天线在其最大辐射方向上某处场强的平方与一个全方向的点源在相同处产生场强的平方之比：

$$D=\frac{P_{\max}/(r^2\Omega_b)}{P_{av}/(4\pi r^2)}=\frac{P_{\max}/\Omega_b}{P_{av}/(4\pi)}=\frac{|E_{\max}|^2}{|E_o|^2}\bigg|_{P_r=P_{r0}} \tag{4.2}$$

式中，Ω_b 为辐射波瓣立体角，波瓣面积 $=r^2\Omega_b=r^2(\pi/4)\theta_b^2$。在球坐标系中，方向系数可以进一步表示为

$$\begin{cases} D=\dfrac{4\pi}{\displaystyle\int_0^{2\pi}\int_0^{\pi}F(\theta,\varphi)^2\sin\theta\mathrm{d}\theta\mathrm{d}\varphi}=\dfrac{4\pi}{\displaystyle\int_0^{2\pi}\int_0^{\pi}\phi(\theta,\varphi)\sin\theta\mathrm{d}\theta\mathrm{d}\varphi} \\ F(\theta,\varphi)=\dfrac{f(\theta,\varphi)}{f_{\max}(\theta,\varphi)}=\dfrac{|E(\theta,\varphi)|}{|E_{\max}(\theta,\varphi)|} \end{cases} \tag{4.3}$$

式中，$\phi(\theta,\varphi)$ 为功率方向函数；$F(\theta,\varphi)$ 为天线归一化的方向函数；$f_{\max}(\theta,\varphi)$ 是方向性函数的最大值；$E_{\max}(\theta,\varphi)$ 是最大辐射方向上的电场强度。

对于定向天线而言，由于定向天线在各个方向上的辐射强度不等，故其方向性系数也随着观察点的位置而不同，在辐射电场最大的方向，方向性系数也最大。通常，如果不特别指出，就以最大辐射方向的方向性系数作为定向天线的方向性系数。

4.1.4 天线效率

η为天线效率，其表征天线将输入高频能量转换为无限电波能量的有效程度，定义为天线辐射功率和输入功率的比值。令 P_{in}和 P_{rad}分别表示天线的输入功率和辐射功率，则 η 可以表示为

$$\eta=\frac{P_{\text{rad}}}{P_{\text{in}}} \tag{4.4}$$

天线的效率 η 是恒小于 1 的数值，因为天线的输入功率一部分转化为辐射功率，另一部分则转化为损耗功率，其包括天线馈电系统中的导线损耗、介质损耗、网络损耗、周边电磁感应损耗等。因此提高天线辐射效率也主要从其损耗的原因出发。例如，电小天线的效率较低，可以通过添加“地网”来减少周围和大地中的电磁感应损耗来提高效率。

4.1.5 增益

方向性系数 D 用于说明天线辐射能量的集中程度，以辐射功率为基点，没有考虑天线将输入功率转换为辐射功率的效率，从而定义一个以输入功率为基点的增益以完整地描述天线的特性。天线的增益表征将传输给天线的功率按照特定方向辐射的能力，被定义为在输入功率相等的条件下，天线在其最大辐射方向上的场强的平方，与理想的无方向性的点源在相同处产生的场强平方之比。增益与天线方向图有密切的关系，方向图主瓣越窄，副瓣越小，增益越高。天线的最大增益系数等于方向性系数和效率的乘积，通常以分贝来表示，即

$$G_{\text{dB}}=10\lg G=10\lg(D\eta) \tag{4.5}$$

一般来说，提高增益主要依靠减小垂直面上辐射的波瓣宽度，而在水平面上保持全向的辐射性能。增加增益就可以在一个确定方向上增大网络的覆盖范围，或者在确定范围内增大增益余量。表征天线增益的单位有 dBi 和 dBd。dBi 是相对于点源天线的增益，在各方向的辐射功率是均匀的，dBd 为相对于对称阵子天线的增益。两个单位之间的关系为 dBi＝dBd＋2.15。在相同的条件下，增益越高，电波传播的距离就越远。

可以这样理解增益的物理含义：在一定的距离上的某点处产生一定大小的信号，如果用理想的无方向性点源作为发射天线，需要 100W 的输入功率，而用增益为 $G=20$ 的某定向天线作为发射天线时，输入功率只需 100/20＝5W。换而言之，就其最大辐射方向上的辐射效果来说，与无方向性的理想点源相比，天线的增益表征了天线把输入功率放大的能力。

4.1.6 驻波比

天线接收的电磁波在传输时，由于传播介质的不均匀性，在介质的交界处会发

生反射。常用驻波比来度量天线因反射造成的驻波损耗。驻波比是行波系数的倒数，其值的大小表明天线的阻抗与传输线阻抗的匹配程度。驻波比为 1，表示完全匹配，接收信号不会发生反射，这是一种理想的状况，而实际上总存在反射，所以驻波比总是大于 1 的；驻波比为无穷大，表示全反射，完全失配，无法接收信号。常用电压驻波比系数 VSWR 来表征天线与馈线的匹配情况，它与反射系数模存在以下关系：

$$\mathrm{VSWR}=\frac{1+|\Gamma|}{1-|\Gamma|} \tag{4.6}$$

式中，Γ 是反映反射损耗的反射系数，一般是复数。工程上一般要求 VSWR<2，在特高频天线设计中也通常以此作为优化目标。

4.1.7　输入阻抗

天线与馈线的连接处称为天线的输入端，该端口所呈现出来的阻抗值定义为天线的输入阻抗，可表示为馈电点两端感应的信号电压与信号电流之比。一般而言，天线的输入阻抗是复数，实部与虚部分别代表了输入阻抗的电阻分量和电抗分量。因为输入阻抗的电抗分量会减少从天线进入馈线的有效信号功率，所以在天线设计中必须使天线输入阻抗中的电抗分量尽可能为零，尽量使天线的输入阻抗为纯电阻特性。研究天线输入阻抗的主要目的是实现天线和馈线间的匹配，其工作就是要想办法消除天线输入阻抗中的电抗分量，进而使电阻分量尽可能地接近馈线的特性阻抗（一般为 50Ω 或者 75Ω），从而使天线在工作频带内保证尽可能小的驻波比。

天线匹配性能的优劣常用反射系数 Γ、行波系数 K、驻波比 VSWR 和回波损耗 RL 来衡量。4 个参数之间存在一定的转换关系，如式(4.6)～式(4.9)所示。因此，由任何一个参数皆可描述天线的匹配特性，往往由使用者的习惯决定。大多数情况下，用得较多的是驻波比 VSWR 和回波损耗 RL。

$$\Gamma=\frac{\text{反射波振幅}}{\text{入射波振幅}} \tag{4.7}$$

$$K=\frac{\text{入射波振幅}-\text{反射波振幅}}{\text{入射波振幅}+\text{反射波振幅}} \tag{4.8}$$

$$\mathrm{RL}=20\lg|\Gamma|=20\lg\left|\frac{1-K}{1+K}\right| \tag{4.9}$$

天线的输入阻抗可以表示为

$$Z_{\mathrm{in}}=Z_{\mathrm{c}}\frac{1+\Gamma}{1-\Gamma}=\frac{Z_{\mathrm{c}}}{K} \tag{4.10}$$

式中，Z_{in}是天线的输入阻抗；Z_{c}是传输线特性阻抗。

天线的输入阻抗与天线的几何形状、尺寸、馈电点位置、工作波长和周围环境等因素有关。为了使用方便，一般将天线的输入阻抗设计为 50Ω[14]。

4.1.8 极化方式

天线的极化，就是指天线辐射时形成的电场强度方向，即时变电场矢量端点运动轨迹的形状、取向和旋转方向。若轨迹是直线，就称为线极化；若轨迹是圆，就称为圆极化；若轨迹是椭圆，就称为椭圆极化。对于圆极化和椭圆极化而言，根据旋转方向的不同，可以分为左旋极化和右旋极化两类，如图 4.4(b)和(c)所示，图中波从页面里向外传播。当以地面为参照时，线极化(图 4.4(a))又可以分为垂直极化和水平极化形式。当电场强度方向垂直于地面时，此电波就称为垂直极化波；当电场强度方向平行于地面时，此电波就称为水平极化波。垂直极化波要用具有垂直极化特性的天线来接收，而水平极化波则要用具有水平极化特性的天线来接收。电波的固有特性，决定了水平极化传播的电磁信号，在贴近地面时会在大地表面产生极化电流，极化电流因受大地阻抗影响产生热能而使电场信号迅速衰减；而垂直极化方式则不易产生极化电流，从而避免了信号能量的大幅衰减，保证了信号的有效传播。

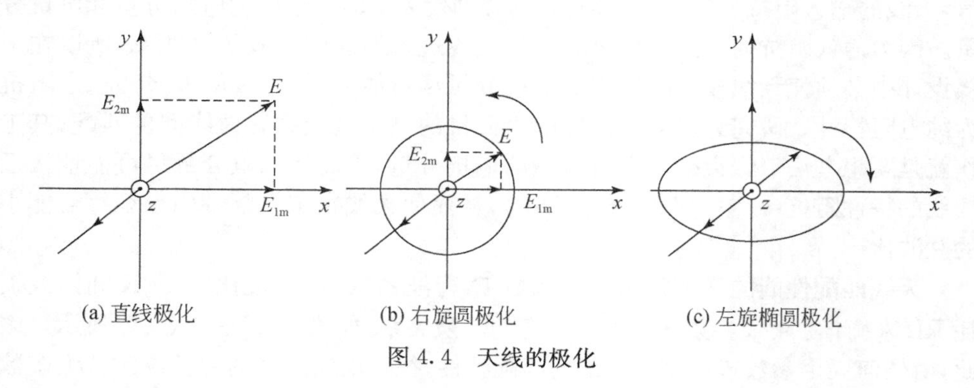

图 4.4 天线的极化

一沿着 z 轴传播的均匀平面电磁波，通常情况下，均匀平面电磁波的电场在与传播方向垂直的平面内，x 分量和 y 分量同时存在，并且合成电场方向也不一定是固定不变的，在传播方向上，某一确定的点上的电场总是作为时间的函数在旋转。一般情况下，两个电场分量 x 和 y 幅值不相等且相位相差为任意值，那么这时的旋转轨迹将为一个椭圆，该平面波便称为椭圆极化波，如图 4.5 所示。定义沿着 z 轴传播的椭圆极化波沿着 x 轴方向和 y 轴方向的电场分量分别为

$$\begin{cases} E_x = E_{1\mathrm{m}}\sin(\omega t - \beta z) \\ E_y = E_{2\mathrm{m}}\sin(\omega t - \beta z + \varphi) \end{cases} \tag{4.11}$$

式中，$E_{1\mathrm{m}}$表示电场在 x 方向的幅值；$E_{2\mathrm{m}}$表示电场在 y 方向的幅值；φ 为 E_x超前E_y的相位角。

为简单起见，取在 $z=0$ 处的平面来讨论。消去时间参量可以得到电场矢量端

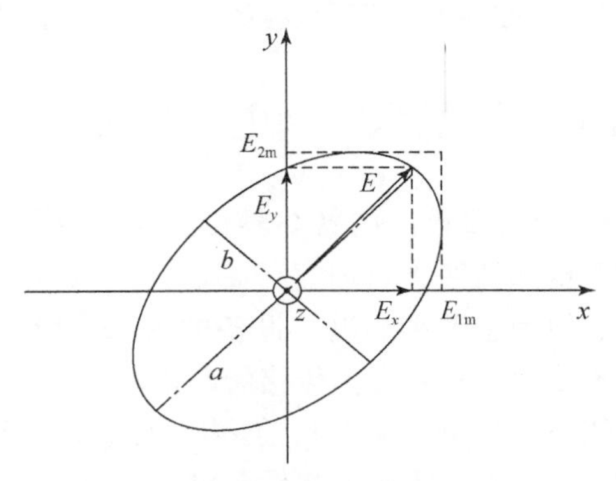

图 4.5　椭圆极化

点的轨迹方程为

$$\frac{E_x^2}{E_{1m}^2}+\frac{E_y^2}{E_{2m}^2}-\frac{2E_xE_y\cos\varphi}{E_{1m}E_{2m}}=\sin\varphi \tag{4.12}$$

该方程表明此时电场矢量端点轨迹为一个椭圆，图 4.5 中的 a、b 分别为椭圆的长轴与短轴。显然，直线极化与圆极化是椭圆极化的特例。当 E_{1m} 与 E_{2m} 分别为 0 时，对应的波分别沿着 x 轴与 y 轴极化，当 φ 为 0 且 $E_{1m}=E_{2m}$ 时，对应的波也为直线极化，此时相当于椭圆短轴 $b=0$；当 $\varphi=\pm\pi/2$ 且 $E_{1m}=E_{2m}$ 时，波为圆极化，此时相当于椭圆长轴 a 与短轴 b 相等，$\varphi=\pi/2$ 与 $\varphi=-\pi/2$ 分别对应左旋圆极化和右旋圆极化。

当来波的极化方向与接收天线的极化方向不一致时，在接收过程中通常都要产生极化损失。例如，当用圆极化天线接收任一线极化波或用线极化天线接收任一圆极化波时，都要产生 3dB 左右的极化损失，即只能接收到来波的一半能量；当接收天线的极化方向（如水平或右旋圆极化）与来波的极化方向（相应为垂直或左旋圆极化）完全正交时，接收天线也就完全接收不到来波的能量，来波与接收天线极化被隔离。

在同一系统中，天线的收、发极化必须一致，这种一致性则称为极化匹配，此时极化效率为 1[15]。

4.1.9　带宽

为了使能量损耗小于 10%，要求天线在工作频带内的驻波比应小于 2，并将该工作频段定义为天线的带宽[15]，常用相对带宽比表示，即

$$B=\frac{2\Delta f}{f_0}=\frac{f_{max}-f_{min}}{f_0}\times 100\% \tag{4.13}$$

式中，f_{max}、f_{min} 分别是工作频带的上限频率和下限频率；f_0 为工作频带内的中心频率。

在天线理论中，带宽 B 是最基本也是实用性很强的电指标，通常将 $B<0.1$ 称

为窄带天线，$B=0.1\sim0.6$ 称为宽频带天线，$B>0.6$ 称为超宽频带天线。

4.2 应用于气体绝缘组合电器中的特高频传感器

目前，应用于 GIS 设备 PD 检测的特高频传感器，根据安装位置的不同，可以分为内置传感器和外置传感器两类。内置传感器安装在电气设备内部，其检测灵敏度高，抗干扰能力强，但为了不影响电气设备的内部环境，传感器的结构和尺寸都有严格的限制。外置传感器相对内置传感器而言，结构形式更加丰富，性能优异的外置传感器也具有较好的检测效果。目前，内置传感器主要有圆环传感器及圆盘传感器[16,17]，通常装在 GIS 法兰和维修手孔处。相对于内置传感器，外置传感器不受电气设备内部空间环境的限制，在设计上更加灵活多变，种类更多，主要有螺旋传感器[18,19]、微带传感器[20,21]、喇叭天线传感器[6]和分形天线传感器[5]等，主要安装在盆式绝缘子连接处。本节主要介绍几种常见的特高频传感器。

4.2.1 内置型圆盘传感器

对于内置传感器而言，不仅其结构尺寸受到 GIS 设备内部空间的限制，其安装方式也有严格的要求，传感器的置入既不得改变设备内部空间正常运行的电气环境，也不能因传感器的引入破坏 GIS 设备的内部绝缘，导致新的绝缘缺陷。图 4.6 为 GIS 设备中常用的圆盘特高频传感器及其安装示意图。该类型传感器的安装基本不会影响 GIS 内部的电场分布，传感器内电极可以看成一个接收天线，而激发的 PD 信号就相当于一个发射天线。同时，该传感器在接收特高频(300MHz)以下频率的 PD 信号时，可以等效为电容分压器，传感器通过电容耦合的形式传感信号。同时，为了抑制传感器耦合到的工频信号，需在传感器上并联电阻 R_r。电阻 R_r 与由传感器电极与 GIS 外壳的耦合电容并联可形成无源高通滤波器，可以有效抑制耦合到的工频信号。对 R_r 的取值必须合理，取值太大，不能起到隔离作用；取值太小，又耦合不到 PD 信号。

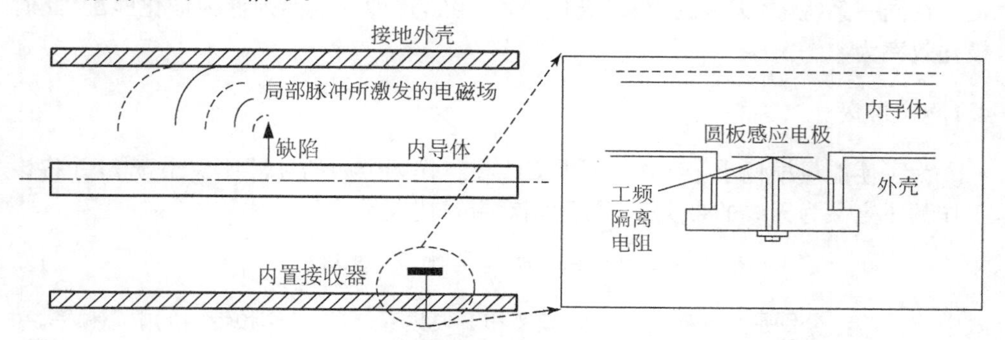

图 4.6 内置圆盘传感器结构示意图

1. 内置型圆盘传感器电路模型原理

特高频 PD 检测技术所利用的频段属于特高频段，在该频段，可将传感器视作一个接收天线，该天线的开路电压为 U_0，如图 4.7 所示。图中天线的等效内阻抗表示为 Z_a，近似等效为 R_a 和 C_a 串联，由于有等效电容的存在，Z_a 的值取决于接收信号的频率。Z_L 是测量部分的输入阻抗，同时是接收天线的负载，包括从传感器电极到传感器输出的信号引线，一般呈感性，常表示为 $Z_L=R_L+jX_L$ 。

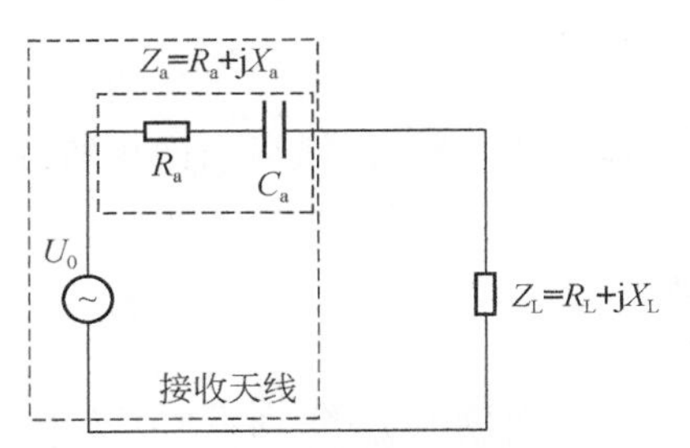

图 4.7　内置传感器等值回路

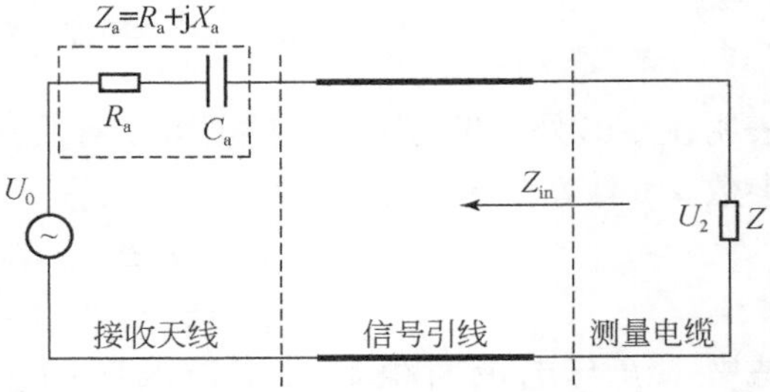

图 4.8　传感器天线模型等效电路

图 4.8 为内置天线传感器完整的等效电路，主要考虑了信号引线的影响，传感器信号引线与法兰侧壁组成的一段长为 l_D 的均匀传输线，其特性阻抗 Z_D。从图 4.8中看去，内置传感器的输入阻抗 Z_{in} 可以表示为

$$Z_{in}=Z_D\times\frac{Z_a+jZ_D\tan\left(\frac{2\pi l_D f}{c}\right)}{Z_D+jZ_a\tan\left(\frac{2\pi l_D f}{c}\right)} \tag{4.14}$$

式中，c 为光速。对于内置圆盘传感器，给定信号电压 U_0 时的频率响应可按式(4.15)计算，进而得到传感器的频率响应为

$$\left|\frac{U_2}{U_0}\right|=\frac{Z}{|Z+Z_{in}|} \tag{4.15}$$

在接收 PD 信号产生特高频以下频率的信号时，内置传感器相当于电容分压器，传感器通过电容耦合的形式传感信号，圆板电极与高压内导体形成高压臂电容 C_1，与 GIS 接地外壳形成低压臂电容 C_2，由 C_1 和 C_2 构成了一个电容分压器，如图 4.9(a)所示。在不考虑其他因素的影响下，内置传感器的电容分压器模型如图 4.9(b)所示。电容 C_1 和 C_2 的大小由 GIS 模拟装置与传感器的结构、几何尺寸和安装位置决定，对地耦合电容 C_2 为传感器电极与凹形底面和传感器安装孔侧壁之间的耦合电容。

2. 内置型圆盘传感器响应特性分析

本书以图 4.10 所示圆盘形传感器为例分析其频率响应特性[22]。前面的分析

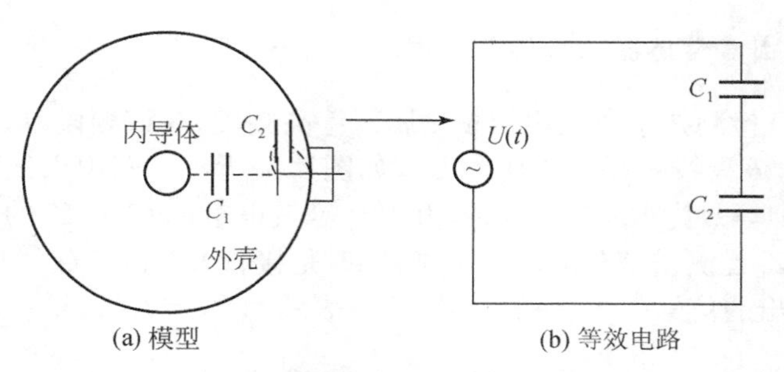

图 4.9 传感器电容耦合原理图

表明在 GIS 外壳里的圆盘传感器可以看成一个圆盘天线，圆盘天线可由两个特性参数 α、β 计算 C_a 和 R_a 的数值：

$$\begin{cases} R_a = \alpha/\beta^2, \quad C_a = \beta/(2\pi) \\ \alpha = S/f^2, \quad \beta = S/f \end{cases} \tag{4.16}$$

式中，α、β 与电极面积 S 和电磁波频率 f 有关；S 为圆盘天线面积，$S=\pi r^2 = 0.0177\text{m}^2$。

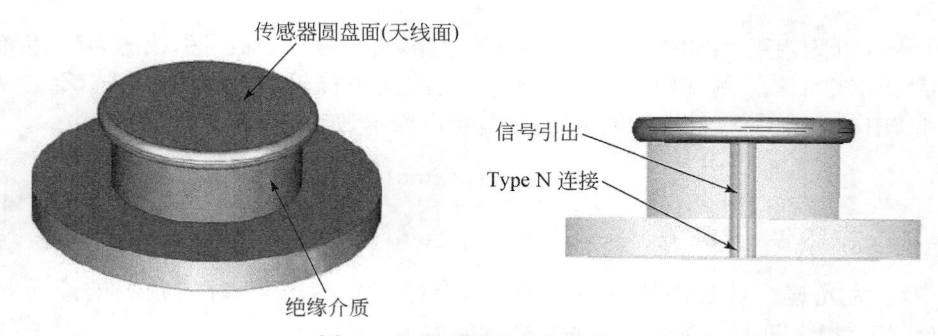

图 4.10 圆盘形特高频传感器

根据式(4.14)～式(4.16)可以计算得到不同频率 f 下的 α、β、R_a、C_a，进而得到圆盘传感器的频率响应，如图 4.11(a)所示。图 4.11(b)为内置传感器的实测驻波比结果。传感器的电压驻波比 VSWR 与频率响应 U_2/U_1 不同，驻波比越低，传感器接收电磁波的能力越强。由图 4.11(a)和图 4.11(b)可见，理论计算与实测结果曲线基本一致，内置圆盘传感器频率响应曲线在 300MHz～3GHz 内基本上为水平线，驻波比基本上小于 2。

3. 内置传感器检测 GIS 局部放电实测

常用的 GIS-PD 试验系统包括无 PD 高压电源、GIS 罐体、GIS 缺陷模型 UHF 传感器和宽带示波器等，试验等效原理图如图 4.12 所示。GIS 试验装置内充

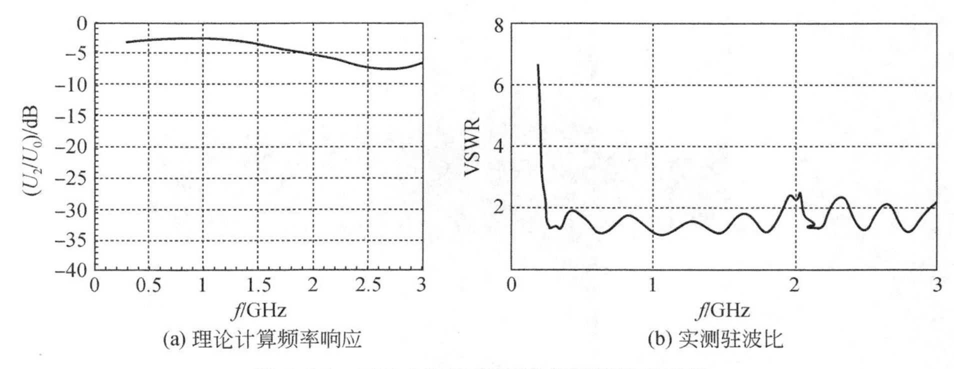

图 4.11　GIS 内置圆盘形特高频传感器特性

0.61MPa 的 SF_6 气体，在 GIS 内高压导体上固定金属突出物（针尖缺陷模型为直径为 0.2mm、长 2～10mm 的金属丝）以产生 PD 信号。

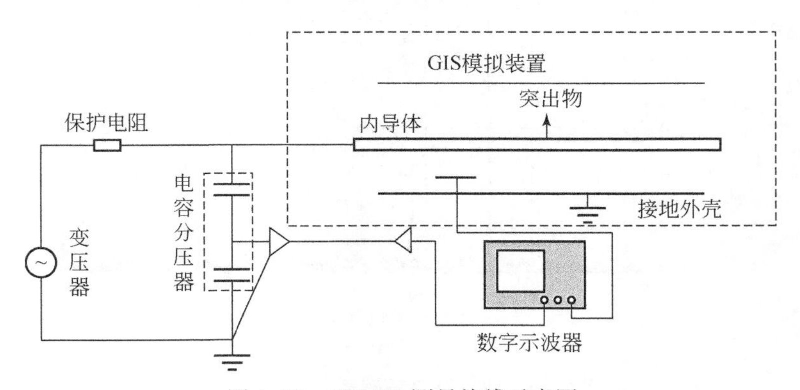

图 4.12　GIS PD 测量接线示意图

图 4.13(a)为示波器实测 PD 信号，图 4.13(b)为实测 PD 的频谱信息。结果表明该内置圆盘传感器具有良好的检测效果，具有较高的抑制低频干扰的能力，此外，频谱信息表明 PD 信号主要集中在 300～400MHz 处。

4.2.2　微带天线传感器

微带天线属于线元天线的一种，现在已经应用于 100MHz～100GHz 的宽广频域上的大量无线电设备中。这种天线剖面薄，体积小，质量轻，具有平面结构，并可制成与导弹、卫星等载体表面共形的结构；馈电网络可与天线结构一起制成，适合于用印刷电路技术大批量生产；能与有源器件和电路集成为单一的模件；便于获得圆极化，容易实现双频段、双极化等多功能工作，因此其尤其适用于飞行器和地面便携式设备中。微带天线的主要缺点为频带窄；有导体和介质损耗，并且会激励表

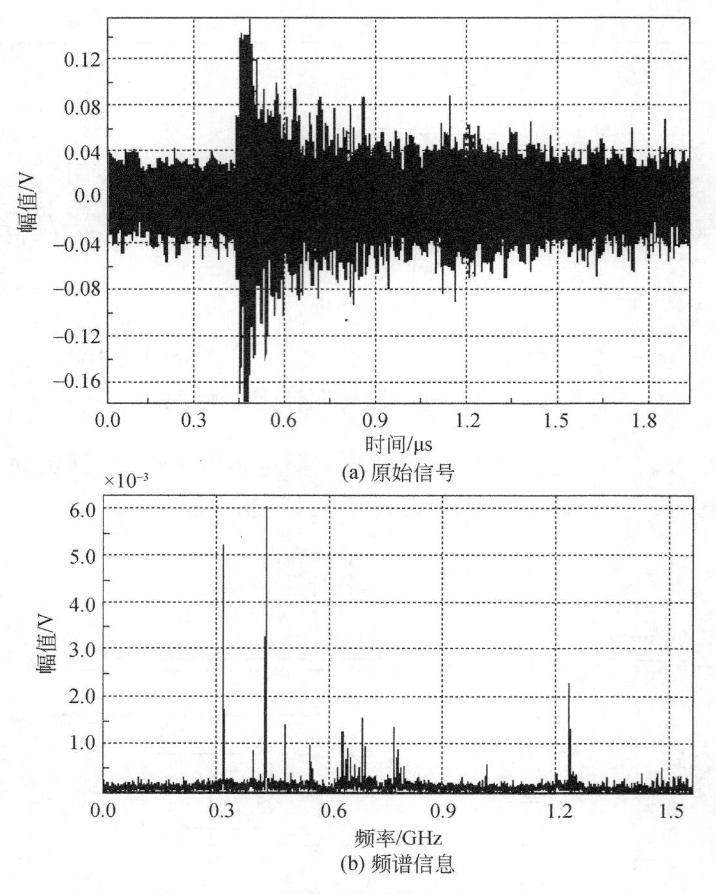

图 4.13　内置圆盘传感器实测 PD 信号

面波，导致辐射效率降低；性能受基片材料影响较大；功率容量较小；一般用于中、小功率场合。

1. 微带天线的结构与展宽

本节所设计的微带贴片天线由矩形金属贴片、介质板、金属底板和馈线四部分构成，如图 4.14 所示。微带贴片天线是由矩形金属贴片粘贴在背面有导体接地板的介质板上形成的。介质板选用介电常数较低的聚苯乙烯材料，其介电常数为 2.62。天线利用金属贴片和金属底板之间的缝隙接收电磁波，并转化为高频电流，用同轴探针作为馈线进行馈电，通过 50Ω 的同轴射频电缆把信号传输到检测设备。

常规设计的微带天线相对带宽为中心频率的 1%～6%，不能够满足 GIS-PD 检测的要求，所以为了获取更多的 PD 信息，在设计时应该对检测频带进行拓宽。

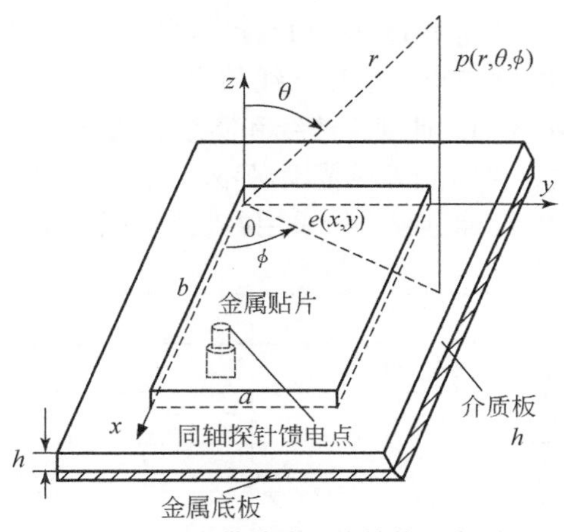

图 4.14　微带贴片天线结构示意图

展宽频带的方法可以从降低总 Q 值的各个方面去探求，也可以用附加的匹配措施来实现。一般可采用如下方法进行展宽频带。

1）采用介电常数 ε_r 较小的基板

介质基板选用了介电常数较低的聚苯乙烯材料，目的是降低 ε_r，天线的储能因 ε_r 的减小而变小，使辐射对应的 Q_r 降低，从而使频带变宽。

2）采用厚基板

厚度 h 增加时，辐射电导也随之增大，辐射对应的 Q_r 和总的 Q 值降低，使频带加宽。

3）选用楔形基板

在相同馈电点位置，楔形介质基板谐振器的驻波比小于 2 的频带要比普通的矩形宽很多。文献[23]表明采用这种方法可将频带展宽一倍左右。这种基板形状变化使频带展宽的原因是：由两辐射端口处基板厚度不同的两个谐振器经阶梯电容耦合产生的双回路现象造成。

4）采用附加阻抗匹配网络

微带贴片天线的等效电路可以用一个 RLC 并联谐振电路来描述，在背馈情况下，馈电探针可视为一个电抗，此时可附加一个串联电容，与天线探针电感形成一个串联谐振电路，并使它与微带贴片天线所等效的并联谐振电路在同一频率上谐振，串并联谐振回路在谐振频率附近的电抗趋于抵消，使之避免了偏离谐振时电抗的迅速变化，从而展宽了频带。

2. 微带天线的参数计算和测试

1）驻波比和带宽

图 4.15 所示曲线 1 是微带天线展宽频带前的理论驻波比，曲线 2 是展宽频带

后的理论驻波比，曲线 3 是利用 HP8720D 标准网络分析仪测得的展宽频带后的驻波比。图中的信息表明：微带矩形贴片天线的中心频率为 390MHz，驻波比小于 2 的绝对带宽为 340～440MHz，且理论曲线和实测曲线基本吻合。该微带贴片传感器的相对带宽为 25%，达到宽频天线范围，另外，从图中展宽频带前后的驻波比曲线可以看出，在前面天线设计过程中所采用的频带展宽方法具有明显的效果。

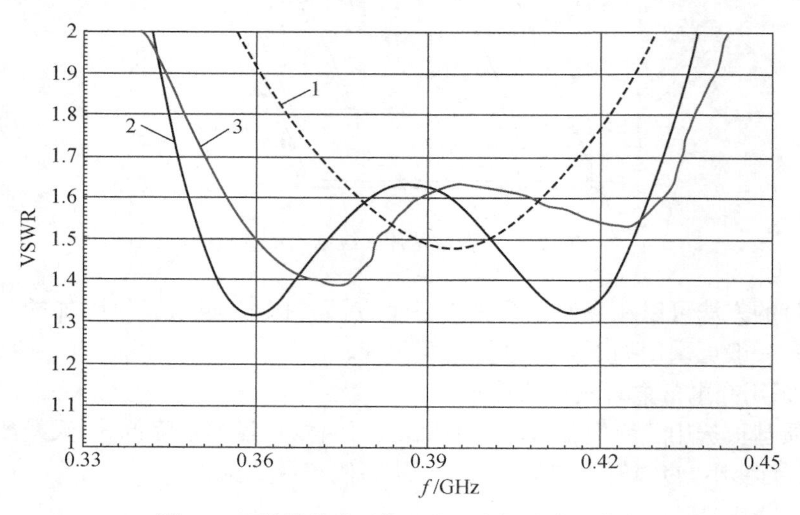

图 4.15 微带贴片天线理论和实测驻波比曲线

2）方向性系数 D 与增益 G

微带天线的方向性系数 D 为

$$D=\frac{2}{15G_r}\left(\frac{a}{\lambda_0}\right)^2 \tag{4.17}$$

微带贴片天线的增益为

$$G_r=\frac{\varepsilon_r ab}{120\lambda_0 hQ_r} \tag{4.18}$$

式中，$Q_r=\frac{c\sqrt{\varepsilon_r}}{4f_r h}$，$f_r$是谐振频，$c$ 是电磁波的传播速度。

使用天线仿真软件计算可以得到微带天线在 $\phi=0°$时 x-z 平面和 $\phi=90°$ 时 y-z平面的方向图，如图 4.16 所示。参照图 4.14 所示的坐标系，其中 θ、ϕ 是球坐标中的角度变量，p 点是辐射点，r 为辐射点到原点的距离。图中的信息表明：微带传感器在 $\theta=0°$ 时，具有最佳方向性；当 $\phi=0°$、$\theta=90°$时和 $\phi=90°$、$\theta=120°$ 时，方向性最差。从图中还可知微带天线对方向性要求较高，当没有处于最佳检测方向时，接收性能下降较快，所以在接收信号时要正确调整天线的方向来获得最大的增益。

采用两相同天线法来实测天线的增益以验证理论计算的增益值。实测数据见

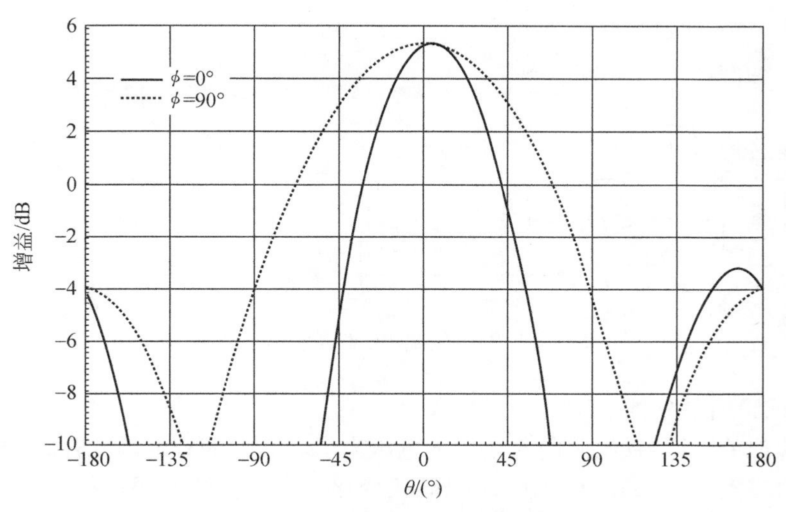

图 4.16　微带贴片天线方向图

表 4.1，由表中数据依据式(4.19)计算可得天线增益为 5.70。结果表明理论值和实测值相符，该微带传感器的增益较高，有利于检测微弱信号和后续阶段的信号处理。

表 4.1　天线增益实测数据

波长 λ	间距 R	输出功率 P_t	发射端插损 L_1	接收功率 P_r	接收端插损 L_2
0.776m	4.86m	15.36dB	−0.78dB	−11.8dB	−1.04dB

$$\begin{cases} L_0 = 20\lg\left(\dfrac{\lambda}{4\pi R}\right) \\ G = 0.5(P_r - P_t - L_x - L_0) \end{cases} \tag{4.19}$$

式中，λ 为天线中心频率处的波长；R 为两天线间距；P_r 为输出功率；P_t 为接收功率；L_x 为总插损；L_0 为电磁波在空间传播的损耗。

3. 微带传感器实测 PD 信号

1) GIS-PD 测量试验平台

为考核微带天线传感器检测特高频 PD 信号的能力，采用 GIS-PD 检测系统对其进行测试，试验回路如图 4.17 所示。试验中，在 GIS 模拟装置中充以 0.5MPa 的 SF_6 和 N_2 的混合气体(体积比为 4∶1)，同时用内置传感器和微带传感器进行检测对比，PD 信号波形用高速数字示波器(Lecroy WavePro7100，带宽为 1GHz，最大采样率为 20GS/s，存储深度为 48MB)记录波形，同时引入工频信号作为相位参考。

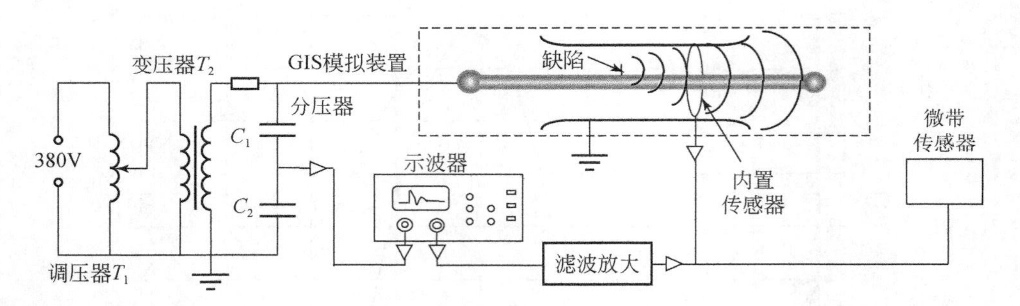

图 4.17　GIS 缺陷 PD 监测实验线路图

2）试验结果分析

试验现象表明：针缺陷的起始放电电压为 12.5kV，随着电压的升高，放电重复率和幅值增大，信号的波形和频谱的形状变化不大。实测结果如图 4.18(a)和图 4.18(b)所示。图 4.18(a)为内置传感器在 19.6kV 时测得的 PD 波形及其频谱图，图 4.18(b)为微带天线测得的 PD 波形和频谱图。微带天线测得的信号幅值和信噪比都稍差于内置传感器，但是可以检测到清晰的 PD 信号，能满足 PD 检测的需要，具有较高的灵敏度，且可避开一定的窄带和随机干扰。从频谱图还可以看到信号的频谱主要分布在 440MHz 之前，这与天线的理论截止频率吻合。

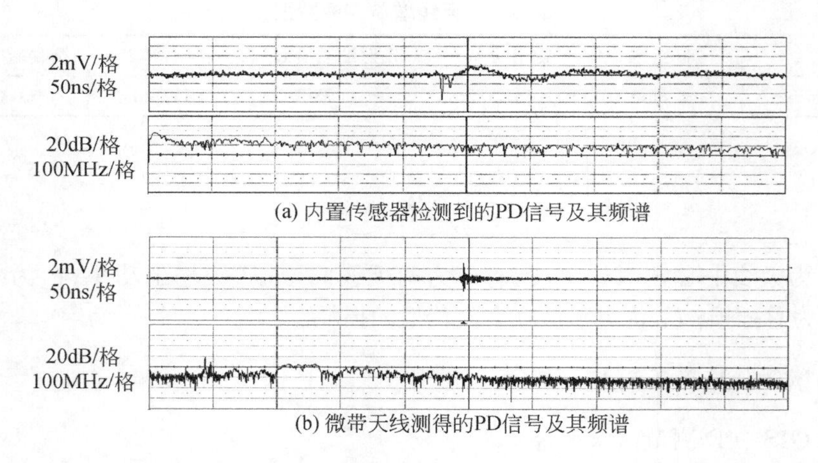

(a) 内置传感器检测到的PD信号及其频谱

(b) 微带天线测得的PD信号及其频谱

图 4.18　内置圆环传感器和微带贴片天线测得的 PD 信号

图 4.19 是实测信号波形与工频相位图，针缺陷导致的放电主要发生在正负半周幅值最大处附近，正半周放电发生得很稀疏且放电幅值小于负半周。

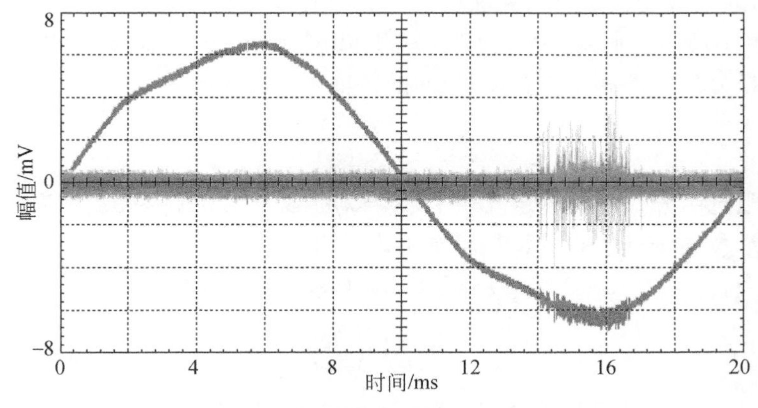

图 4.19　PD 信号波形与相位

4.2.3　横向电磁波喇叭天线传感器

喇叭天线是一种应用广泛的微波天线，其优点是结构简单、频带宽、功率容量大、调整与使用方便，是很多电磁测试系统及电磁兼容测试中使用的一种超宽带定向辐射天线，它在具有超宽带特性的同时，可以达到波形失真小的效果，可以视为张开的波导，且具有较高的定向性。合理地选择喇叭尺寸，可以取得良好的辐射特性：相当尖锐的主瓣、较小副瓣和较高的增益。

1. 基本形式的横向电磁波喇叭及优化方式

喇叭天线可以视为张开的波导，且具有较高的定向性。基本形式的横向电磁波(TEM)喇叭天线由两片薄金属板构成，每块板等为带有角尖的三角形，两薄板以一定角度分离，传输线和天线在角尖处连接，如图 4.20(a)所示。多年来，TEM 喇叭天线已作为高功率超宽带天线被广泛用于辐射和接收脉冲信号[24-26]。通过对基本结构的修改，其性能已得到了优化。

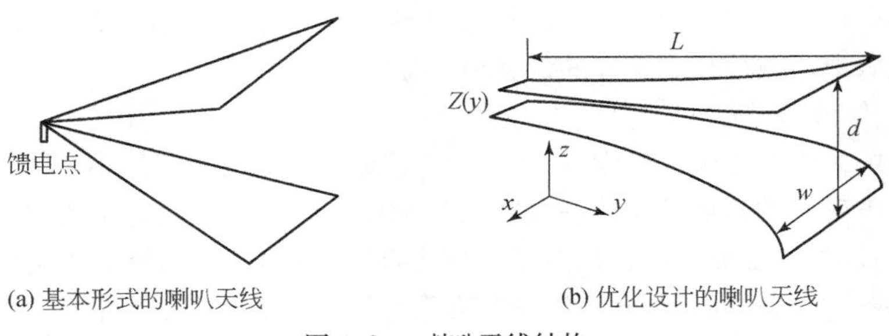

图 4.20　喇叭天线结构

例如,通过改变板块形状和加载阻抗负载的形式来对这些天线设计进行优化,如图 4.20(b)所示。假定一平行波导头的 TEM 喇叭,$d(y)$、$d(w)$分别为沿 y 方向变化的平板分离距离和平板宽度,板间的特征阻抗可表示为[27]

$$Z(y)=\frac{d(y)}{w(y)}\eta \tag{4.20}$$

可见特征阻抗由开口形状决定。式中,$\eta=\sqrt{\mu_0/\varepsilon_0}=120\pi\Omega\approx377\Omega$ 为自由空间本征阻抗。沿 y 方向任意点的特征阻抗可表示为

$$Z(y)=Z_0\mathrm{e}^{\alpha y},\quad 0\leqslant y\leqslant L \tag{4.21}$$

$$\alpha=\frac{1}{L}\ln\left(\frac{\eta}{Z_0}\right) \tag{4.22}$$

式中,$Z_0=50\Omega$。平板分离距离 $d(y)=2f(y)$,可用金属板沿 y 方向结构变化的方程 $f(y)$ 表示。以基本形式的 TEM 喇叭匹配 50Ω 同轴电缆的馈线,则馈源应设在平行波导头 $y=0$ 处;若是经过优化设计的喇叭,则需要找到该设计方案的匹配馈点位置。

1) 介质填充形式的 TEM 喇叭

作为一种特殊的加载形式,有国外学者对介质填充形式的喇叭特性进行了研究[28]。为了使导行波的反射最小化,降低天线驻波比,在喇叭转换区域,即介于平行波导与自由空间口径间的喇叭段可制成近似指数率逐渐锥削,同时可降低副瓣电平。

减小天线的整体尺寸,天线的辐射性能会受到较大影响,故采用了介质加载的形式加以补偿,但在缩小喇叭天线体积的同时也降低了天线效率、增加了天线质量。设加载的材料相对介电常数为 ε_r,相对磁导率为 μ_r,电磁波波速、波长分别为 v 和 λ,光速为 c,则天线接收的电磁波频率 f 为

$$f=\frac{v}{\lambda}=\frac{c/\sqrt{\varepsilon_r\mu_r}}{\lambda} \tag{4.23}$$

天线填充介质后可接收波长更短的电磁波,当 $\lambda\leqslant\lambda_c$(截止波长)时,可通过喇叭传导。因此介质加载的天线可以接收更多高次模波信号,在天线小尺寸的情况下保持接收电磁波信号有较好的带宽和增益。

2) 立体微带结构

普通的微带贴片天线带宽窄,其贴片与接地面之间的距离远小于工作波长,可近似认为电磁波的传播被束缚在贴片与接地面之间。而增大此距离,当达到或者大于半波长时,电磁波便不再局限于介质内,能量从贴片末端辐射和接收,形成准 TEM 天线[29-31]。微带天线可等效为具有高品质因数的并联谐振电路,因此要获得适当的带宽实质上是通过设计天线的谐振性来达到的。若天线在谐振频率上与馈线匹配,ρ 为一个任意指定的驻波比值,则微带贴片天线驻波比不大于 ρ 的相对带

宽可表示为

$$B_{\mathrm{r}}=\frac{\rho-1}{\sqrt{\rho}Q} \tag{4.24}$$

微带天线的品质因数 Q 降低，可使储存在天线结构中的能量更多地转变为辐射能量，有效拓宽频带。这可以通过增加介质基板的厚度或者采用异形介质基板来实现[32,33]。异形基板通常采用阶梯形和劈形结构，实际上是通过增加介质基板厚度来展宽频带，而且在基板薄端馈电，可减小探针长度，减少感应电抗对天线效率的影响。劈形介质微带结构如图 4.21 所示。

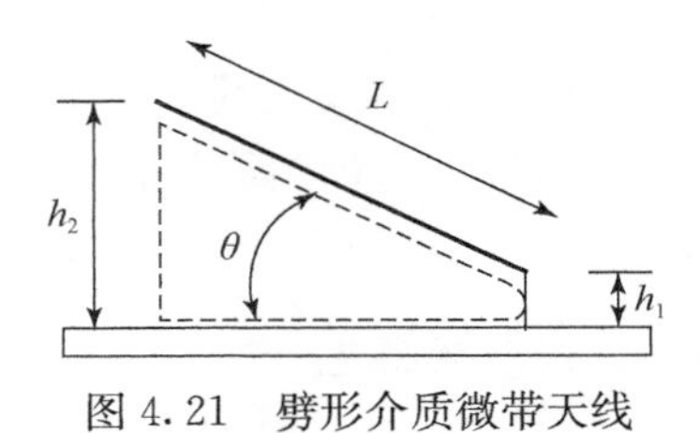

图 4.21　劈形介质微带天线

劈形介质微带天线的中心频率为

$$f_{\mathrm{c}}=\alpha\frac{c}{2L\cos\theta\sqrt{\varepsilon_{\mathrm{r}}}} \tag{4.25}$$

式中，$\theta=\arcsin\left(\frac{h_1-h_2}{L}\right)$；$\alpha$ 是一个附带因子，与辐射边缘附近产生的电场有关。本书的天线设计中，构造了多段不同斜率的立体微带结构也旨在拓宽频带。

3）背腔结构

背腔结构是将天线放在有背衬的空腔内，与没有背腔的天线相比，在带宽和辐射效率方面都有更好的性能。背腔加载天线的腔体深度一般取天线工作频带中心频率处波长的 1/4，腔体中多填充吸波材料，故会损失辐射功率，降低增益，且质量较大。

2. 宽频带喇叭形特高频天线设计

本节设计的天线的整体结构为半封闭式天线。除喇叭开口面外的其他所有面为金属面，背腔内填满介质，同轴馈电。由于喇叭部分填充介质的介电系数比立体微带部分的大，故可以将其看做一个介质加载背腔 TEM 喇叭天线，综合特高频频段的检测方法和天线尺寸的要求，本节介绍的天线喇叭部分如图 4.22 所示，设计的中心频率在 940MHz 左右，天线的外壳做背腔，腔体的尺寸为 129mm×90mm，腔体深度为 60mm。镜像等效后喇叭的口径尺寸为 $w\times d=125\mathrm{mm}\times(2\times85)\mathrm{mm}$。

由于外壳需要是全金属，所以设计上不同于一般的空气微带天线。半 TEM 喇叭加载的材料介电常数选择为 $\varepsilon_{\mathrm{r}}=6\sim7$，立体微带加载材料的介电常数选择为

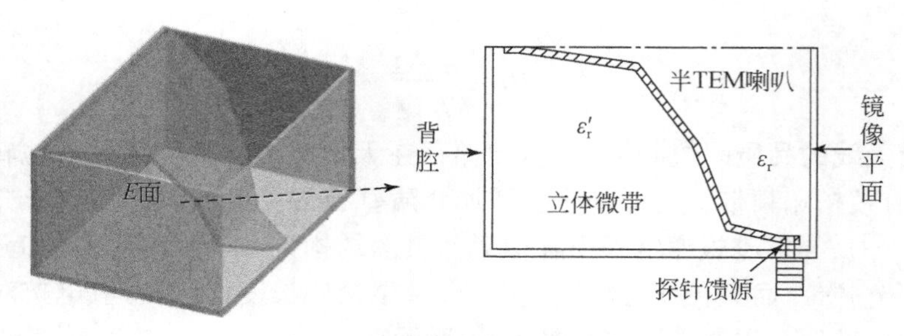

图 4.22　复合结构接收天线

2,采用结合了阶梯形和劈形的复合结构,使天线具备多频特性。在频率高端,立体微带与腔体壁形成了准 TEM 喇叭形式,仍然能保持较好的辐射特性,故使该天线能工作在较宽的频带范围。

3. 宽频带喇叭形特高频天线参数测量

1) 驻波比

通过天线仿真软件计算该天线的驻波比如图 4.23 所示,其中天线的中心频率约为 930MHz,与设计值稍有偏差,这与仿真模型的理想化和近似化处理以及喇叭的张角变化有关。当加在天线上的频率约为 930MHz 时,天线达到近似全波谐振,此时馈电点的电压和电流是同相的,馈电点的电抗接近于 0,阻抗值为纯电阻。驻波比曲线的波动可以看做电抗在感性和容性之间交替变换。频率较低端不仅输入电抗值随频率的提高正负变换,而且振荡幅值也逐渐减小,输入电阻在频谱上是振荡收敛的,阻值逐渐趋近于 50Ω;当频率升高到一定范围内时,输入阻抗近似为纯电阻,天线有理想的驻波比。在 880～980MHz 内驻波比小于 2,其引起的附加损失忽略不计,可认为是完全匹配。

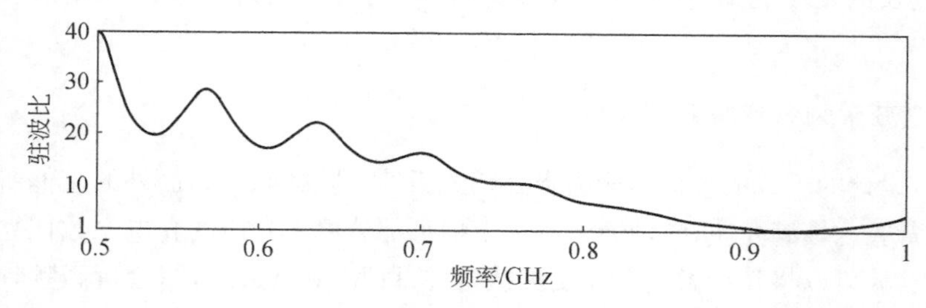

图 4.23　天线 500MHz～1GHz 驻波比曲线

图 4.24(a)为天线在 1～3GHz 内的驻波比走势,图 4.24(b)为天线在 45MHz～3GHz 频率范围实测的驻波比,测试的结果在 780～900MHz、1.25～1.65GHz 和 2.15～2.3GHz等频段有优异的驻波比,600MHz 以下的频段驻波比较差。其总体

反映的低反射频段和驻波比曲线走势与仿真结果一致。

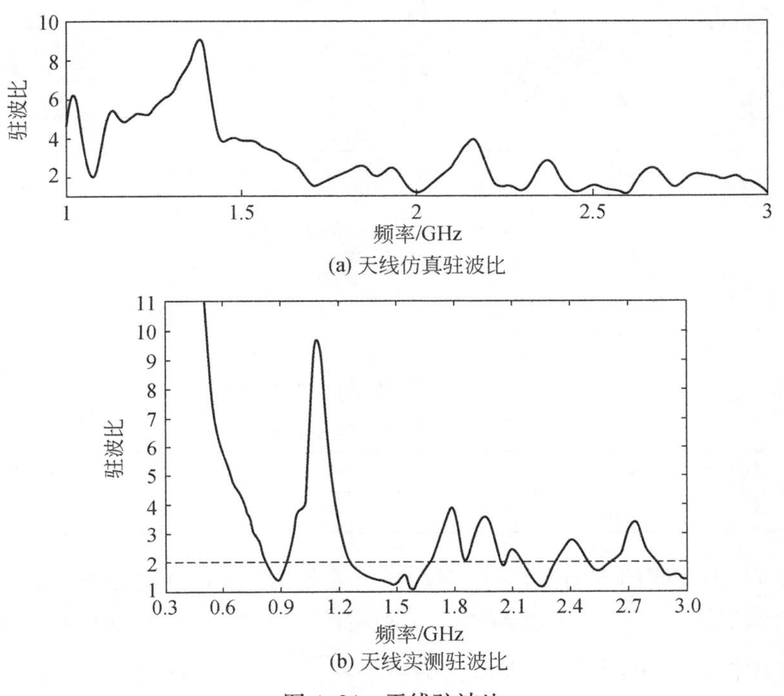

(a) 天线仿真驻波比

(b) 天线实测驻波比

图 4.24　天线驻波比

2）增益 G 与方向图

图 4.25 为天线仿真软件远场区增益立体方向图。凡场点所在距离远大于天线尺寸和波长时，场波瓣图的形状就与距离无关，通常认为这类波瓣图符合远场条件。图中的信息表明：对 1～3GHz 辐射方向仿真，随着频率的增高，远场区辐射性能增强，增益有较显著的提高。当天线辐射电磁波的频率从 1GHz 提高到 2.5GHz，其实测增益也从 0.316dB 增加至 5.07dB，频率增至 3GHz 时，增益虽然有所下降，但 3.97dB 也能满足接收电磁信号对增益的需要。随着频率的增高，天线的方向性逐渐变差，后向波瓣畸变。特别地，当频率达到 3GHz 时，增益有所下降，主瓣分为两个波瓣，这可能是由于在此频率下天线可以接收和辐射更高次模波。实测增益如表 4.2 所示。

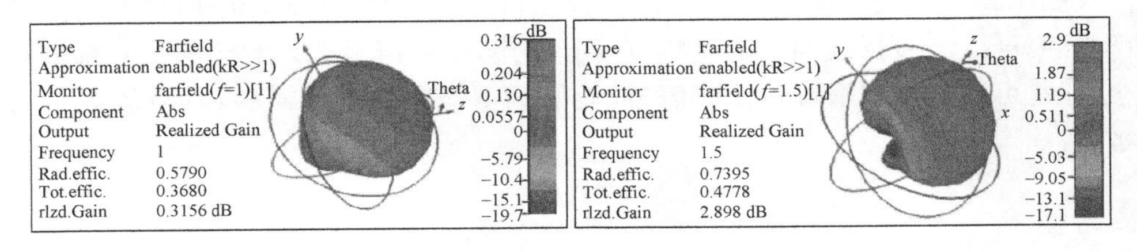

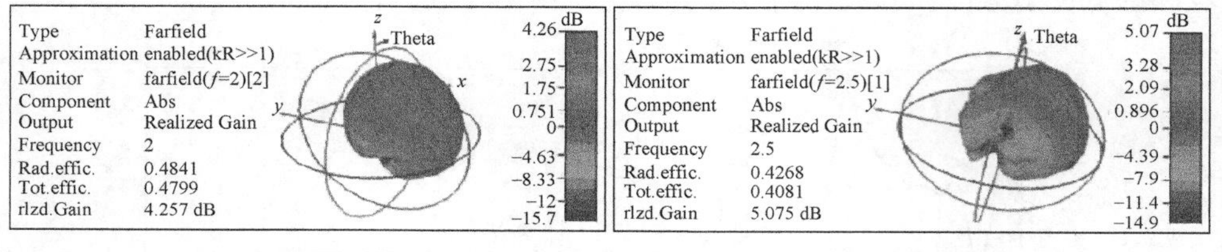

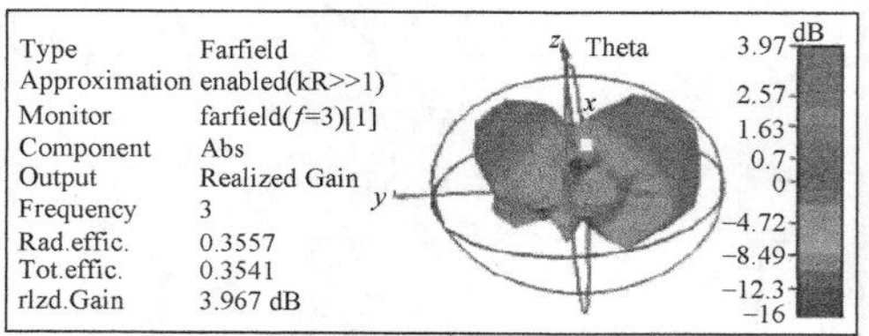

图 4.25　仿真 3D 远场区增益方向图

表 4.2　增益测试记录表

频率	500MHz	800MHz	1GHz
增益	−12.6dB	−1.4dB	1.3dB

图 4.26 为实测的方向图，采用对数坐标系统，即同心圆的距离是以信号电压的对数值来取定的[34]。这种坐标增大了副瓣的显著度，可很好地体现出天线的全向性。图中信息表明：大约在 $Wf(a,b)=\int\overline{\psi_{a,b}(t)}f(t)\mathrm{d}t=\langle\psi_{a,b},f\rangle$ 和 $C_{m,n}(f)=\int_{-\infty}^{+\infty}\psi_{m,n}(t)f(t)\mathrm{d}t$ 处为半功率 3dB 点，半功率波束宽度（HPBW）为 $\psi_{m,n}=a_0^{-\frac{m}{2}}\psi_{m,n}(a_0^{-m}t-nb_0)$，全方向内的方向性差异小于 15dB，并且频率在 1GHz 以内，方向性也随着工作频率的提高而逐渐增强。

4. 宽频带喇叭形特高频天线实测 PD 信号

在 GIS 模拟缺陷装置中充以 0.3MPa 的 SF_6 气体，试验用针板放电模拟缺陷 PD，用喇叭天线进行检测。PD 信号波形用高速数字示波器（Tektronix Oscilloscope7104，带宽为 1GHz，最大采样率为 20GS/s，存储深度为 48MB）记录波形，并利用罗氏线圈的电流感应信号以及 4.3.3 节中的微带贴片天线测量的 PD 信号作为对比参考。

图 4.27 为在起始放电电压下，罗氏线圈和喇叭天线所测量的 PD 信号，采样率为 5GHz。与罗氏线圈的电流感应信号相比，小型喇叭天线测得的信号幅值较小，但是可以检测到清晰的 PD 信号，能够满足 PD 检测的需要，具有较高的灵敏度。

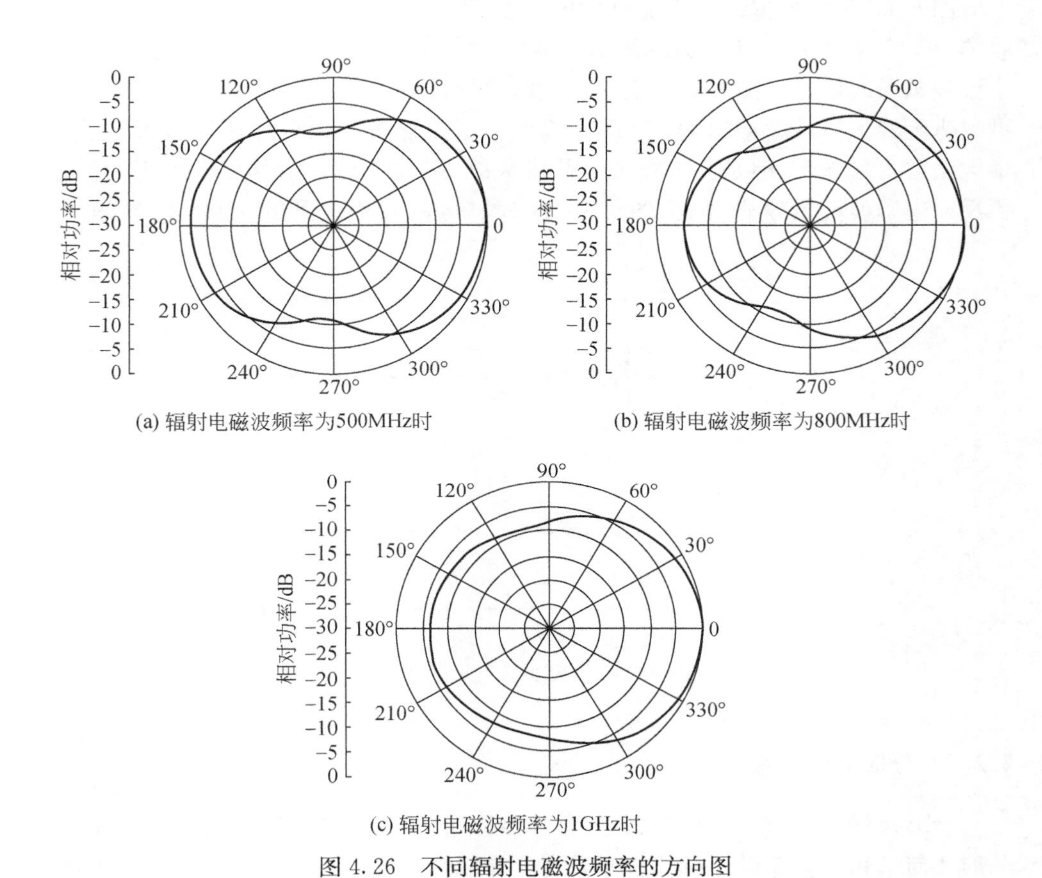

(a) 辐射电磁波频率为500MHz时

(b) 辐射电磁波频率为800MHz时

(c) 辐射电磁波频率为1GHz时

图 4.26　不同辐射电磁波频率的方向图

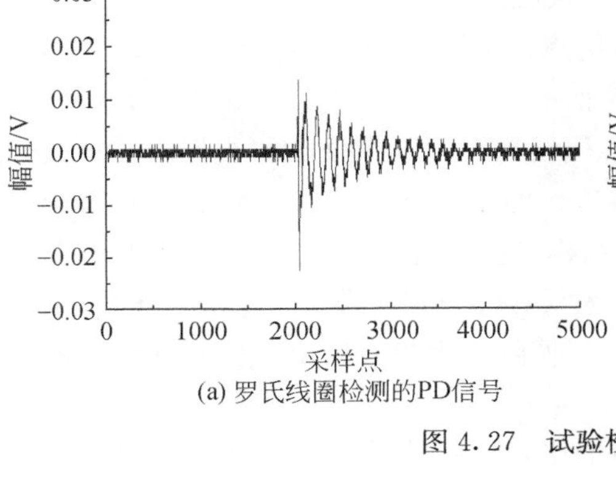

(a) 罗氏线圈检测的PD信号

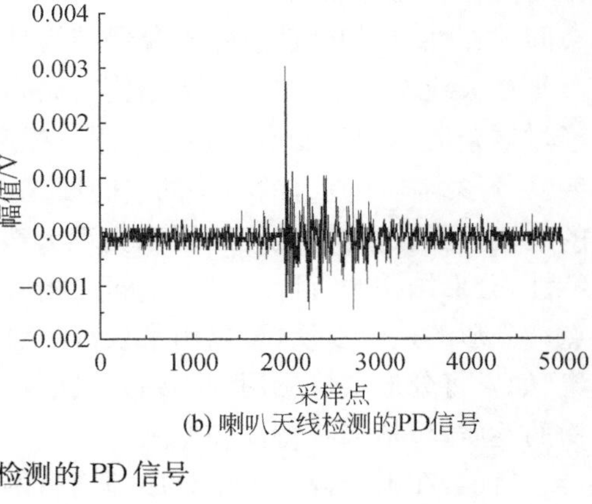

(b) 喇叭天线检测的PD信号

图 4.27　试验检测的 PD 信号

图 4.28 为对模拟缺陷施加试验电压至 5kV 时，微带贴片天线与喇叭天线接收的 PD 信号，其中位于上方的波形为微带天线所测得的信号，位于下方的波形为小型喇叭天线信号。图中信息表明：微带天线所测得的信号最大幅值为 22mV，小型喇叭天线信号最大幅值为 31mV。原因在于虽然喇叭天线体积比微带天线小，最大增益不如微带，但是其带宽大于微带天线，接收特高频信号更多频带的能量，折反射电磁波能量较少，测得的信号衰减较快，试验接收到的 UHF 信号幅值也更高。

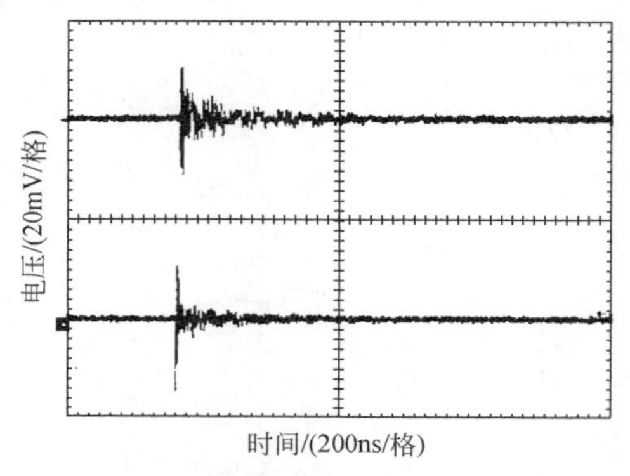

图 4.28　实测的 UHF 信号波形

4.2.4　分形天线传感器

分形天线，是指在几何属性上具有分形特征的天线，是通过将天线设计理论和分形几何学相结合而设计出的新型天线。美国科学家 Cohen 等[35]于 1988 年制作了世界上第一个分形天线。在分形理论中，分形图形具有的分数维特性与自相似性是其显著的特点，这是其他图形所不具备的，分数维意味着分形结构具有良好的空间填充性，自相似性意味着分形结构具有尺度周期重复特性。

在天线设计中，利用分形结构有诸多优点：①分形结构没有特征尺寸，它们是经过复杂的自相似变换得到的。用一根弯曲的线可以填充满整个面，如 Hilbert 曲线。分形结构所具有的独特的空间填充性质使天线可以在很小的面积内实现很长的电流路径，这种性质可以用来实现天线单元的小型化。②由于分形具有自相似特性，分形结构中有许多尺寸不同的相似结构，这些结构可以形成不同频率的谐振点。分形的这个性质，可以用来设计多频天线。③分形阵列是稀疏阵列的一个子集，如果将分形结构应用到阵列天线中，可以使阵列天线表现出一些不同于一般结构的性质，包括多频特性和低副瓣。

目前，在天线设计应用分形理论有两个比较重要的发展方向：①小型化；②多频化。分形单元天线的研究主要涉及 Koch 曲线及岛屿、分形树、Hilbert 曲线、

Peano 曲线、王冠分形等分形结构。分形天线的形式有分形振子及其阵列、环、微带贴片、槽缝以及体(组合)天线等。在分形天线阵的研究中,有随机确定分形阵,多频段分形阵、Cantor 和 Sierpinski 分形阵、IFS 和紧凑型分形阵等,还有采用分形形式制作频率选择表面来实现天线的某些功能[27,36-38]。本节重点介绍 Hilbert 分形天线。

1. Hilbert 分形曲线

Hilbert 分形曲线属于平面填充式分形曲线,图 4.29 为 1～4 阶 Hilbert 分形曲线。Hilbert 分形曲线作为一个连续图形不存在任何交叉点,随着分形阶数的增加,曲线通过自相似迭代从一维空间逐渐填充到二维空间,曲线具有严格的自相似性。

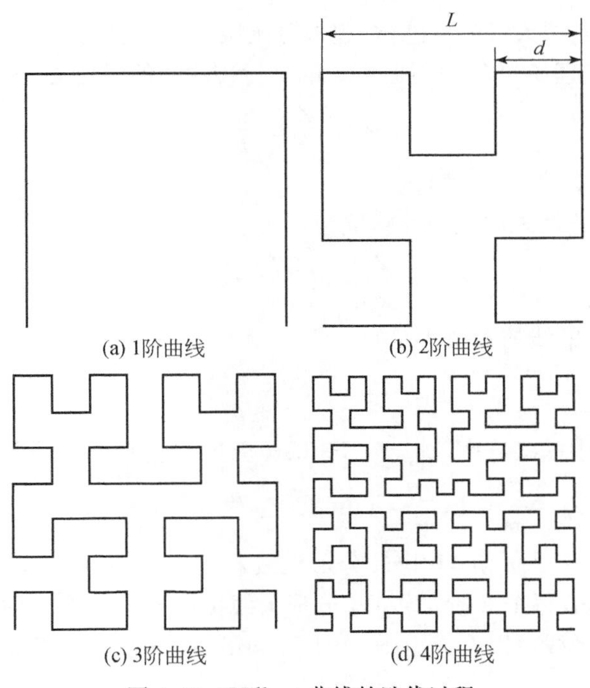

图 4.29　Hilbert 曲线的迭代过程

Hilbert 分形曲线的分维数 D 可以按式(4.26)计算,其中,n 为迭代次数,即分形阶数。曲线分维数随分形阶数的增加而变大,分维数越大,曲线空间占有率越高。

$$D=\frac{\ln[(4^n-1)/(4^{n-1}-1)]}{\ln[(2^n-1)/(2^{n-1}-1)]} \tag{4.26}$$

2. Hilbert 分形天线的多频特性分析

Hilbert 分形天线是依据 Hilbert 分形曲线而设计的。由于分形曲线具有自相似性和空间填充性,可以实现分形天线多频段特性和尺寸缩减特性。如图 4.29 所示,外围尺寸为 L,各类导线长度均为 d 的 n 阶 Hilbert 分形天线,其导线总长度 s 可表示为

$$s=(2^{2n}-1)d=(2^n+1)L,\quad d=\frac{L}{2^n-1} \tag{4.27}$$

1 阶 Hilbert 分形天线可以看成一个变形偶极子半波天线[25]。半波长偶极子天线谐振时容抗感抗相互抵消,因此可以假设整个天线的容抗没有变化。从阻抗角度分析,可以用一个偶极子半波天线来模拟整个分形天线,因此 1 阶 Hilbert 分形天线阻抗就相当于一个长为 d,直径为 b 的平行传输线的阻抗(为纯感抗),再加上总长度为 s 的整根天线的自感,合起来可比拟一个常规偶极子天线的感抗[26]。

一个长为 d,直径为 b,间距也为 d 的平行传输线的阻抗为

$$Z_0=\frac{Z_c}{\pi}\ln\frac{2d}{b} \tag{4.28}$$

式中,Z_c 为自由空间的本征阻抗。

可计算在传输线末尾处的纯感抗为

$$L_0=\frac{Z_0}{\pi\omega}\cdot\ln\frac{2d}{b}\cdot\tan(\beta d) \tag{4.29}$$

另外,总长度为 s 的线的自感为

$$L_1=\frac{\mu_0}{\pi}\cdot s\cdot\left(\ln\frac{8s}{b}-1\right) \tag{4.30}$$

式中,μ_0 为真空中的磁导率,则 1 阶 Hilbert 分形天线的总自感为

$$L_T=\frac{Z_0}{\pi\omega}\cdot\ln\frac{2d}{b}\cdot\tan(\beta d)+\frac{\mu_0}{\pi}\cdot s\cdot\left(\ln\frac{8s}{b}-1\right) \tag{4.31}$$

同理,可以把一个 n 阶 Hilbert 分形天线看成 m 个 1 阶 Hilbert 分形天线,这里 $m=4^{n-1}$。例如,每个 2 阶 Hilbert 分形天线可以看成 4 个 1 阶 Hilbert 分形天线,3 阶 Hilbert 天线可以看成由 16 个 1 阶 Hilbert 分形天线组成,则 m 个部分的总感抗为

$$L_T=m\frac{Z_0}{\pi\omega}\cdot\ln\frac{2d}{b}\cdot\tan(\beta d)+\frac{\mu_0}{\pi}\cdot s\cdot\left(\ln\frac{8s}{b}-1\right) \tag{4.32}$$

将其对应地看做一个谐振半波偶极子天线的感抗,即此时谐振的条件为

$$m\frac{Z_0}{\pi\omega}\cdot\ln\frac{2d}{b}\cdot\tan(\beta d)+\frac{\mu_0}{\pi}\cdot s\cdot\left(\ln\frac{8s}{b}-1\right)=\frac{\mu_0}{\pi}\cdot\frac{\lambda}{4}\cdot\left(\ln\frac{2\lambda}{b}-1\right) \tag{4.33}$$

同时,当一个偶极子天线的长度为 1/4 波长的倍数时,都会发生谐振,因此通过改

变式(4.33)右边的偶极子天线的等效臂长，就可以得到 Hilbert 分形天线的多个谐振频率，这也验证了 Hilbert 天线的多频点特性。

修改后的公式为

$$m\frac{Z_0}{\pi\omega}\cdot\ln\frac{2d}{b}\cdot\tan(\beta d)+\frac{\mu_0}{\pi}\cdot s\cdot\left(\ln\frac{8s}{b}-1\right)=\frac{\mu_0}{\pi}\cdot\frac{k\lambda}{4}\cdot\left(\ln\frac{8}{b}\cdot\frac{k\lambda}{4}-1\right) \tag{4.34}$$

这样就可以得到 n 阶 Hilbert 分形天线的多个谐振波长 λ，进而得到多个谐振频率 f。

3. Hilbert 分形天线设计与参数测试

本节内容主要对 3 阶 Hilbert 分形微带天线的驻波比、方向图和增益进行仿真及实测分析以对具有分形结构的天线性能进行评估。Hilbert 分形天线采用印制电路板制作，介质板选用 FR4 材料，其介电常数为 4.4，分形天线外围尺寸为 70mm，板厚度为 1.6mm，天线导体宽度为 2mm，分析频带范围为 300～3000MHz。实际制作的 Hilbert 分形天线如图 4.30 所示。可以看出，将分形理论应用于天线的设计有利于天线的小型化，并可实现天线的多频段性，满足 GIS-PD 便携式监测系统对特高频天线小型化的要求。

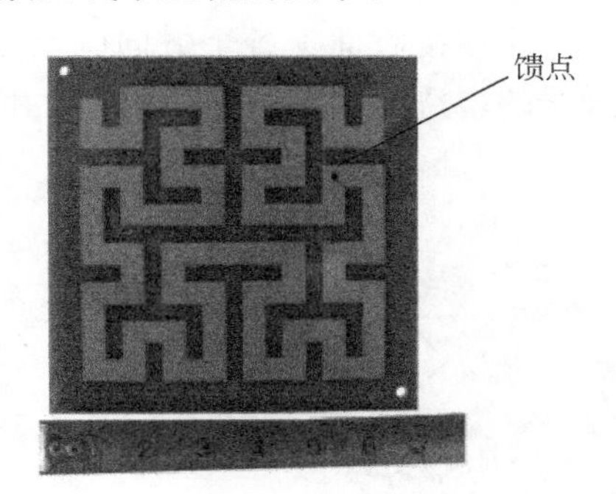

图 4.30　实际制作的 Hilbert 分形天线

1）驻波比

图 4.31 所示为 Hilbert 分形天线实测驻波比。图中所示的两个谐振频率为 360MHz 和 662MHz，天线在 360MHz 时的驻波比约为 1.4，在 662MHz 时驻波比为 2。天线在 360MHz 附近的驻波比小于 2、带宽为 50MHz，在 662MHz 附近驻波比小于 2、带宽为 210MHz，在 900～1100MHz 还有一个通频带，显示 Hilbert 分形天线的多频段性。在 300～1500MHz 的 UHF 频带除了 400～600MHz 驻波比较大外，整个频段的驻波比都较小，符合 UHF 的检测要求。

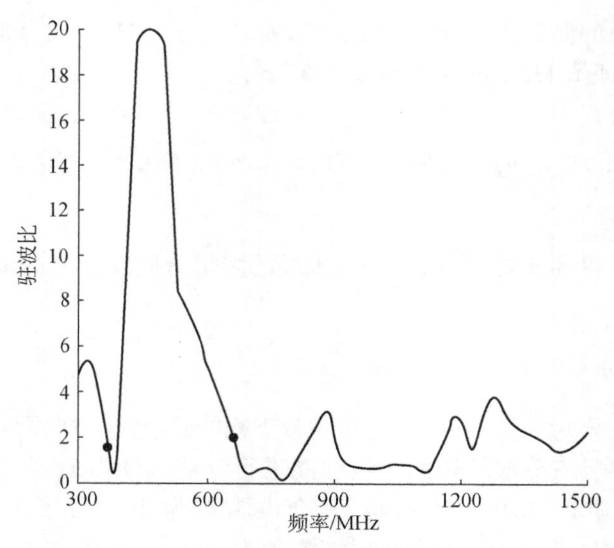

图 4.31　Hilbert 分形天线实测驻波比

2）方向图和增益

图 4.32 所示为 Ansoft HFSS 计算的 Hilbert 分形天线在 600MHz 的方向图。从图中可见，Hilbert 分形天线在接收面上各个方向的增益相近，为－30dB 左右，和 4.2.2 节中微带贴片天线的增益 5.38dB 相比，相当于用增益的降低换取了较小的几何尺寸。

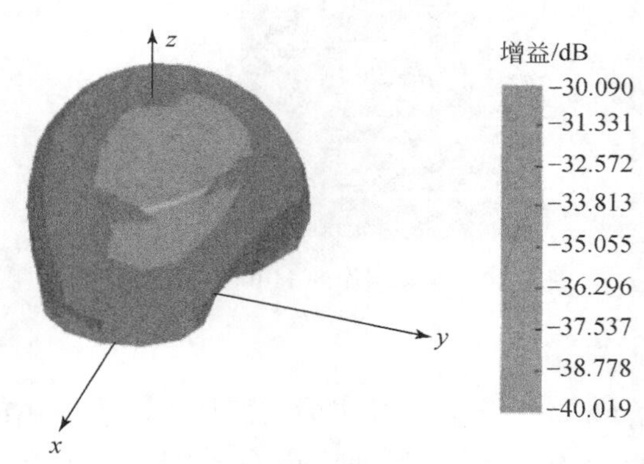

图 4.32　Hilbert 分形天线的方向图和增益

4. Hilbert 分形天线实测 PD 信号

1）GIS 局部放电测量试验平台

为了验证 Hilbert 分形天线检测 UHFPD 信号的性能，采用模拟 GIS 设备的 PD 检测系统对其进行测试，所施加的缺陷类型为金属突出物缺陷，试验回路如

图 4.33所示。试验中，在 GIS 模拟装置中充以 0.5MPa 的 SF_6 和 N_2 的混合气体（体积比 4∶1），用外置的微带贴片天线和 Hilbert 分形天线进行检测对比，PD 信号波形用高速数字示波器（Lecroy WavePro7100，带宽为 1GHz，最大采样率为 20GS/s，存储长度为 48MB）记录波形，并引入工频信号作为相位参考。

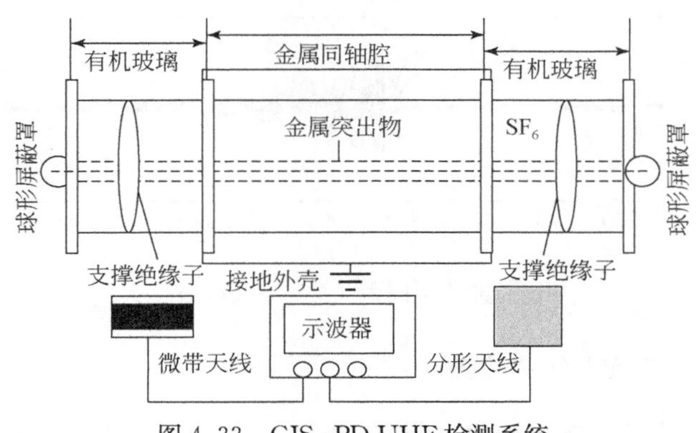

图 4.33　GIS-PD UHF 检测系统

2）试验结果及分析

图 4.34 所示为 Hilbert 分形天线在 15.8kV 时测得的 PD 波形及其频谱图。从图中可见，Hilbert 分形天线能够检测到清晰的 PD 信号，从频谱图可以看到信号的频谱分布呈现多频段特性，与天线的驻波比曲线比较吻合。图 4.35 所示为分形天线和微带天线测得的 PD 信号对比，其中上方为微带天线检测到的 PD 信号，下方为分形天线检测的 PD 信号。结果表明，Hilbert 分形天线测得的信号幅值比微带天线略低，但是其信噪比较高，同时，信号具有很陡的起始沿，能满足现场实测和 PD 源定位要求。

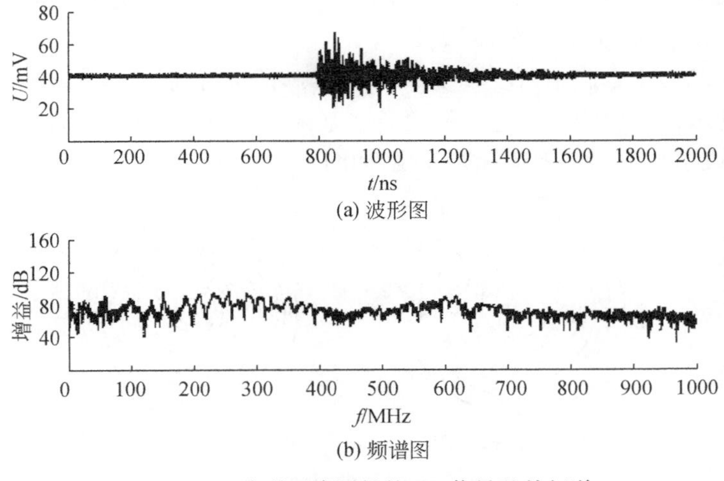

(a) 波形图

(b) 频谱图

图 4.34　分形天线测得的 PD 信号及其频谱

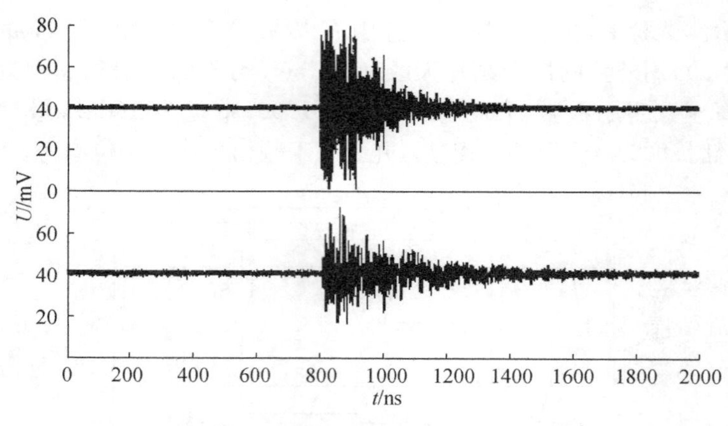

图 4.35　不同天线测得的 PD 信号

4.2.5　平面等角螺旋天线传感器

平面螺旋天线是非频变天线，即与频率无关的天线。理论上，该类天线几乎不受工作频带的限制，能够在很宽的频带内具有良好的工作特性，在民用和军用检测领域有很广的用途。目前，平面螺旋天线有两种，分别是平面等角螺旋天线和平面阿基米德螺旋天线[39-41]。

1. 螺旋天线的分类

1）阿基米德螺旋天线

平面阿基米德螺旋天线如图 4.36 所示，其极坐标方程为

$$r=r_0+a(\varphi-\varphi_0) \tag{4.35}$$

式中，r 为螺旋线上任意一点到原点的距离；φ_0 为起始角；φ 为方位角；r_0 为螺旋线的起始半径；a 是常数，称为螺旋增长率。

在式(4.35)中令起始角度 φ_0 分别为 0 和 π，即可得到如图 4.36(a)所示的两条对称的阿基米德螺旋线。以这样的两条阿基米德螺旋线为臂，并且在起始点对称馈电，就形成了平面阿基米德螺旋天线，如图 4.36(b)所示。

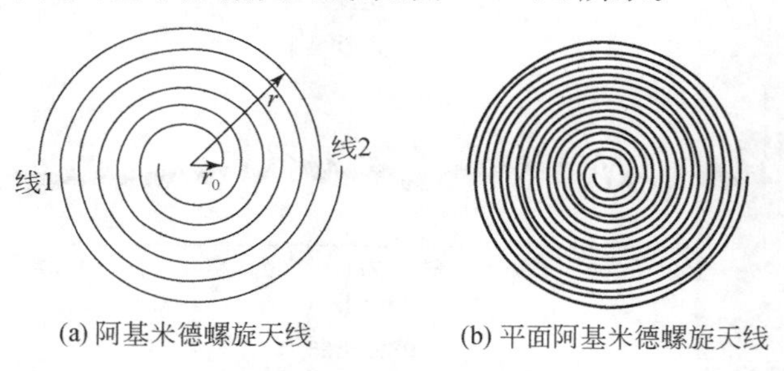

(a) 阿基米德螺旋天线　　(b) 平面阿基米德螺旋天线

图 4.36　阿基米德螺旋天线

2）平面等角螺旋天线

如图 4.37(a)所示，平面等角螺旋天线的曲线方程为

$$r = r_0 e^{a(\varphi - \varphi_0)} \tag{4.36}$$

式中，r 为螺旋线上任意一点到原点的距离；φ_0 为螺旋线的初始角；r_0 是与 φ_0 相对应的矢径；a 为螺旋增加率。

令式(4.36)中的 φ_0 分别为 0 和 π 即可得到两条对称的等角螺旋线，如图 4.37(b)所示。实际上，平面等角螺旋天线是由 4 条螺旋线封闭构成的，它的每一条臂由两条起始角相差 δ 的等角螺旋线构成，两条臂的 4 条等角螺旋线方程为

$$\begin{cases} r_1 = r_0 e^{a\varphi}, \quad r_3 = r_0 e^{a(\varphi - \sigma)} \\ r_2 = r_0 e^{a(\varphi - \pi)}, \quad r_4 = r_0 e^{a(\varphi - \pi - \sigma)} \end{cases} \tag{4.37}$$

式中，r_1 和 r_2 分别为两臂的内边缘；r_3 和 r_4 分别为两臂的外边缘。δ 为等角螺旋天线的角宽度。每条臂的内外两条螺旋线的形状是完全相同的，只是起始角相差 δ。一般取 $\delta = \pi/2$，此时得到的四条边如图 4.38(a)所示。将各臂封闭便可得等角螺旋天线，如图 4.38(b)所示。

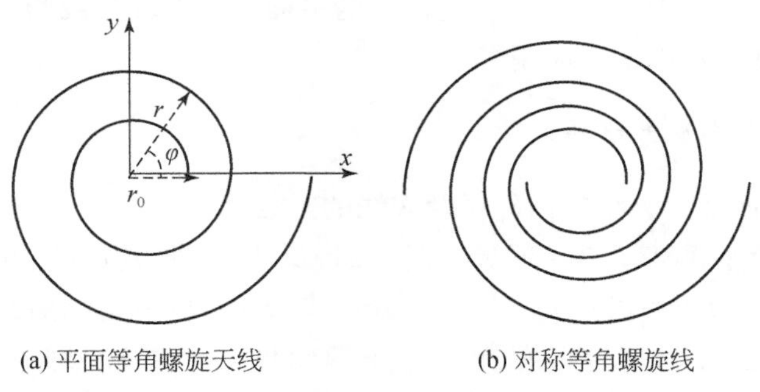

(a) 平面等角螺旋天线　　(b) 对称等角螺旋线

图 4.37　螺旋线

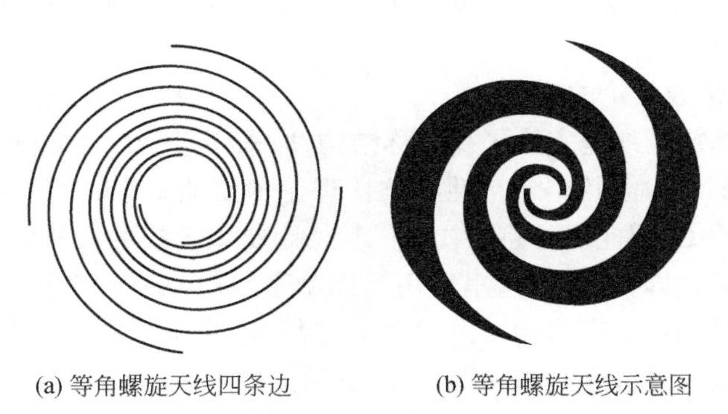

(a) 等角螺旋天线四条边　　(b) 等角螺旋天线示意图

图 4.38　等角螺旋天线

平面等角螺旋天线的螺旋臂长度决定了天线的接收频带，一般来说，螺旋臂长

度应不小于频带下限频率对应的波长，天线臂长度可用如下公式进行计算：

$$L=\int_{r_0}^{r}\left[r^2\left(\frac{\mathrm{d}\varphi}{\mathrm{d}r}\right)^2+1\right]^{1/2}\mathrm{d}r \tag{4.38}$$

可近似地表示为

$$L=(a^{-2}+1)^{1/2}(r-r_0) \tag{4.39}$$

取 a 为 0.221，螺旋臂的半径 r 约为下限频率对应波长的 1/4。天线的最低工作频率和最高工作频率可按下式进行计算：

$$r_0=\lambda_{\min}/4,\quad r_l=\lambda_{\max}/4 \tag{4.40}$$

式中，r_0 为螺旋臂起始半径；r_l 为螺旋臂末端到原点的距离；$\lambda_{\min}$ 为上限工作频率对应的波长；$\lambda_{\max}$ 为下限频率对应的波长。通常，平面等角螺旋天线可视其对工作带宽的要求，用 0.5～3 匝做成。

平面等角螺旋天线的螺旋增长方式为指数增长，增长速度较快，天线臂与平面阿基米德螺旋天线相比相对较短，信号在天线臂上的传输路径短，传输损耗较小，具有较高的传输效率和良好的测试灵敏度。

本节将以哈尔滨理工大学张新魁研制的平面等角螺旋天线为例介绍该类天线的设计及其在 PD 检测中的应用[42]。

2. 平面等角螺旋天线的设计

1）确定平面螺旋天线的内外径及天线的匝数

由天线的接收频带 0.3～3GHz 计算频带的上、下限波长，进而初步确定天线的内外半径尺寸为 $r_0=25\mathrm{mm}$，$r_l=250\mathrm{mm}$。取天线臂的起始角度为 0，螺旋增长率 a 为 0.221，由式(4.38)得螺旋臂终止的角度 $\varphi=3.3\pi$，即螺旋臂的匝数为 1.65。考虑到起始半径太大对天线馈电带来很大的不便，选择缩小天线的起始半径，增大天线的匝数。综合考虑，取起始半径为 10mm，螺旋匝数为 2.4，此时天线的外半径为 280mm。

2）双面微带线巴伦的设计

平面等角螺旋天线是完全平衡对称结构，应采用平衡馈电方式，天线的特性阻抗理论值为 188.5Ω，但其实际特性阻抗比理论值要略低，为 120～140Ω。同轴线的特性阻抗为 50Ω，因此需要将天线侧的特性阻抗值转换为同轴线的阻抗值 50Ω，实现该转换的装置即为巴伦，这里选用双面微带线巴伦来实现对天线的馈电。双面微带线巴伦是利用微带传输线的阻抗分布特性，将阻抗从一个数值变为另一个数值。微带传输线的截面结构如图 4.39 所示。

微带传输线是由介质基片、中心导带导体 1 和接地板导体 2 构成的，介质基片厚度为 h，中心导带宽度为 w。介质基片厚度 h 固定时，中心导带的宽度 w 选取不同的值则截面对应不同的阻抗，所以将中心导带的宽度设计为渐变的形式，可以实

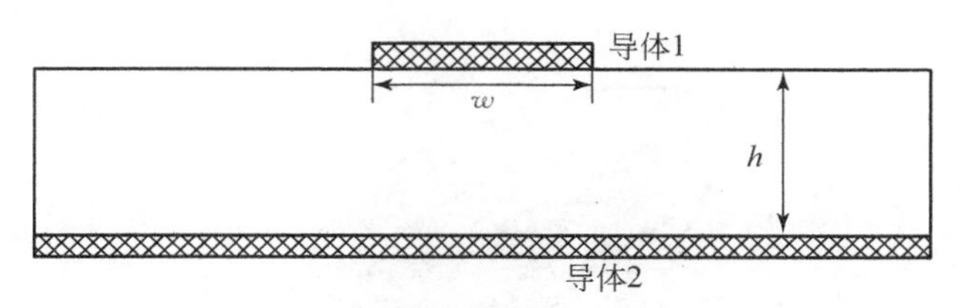

图 4.39 微带传输线的截面结构

现不同阻抗的匹配。常用的渐变形式为线性渐变形式和指数渐变形式。线性渐变形式的双面微带线巴伦是在厚度为 h_1 的介质板的正反面分别印刷上导体，如图 4.40(a)所示。指数渐变形式的双面微带线巴伦结构与线性渐变形式相似，只是导体面的宽度由线性渐变形式变为指数渐变形式，结构如图 4.40(b)所示。利用微带线截面阻抗计算软件 CITS 初步确定巴伦的两端面尺寸，天线侧阻抗选择 140Ω，同轴线侧为 50Ω，巴伦的介质基板选择介电常数为 4.4 的环氧树脂板，厚度为 2mm。通过计算，140Ω 端截面导体尺寸为 $w_1=1\text{mm}$，50Ω 端截面导体尺寸为 $w_2=3.8\text{mm}$。

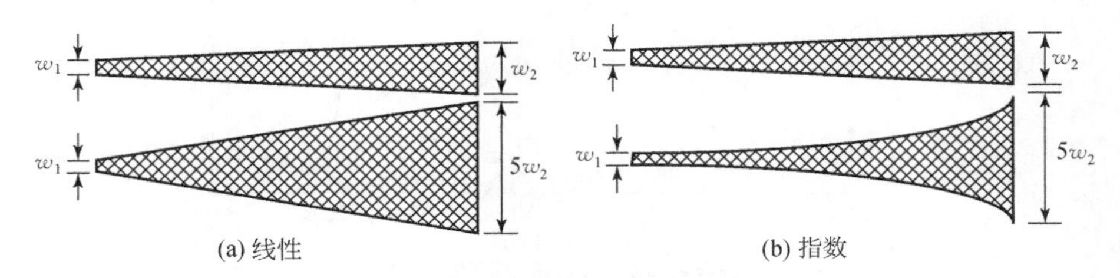

图 4.40 渐变形式的双面微带线巴伦示意图

3. 平面等角螺旋天线的仿真与实测

在 Ansoft HFSS 天线仿真软件中建立由等角螺旋天线和双面微带线巴伦组成的模型，如图 4.41 所示。设置相应的端口和边界条件，设置求解频带为 0.3～3GHz，步长为 10MHz，对不同尺寸参数下的天线进行仿真比较，根据驻波比的结果最终确定天线系统各部分的尺寸。

1) 两种巴伦性能的比较

对于相同的天线模型，保持其他尺寸参数不变，分别对由两种不同渐变形式的巴伦组成的天线系统进行仿真比较，仿真结果如图 4.42 所示。图中信息表明采用线性渐变形式的巴伦时，天线驻波比在绝大部分频带内要略大于采用指数渐变形式的巴伦。通过大量的仿真结果发现，相同尺寸的天线系统采用指数渐变形式的巴伦时驻波特性要好于采用线性渐变形式的巴伦，故天线的巴伦选用指数渐变形式。

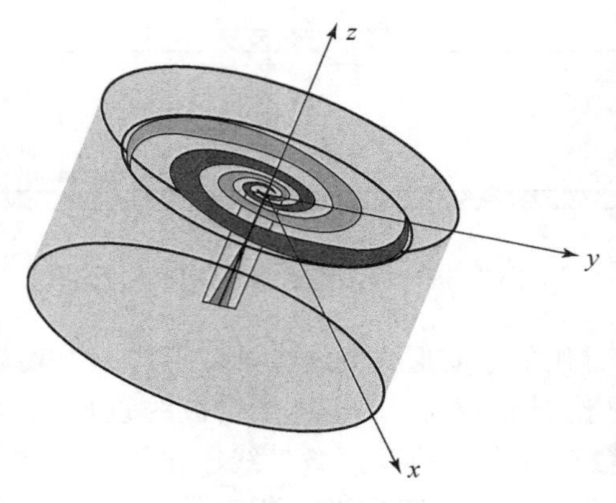

图 4.41 仿真模型

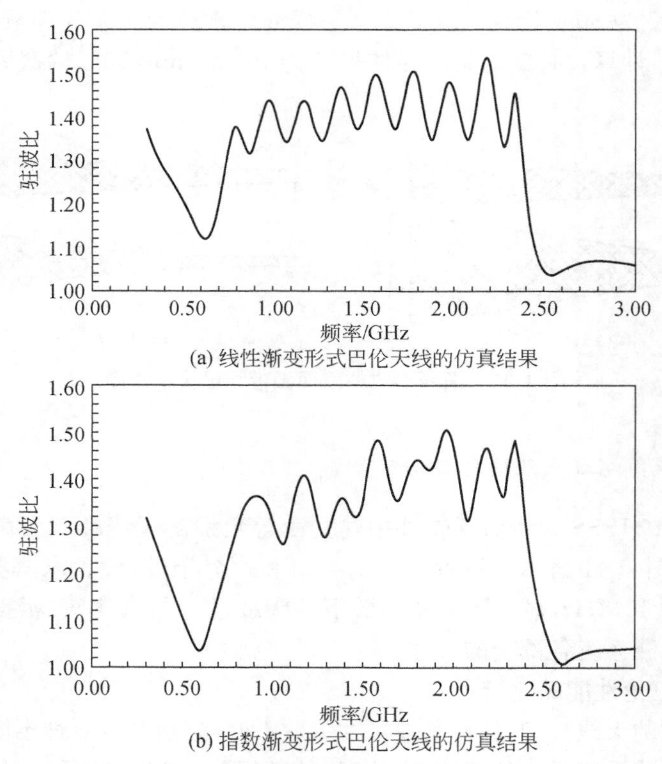

图 4.42 两种不同渐变形式巴伦天线的仿真结果

2）天线的优化结果与实测

图 4.43 所示为最终优化的平面等角螺旋天线的驻波比仿真及实测结果。由仿真结果可以看出，天线的驻波比在 0.3～3GHz 的频带内的最大值为 1.19，且在

绝大部分频带内，驻波比都小于 1.13，驻波特性十分理想，完全达到了设计的要求。测试结果表明自制的等角螺旋天线在 0.3～1.65GHz 和 2.0～3GHz 频段内的驻波比均小于 2.0，在 1.65～2.0GHz 频段内出现驻波比略大于 2.0 的频点，但均小于 2.4，与仿真结果存在一定的误差，产生误差的主要原因有如下两方面：①加工误差。制作的导体尺寸和材料特性与设计值存在一定的差别，导致阻抗匹配存在误差。②天线系统的误差。天线与阻抗匹配板之间靠焊接相连，焊接的好坏对天线的驻波造成一定的影响。此外，天线测试线路也会影响天线的实测驻波特性。虽然天线的驻波比与仿真结果存在一定的偏差，但是在设计频带内都具有良好的驻波特性，满足设计要求。

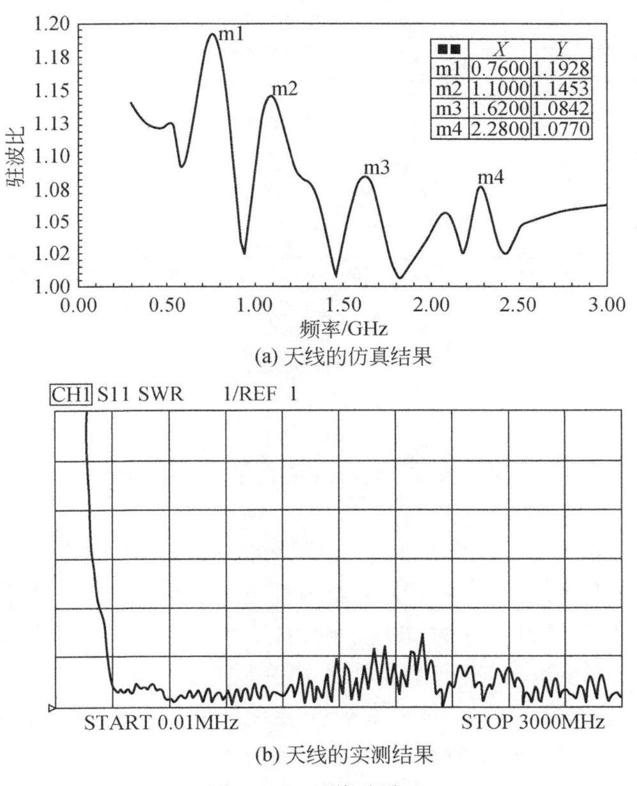

(a) 天线的仿真结果

(b) 天线的实测结果

图 4.43　天线驻波比

4. 平面等角螺旋天线实测 PD

通过在实验室构建针-板放电模型模拟 PD，用该平面等角螺旋天线对 PD 信号进行检测。通过对大量测试结果的分析和处理，得到 PD 特高频信号的时域波形和频谱如图 4.44 所示。从图 4.44(a)可以看出，电晕放电的时域信号是振荡衰减的，持续时间约 110ns，且存在两个明显的放电主脉冲，每个主脉冲持续时间约

30ns。从图 4.44(b)可以看出，电晕放电脉冲的频率可高达 600MHz，但主要集中在 300～500MHz。

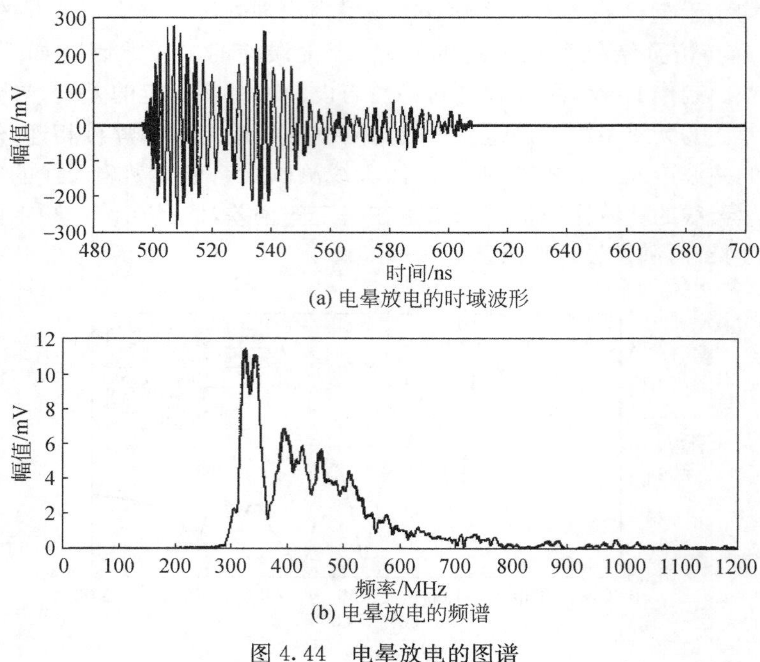

(a) 电晕放电的时域波形

(b) 电晕放电的频谱

图 4.44　电晕放电的图谱

4.3　应用于变压器的特高频传感器

由于变压器箱体对 PD 电磁波具有屏蔽效应，国内外通常从油阀处插入或在手孔处安装内置天线传感器进行变压器内部 PD 的检测，其中套筒单极子天线等已经得到了应用，并具有较好的 PD 检测性能。此外，为了进一步提高检测效果而不妨碍变压器的安全运行，有研究提出采用介质窗口，将其安装在变压器油箱上，使 PD 产生的电磁波经过它辐射出来被安装在外侧的特高频传感器接收，如终端加载的领结形天线等。但介质窗需要在变压器出厂时预留，而大量已投运的变压器无法进行改造。由于大型油浸式变压器顶盖、桶体和底座之间采用橡胶垫并通过螺栓连接密封，存在 1～2cm 的连接夹缝，电磁波能够从此泄漏到外部，从而为采用特高频方式检测变压器 PD 提供了新的途径，如 Vivaldi 天线特高频传感器就是利用该特点来检测变压器内部的 PD。本节主要介绍上述几种不同类型的特高频天线传感器。

4.3.1　套筒单极子天线传感器

在众多的天线类型中，单极天线结构简单，具有良好的辐射特性，也很适合安装在变压器的放油阀中。由于单极天线的带宽较窄，虽然可以采用匹配网络或加载的方式来展宽频带，但无论是匹配网络还是加载的方式，都将使增益降低，尤其是在频率的低端，增益降低更为明显。本节通过天线参数的优化设计，改变输入阻抗，使天线在频段内具有良好的驻波特性、较高的增益。

1. 套筒单极子天线的结构和工作原理

如图 4.45 所示，套筒单极子天线由辐射振子、套筒和同轴传输线组成。同轴传输线内芯接天线内导体的上半部分，外皮接天线内导体的下半部分。

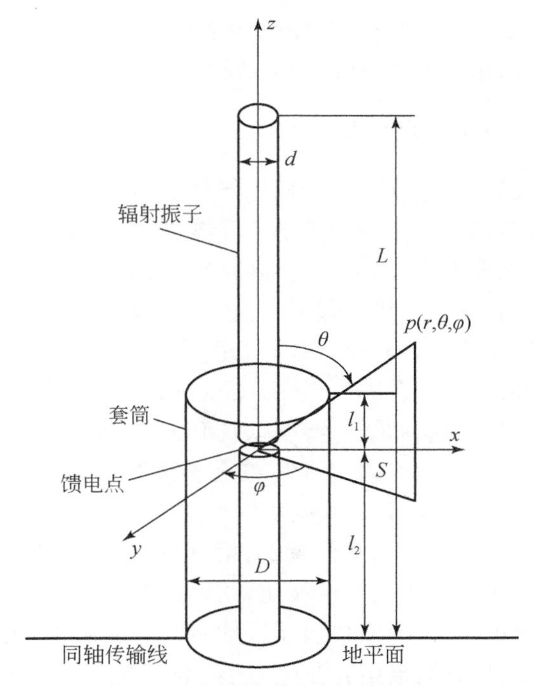

图 4.45　套筒单极子天线的结构图

辐射振子外表面起接收辐射电磁波的作用；套筒的内表面可以看做同轴传输线的外导体。当 $H=S+L\leqslant\lambda/2$ 时，套筒外表面上的电流与辐射振子顶端部分上的电流几乎是同相的。套筒单极子天线采用同轴线馈电，馈电点在套筒内部，天线所检测的信号经 50Ω 同轴射频电缆引入检测设备。

套筒单极子天线与一般单极天线的主要差别在于其内部结构。从馈点看进去存在两个部分，形成两个网络，因而改变了输入阻抗特性，这两个网络是：

(1) 长度为 l_1 的同轴线变换网络。同轴线外的外导体为套筒的上半部分，内导体为辐射振子的延伸部分，其特性阻抗为 Z_{01}。

(2) 电抗网络，它是长度为 l_2，特性阻抗为 Z_{02} 的同轴短路线，它的外导体为套筒的下半部分，内导体是同轴馈电线的延伸。

此时等效于馈电点的输入阻抗为上述两个网络阻抗的串联，即

$$Z_{in}=Z_{01}\frac{Z_A+jZ_{01}\tan(\beta l_1)}{Z_{01}+jZ_A\tan(\beta l_1)}+jZ_{02}\tan(\beta l_2) \tag{4.41}$$

式中，Z_A 是天线阻抗，它是辐射振子和套筒的辐射阻抗；β 为相移常数。

套筒单极子天线的输入阻抗对天线的带宽影响很大，通过改变天线的输入阻抗，可使天线获得宽频带特性。但为了保证天线的性能，在改变天线输入阻抗的同时应尽可能地减小对天线方向图和增益的影响。由于套筒单极子天线的尺寸对输入阻抗的影响比对方向图和增益的影响大，所以改变天线尺寸可满足上述要求。由式(4.41)可知，改变 l_1 和 l_2 的长度可改变天线的输入阻抗，通过优化设计 l_1 和 l_2 的长度，改变了天线的输入阻抗，从而使天线获得宽频带特性。

2. 套筒单极子天线的参数计算

套筒单极子天线的参数主要有：套筒内导体高度 H、套筒高度 S、馈电点高度 l_2、内导体直径 d、外导体直径 D。只要这 5 个参数确定，天线的性能就被确定，因此在设计过程中，应该根据变压器 PD 特高频检测的特点和天线的安装位置来确定套筒单极子天线的参数。天线的尺寸要适中，不仅要考虑直径，还要考虑长度，尺寸过长会影响变压器的运行安全，尺寸过短会影响信号的检测。套筒天线与单极天线类似，第一谐振点出现在 $H=S+L\leqslant\lambda/4$ 附近，天线的高度是由频带的低端来确定的，所以根据放油阀的结构特点以及 PD 特高频检测的要求，最终选取检测频带低端为 350MHz。另外，确定套筒单极子天线套筒外径 <5cm。一般认为 $D/d=3$ 是套筒直径 D 与辐射振子直径 d 的最佳比值。

为了确定套筒高度 S 和馈电点位置 l_2，根据已知参数 H、D 和 d，仿真计算了不同 S 和 l_2 值时套筒单极子天线的驻波比，结果如图 4.46 所示。因 PD 的脉冲能量几乎与频带宽度成正比，且套筒单极子天线的尺寸对带宽的影响比方向图和增益的影响大，所以仿真计算结果用驻波比小于 2 的带宽作为衡量标准，图中曲线 1、2、3、4 和 5 分别是馈电点高度为 $1/4S$、$1/3S$、$1/2S$、$2/3S$ 和 $3/4S$ 时的驻波比曲线。图中信息表明：当 $S=H/3$ 时，随着馈电点位置的升高，驻波比小于 2 的带宽变化不大，但整个频带稍向低频端移动；而 $S=H/2$ 时，随着馈电点位置的升高，驻波比小于 2 的带宽经历了一个先增大后减小的过程，从中可找到一个最佳的馈电点位置；图 4.46(c)中的驻波比小于 2 的带宽则基本是随着馈电点位置的升高而增大，可以看到其中曲线 5 的带宽已接近图 4.46(b)中曲线 5 的带宽，但馈电点过于接近套筒顶部会对天线的固定和安装不利。

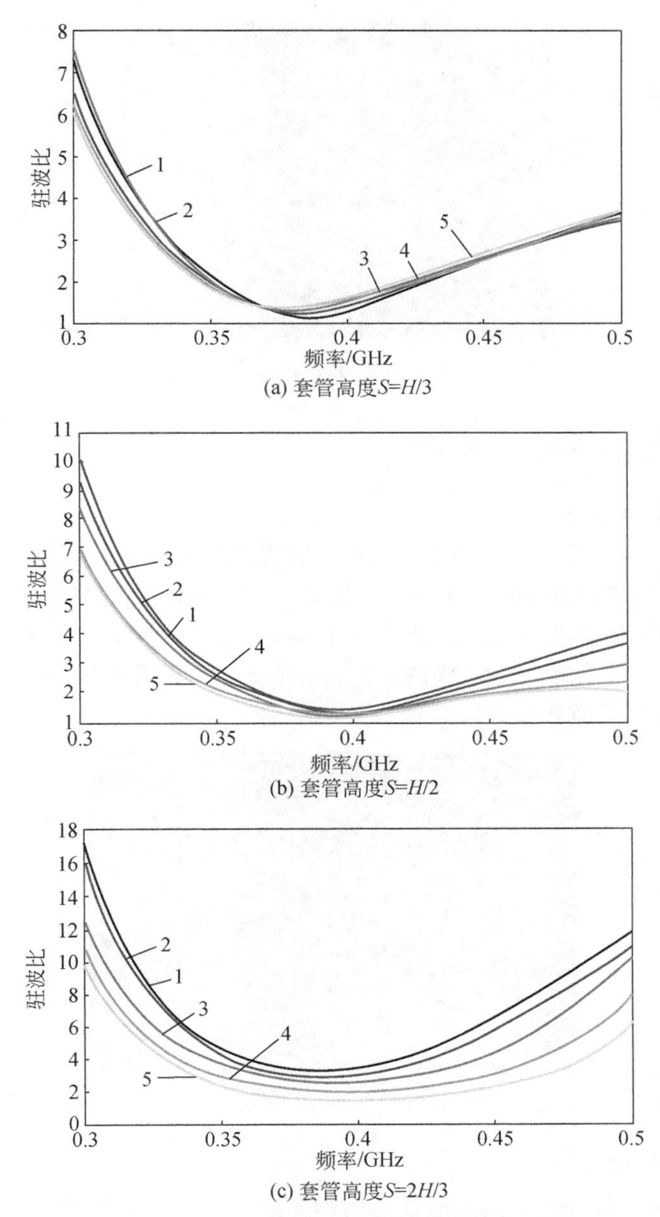

(a) 套管高度$S=H/3$

(b) 套管高度$S=H/2$

(c) 套管高度$S=2H/3$

图 4.46　不同馈电点位置和套筒高度所对应的驻波比

综合上述分析，可最终确定套筒单极子天线的参数，完成天线的设计。经加工制作的天线如图 4.47 所示。

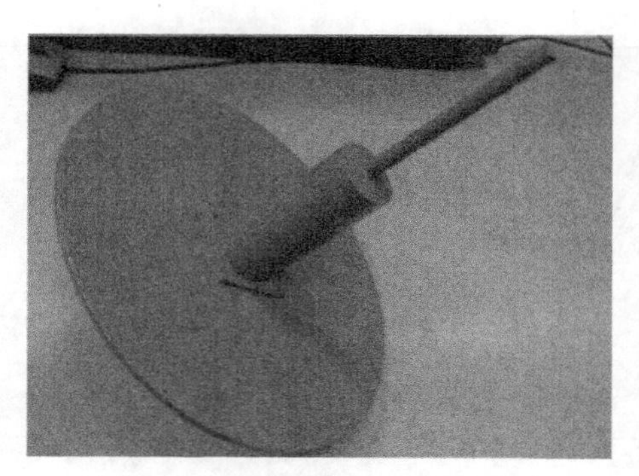

图 4.47　套筒单极子天线的外观

3. 套筒单极子天线参数实测

1）驻波比与带宽

图 4.48 是用 HP8720D 矢量网络分析仪实测的驻波比。由图可知，套筒单极子天线的中心频率约在 400MHz 处，驻波比小于 2 的绝对带宽为 350～525MHz，其实测曲线的频带低端与前面的仿真结果基本一致，两者的差别主要是由仿真计算误差和制作时的尺寸误差造成的。另外，所设计的套筒单极子天线相对带宽达到了 43.75%，属于宽频带天线。

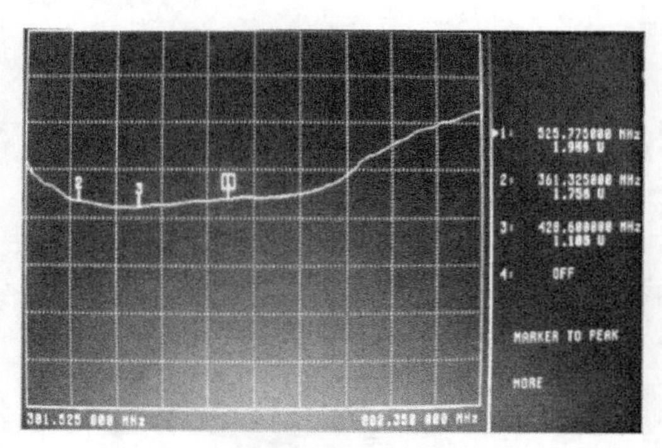

图 4.48　套筒单极子天线实测驻波比曲线

2）方向图与增益

利用 Ansoft HFSS 仿真天线的方向图如图 4.49 所示，参照图 4.45 所示的坐标系，其中，θ、φ 是球坐标中的角度变量，p 点是辐射点，r 为辐射点到原点的距离。套筒单极子天线的方向性仅与 θ 有关，所以只对 $\varphi_0 = 0^\circ$ 和 $\varphi_0 = 90^\circ$ 时球坐标中的角度变量 θ 进行了仿真计算。图中曲线 1 是 $\varphi_0 = 0^\circ$ 时 y-z 平面的方向图，曲线 2 是 $\varphi_0 = 90^\circ$ 时 x-z 平面的方向图。从图中可以看出，套筒单极子天线在 $\theta_0 = 90^\circ$ 和 $\theta_0 = 270^\circ$ 时具有最佳方向性，而在 0° 和 180° 时的接收效果很差。另外，曲线 1

和曲线 2 基本吻合，也说明了作为轴对称天线，套筒单极子天线具有全方向性。

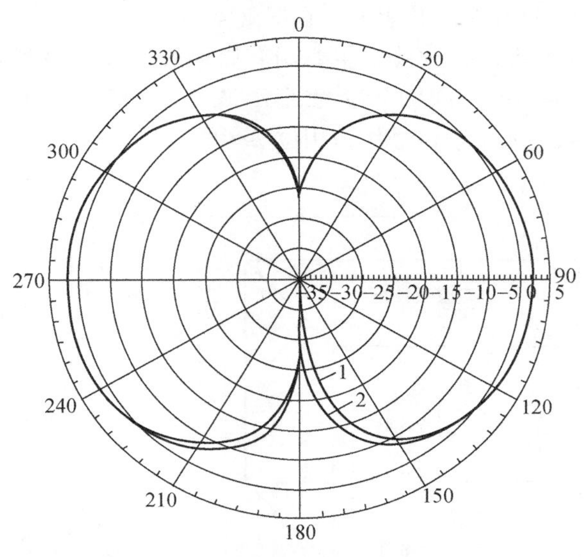

图 4.49　套筒单极子天线方向图

天线增益表示用该天线代替各向同性辐射器时，在给定方向上辐射功率增加的最大倍数。为验证所设计天线的增益，利用扫频信号发生器 AV14812 和频谱仪 AV4033，采用天线增益比较测量法来实测天线增益。比较法就是把待测天线的增益与已知标准天线的增益相比较而得出待测天线的增益。在满足远场条件下，只测量待测套筒天线接收功率 P_{xr}，然后接入标准天线测量接收功率 P_{sr}，则待测天线增益 G_x（标准天线增益为 G_s）为

$$G_x = G_s + 10\lg(P_{xr}) - 10\lg(P_{sr}) \tag{4.42}$$

根据实测数据，利用式(4.42)计算的增益见表 4.3，表中信息表明套筒单极子天线在频带内各个频率的增益比较接近，并且都较高，有利于对微弱的 PD 信号进行检测。

表 4.3　套筒单极子天线实测增益

频率/MHz	375	400	425
增益/dBi	2.2	2.3	2.2

4. 套筒单极子天线实测 PD

1) 变压器 PD 检测试验平台

用环氧树脂材料浇注封装天线整体，避免天线与变压器油直接接触。试验回路接线如图 4.50 所示，图中，T_1 为电动调压器(型号为 TEDGC-25)，T_2 为无晕试

验变压器(型号为 YDTW-25kVA/100kV),R 为 20kΩ 的保护电阻。屏蔽室尺寸为 3m×2.4m×2m,图中的 1 代表放置在屏蔽室内的套筒单极子天线,同轴电缆通过屏蔽室上的小孔穿入。在试验中主要用套筒单极子天线检测 PD 信号,并用高速数字示波器(Tektronix DPO7104 数字示波器,带宽为 1GHz,最大采样率为 20GS/s)记录波形,引入工频信号作为相位参考。

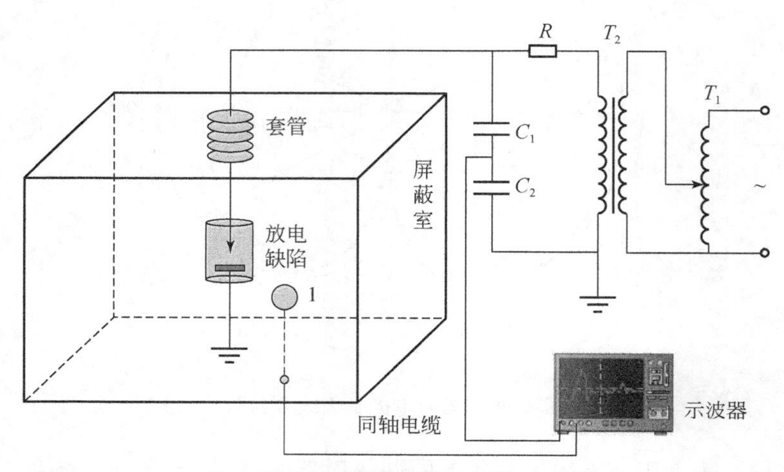

图 4.50　变压器 PD 检测系统示意图

2）试验结果分析

参照图 4.50 所示的 PD 特高频检测系统,用间距为 1cm 的油中尖-板模型来产生油中电晕放电信号,模拟油中缺陷的放电,同时用位置 1 处的套筒单极子天线检测放电信号。由试验观察可知,油中尖板缺陷的起始放电电压为 5.2kV,随着电压的升高,信号幅值增大。在 7.3kV 的电压下,套筒单极子天线所测到的 PD 信号和频谱如图 4.51(a)所示,图中信息表明套筒单极子天线可以检测到清晰的 PD 信号,能满足 PD 检测的需要,具有较高的灵敏度。从频谱还可以看出,天线所检测到的 PD 信号能量主要分布在 500MHz 以下,这与天线的截止频率基本符合。图

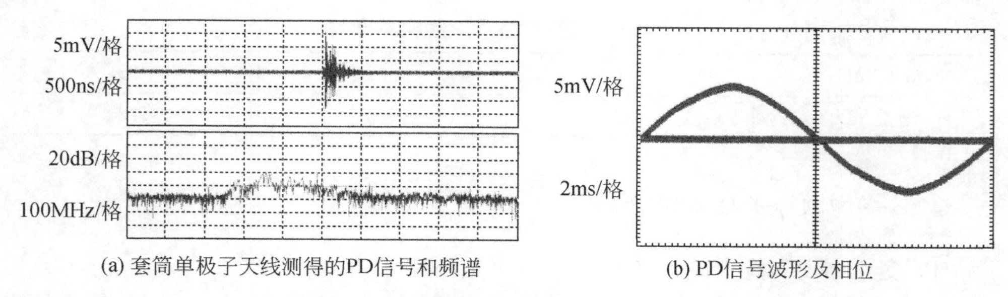

(a) 套筒单极子天线测得的PD信号和频谱　　(b) PD信号波形及相位

图 4.51　套筒单极子天线检测的 PD 信号

4.51(b)是套筒单极子天线测得的信号波形及相位图，从图中可知油中电晕放电主要发生在负半周幅值最大处，正半周幅值最大处也有放电出现，但相对于负半周，正半周放电次数较少。

4.3.2　终端加载的领结形天线传感器

为了提高检测效果并且不妨碍变压器的安全运行，可以在变压器箱体上安装介质窗口，使 PD 产生的电磁波经过它辐射出来，从而被特高频天线传感器接收，介质窗口的结构以及传感器安装方式如图 4.52 所示。在变压器油箱上开孔，并焊接金属法兰，将绝缘介质板安装在法兰上封堵所开油箱孔。PD 信号通过绝缘封板辐射出来被安装在外侧的特高频传感器所接收。

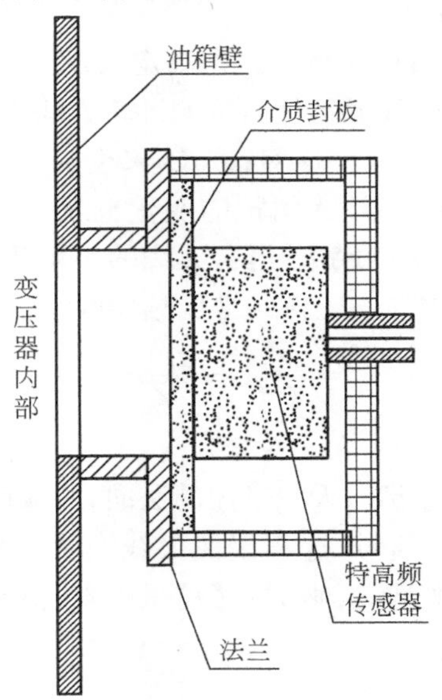

图 4.52　介质窗口示意图

本节介绍的终端加载的领结形天线传感器就是采用介质窗安装方式，由华北电力大学的郑书生设计并制作[43]。领结形天线是一种平面结构天线，其振子两臂被敷在介质基板上，通常为金属材料的等腰三角形，如图 4.53 所示。该类天线具有体积小、易携带和安装等优点。

1. 宽带领结形天线的设计

领结形天线不是严格的旋转对称结构，表面上的边界条件比较复杂，无法得到解析解，使得该类天线的理论分析比较困难。为此，常采用天线仿真软件进行辅助设计。设计步骤如下：①根据经验公式，计算领结形天线及背腔的基本尺寸；②无反射加载设计；③建立仿真模型，计算驻波比和方向图。

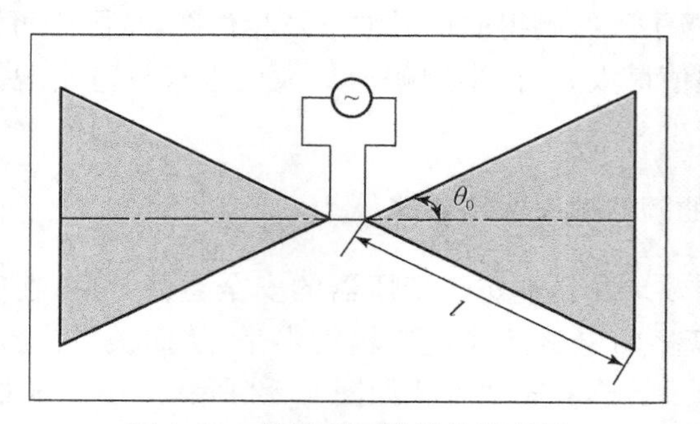

图 4.53　领结形天线结构示意图

1）领结形天线初步设计

θ_0 为半顶角，l 是天线臂的长度。这是决定天线特性阻抗和下限工作频率的关键参数。无限长的领结形天线的特性阻抗的计算方法为

$$Z_0 = 120\ln(\theta_0/2) \tag{4.43}$$

θ_0 增大，特性阻抗就减小，输入阻抗的变化也就变平稳，天线的工作频带也变宽。但是 θ_0 太大会使三角形的底边过长，天线的小型化不容易实现。工程上一般选择 θ_0 为 $40° \sim 80°$。臂长 l 与工作频带低频端的波长 λ 的关系为

$$l = \frac{\lambda}{4}\left(1 - \frac{97.82}{Z_0}\right) \tag{4.44}$$

2）金属背腔

领结形天线的最大增益指向天线平面的法向，两侧都有发射，即天线接收正面信号的同时，也接收背面的信号，这不仅使天线在主要检测方向上的接收效率降低，周围环境的杂波也会被天线接收，导致信号失真、信噪比降低。因此，需要将天线放入金属背腔内形成背腔式天线。

3）无反射加载

领结形天线两端开路，沿线电流呈驻波分布，其输入端的阻抗会随着天线的长度而剧烈改变。为了保证在宽频带内输入阻抗不随频率剧烈变化，采用加载技术对其进行优化。所谓天线加载，就是在天线的适当位置接入电阻或电抗元件，从而改善天线中的电流分布，使之尽可能地接近行波分布，以展宽工作频带。天线加载形态包括分布式加载、集中式加载和混合式加载。其中，分布式加载受制于金属材料属性，很难达到理想的效果。因此，本设计采用集中式加载，在领结形天线两端添加电阻元件。

2. 天线参数测试

1）驻波比

按照上述优化天线设计方案研制出终端加载的领结形天线，如图 4.54 所示。

得到天线的实测驻波比与仿真驻波比如图 4.55 所示。结果表明，实测驻波比曲线与仿真驻波比较为接近，天线具有良好的带宽，也说明仿真计算结果可靠。

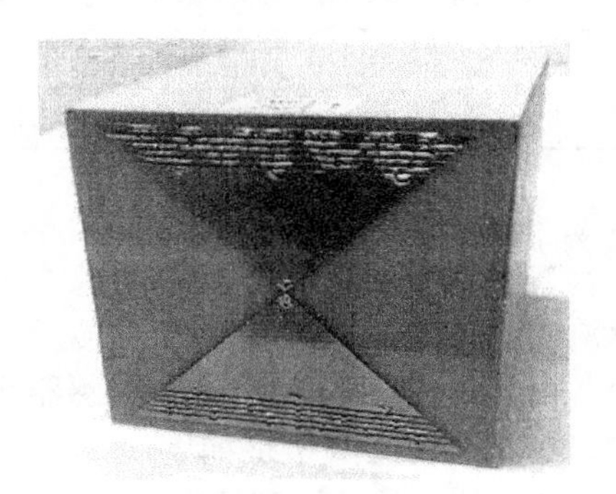

图 4.54　领结形天线

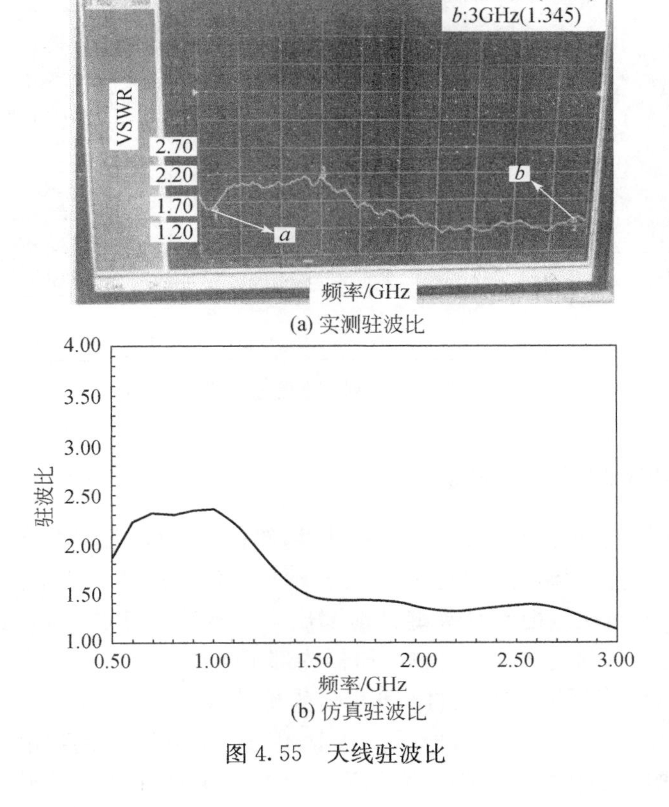

图 4.55　天线驻波比

2）增益

在微波暗室中对所设计天线的增益进行了测量，结果表 4.4 所示。结果表明，随着检测频率的增加，天线的增益相应地增加，检测频带内的最大增益为 3.7dBi。

表 4.4　宽带领结形天线的增益

频率/GHz	0.5	0.75	1.0	1.5	2.0	2.5	3.0
增益/dBi	−16.3	−8.1	−3.5	1.2	2.5	2.9	3.7

3. 终端加载的领结形天线响应特性测试

采用所设计的宽带领结形天线与现有的圆盘天线、无加载领结形天线对经过绕组模型辐射出来的特高频信号进行测试，对比各传感器测到的首波到达时刻、首波幅值，测试方法如图 4.56 所示。测试结果如图 4.57 所示。结果表明采用宽带加载领结形天线测得的特高频信号的首波到达时刻较早、幅值更大，宽带加载领结形天线具有更好的检测性能，有利于变压器内部绝缘缺陷的及早发现。

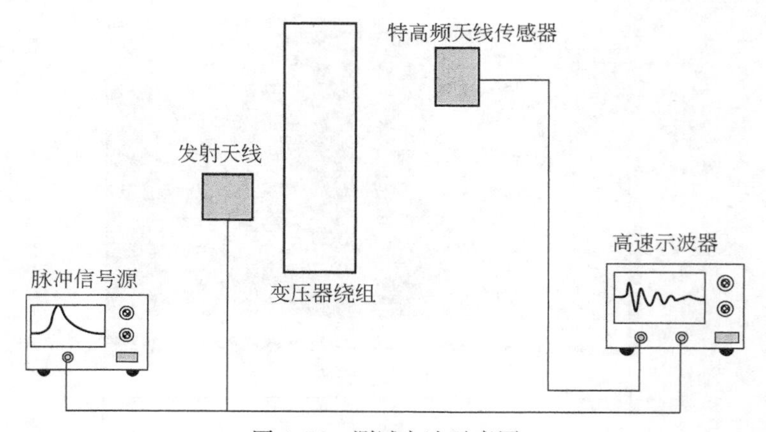

图 4.56　测试方法示意图

4.3.3　对跖 Vivaldi 天线传感器

750kV 油浸式变压器具有一定的特殊性，箱体采用桶式结构，变压器顶盖桶体和底座之间采用橡胶垫通过螺栓连接密封，形成环绕变压器一周的连接夹缝，这些夹缝为 1～2cm，电磁波能够从夹缝处泄漏出来。本节设计的 Vivaldi 天线就是通过接收夹缝处泄漏的电磁波来检测变压器内部 PD 的。

Vivaldi 天线根据馈电方式的不同可分为传统 Vivaldi 天线、对跖 Vivaldi 天线和平衡 Vivaldi 天线，如图 4.58 所示。其中，传统 Vivaldi 天线使用的是微带线-槽线巴伦，由于槽线的特性阻抗随频率的递增而单调递增并且表现出明显的色散特性，在宽频带上会存在一定的回波损耗以及插入损耗。对跖 Vivaldi 天线使用微带线巴伦馈电，在宽频带内特性阻抗几乎保持不变并且表现出很小的色散特性。该

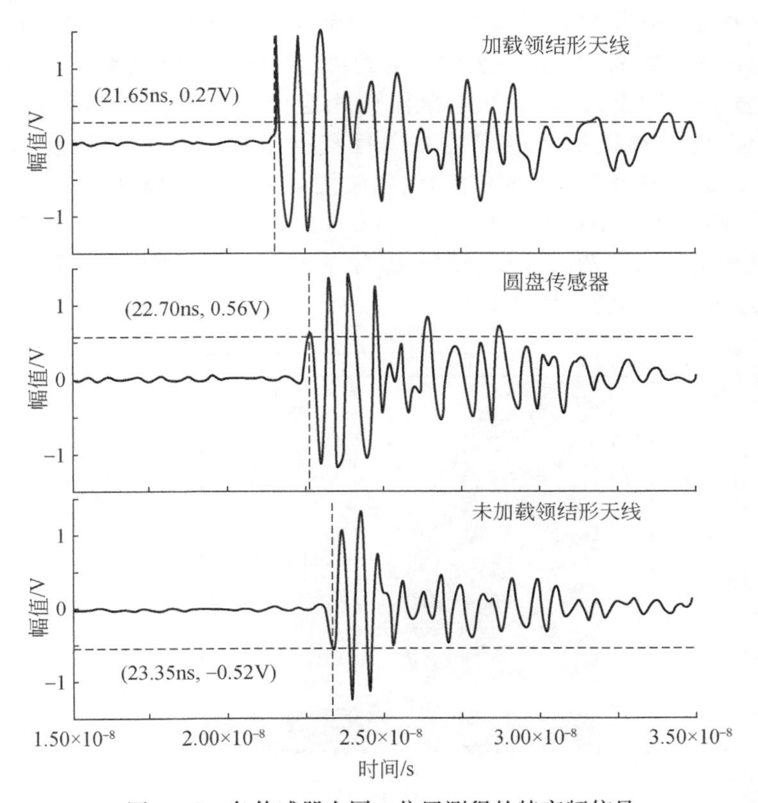

图 4.57　各传感器在同一位置测得的特高频信号

性质是对跖 Vivaldi 天线相对于传统 Vivaldi 天线的优势所在。平衡 Vivaldi 天线使用的是带状线馈电，它相对于微带线馈电产生的损耗更小，但是由于带状线埋在介质层中，为天线的加工及其接口的焊接带来了很大的困难[44-46]。因此对跖 Vivaldi 天线常被作为设计目标，本节也以此为例介绍该类天线。

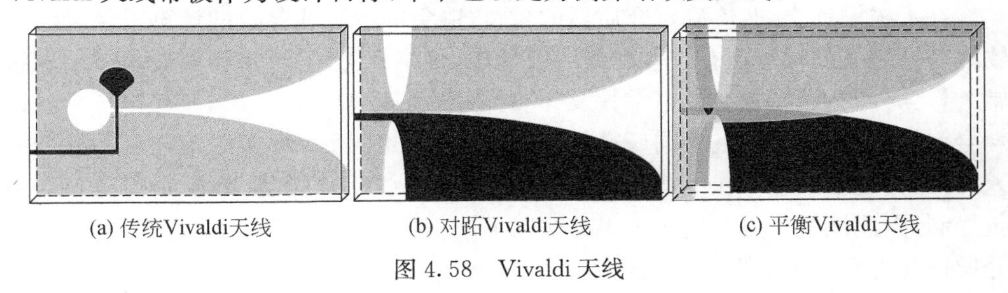

图 4.58　Vivaldi 天线

1. 对跖 Vivaldi 天线的结构与工作原理

如图 4.59 所示，对跖 Vivaldi 天线由介质板以及分别位于介质板两侧的金属薄片组成,可以分成辐射区域和馈电巴伦两个部分。电磁波由馈电巴伦传输到辐射部分后,脱离天线束缚从渐变缝隙辐射到自由空间。低频电磁波由于波长较长,由缝隙较宽处辐射出去,而高频电磁波则相应由缝隙较窄处辐射出去,这也是Vivaldi 天线具有宽频带和稳定的方向性特征的原因。当电磁波的波长超过Vivaldi 天线最大缝隙宽度的两倍后,电磁波便不能有效地辐射出去。天线的方向图逐渐转变得与单极子相似。普通 Vivaldi 天线表面电流几乎分布在整个辐射区域,如果在辐射区域开槽后天线表面电流分布将向中间集中,可以提高正面增益,并一定程度地优化回波损耗性能。

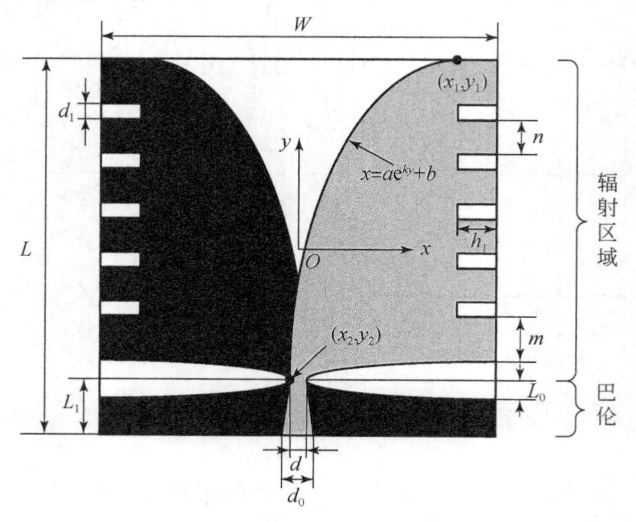

图 4.59 对跖 Vivaldi 天线结构

2. 对跖 Vivaldi 天线设计

1) 天线介质板的确定

在天线设计之初,应确定介质板的材料,以免影响后续参数的计算以及天线实物与仿真之间的误差。在常规的天线设计中,价格低廉的 FR4 环氧玻璃布层压板常被作为介质板,其相对介电常数及介质损耗分别为 4.4 和 0.02,其较高的介质损耗会引起较多的损耗,且不同厂家以及不同批生产的 FR4 板材因工艺以及掺杂的差异,其介电常数也存在不稳定问题,以此作为天线的介质层,难以做到精确的阻抗控制,因此该材料更多地用于 1GHz 以下的情况。本节将选用介电常数为 2.2、介质损耗为 0.001 的聚四氟乙烯板。

2) 渐变函数的确定

天线渐变缝隙是天线的主要辐射区,其内边缘形状是决定天线性能的主要因素。相对抛物线和三角函数等其他曲线而言,指数曲线边缘在阻抗匹配上有着更好的性能[47]，但是渐变缝隙的特性阻抗和传播常数的不确定性，导致理论分析较为困难[48]。因此本节主要借助天线仿真软件，通过仿真计算来对天线的各个参数进行确定。为了仿真计算的便利，建立如图 4.60 所示的坐标系，将指数曲线两个端点（x_1，y_1）和（x_2，y_2）及指数函数渐变率 k 设定为变量，指数曲线由下列方程确定：

$$x=\pm(a\mathrm{e}^{ky}+b) \tag{4.45}$$

$$a=\frac{x_1-x_2}{\mathrm{e}^{ky_1}-\mathrm{e}^{ky_2}} \tag{4.46}$$

$$b=\frac{x_2\mathrm{e}^{ky_1}-x_1\mathrm{e}^{ky_2}}{\mathrm{e}^{ky_1}-\mathrm{e}^{ky_2}} \tag{4.47}$$

式中，x_1 和 x_2 为两个端点的横坐标；y_1 和 y_2 分别为两个端点的纵坐标；k 为指数函数渐变率；a 和 b 为指数函数的两个参数。通过仿真计算，当 $k=30$、$x_1=40\text{mm}$、$x_2=-35\text{mm}$、$y_2=-2.05\text{mm}$ 时天线性能最佳。

3）巴伦结构设计

巴伦即平衡不平衡转换器，它主要有两个功能：①将高频信号由单端输入转换成平衡输出；②实现输入和输出端的阻抗匹配。通过仿真计算，当 $d=4.1\text{mm}$ 时微带线与辐射区域的匹配达到最佳。

微带线特性阻抗计算公式为

$$Z_0=\frac{120\pi}{\sqrt{\varepsilon_{\mathrm{eff}}}\left[\dfrac{d}{h}+1.393+\dfrac{2}{3}\ln\left(\dfrac{d}{h}+1.444\right)\right]}\left(\frac{d}{h}\geqslant 1\right) \tag{4.48}$$

$$\varepsilon_{\mathrm{eff}}=\frac{\varepsilon_{\mathrm{r}}+1}{2}+\frac{\varepsilon_{\mathrm{r}}-1}{2}\times\frac{1}{\sqrt{1+\dfrac{12h}{d}}} \tag{4.49}$$

式中，d 为微带线宽度；h 为介质板厚度；$\varepsilon_{\mathrm{eff}}$ 为介质板有效介电常数；ε_{r} 为介质板介电常数；Z_0 为微带线特性阻抗。

根据式(4.48)和式(4.49)，$h=2\text{mm}$，$d=4.1\text{mm}$ 的微带线特性阻抗为 65Ω，直接与 50Ω 同轴电缆相连本身就会造成一定的损耗，因此将微带线设计成线性渐变结构，同时保证巴伦与同轴电缆和辐射区域的阻抗匹配，微带线与同轴电缆连接处宽度最终设计为 $d_0=6.3\text{mm}$。

图 4.60 为不同微带线下天线的回波损耗。总体来说，线性渐变微带线降低了天线的回波损耗，并成功使 3GHz 附近的 S_{11} 参数下降到 −10dB 以下，将工作频带由 825MHz～2.78GHz 拓宽到 815MHz～3GHz。

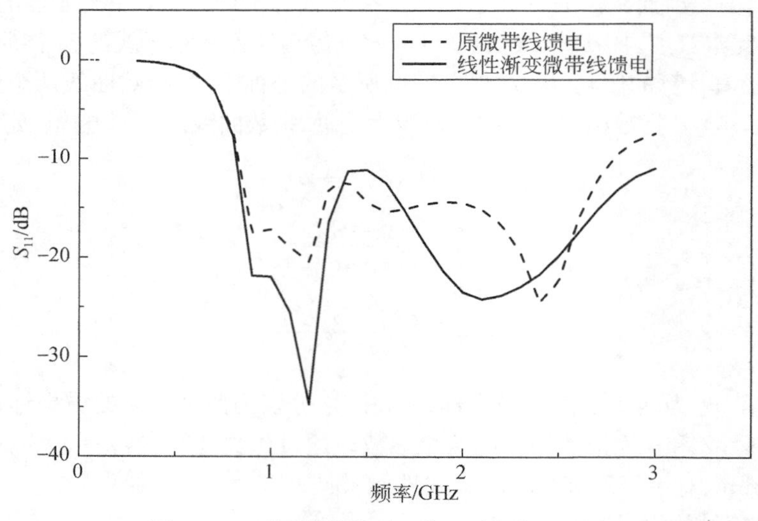

图 4.60 不同微带线对天线回波损耗的影响

3. 天线性能优化及最终参数实测

1）辐射区域优化

为了进一步优化天线的性能，在天线外边缘进行栅栏状开槽。辐射面经开槽后会改变金属贴片的电流分布，使电流向内边缘集中，促使更多能量从渐变缝隙辐射出去并缩小 E 面波瓣，增大正面增益，并且开槽后能在一定程度上降低回波损耗。

为了更为系统地研究天线的各个设计参数的影响以及缩短仿真流程，在通过仿真确定开槽的数量、大小及位置的过程中，将仿真过程分为确定开槽数量和开槽样式两个部分：①先分别对 3～7 对等高槽等 6 种情况进行仿真，调节 h_1、d_1、m、n 获得每种情况下的最佳参数并将回波损耗曲线以及正面增益进行对比，确定最佳的开槽数量；②在最佳开槽数量下分别对等高、开槽高度沿天线开口方向线性减小和线性增大三种情况进行仿真计算，如图 4.61 所示，并取其各自最优情况进行对比。

从图 4.62(a)和表 4.5 可以看出，开槽能够进一步优化 S_{11} 参数和正面增益，但是不同槽口数量对其影响并不太大。总体来说，开 5 对和 6 对槽时天线在 S_{11} 参数上要更好一些，而 5 对槽在增益性能上略优于 6 对槽。而对于整体开槽样式而言，从图 4.62(b)和表 4.6 可以看出，开槽高度线性增大时天线在 1.1GHz 左右的 S_{11} 参数较差，而线性减小时天线正面增益略差于另外两种。因此，本节中开槽样式最终仍选择为等高槽。

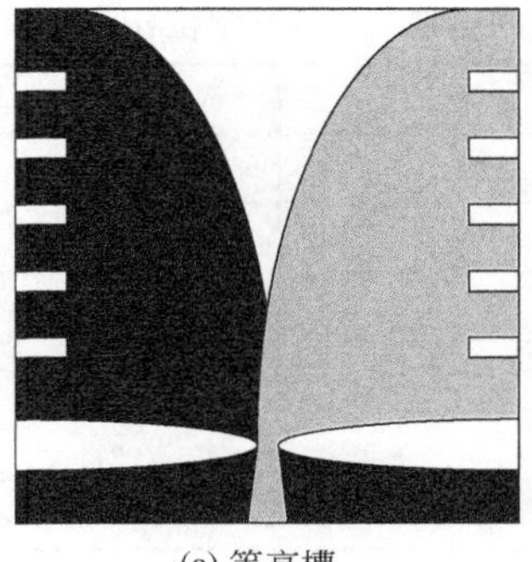
(a) 等高槽

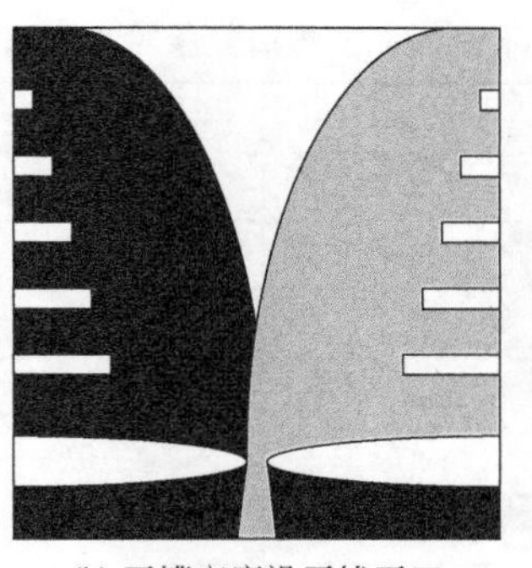
(b) 开槽高度沿天线开口方向线性减小

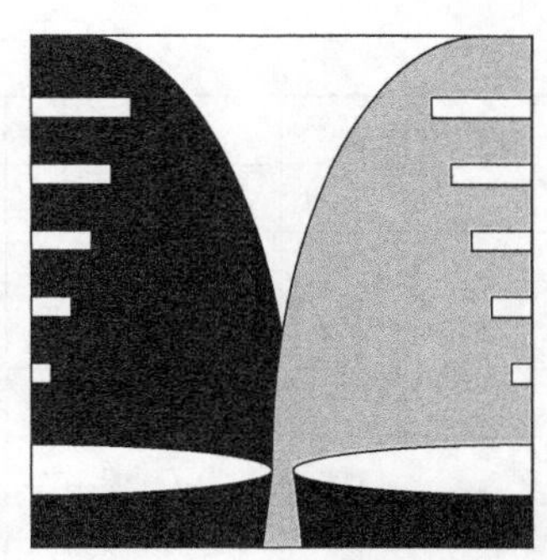
(c) 开槽高度沿天线开口方向线性增大

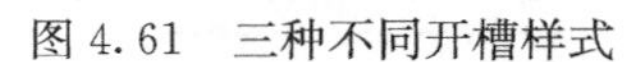
图 4.61　三种不同开槽样式

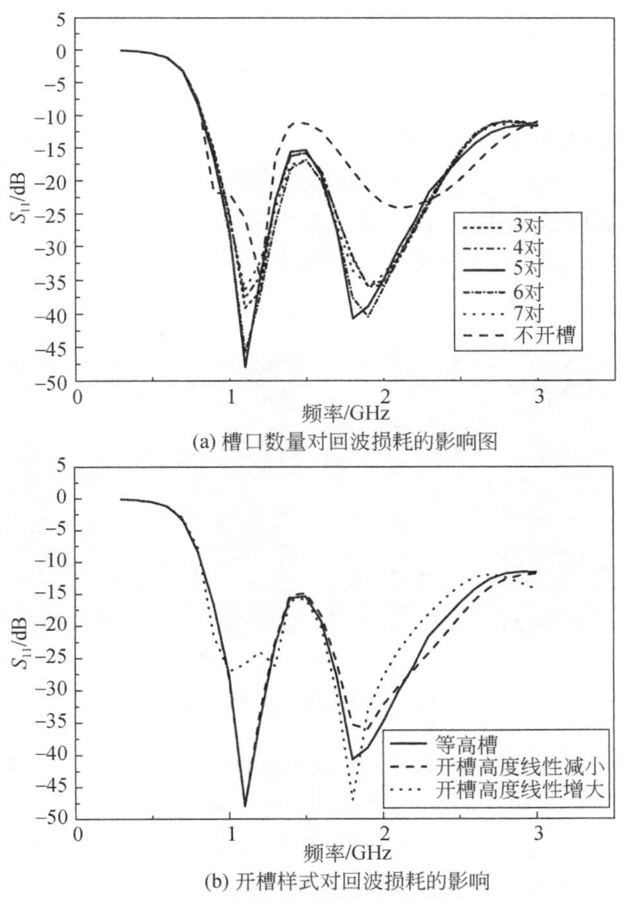

(a) 槽口数量对回波损耗的影响图

(b) 开槽样式对回波损耗的影响

图 4.62　槽口数量及开槽样式对回波损耗的影响

表 4.5 不同频率下槽口数量对正面增益的影响 (单位:dB)

槽口数量	1GHz	1.5GHz	2GHz	2.5GHz	3GHz
0	−3.5	2.7	5.6	6.7	7.7
3	−3.5	3.6	6.3	6.7	9.4
4	−3.6	3.7	6.3	6.7	9.2
5	−3.6	3.7	6.4	6.9	9.4
6	−3.6	3.9	6.3	6.7	9.2
7	−3.5	3.9	6.4	6.8	9.4

表 4.6 不同频率下开槽样式对回波损耗的影响 (单位:dB)

开槽样式	1GHz	1.5GHz	2GHz	2.5GHz	3GHz
等高	−3.6	3.7	6.4	6.9	9.4
线性减小	−3.5	3.6	6.3	6.4	8.9
线性增大	−3.6	3.9	6.3	7.1	9.1

2) 对跖 Vivaldi 天线参数实测

图 4.63 是天线实物图,图 4.64 是利用网络分析仪实测 S_{11} 参数与仿真的对比。由图可知,实物天线的工作频带为 807MHz～3GHz。仿真误差、制作误差以及焊接工艺等原因导致仿真曲线与实测曲线具有一定的差异,但是整体趋势相同,表明仿真分析具有一定的可靠性。

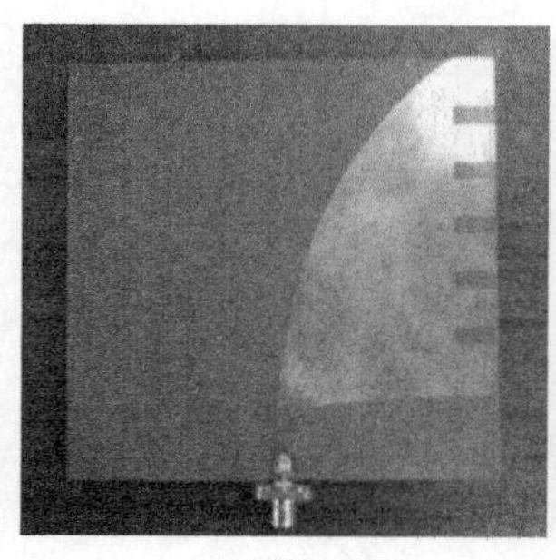

(a) 天线正面

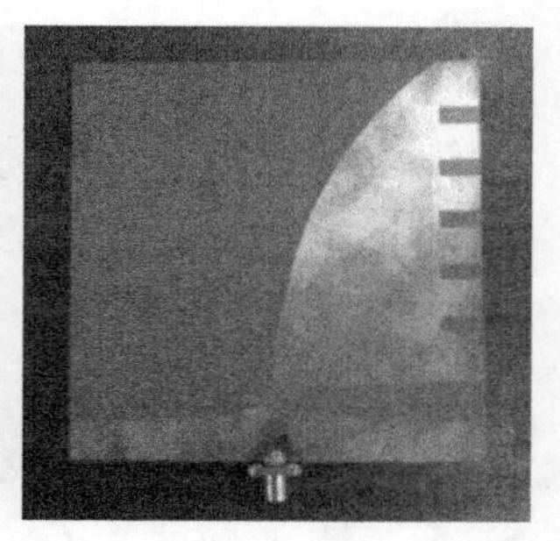

(b) 天线背面

图 4.63 对跖 Vivaldi 天线实物图

图 4.65 是天线在 1GHz、2GHz 和 3GHz 时的方向图,其中实线是 H 面,虚线是 E 面。可以看出,天线在 2GHz 和 3GHz 时有很强的方向性,但是在 1GHz 时方向图发生畸变。产生这种现象的原因是 1GHz 时电磁波波长已经超过天线两翼间最大距离的两倍,电磁波已经无法有效地从两翼间辐射出去。

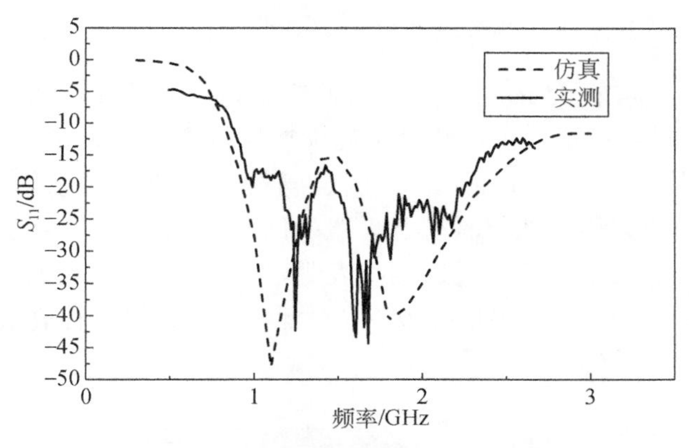

图 4.64　仿真与实测回波损耗对比图

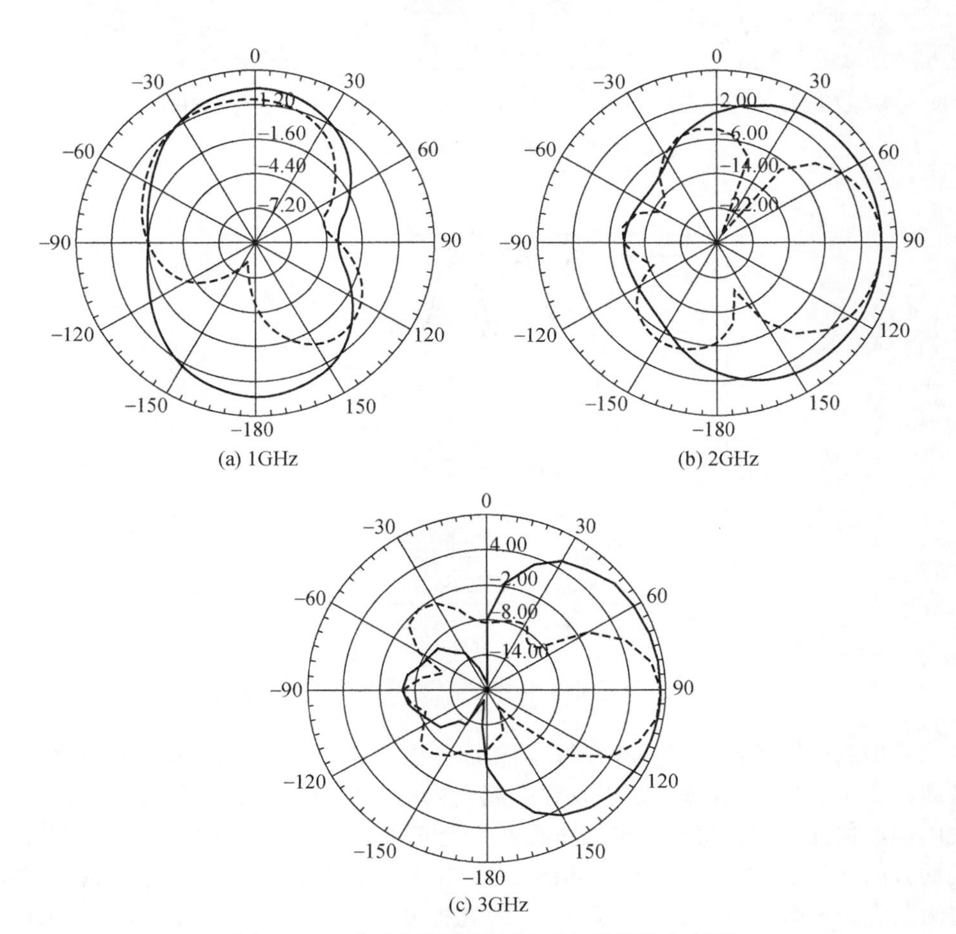

图 4.65　不同频率下对跖 Vivaldi 天线的方向图

4. 对跖 Vivaldi 天线金属外壳设计

在变电站现场存在大量电磁干扰，因此需要将天线装在金属盒中。常规的壳装方式如图 4.66(a)所示。对加装盒子的天线回波损耗进行了实测分析，结果如图 4.67所示。从图 4.67 可以看出，周围金属的存在会大幅恶化回波损耗性能。文献[49]中提到可以用吸波材料改善天线的回波损耗性能。但是与此同时，天线的效率及增益也会大幅降低。通过实测表明，是否在金属盒内表面覆盖吸波材料以及覆盖的面积对 PD 信号幅值并没有太大影响，因此想要提高天线的灵敏度只能通过改变金属盒的结构。

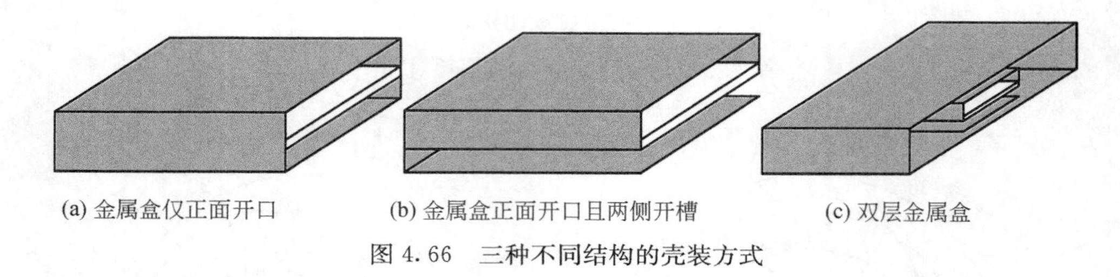

图 4.66　三种不同结构的壳装方式

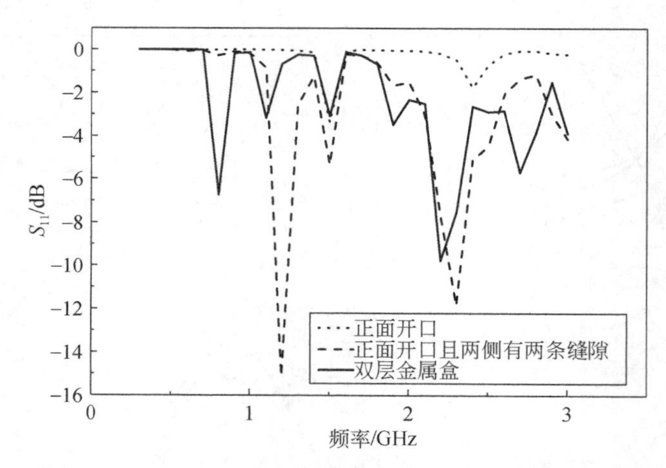

图 4.67　三种不同金属盒结构下天线的回波损耗曲线图

经仿真计算发现，在保证金属盒除正面外由金属完全封闭的情况下，略微调整金属盒大小、更改金属盒形状以及在金属盒内增加额外的金属结构都无法改善天线的回波损耗性能。想要改善回波损耗性能必须在金属盒上开槽，而为了保证天线的方向性不变，将金属盒制成如图 4.66(b)所示结构。但由于在金属盒上开槽将无法完全屏蔽来自外界的电磁干扰，因此将金属盒结构改进为如图 4.66(c)所示的结构，天线外部有两层金属盒，内层金属盒结构与图 4.66(b)相同，外层金属盒则仅正面开口，其尺寸设计为恰好能将变压器夹缝罩住的大小。从图 4.67 可以看出，虽然图 4.66(c)的回波损耗性能在低频段相较于图 4.66(b)略有恶化但是比图 4.66(a)要好得多。

5. 对跖 Vivaldi 天线实测 PD

天线的安装方式以及试验平台如图 4.68 所示，其中变压器为 10kV 三相真型变压器，外部尺寸为 800mm×465mm×590mm，将变压器上盖抬高 2cm 以模拟 750kV 变压器夹缝，用针板电极模拟 PD 源。在起始放电电压下，用三种不同金属结构下的对跖 Vivaldi 天线与矩形螺旋天线[50]同时接收 PD 辐射出的电磁信号，其摆放位置如图 4.69 所示。

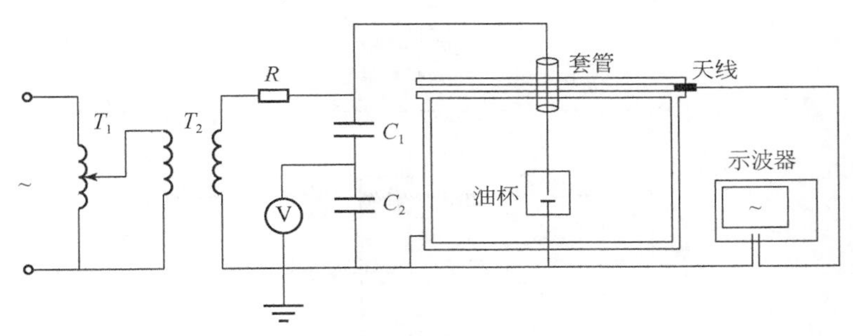

图 4.68　变压器 PD 试验平台

图 4.69　对跖 Vivaldi 天线及矩形螺旋天线摆放位置

如图 4.70 所示，当金属盒只有正面开口时，对跖 Vivaldi 天线接收到的信号波形峰峰值为 18mV 而矩形螺旋天线为 34mV，与仿真结果中回波损耗大幅恶化的情况相符。但是当金属盒两侧开槽时，对跖 Vivaldi 天线接收到的信号波形峰峰值为 216mV，而矩形螺旋天线只有 31.2mV，表明天线回波损耗对天线接收性能的影响非常大，而且由于变压器金属外壳的存在，天线安装在变压器夹缝处将无法避免接收性能的大幅恶化。在双层金属盒情况下，对跖 Vivaldi 天线接收到的信号波形峰峰值为 124.8mV 而矩形螺旋天线只有 27.6mV，相对而言仍有不小的提升。

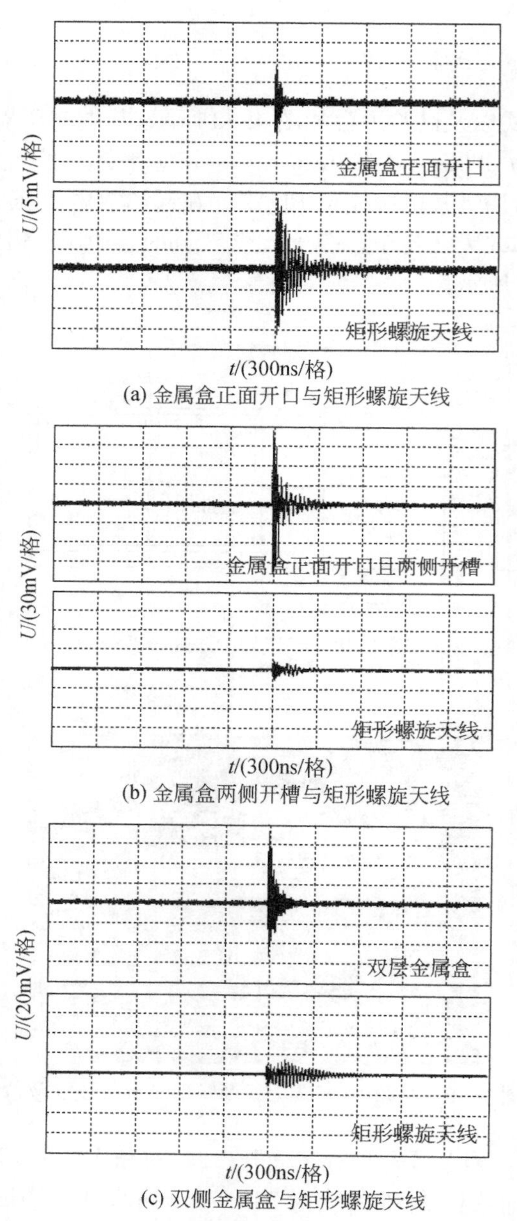

(a) 金属盒正面开口与矩形螺旋天线

(b) 金属盒两侧开槽与矩形螺旋天线

(c) 双侧金属盒与矩形螺旋天线

图 4.70　对跖 Vivaldi 天线和矩形螺旋天线接收的 PD 信号

4.4　应用于电缆的特高频传感器

电缆附件的外护层有一个封闭的金属屏蔽层,对特高频电磁波信号有很好的屏蔽作用,不利于采用外置特高频天线进行检测。为了取得较好的检测效果,国内外普遍的做法是直接将测量单元或传感器置入电缆附件内部或本体进行检测,从而有效地避开外界复杂的环境干扰来提取微弱的放电信号。要实现对电缆附件PD的特高频检测,重要的途径是对PD辐射产生的电磁波耦合。作为用于电缆附件PD监测的内置式特高频天线应具备以下基本特性:①天线尺寸小巧,结构简易,不影响电缆或电缆附件正常工作时的电气环境;②检测频带在特高频段以上,最好为300MHz~1GHz,检测频带内驻波比小于3,并具有较好的方向性;③具有较高的信号检测灵敏度和抑制干扰信号的能力。

1. 天线结构与设计

考虑电缆PD的高频衰减特性及附件的结构非常紧凑,本节从天线小型化入手,设计了一种内置式矩形螺旋加载探针特高频天线。这种天线是由平面螺旋印刷天线发展起来的,其主要的优点是结构紧凑、剖面低、辐射效率高且适合用作阵列单元。其中,天线的输入阻抗和增益可表示为[51]

$$Z_{\text{in}} = \frac{Z_0}{[\lambda/(l\pi)]^p}\left[1 + \frac{1}{2}\text{j}\left(\frac{1}{a^3} + \frac{2}{a}\right)\right] \tag{4.50}$$

$$G_{\text{r}} = G/\{1 + [(\text{AR}-1)/(\text{AR}+1)]^2\} \tag{4.51}$$

式中,a为天线的线宽度;l为天线的总长度;Z_0为天线馈电端的总输入阻抗,50Ω;p为螺旋系数;一般取2~3;G为天线的方向性系数;AR为天线的轴比。

传统的平面螺旋印刷天线在实现双线极化时尺寸较大,在保证尺寸较小的情况下谐振中心频率又很高,不适合电缆PD检测使用。本节在传统平面螺旋印刷天线的基础上进行了改进,将微带紧缩探针馈电技术应用于平面螺旋印刷天线,克服了此类天线固有的缺点。通过在与印刷线路板接收面与地板之间加载短路探针,相当于引入电感L来实现天线尺寸紧缩和降低谐振频率[51,52]。L的大小可以由下式确定:

$$L = (t\mu/\pi)\,\text{arcosh}(d/(2a)) \tag{4.52}$$

式中,t为基板的厚度;μ为基板的磁导率;d为短路针之间的距离;a为短路针的半径。

通过对天线的各个重要参数进行一系列仿真和实测,分析它们对影响天线工作带宽、谐振频率以及方向增益大小的影响,最终确定一种工作于UHF段(353~380MHz)的内置式螺旋加载探针天线,其结构如图4.71所示。天线基板的介质材料为FR4聚四氟乙烯玻璃板,敷铜厚度为1mm,螺旋线宽和间距均为1mm,基板

的厚度 H=3mm，相对介电常数 ε_r=4.4。短路探针的位置是(6.5,0.2)mm，其长度和半径分别为 3mm 和 0.2mm，天线选用 50Ω 的同轴线馈电，馈电点位置是(0.5,0.5)mm。

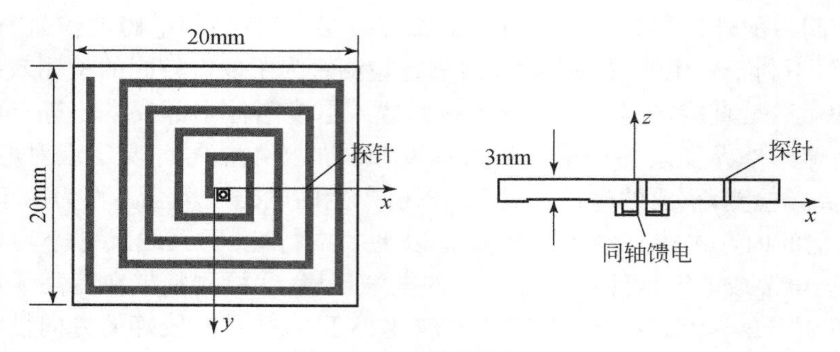

图 4.71　天线的结构图

2. 天线的仿真与测试分析

利用 Ansoft HFSS 的高频电磁场天线仿真软件对矩形螺旋加载探针特高频传感器进行仿真设计。图 4.72 和图 4.73 分别为加入短路探针前后天线驻波比和方向增益的变化情况。从上述仿真分析数据可以看出，利用天线的紧缩小型化技术，经过加载短路探针后，螺旋印刷天线的性能得到极大的改善，极化方向由原来的垂直方向变成水平方向，辐射的方向增益变得具有对称性。虽然天线的检测频带有所降低，但天线谐振中心频率降低到 356MHz 左右，更有利于电缆附件 PD UHF 电磁波信号的检测。

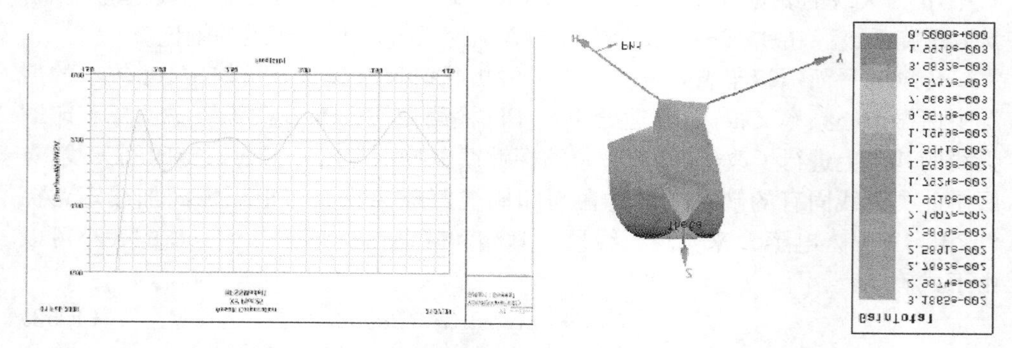

图 4.72　天线加载探针前的驻波比及方向增益图

加载短路探针天线的谐振频率主要取决于短路探针的粗细和位置[53]，在进一步降低天线谐振频率的同时，也是以牺牲其增益为代价的，另外，天线尺寸的过分缩减会引起天线性能的急剧恶化，其中带宽和增益尤为明显。为了分析这一变化情况，将短路探针加载在天线的不同位置分别对其仿真。表 4.7 显示了天线的谐振频率和带宽变化情况。

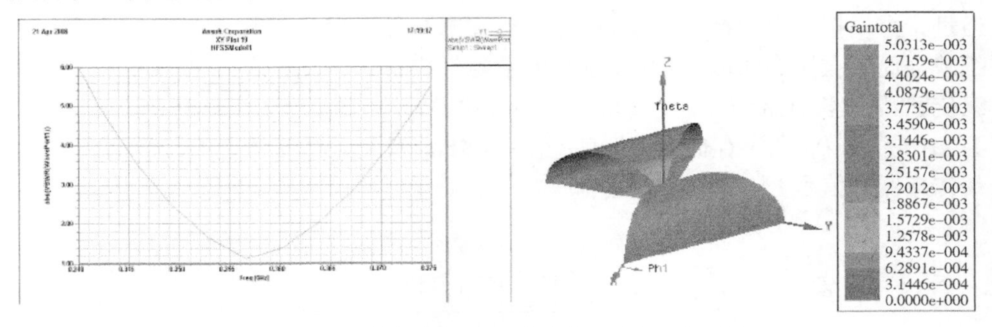

图 4.73　天线加载探针后的驻波比及方向增益图

表 4.7　天线的谐振频率和带宽

探针位置(x,y)/mm	中心频率/GHz	带宽 B/GHz	最小驻波比
(8.5,0.2)	0.843	0.753～0.882	1.54
(−6.5,−0.2)	0.476	0.462～0.492	1.12
(0.2.6.5)	0.402	0.391～0.416	1.17
(6.5,0.2)	0.356	0.347～0.368	1.13
(0.2.−6.5)	0.299	0.294～0.308	1.34

从表 4.7 可以看出，加载短路探针离中心馈电点的距离对天线性能有很大的影响，随着距离的减小，加载短路探针的作用变强，天线谐振的中心频率越来越低，但其有效带宽越来越窄，不利于 PD UHF 电磁波的检测。综合天线带宽及中心频率的考虑，实际研制的 UHF 短路加载探针取在(6.5,0.2)mm 的位置，制作的天线的结构及实测的驻波比如图 4.74 所示。

(a) 天线的结构

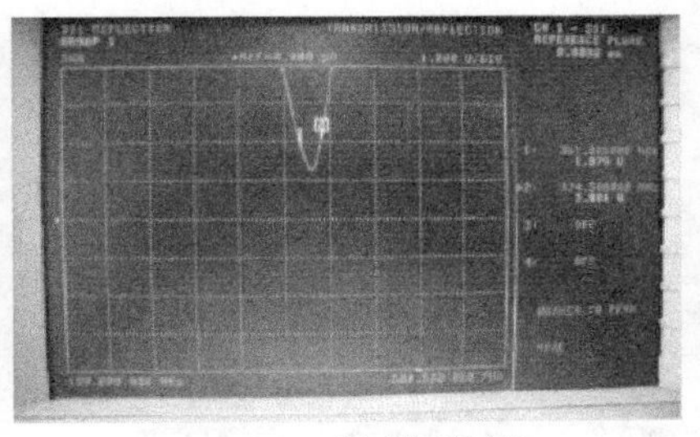

(b) 实测的驻波比

图 4.74　天线的结构及实测的驻波比

3. 天线实测 PD

1) 110kV 电缆附件 PD 试验平台

110kV 电缆附件 PD 试验测试平台的接线如图 4.75 所示，两段总长为 4.2m

的 110kV 交联聚乙烯绝缘皱纹铝包防水层护套电力电缆($1\times500\text{mm}^2$,YJLW02)通过一个模拟的中间接头连接在一起,电缆末端经由应力锥接入试验变压器。人工缺陷放置在接头内部,用以模拟在电缆附件内部可能出现的各种放电类型。天线传感器安装在接头的金属屏蔽腔内,电容传感器用作对比分析。此外,用 Tektronix 7104 数字存储示波器(带宽为 1GHz,最大采样率为 20GS/s,四通道)采集传感器的信号。

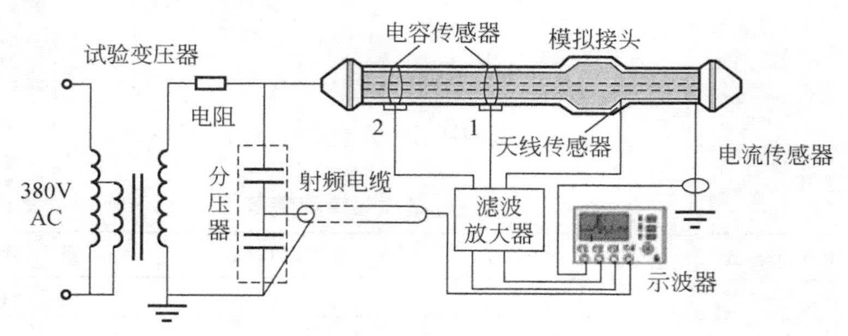

图 4.75　110kV 电缆附件 PD 试验接线图

2) 试验结果分析

电容传感天线与天线传感器检测到的 PD 信号及能量如图 4.76 所示。由图可以看出,以上两种传感器由于检测原理不同,反映在传感器输出的波形和频率分量上都有很大的差异。从前述天线测试分析可知,天线传感器驻波比小于 3 的频段都在特高频以上,所以检测到 PD 辐射电磁波能量主要都集中在 300~500MHz

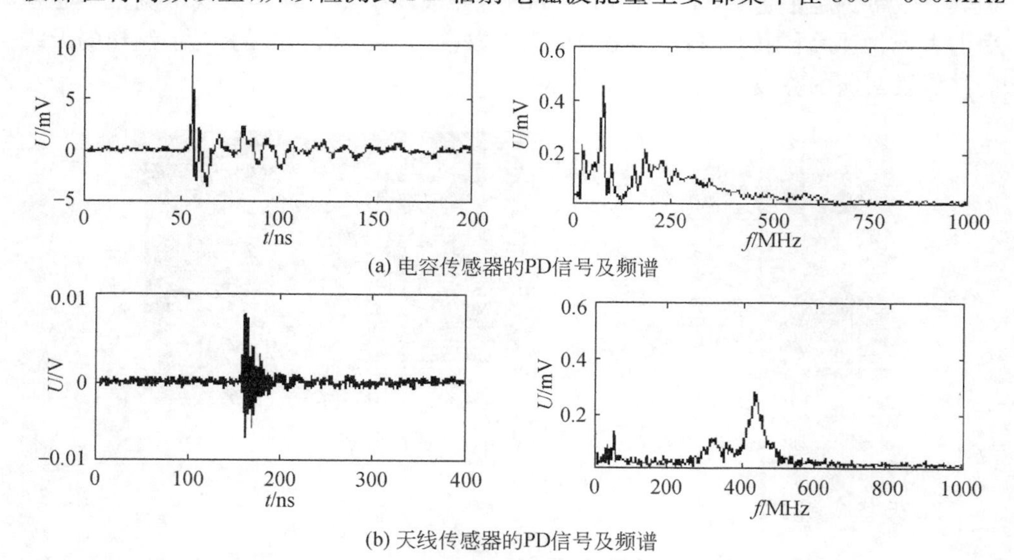

(a) 电容传感器的PD信号及频谱

(b) 天线传感器的PD信号及频谱

图 4.76　两传感器的 PD 信号及频谱

频段内。此外，在电缆附件模拟 PD 实测过程中发现，在相同的条件下，虽然天线传感器相对检测的频段比较高，能够避开常规干扰源的影响，但天线传感器测得的 PD 起始放电电压要远高于电容传感器测得的起始放电电压。在检测灵敏度上，内置天线传感器不如电容型耦合传感器。

4.5　特高频传感器评价标准

前面针对不同的电气设备介绍了不同类型的特高频天线传感器，这些天线传感器在结构以及功能上都具有各自的特点和优势。但对于某类天线而言，应用于各电气设备理论上都是可行的，并非一类天线只能用于一种电气设备，只是在天线设计之初应充分考虑其工作环境，在尽可能发挥其优势的同时满足不同电气设备 PD 的测量需求，在设计天线传感器时必须考虑以下指标。

4.5.1　基本参数指标

1）检测频带

一般要求特高频传感器具有较宽的检测频带，使其尽可能多地检测 PD 信号成分，减小信号的失真度。该检测频带内天线驻波比系数应小于 2，即能量损耗小于 10%。

2）增益

特高频传感器在检测频带内的增益应大于－3dB。

3）方向性

根据特高频传感器安装位置的不同应具备不同的方向性，要求特高频传感器增益的最大位置应该正对待测设备内部易产生 PD 的位置或者电磁波泄漏的位置。

4）检测灵敏度

灵敏度是指传感器能够检测最小信号的能力，用 dBm 表示，表示功率绝对值的单位。特高频天线应具备较高的检测灵敏度，能够准确地捕捉微弱的 PD 信号。

5）信噪比

信噪比是衡量一个信号质量优劣的指标。它是在测量频带内，检测到的信号功率 P_s 和噪声功率 P_n 比值，常用分贝表示，即

$$S/N(\mathrm{dB})=10\lg\frac{P_s}{P_n} \tag{4.53}$$

信噪比越大，表明特高频传感器检测到的信号越好。因此，要求特高频天线应具备较强的抗干扰能力。

4.5.2 环境参数指标

特高频传感器的本质为一接收天线，天线所处的环境会直接影响其辐射性能，从而影响天线的基本参数指标。所以，通常需要给出特高频传感器的工作温度范围与湿度范围等环境参数。

4.5.3 可靠性指标

通常用工作寿命和平均无故障时间来说明产品的可靠性水平。对于特高频传感器而言，其大多数均属于无源器件且不含电子元件，因此特高频传感器的可靠性都比较高。

4.5.4 其他指标

1）结构尺寸

特高频传感器的结构尺寸必须合理规范，不得影响电气设备的正常运行，特别是对于内置特高频传感器而言，其结构尺寸应有严格的限制。

2）电气连接

特高频的输出与测量设备之间必须具有良好的匹配，匹配阻抗一般为 50Ω 或 75Ω。

参考文献

[1] 邱毓昌．用超高频法对 GIS 绝缘进行在线监测．高压电器，1997，(04)：36-40.

[2] Boggs S A, Stone G C. Fundamental limitations in the measurement of Corona and partial discharge. IEEE Transactions on Electrical Insulation, 1982, EI-17(2): 143-150.

[3] Hampton B F, Meats R J. Diagnostic measurements at UHF in gas insulated substations. IEE Proceedings C Generation, Transmission and Distribution, 1988, 135(2): 137-145.

[4] 唐炬，朱伟，孙才新，等．检测 GIS 局部放电的超高频屏蔽谐振式环天线传感器研究．仪器仪表学报，2005，26(7)：705-709.

[5] 张晓星，刘王挺，杨孝华，等．检测 GIS 局放的 Hilbert 分形天线及便携式监测系统．重庆大学学报：自然科学版，2009，32(3)：263-268.

[6] 张晓星，谌阳，唐俊忠，等．检测 GIS 局部放电的小型准 TEM 喇叭天线．高电压技术，2011，37(8)：1975-1981.

[7] 孟延辉．变压器局放超高频检测与套筒单极子天线的研究[硕士学位论文]．重庆：重庆大学，2007.

[8] 程序，唐志国，李成榕．特高频传感器结构参数对其幅频特性的影响．电网技术，2006，30(15)：25-29.

[9] 陈金祥．基于介质窗口和 UHF 传感器的变压器局部放电检测与定位方法．电网技术，2014，(6)：1676-1680.

[10] 李军浩,司文荣,杨景刚,等. 电力变压器局部放电特高频信号外部传播特性研究. 西安交通大学学报,2008,42(6):491-491.

[11] 孙静. 高压电力电缆局部放电检测技术研究[硕士学位论文]. 上海:上海交通大学,2012.

[12] 朱俊栋,杨连殿,贾江波,等. XLPE 电缆局放脉冲频谱分析及传感器选频. 高电压技术,2006,32(7):36-38.

[13] 唐炬,张晓星,曾福平. 组合电器设备局部放电特高频检测与故障诊断. 北京:科学出版社,2016.

[14] 斯塔兹曼. 天线理论与设计. 北京:人民邮电出版社,2006.

[15] 刘克成,宋学诚. 天线原理. 长沙:国防科技大学出版社,1989.

[16] 孙才新,许高峰,唐炬,等. 检测 GIS 局部放电的内置传感器的模型及性能研究. 中国电机工程学报,2004,24(08):89-94.

[17] 唐炬,彭文雄,孙才新,等. GIS 局部放电信号及内置传感器检测分析. 重庆大学学报:自然科学版,2005,27(12):32-36.

[18] Zhang X, Tang J Z, Tang J, et al. Relationship between UHF PD detection and apparent charge quantity of metal protrusion in air. Przegląd Elektrotechniczny, 2012, 88 (4a): 266-270.

[19] Zhang X, Han Y, Li W, et al. A rectangular planar spiral antenna for GIS partial discharge detection. International Journal of Antennas and Propagation, 2014, 2014.

[20] 许中荣,唐炬,张晓星. 一种用于在线检测 GIS 局部放电超高频信号的微带天线传感器研究. 2006 全国电工测试技术学术交流会论文集,西安,2006.

[21] Tang J, Xu Z, Zhang X, et al. GIS partial discharge quantitative measurements using UHF microstrip antenna sensors. Electrical Insulation and Dielectric Phenomena, 2007, 3: 116-119.

[22] 李立学. GIS 局部放电超高频包络检测研究[博士学位论文]. 上海:上海交通大学,2009.

[23] Poddar D R, Chatterjee J S, Chowdhury S. On some broad-band microstrip resonators. IEEE Transactions on Antennas & Propagation, 1983, 31(1): 193, 194.

[24] 李绪平,刘昊,史小卫. Y 分形单元多频段 FSS 设计研究. 微波学报,2008,22(B06):100-103.

[25] Zhu J, Hoorfar A, Engheta N. Bandwidth, cross-polarization, and feed-point characteristics of matched Hilbert antennas. Antennas and Wireless Propagation Letters, IEEE, 2003, 2(1): 2-5.

[26] Vinoy K J, Jose K A, Varadan V K, et al. Resonant frequency of Hilbert curve fractal antennas. Antennas and Propagation Society International Symposium, 2001, 3: 648-651.

[27] Chung K H, Pyun S H, Chung S Y, et al. Design of a wideband TEM horn antenna. Antennas and Propagation Society International Symposium, IEEE, Columbus, 2003: 229-232.

[28] Olver A D, Philips B. Profiled dielectric loaded horns. The 8th International Conference on Antennas and Propagation, Edinburgh, 1993: 788-791.

[29] Yao F W, Zhong S S, Liang X L. Ultra-broadband patch antenna using a wedge-shaped air

substrate. Microwave Conference Proceedings, APMC, Suzhou, 2006: 218-220.

[30] Lee R T, Smith G S. A design study for the basic TEM horn antenna. Antennas and Propagation Magazine, IEEE, 2004, 46(1): 86-92.

[31] Shlager K L, Smith G S, Maloney J G. Accurate analysis of TEM horn antennas for pulse radiation. IEEE Transactions on Electromagnetic Compatibility, 1996, 38(3): 414-423.

[32] Jo Y M. Broad band patch antennas using a wedge-shaped air dielectric substrate. Antennas and Propagation Society International Symposium, IEEE, Orlando, 1999: 932-935.

[33] Guha D, Chattopadhya S, Siddiqu J Y. Estimation of gain enhancement replacing PTFE by air substrate in a microstrip patch antenna. IEEE Antennas and Propagation Magazine, 2010, 3(52): 92-95.

[34] Kraus J D, Marhefka R J. Antenna for All Applications. Upper Saddle River: McGraw Hill, 2002.

[35] Cohen N, Hohlfeld R G. Fractal loops and the small loop approximation. Communications Quarterly, 1996, 6: 77-81.

[36] Romeu J, Rahmat-Samii Y. Fractal FSS: A novel dual-band frequency selective surface. IEEE Transactions on Antennas and Propagation, 2000, 48(7): 1097-1105.

[37] Romeu J. Fractal elements and their applications to frequency selective surfaces. Aerospace Conference Proceedings, IEEE, Big Sky, 2000.

[38] Kubota S, Miyamaru F, Takeda M W. Terahertz response of fractal metamaterials. The 34th International Conference on Infrared, Millimeter, and Terahertz Waves, IEEE, Busan, 2009: 1, 2.

[39] 李秋玲,徐国兵．超宽带螺旋天线的小型化设计．遥测遥控,2011,32(2):14-19.

[40] 罗旺．一种新颖的超宽带平面等角螺旋天线的设计．通信技术,2013,6:6.

[41] 宋朝晖,邱景辉,张胜辉,等．一种平面等角螺旋天线及宽频带巴伦的研究．制导与引信,2003,24(2):2003-2006.

[42] 张新魁．基于平面螺旋天线和 LabVIEW 软件平台的超高频法局部放电研究[硕士学位论文]. 哈尔滨:哈尔滨理工大学,2014.

[43] 郑书生．变压器绕组中局部放电特高频定位方法研究[博士学位论文]. 北京:华北电力大学,2015.

[44] 梅征．超宽带锥削槽天线及阵列研究[硕士学位论文]. 西安:西安电子科技大学,2011.

[45] 王乃彪．超宽频带锥削槽天线及阵列的设计与实现[博士学位论文]. 西安:西安电子科技大学,2009.

[46] 王银行．改进型的对跖 Vivaldi 天线的研究[硕士学位论文]. 西安:西安电子科技大学,2010.

[47] 陈文星．超宽带平面渐变开槽天线设计与研究[博士学位论文]. 沈阳:沈阳航空航天大学,2014.

[48] Oraizi H, Jam S. Optimum design of tapered slot antenna profile. IEEE Transactions on Antennas & Propagation, 2003, 51(8): 1987-1995.

[49] 郭宏福,付咪,许彩祥．宽带超高频局放检测壳装天线设计方法研究．电波科学学报,

2011,(06):1212-1217.

[50] 李伟,舒娜,雷鸣,等. 检测 GIS 局部放电的矩形平面螺旋天线研究. 高电压技术,2014,40(11):3418-3423.

[51] Nakano H, Eto J, Okabe Y, et al. Tilted- and axial- beam formation by a single- arm rectangular spiral antenna with compact dielectric substrate and conducting plane. IEEE Transactions on Antennas & Propagation,2002,50(1):17-24.

[52] 李萍,朱永忠,袁涛. 超高频天线宽带小型化技术的新进展. 雷达科学与技术,2005,(2):119-122.

[53] 荣丰梅,龚书喜,贺秀莲. 利用开槽和短路探针加载减缩微带天线 RCS. 西安电子科技大学学报:自然科学版,2006,33(3):479-481.

第5章　超声波传感器

5.1　局部放电产生超声波的机理

人们能听到声音是由于物体发生了振动，且振动频率在20Hz～20kHz内。振动频率超过20kHz的称为超声波，低于20Hz的称为次声波，人耳就听不到声音了。常用的超声波频率为几十千赫兹到几十兆赫兹。

超声波是一种在弹性介质中的机械振荡，通常有横向振荡（横波）和纵向振荡（纵波）两种形式。超声波可以在气体、液体及固体介质中传播，其传播速度是不同的，主要取决于传播媒介（介质材料）的种类。另外，它也有折射和反射现象，在不同介质间存在界面反射，声波阻抗差异越大，界面衰减越大。并且，在传播过程中有衰减特性，频率越高，衰减越快。在气体中传播超声波，其频率较低，一般为几十千赫兹，衰减较快；而在固体和液体中传播的超声波的频率则较高，且衰减较小，传播较远。

众所周知，PD可能发生在各种绝缘材料类型的电气设备中，产生PD的原因是多方面的，其物理过程比较复杂且受众多因素影响。在PD过程中往往存在电荷中和，相应会产生较陡的电流脉冲，电流脉冲的作用将使PD发生的区域瞬间受热而膨胀，产生一个类似局部热爆炸的现象，放电结束后原来受热膨胀的区域会恢复到原来的体积，这种由于PD产生的一涨一缩的体积变化就会引起介质的疏密瞬间变化，形成所谓的超声波，从PD点以球面波的方式向四周传播。因此，当发生PD时也伴随着超声波的产生。PD产生的超声波频谱分布很广，可在$10\sim10^7$ Hz数量级范围。由于放电状态、传播介质及环境条件的不同，检测到的声波频谱也会不同。

随着电气设备在线监测技术的不断进步，利用超声波检测法探测和定位电气设备中的PD源及严重程度，已被广泛应用于电力系统输变电装备的安全运维中。目前使用的超声传感器检测已经可以实现在线检测、空间定位甚至定量分析和PD模式识别。图5.1为GIS内部各种典型缺陷的超声波PD时域波形[1]。

由图5.1可见，PD诱发的超声波信号蕴含大量重要信息，通过使用超声波传感器进行采集并对其进行分析，可以及时有效地发现设备绝缘潜伏性故障，并通过信号处理和分析确定故障位置及严重程度，制定有针对性的维修方案，及时处理故障并降低运维成本，把绝缘故障消灭在萌芽阶段。

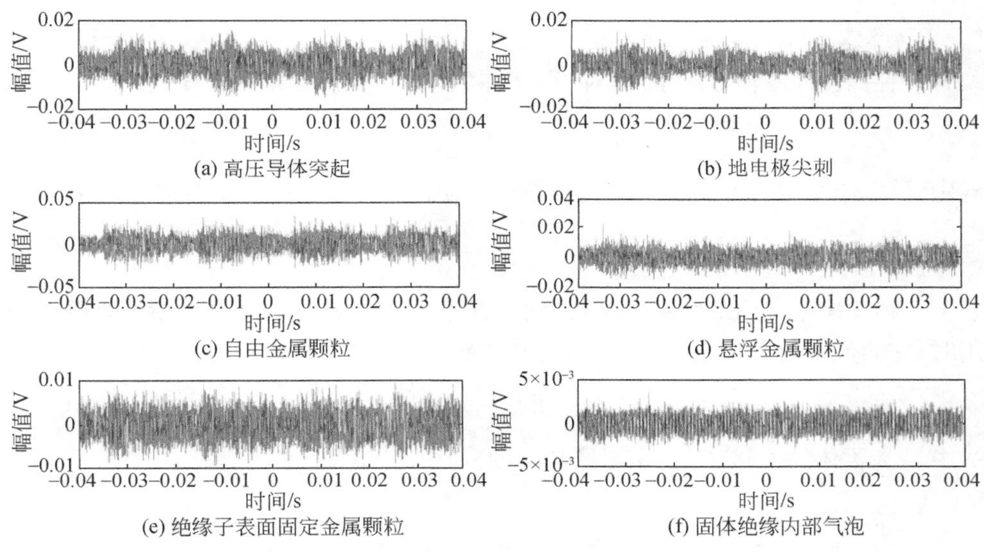

图 5.1　GIS 内部各种缺陷的超声波 PD 典型时域波形

本节将以变压器中的 PD 超声检测过程为例，介绍电气设备中常见 PD 产生超声的机理。变压器内的 PD 一般是在油中气泡或固体中气隙里产生的，因此主要以气泡为例分析 PD 产生超声波的过程。

从物理角度分析，当设备内部发生 PD 时，放电源周围的气体将会受到一个脉冲电磁场力的作用，为了直观分析 PD 产生超声波的过程，本书采用电-力-声类比的方法对 PD 产生超声波的过程进行分析[1]。

5.1.1　电-力-声类比

电磁振荡、力学振动和声振动作为不同的物理现象，一方面，它们都有各自的研究对象，构成了它们的特殊性；另一方面，它们虽然属于不同的领域，表面上似乎互不关联，但仔细研究它们的规律时，在数学上往往都归结为相同形式的微分方程。对于集中参数，可用常微分方程进行描述，而对于分布参数系统则可用偏微分方程加以表示。由于数学是从具体物理过程中抽象出来的“空间的形式和数量的关系”。因此，具有数学形式上的相似性，必然在一定程度上反映物理本质上存在着某些共同的规律性[2]。

在研究 PD 产生超声波的机理问题时，由于同时要考虑到电、力和声的振动问题，运用电-力-声类比的方法分析具有明显的优越性。通常情况下，PD 的空间很小，因此采用集中参数系统，这样，系统的唯一变量是时间，为了研究方便，首先对力学和声学的一些相关概念进行介绍[1]。

1. 质量 M_m

一种描述问题惯性的量度，对于一个物体，由牛顿第二定律可知

$$F = M_m \frac{dv}{dt} \tag{5.1}$$

式中，F 为作用在物体上的力；v 为物体的运动速度；M_m为该物体的质量。

2. 力顺 C_m

一种描述系统物理结构的参数，它表征了一个系统具有弹性性质。当受力作用时，它的位移与力成正比，按照胡克定律有

$$F = \frac{1}{C_m}\xi \tag{5.2}$$

式中，ξ 为物体的位移；C_m为该系统的力顺。

3. 力阻 R_m

一种描述系统物理结构的参数，它表征了一个系统具有摩擦损耗，当系统运动时，将受到力的作用，且相对运动速度与力的方向相反，当物体运动较小时，按阻力定律有

$$F = R_m v \tag{5.3}$$

式中，F 为作用在系统中的力；v 为物体的运动速度；R_m为该系统的力阻。

同理，在声学系统中，也存在类似的声质量、声容以及声阻，分别对应其惯性、弹性与衰减，详细定义见文献[2]。电学、力学、声学中各参数的类比情况如表 5.1 所示。

表 5.1 电-力-声类比表

电学	力学	声学
电压	力	声压
电流	速度	体速度
电感	质量	声质量
电容	力顺	声容
电阻	力阻	声阻

5.1.2 局部放电产生超声波机理

以变压器油中 PD 产生的超声波为例加以阐述。假设变压器油中含有一个半径为 r 的气泡 q，气泡的质量为 M_m，气泡处于一定的电场中，由于在气泡附近发生了 PD，气泡会携带一定的电荷，进而受到一定的外加电场力 F_e 作用，这时气泡内

部将有一个与之相反的弹性作用力 F_q，使气泡维持平衡状态，如图5.2(a)[1]所示。由于PD脉冲陡度可达纳秒级，等效频率为上百兆赫兹，相对于超声波的频率几十千赫兹到几十兆赫兹(微秒级)来讲，PD过程很快，因此可以忽略PD的振荡过程，认为PD过程为单个脉冲。当发生PD时，气泡所受的外在电场力突然消失，气泡平衡状态被打破，气泡在弹性力的作用下，产生振动，此时气泡受到三种力：一为弹性力，穿过力顺元件 C_m，终止于气泡壁；二为摩擦力，穿过力阻元件 R_m，终止于气泡壁；三为惯性力，穿过质量元件 M_m，终止于气泡壁。这三种力都汇合于气泡壁[1]，如图5.2(b)所示。

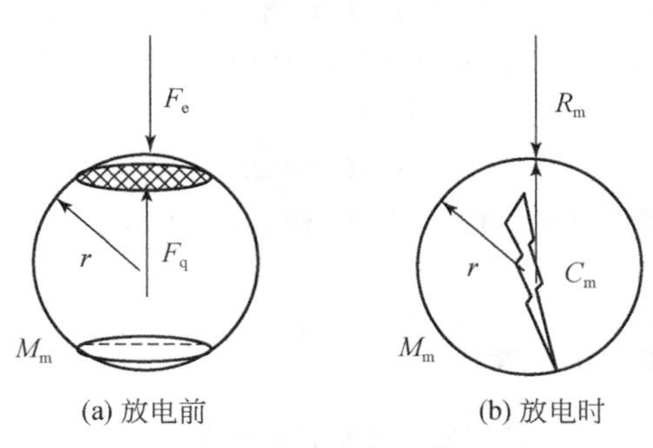

图5.2 气泡受力分析

从物理上看，质量 M_m、力顺 C_m 和力阻 R_m 都有相同的速度，在阻抗型类比线路图中应当是串联的，因此得到的电-力类比电路如图5.3所示[1]，其中气泡的质量 M_m 等于气泡的体积乘以气泡的密度，力顺 C_m 和力阻 R_m 与气泡中的气体成分有关。从图5.3中可以明显地看出，气泡PD的力学过程类似于电路中的二阶电路的零输入响应。因此，气泡中弹性力的受力满足如下的二阶方程[2]：

$$L_m C_m \frac{d^2 u_c}{dt^2} + R_m C_m \frac{du_c}{dt} + u_c = 0 \tag{5.4}$$

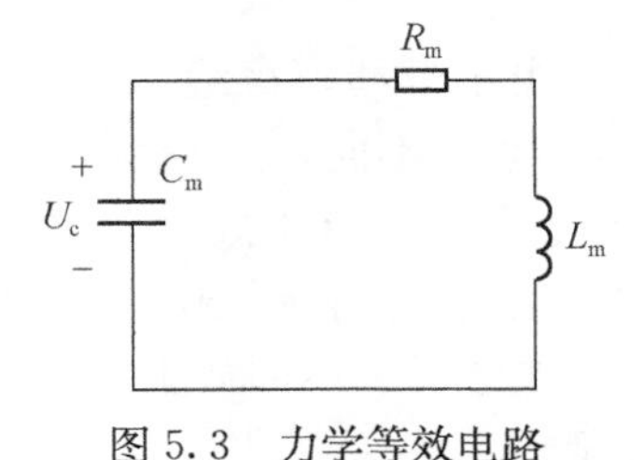

图5.3 力学等效电路

一般情况下，对于气体介质来讲，其力阻较小，式中存在

$$R < 2\sqrt{\frac{L}{C}} \tag{5.5}$$

说明气泡中的PD力学过程为振荡过程。等效电路中的电压 u_c 表示气泡壁的对外作用力，其值乘上气泡的表面积即超声波的声压，忽略PD的振荡过程以及气泡的体积变化，则 u_c 正比于超声波的声压，得到[1]

$$u_c = \frac{U_0 \omega_0}{\omega} e^{-\alpha} \sin(\omega t + \beta) \tag{5.6}$$

式中，$\omega = \sqrt{\frac{1}{L_m C_m} - \left(\frac{R_m}{2L_m}\right)^2}$；$\delta = \frac{R_m}{2L_m}$；$\omega_0 = \sqrt{\delta^2 + \omega^2}$；$\beta = \arctan\frac{\omega}{\delta}$。

可以看出，当气泡内发生PD时，气泡在脉冲电场力的作用下将产生为衰减的振荡运动，在气泡振动作用下，周围介质中将产生超声波。设气泡上的放电量为 q，气泡的击穿电场为 E，则力顺 C_m 的初始值 U_0 即等于击穿前施加在气泡上的电场力，由此得到：

$$U_0 = U_e = qE \tag{5.7}$$

当忽略PD的振荡过程时，由式(5.6)和式(5.7)可知，超声波幅值与放电量成正比。

5.1.3 局部放电产生声波的特性[3]

对PD来说，它所产生的就是声脉冲，所以它具有非常宽的声波频带(数量级范围为 $10 \sim 10^7$ Hz)，其频谱和大小不仅受测试环境、放电状态和传播过程中介质的影响，还和放电的具体类型有关，例如，气隙、悬浮和尖端发生的放电过程，它们产生的声谱是不同的。具体而言，如果是传输线在气体中发生的放电过程，检测到的声信号的频率为 $10 \sim 10^5$ Hz；如果放电是发生在液体中的，根据电极的形式不同，产生的声谱的频率范围为几十赫兹到2MHz，但是如果放电发生在尖端和平板之间，那么所获得的声波具有的频率不超过300kHz；如果放电是在固体中发生的，那么气泡所产生的声谱所具有的峰值表现为周期性。

1. 频谱特性

图5.4所示的声波频谱是由不带和带有绝缘层的导线发生PD时所产生的，通过图5.4能够看出，声波由于频率不同，它们所具有的能量也是不同的，具体而言，裸线的频率集中在10～50kHz，它具有的强度下降速度非常快，它的情况基本上完全与尖对平板的放电过程相同；带有绝缘层的导线所获得的声谱大约等于绝缘层表面发生的放电情况[4]。在分析了不同放电类型所对应的频谱后，含有能量最丰富的就是超声波的低频段。

2. 传播特性

电力设备内部常常发生PD现象，在对其放电声波进行接收时，传感器通常会放在设备的外壳上，所以从声波的产生源一直到达检测点的过程中会发生一定的

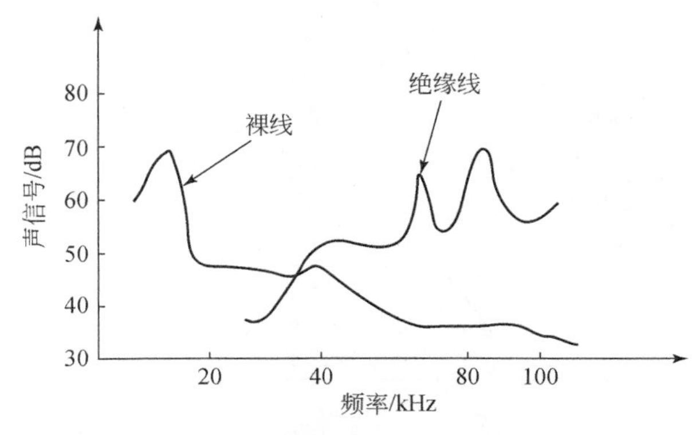

图 5.4　裸线和绝缘线在空气中的放电频谱

衰减，并且由于介质界面的不同，还会发生一定的反射，不同传播介质中声波的传播速度也不同。例如，在液体和气体中，由于没有横向运动的弹力，所以在其中传播时都是以纵波形式存在，而没有横波；不过在固体中，横波和纵波都有。所以在利用声波检测 PD 的过程中，对于气体和液体来说，所测得的主要是纵波，而对于固体，所获得的主要是横波。若在 GIS 的设备内部发生了 PD，纵波则会通过 SF_6 传播到金属外壳，之后又会在外壳中进行传播。

1）传播速度

在检测时，使用超声波最大的好处就是能够进行 PD 的精确定位。在进行定位的过程中，首先需要知道在介质中超声波传播的速度，在不同的介质或者不同的温度下，声波的传播速度是完全不同的。例如，在变压器中存在矿物质的油层，随着油中温度的升高，超声波的传播速度反而减慢，见图 5.5。就算是在相同的介质中，由于频率和类型的不同，声波在传播时的速度也是存在差异的。具体来说，具有的频率越高，传播速度越快，见图 5.6。此外，和横波相比，纵波的传播速度是不同的，它要比前者快 1 倍左右[4,5]。

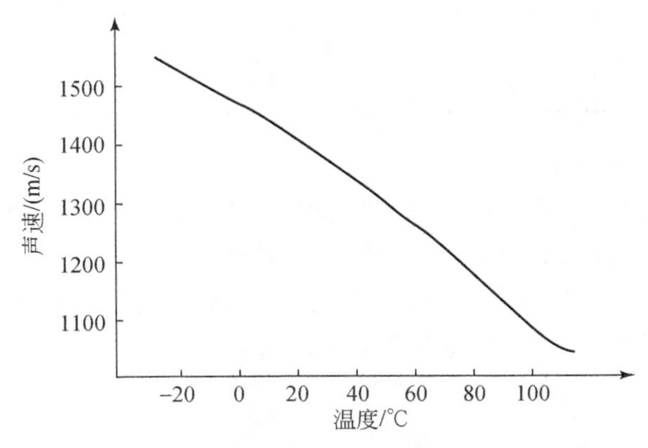

图 5.5　矿物质油中超声波传播速度与温度的关系

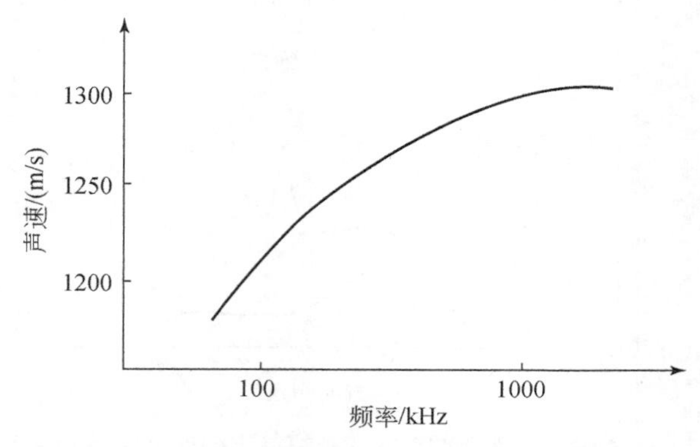

图 5.6 矿物质油中超声波传播速度与频率的关系

声波的纵波和横波是按其传播介质的振动形式来分的。纵波介质质点的振动方向与声波的传播方向是一致的，而横波介质质点的振动方向与声波传播方向是垂直的[6]。PD 产生的声波可以看成点源，此时声波是以球面波的形式向周围传播。变压器内的传播通道大部分是变压器油，GIS 中则一般充满 SF_6，但无论是变压器油还是 SF_6 气体，都只能传播纵波，不能传播横波。当声波到达外壳时，则既有纵波，也有横波和表面波[6]。在 20℃时，声波在不同介质中的传播(纵波)速度如表 5.2 所示[7]。

表 5.2 声波(纵波)传播速度

介质	速度/(m/s)	介质	速度/(m/s)
空气	330	聚四氟乙烯	1350
SF_6	140	聚乙烯	2000
矿物油	1400	钢	6000
水	1480	铜	4700
油纸	1420	铸铁	3500～5600
环氧树脂	2400～2900		

2) 传播过程中的衰减

超声波传播过程中，随着传播距离的增大，声波的能量会逐渐减小，这样的现象称为衰减。声波衰减的大小与声波频率有关，频率越高衰减越大。在空气中，衰减随着频率的 1～2 次方增加；在固体介质中，衰减大约正比于频率 f；液体中衰减正比于频率的 2 次方(f^2)，具体如表 5.3 和表 5.4 所示[7]。

表 5.3　纵波在几种常见介质传播的衰减情况

介质	测量频率/kHz	温度/℃	衰减/(dB/m)
空气	50	20～28	0.98
SF_6	40	20～28	26.0
铝	10000	25	9.0
钢/铁	10000	25	21.5
聚苯乙烯	2500	25	100

表 5.4　与矿物油相比几种介质的衰减

介质	矿物油	油纸	油纸板	钢板	铜
衰减	0	0.6	4.5	13	9

由表 5.3 和表 5.4 可知，声波在不同的介质中衰减的差别非常大，对于频率为 40kHz 的声波来说，与空气中的衰减相比，在 SF_6 气体中的衰减至少要比在空气中大 20 倍，油纸板比油要大 4 倍多，衰减最大的就是在诸如橡胶和海绵等软性的介质之中。所以在检测 PD 时，为了能够进行远距离的检测，传感器后接前置放大器的增益必须足够高。

3）传播中的反射情况

在介质中传播时，不仅会出现一定的衰减，而且超声波具有非常强的方向性，这就使得它在传播过程中会在介质的界面出发生相应的反射，其反射现象的发生会使传播过程中的声能减少[4]。超声波在空气中的发射临界角为 26°，如果入射角的幅度超过了该值，超声波会就产生全反射，传感器无法接收到任何信号，所以，在进行实际检测时，需要认真安装传感器，保证其角度[8,9]。

不同介质具有的声阻抗是不同的，为此，声波在彼此之间传递时会在界面处出现不同程度的衰减。对于介质来说，所谓的声阻抗就是声波在此介质中传播的速度 v 和其密度 ρ 相乘，也就是 ρv，其反射时的系数如下：

$$R=\frac{\rho_1 v_1-\rho_2 v_2}{\rho_1 v_1+\rho_2 v_2} \tag{5.8}$$

式中，$\rho_1 v_1$、$\rho_2 v_2$ 分别表示两种不同但接触的介质所具有的声阻抗。衰减大小可以用反射系数 R 来表示（在不同介质表面，声波的特性阻抗及反射系数如表 5.5 所示[7]），从公式中能够看出，声波在发生反射时导致的衰减程度和两种接触的介质具有的声阻抗差别的大小成正比，如声波从气体传到钢板要比油中传到钢板造成的衰减大得多。当声波从一种介质传播到另一种介质时，由于声阻不匹配（声阻抗差大）造成反射，会产生很大的界面衰减，因此在实际安放传感器时，要考虑声阻的匹配[7]。

表 5.5 在不同介质表面声波的特性阻抗及反射系数 *R*

介质	特性阻抗/(10^6g/(s · cm^2))	空气	矿物油	聚苯乙烯	铜	钢	铝
铝	1.71	100	74	51	16	20	0
钢	4.53	100	89	78	0.5	0	
铜	3.93	100	88	75	0		
聚苯乙烯	0.28	100	14	0			
矿物油	0.13	100	0				
空气	0.00004	0					

为了使界面衰减最小，以提高检测灵敏度，在传感器与电气设备外壳应涂一层凡士林油，以消除可能存在的空气间隙，降低声阻差。与变压器油相比，由于声阻不匹配造成的界面衰减，从 SF_6 传到钢板要比从油传到钢板造成的衰减大得多。因此从 GIS 外壳上测得的声波，往往是沿金属材料最近的方向传到金属体后，以横波形式传播到传感器的。

5.2 传感器接收的超声波特征量

5.2.1 放电量与超声波特征量的定量关系

超声波的特征量很多，如幅值、能量、持续时间、次数、平均频率、上升时间等。对大量的波形记录进行分析的结果表明，当 PD 的放电量发生变化时，主要有三个参量发生了变化，分别是信号幅值、频率、信号持续时间。因此本书重点研究这三个特征参量与放电量的定量关系。

华北电力大学在三电容模型的基础上建立了纳秒级的 PD 测量等值电路，通过分析 PD 的电流波形，得到了包括放电电容在内的 PD 内部信息，提出根据视在放电量、外加电压、放电相位以及 PD 高频频率来估计放电量的方法，建立了一种可测量放电量的 PD 模型电路[1]。PD 模拟试验电路中超声波幅值随视在放电量的变化曲线如图 5.7 所示[1]，从中可看出超声波幅值的大小与放电量成比例。试验结果还表明超声波频率与信号持续时间也与放电量成正比。

为了深入研究在实际模型中放电量与超声波特征量之间的关系，文献[1]实施了两种典型的 PD 试验，针-板 PD 模型和气隙 PD 模型。为了避免检测 LC 型检测阻抗的检测频带影响，采用相同的放电电路。该文献利用无感电阻对其 PD 的电流波形进行测量，无感电阻阻值采用 38Ω，利用 HP54645D 示波器采集无感电阻两端的电压信号，两种模型的试验电路如图 5.8[1] 所示，为了模拟变压器内部的 PD

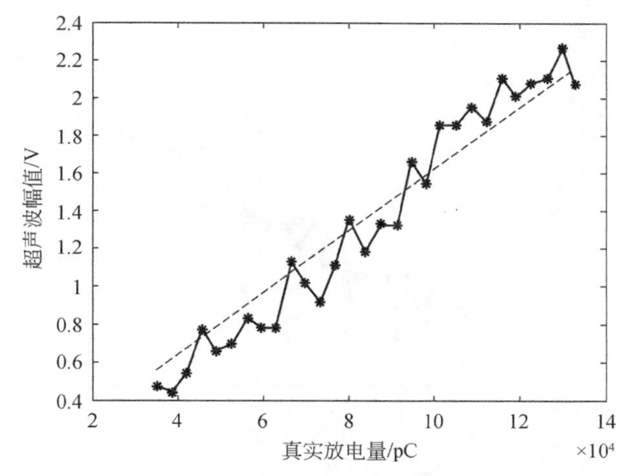

图 5.7　PD 模拟电路中超声波信号幅值随视在放电量的变化曲线

信号，试验时将两个模型置于变压器油中。采用无感电阻来得到 PD 的高频信号波形，利用优质黄油直接耦合在超声波传感器上获取 PD 的放电量与原始的超声波信号波形。当 PD 量升高时，为了避免传感器得到的超声波信号出现限幅的情况，其采用在模型与传感器之间添加介质的方法，以衰减传播到传感器上的超声波信号幅值，再根据加入介质的衰减系数求出实际的超声波信号幅值。

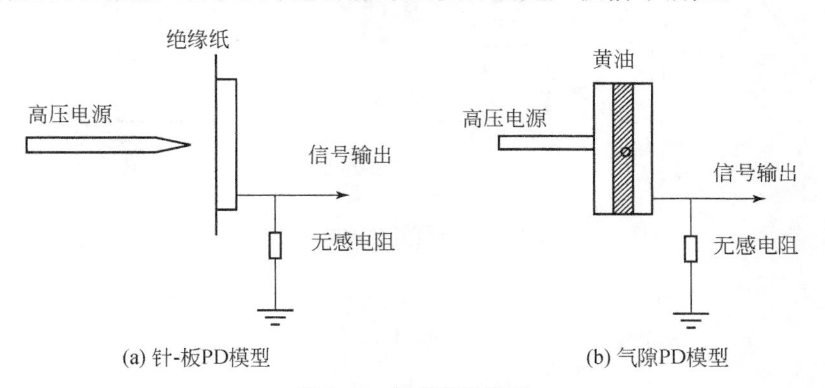

图 5.8　典型实验模型

得到的超声波幅值、频率、持续时间与放电量的关系如图 5.9～图 5.11 所示[1]。对这三个超声波特征参量与放电量的关系采用最小二乘法分别进行曲线拟合。拟合得到的不同的 PD 模型中三个特征量与放电量的关系如下。

针-板 PD 情况：

$$
\begin{aligned}
A &= 1.128 \times 10^{-5} q - 0.323 \\
F &= -2.027 \times 10^{-5} q + 89.91 \\
T &= 5.231 \times 10^{-5} q + 75.49
\end{aligned}
\tag{5.9}
$$

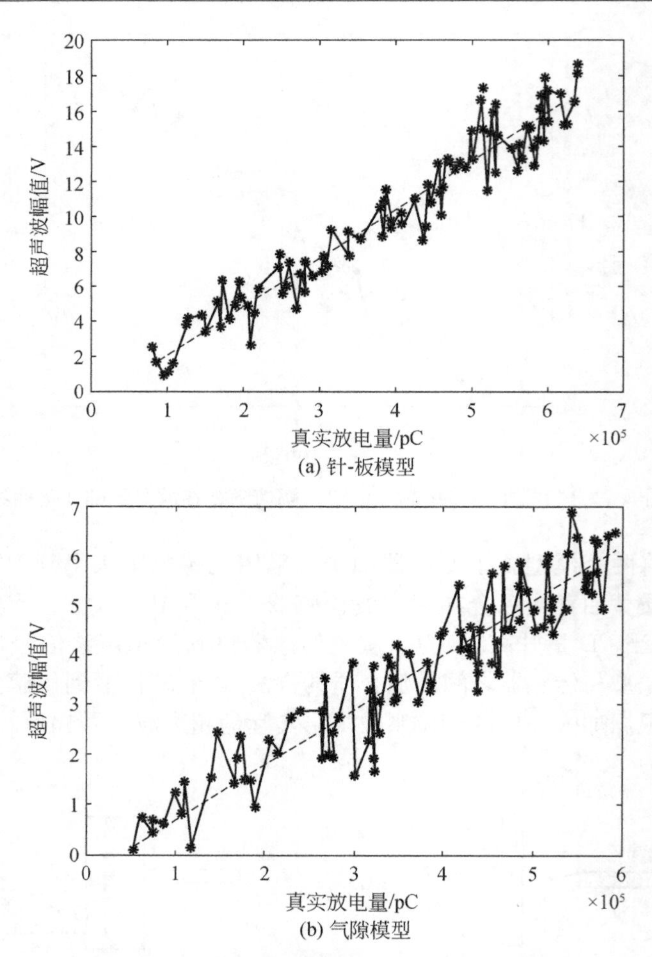

图 5.9　超声波信号幅值随放电量的变化曲线

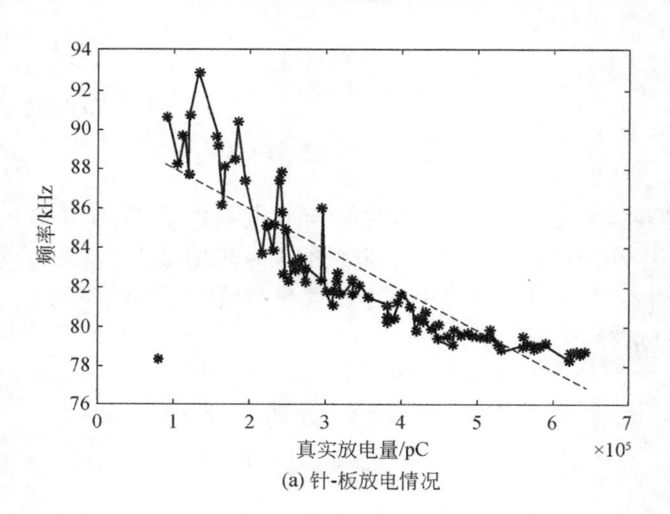

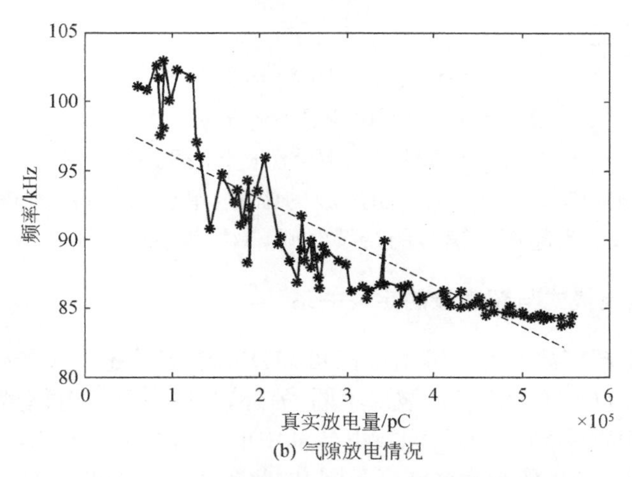

图 5.10　超声波频率随放电量的变化曲线

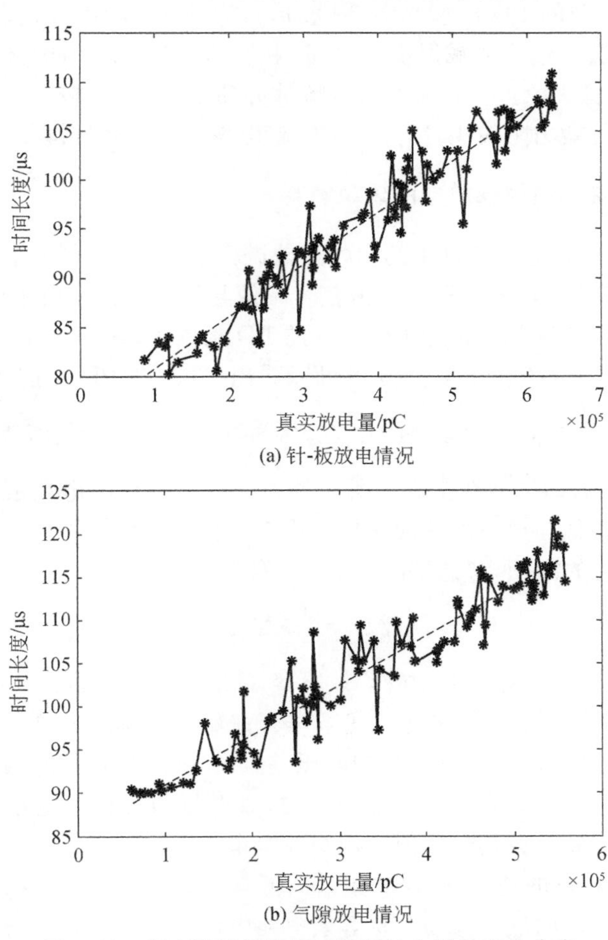

图 5.11　超声波信号持续时间随放电量的变化曲线

气隙 PD 情况：

$$
\begin{aligned}
A &= 0.974 \times 10^{-5} q - 0.415 \\
F &= -3.108 \times 10^{-5} q + 99.18 \\
T &= 5.725 \times 10^{-5} q + 85.28
\end{aligned}
\tag{5.10}
$$

式中，q 为放电量，单位为 pC；A 为超声波的幅值，单位为 V；F 为超声波信号的频率，单位为 kHz；T 为超声波信号的持续时间，单位为 μs。

5.2.2 局部放电模式与超声波的定性关系

从 PD 产生超声波的力学等值电路可知，PD 电流是超声波产生的激励源，因此不同模式的 PD 产生的超声波波形不同，另外，当同一种放电模型处于不同的介质环境中时（如固体介质中的气泡放电与油中的气泡放电），其力学等值电路中的电路参数也不同，产生的超声波波形不同，因此利用超声波波形对 PD 进行模式识别。对于两种典型的 PD 模型来讲，其波形具有明显的不同，表现在：针-板模型 PD 产生的超声波的幅值衰减很快，一方面由于其 PD 电流不同，还由于针-板模型中 PD 一般位于针尖附近，PD 部分存在固体介质，等效力阻较大。而气隙模型 PD 一般位于油中，等效力阻较小，因此产生的超声波幅值衰减较慢。

5.2.3 超声波法测量局部放电的现象解释

下面对超声波法检测 PD 中的两种现象进行解释。

(1) 在一定的 PD 条件下，超声波信号幅值与放电量大小成正比。在利用超声波法研究 PD 中，很多文献都提到在一定的 PD 条件下，超声波信号幅值与放电量大小成正比[10-12]。从气泡的受力分析可以看出，气泡在 PD 之前所受的外力等于 $F=qE=q\dfrac{U_c}{d_c}\approx q\dfrac{U_{cB}}{d_c}$，当气泡一定时可以认为其击穿电压和气泡等效直径为常数，因此得到 $F = kq$，即气泡在击穿前所受外力与气泡的放电电荷成正比，在等效电路中，力顺的初始值与放电电荷成正比。由 PD 的三电容等效模型可知，视在放电量等于 C_b 与 ΔU_c 的乘积，考虑到产生 PD 时存在

$$
\Delta U_c = \frac{C_b}{C_c} \Delta U_a \tag{5.11}
$$

式中，C_b、C_c 为 PD 三电容模型中的等效电容，C_c 为绝缘介质内部发生 PD 部分的等效电容，C_b 为与 PD 部分串联的绝缘等效电容；ΔU_c 为气隙放电电压；ΔU_a 为外加电压在半个周期中两次放电时刻之间的电压差。由式(5.11)可知其超声波信号幅值与放电量成正比，当 PD 量在一定范围内时，放电量与视在放电量呈线性关系，即在一定的范围内，超声波信号幅值与视在放电量成正比。

(2) 随着放电量的增大，超声波频谱向低频移动。文献[13]指出，随着放电量的增大，超声波频谱向低频移动。从等效电路中可以看出，超声波信号的频率主要

取决于力顺与质量乘积的倒数。随着放电量的增加,气泡电容的储能增大,文献[14]在液体环境下观察了实际放电过程中气泡的膨胀和收缩,得到气泡的最大半径和涨缩时间与电容器储能在一定区间内呈直线关系,即随着电容的储能增大,气泡半径也越大,气泡质量也相应增大,当气泡所处的环境不变即等效电路中时的力顺不变,会使超声波信号的频谱向低频方向移动。

5.3　超声传感器的基本概念

当发生 PD 时,会产生相应的超声波,发射和接收超声波都需要利用专门的探头,也就是传感器,其能将超声波信号转变为电信号,并对其进行放大和检波等相关处理。

5.3.1　超声传感器的原理

超声传感器的作用是接收声信号,它将声信号转换成电信号,实现了将一种形式的能量转换成另一种形式的能量,所以又称为声电换能器。其一般分为以下几类:压电传感器、磁致伸缩式传感器、电磁换能器、静电换能器等。其中,部分传感器是可逆的,即可以当作超声接收传感器,又可以当作声发射传感器。它的输出电压 $V(t, x)$是表面位移波 $U(x, t)$和它的响应函数 $T(t)$的卷积。理想的传感器应该能同时测量样品表面位移(或速度)的纵向和横向分量,在整个频谱范围内(0～100MHz 或更大)能将机械振动线性地转变为电信号,并具有足够的灵敏度以探测很小的位移(通常要求小于 10m)。目前,人们还无法制造上述这种理想的传感器,现在应用的传感器大部分由压电元件组成,压电元件通常采用锆钛酸铅、钛酸铅、钛酸钡等多晶体和铌酸锂、碘酸锂等单晶体,其中,锆钛酸铅(PZT-5)的接收灵敏度高,是声发射传感器常用的压电材料。铌酸锂晶体的居里点高达 1200℃,常用作高温传感器。传感器的特性包括频响宽度、谐振频率、幅度灵敏度。这些特性受许多因素的影响,包括:①晶片的形状、尺寸及其弹性和压电常数;②晶片的阻尼块及壳体中的安装方式;③传感器的耦合、安装及试件的声学特性。压电晶片的谐振频率 f 与其厚度 t 的乘积为常数,约等于 50%的波速 V,即 $ft=0.5V$。由此可见,晶片的谐振频率与其厚度成反比。

5.3.2　局部放电超声信号的传播规律

1. 局部放电超声信号在变压器中的传播规律

1) 声波的分类

从不同角度可以将声波分为平面波、球面波、纵波、横波、连续波和脉冲波。

平面波的波是平行的，都以同一个入射角向界面移动，故其反射角及折射角都是唯一的。球面波的波束是发散的，对某一界面而言，球面波的传播可以以任意方向入射到界面。纵波媒质粒子的振动方向和声波传播方向一致。横波粒子的振动方向和声波传播方向垂直。连续波的声波持续时间较长。脉冲波的声波持续时间极短。

由于放电持续时间一般约为几十微秒，故可将变压器油中放电产生的声波视作脉冲球面波。声波要穿过油和钢板才能被吸附在变压器外壳上的声发射传感器监测到。球面波在液体、固体界面上折射时，发生波形转换，折射后固体内既有纵波也有横波，但由于声发射传感器的压电晶体只对纵波反应灵敏，而对横波几乎没有反应，故后面只讨论钢板中的纵波。

2）声波的折反射定律

现以油、钢界面为例，讨论声波的折反射定律。图 5.12 为声波在不同界面的折反射规律。

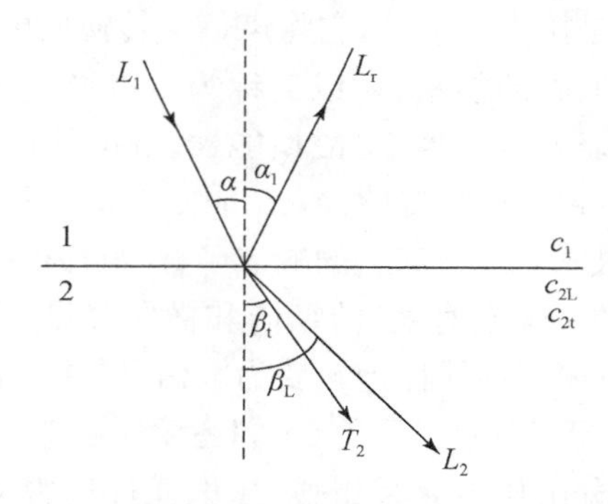

图 5.12　液体/固体声波的折反射定律

介质 1-液体；介质 2-固体；L_1-入射纵波；α-入射角；L_r-反射纵波；α_1-反射角；L_2-折射纵波；β_L-折射角；T_2-折射横波；β_t-折射角；c_1-油中声速，约 1400m/s；c_{2L}-钢中纵波速度，约 6000m/s；c_{2t}-钢中横波速度，约 3245m/s

由于介质 1 为液体，故只有纵波；介质 2 为固体，既有纵波也有横波。按照声波的反射定律有

$$\alpha_1 = \alpha \tag{5.12}$$

而按照声波的折射定律有

$$\frac{\sin\alpha}{c_1} = \frac{\sin\beta_L}{c_{2L}} = \frac{\sin\beta_t}{c_{2t}} \tag{5.13}$$

$$\beta_L = \arcsin\left(\frac{c_{2L}}{c_1}\sin\alpha\right) \tag{5.14}$$

$$\beta_t = \arcsin\left(\frac{c_{2t}}{c_1}\sin\alpha\right) \tag{5.15}$$

由式(5.13)～式(5.15)可以确定反射波及折射波的波动方向。一般地，$c_{2L} > c_{2t} > c_1$，由此可知$\beta_L > \beta_t > \alpha$，$\beta_t$随着$\alpha$的增大而增大，当$\alpha$增大到一定值$\alpha'$时，$\beta_L = 90°$，此时固体中纵波发生全反射，$\alpha'$称为第一临界角。$\alpha$角继续增大到$\alpha''$时，横波也发生全反射，固体介质内不再存在任何透射波，α''称为第二临界角。对于油、钢界面来说，第一临界角$\alpha' \approx 13.96°$，第二临界角$\alpha'' \approx 25.56°$。变压器超声监测频率偏高(一般在 70kHz 以上)，在声发射传感器监测范围内，而声发射传感器只感受纵波，故超声传感器感受不到入射角α大于第一临界角α'的声波。

2. 局部放电超声信号在 GIS 中的传播规律

超声信号在气体中只有纵波存在，声速在一个大气压 SF_6气体中的传播速度为 156m/s，其在 GIS(0.4～0.5MPa)中的传播速度为 140m/s，约为油中传播速度的 1/10。其衰减也大，当温度为 20～28℃，测量频率为 40kHz 时，衰减为26dB/m，且与频率的 1～2 次方成正比。相对于变压器中 PD 产生的超声信号传播过程，超声在气体绝缘设备中的传播具有其特殊性。从 GIS 内部的不同类型声源(PD 或微粒振动)到外部声传感器的路径如图 5.13 所示。超声信号均是先通过 SF_6气体沿最近的路径到金属外壳，然后沿金属外壳到外置传感器[15,16]。根据该传播特性，可以通过使用超声信号的强弱判断放电源的位置。

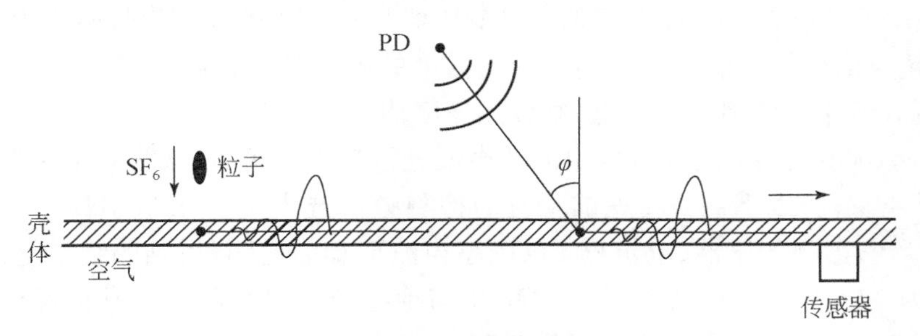

图 5.13　声的传播路径

声波的幅值与声能的平方根成正比。当声波在均匀且无限的介质中传播时，声波的衰减随传播距离的增加而增加，这是由介质对声能的吸收和空间衰减引起的。吸收主要是由于声波在介质中的损耗，这一损耗在金属中较小，较短距离内可以忽略不计，而在气体中损耗较大，不能忽略。在 SF_6气体中，声能的吸收基本不变，为一常数。若声能为 100dBm，在 40kHz 时 SF_6吸收为 26dBm[17]。空间衰减只简单受空间几何形状的影响。在点声源发射情况下，球形声波的波强与距声源距离的平方成反比；对于柱形声波强的衰减正比于距离；一维直线波没有空间衰减。以上关系在一个波长内是无效的[18]。

5.3.3 超声传感器的分类

使用超声波检测法最大的好处就是不会受到电气的影响，即便如此，由于现场存在诸如设备的机械振动和电晕声，还有其他一系列噪声都会对检测的结果产生影响。所以，在选择传感器时，要考虑检测频带的合理性，要求在对信号进行检测时，使信噪比(S/N)尽可能得到提升，这是此法的核心和关键[19-21]。在分析 PD 所产生的声谱后可以发现，能量最丰富的就是低频段，同时，在传播过程中，超声波的衰减和频率成正比。因此，在频段选取时，应在克服噪声干扰的前提下尽可能取低频段。

具体来说，在运行现场还存在大量的机械振动和电气噪声，其来源和频带如下：铁心所产生的振动噪声，其频率基频为 100Hz，3、5 次谐波为 300Hz、500Hz；冷却泵振动产生的噪声，频率一般不足 2kHz；散热风扇产生的振动噪声，其频率一般不足 4kHz；传输线上电晕引起的电脉冲，其产生的噪声频率为 9MHz、18MHz 等；周围产生的机械振动以及人在大声说话过程中所形成的超声波，其频率通常不足 40kHz。在利用超声波检测 PD 研究时，国外选择的频率范围集中在 20～500kHz，而国内选择的频率范围集中在 30～300kHz[22]。

超声法广泛用于输变电设备中的故障检测，但是由于设备结构、传播介质等的区别，使用的传感器类型存在区别。以变压器和 GIS 中的超声信号检测为例，两类设备中超声信号的主要频段不同。变压器中的测量频率较高，一般使用声发射传感器；而 GIS 中的测量频率较低，则以加速度传感器为主。

Kawada 等对变压器 PD 发出的超声波进行频谱分析后，认为频谱主要集中在 150kHz 左右，所以 Kawada 等试验时的检测频带选为 180～230kHz[23]。武汉高压研究所[13]实测变压器、电抗器 PD 的超声波形和频谱图，得到的结果是：幅值高的频带为 30～160kHz。清华大学高电压与绝缘技术研究所根据常见部位常见缺陷 PD 的频谱分析，得到峰值频率分布在 70～150kHz 内[24,25]。根据 PD 声波的主频率范围和噪声的频谱，即可确定用以监测声波的声发射传感器的监测频带大致为70～180kHz。

在 GIS 中，由于高频分量在传播过程中都衰减掉了，能检测到的声波低频分量比较丰富。在 GIS 中，除 PD 产生的声波外，还有导电微粒碰撞金属外壳、电磁振动以及操作引起的机械振动等发出的声波，但这些声波的频率较低，一般都在 10kHz 以下。为了去除其他声源干扰，检测频率一般选为 20～100kHz[26]。由于测量频率比较低，传感器采用加速度传感器，相比于声发射传感器具有更高的灵敏度。例如，常用的自振频率为 30kHz 左右的压电式加速度传感器，可测到低至 $10^{-5}g$ 的加速度值。

5.4　常用超声传感器

5.4.1　压电晶体传感器

PD只能形成十分微弱的声信号，其能量基本上都在μJ级，为此必须对其进行放大后再传播，于是为了方便，就需要利用传感器将其转换为电信号。具体来说，这种传感器是具有相当的压电效应的。压电式传感器[27,28]是现在运用最普遍的超声传感器，该传感器是通过具有压电效应的电介质将电信号转换成声信号，或者将声信号转换成电信号，实现两种能量之间的转换。使用较多的压电材料有压电晶体、压电陶瓷、压电复合材料、压电聚合物等。其中，压电陶瓷是使用比较多的材料，其优点是机电耦合系数高、容易成型、造价低廉、声电转换可逆、不易老化、温度稳定性好。变压器中超声信号检测中使用的声发射传感器和GIS中超声信号检测中使用的加速度传感器都以压电式传感器为主。

压电式超声传感器通过具有压电效应的电介质，受到机械应力的作用，会产生极化效应。会在电介质上下两个表面出现极性相反、等量的电荷q，且该电量q与机械应力f成正比，d为压电常数：

$$q=df \tag{5.16}$$

此时，压电传感器就可以看成一个电容器，此电容器的电容为C_a，压电式传感器的输出电压U_a为

$$U_a=\frac{q}{C_a} \tag{5.17}$$

根据式(5.17)，压电传感器可以看成一个有源电容器，能等效成一个电压源和电容器串联，如图5.14(a)所示；或者等效成一个电荷源和电容器并联，如图5.14(b)所示。

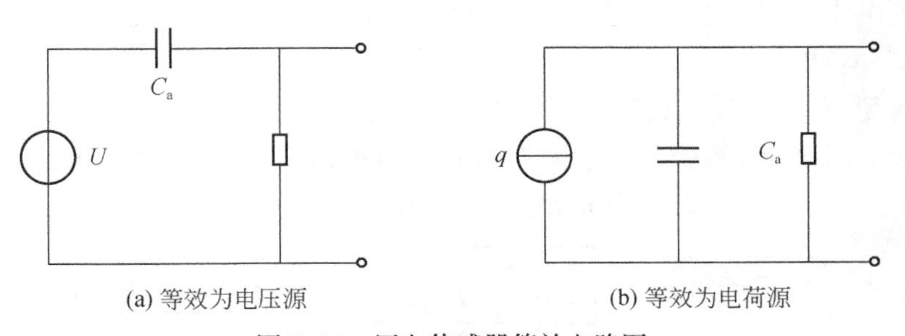

(a) 等效为电压源　(b) 等效为电荷源

图5.14　压电传感器等效电路图

如果加上连接线缆和电压放大器，并考虑线缆的等效电容C_i、传感器的漏电阻R_i、电压放大器的输入电阻R_f、电压放大器的输入电容C_f，可得到压电传感器连接

电压放大器的完整等效电路如图 5.15 所示。

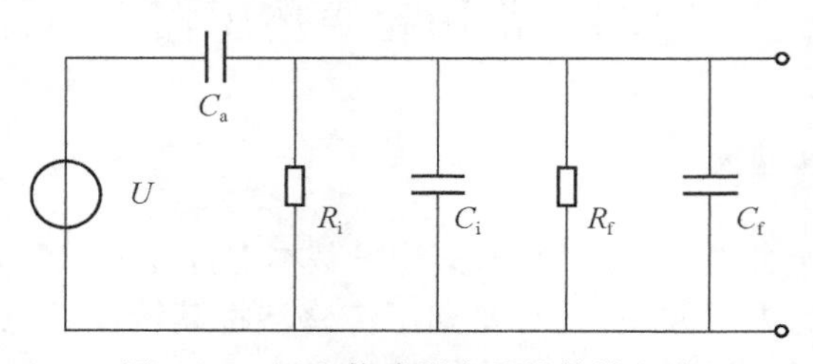

图 5.15 压电传感器完整的等效电路

常用的压电型谐振传感器的结构形式如图 5.16 所示，图 5.16(a)为单端输出式，图 5.16(b)为差动输出式。

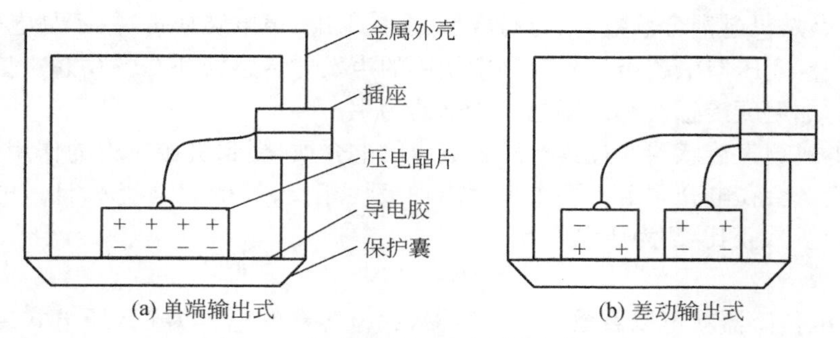

图 5.16 压电型谐振传感器的结构形式

压电元件多采用锆钛酸铅(PZT-5)陶瓷晶片，起声电转换作用。两表面镀上5～19μm 厚的银膜，起电极作用。陶瓷保护膜起着保护晶片及传感器与被检体之间电绝缘的作用。金属外壳对电磁干扰起着屏蔽作用。导电胶起着固定晶片与导电的作用。在差动式传感器中，正负极差接而成的两个晶片可输出差动信号，起着抑制共模电噪声的作用。传感器材料选择时，还应考虑诸如温度、腐蚀、核辐射、压力等检测环境因素。

在对超声波完成声电转换之后，在示波器上所显示的就是一个包络信号，该信号是经过 AM 调制，然后利用检波器对其进行处理，利用此结果判断是否发生了 PD 现象[29]。其流程和基本单元如图 5.17 所示。

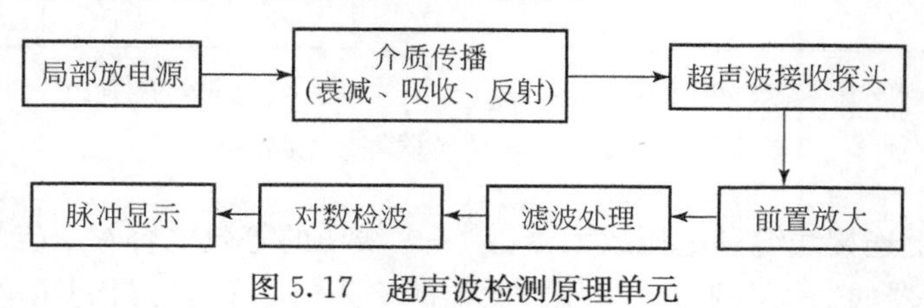

图 5.17 超声波检测原理单元

在 PD 的过程中，超声波在从放电源传播到检测点的过程中会有一定的衰减和吸收，并且由于介质的不同，在接触面还存在发射的消耗。所以，在实际检测过程中，探头所能接收到的超声波信号是十分微弱的[30]。所以，信号需要经过探头中的前置放大电路进行放大，之后才会利用检波器对其进行处理，接着通过示波器等具有显示功能的设备显示出这些脉冲，判断是否发生了 PD，以此为基础对其放电类型进行判断。对于检测电路来说，要求灵敏度足够高，动态范围足够大，为此在选择前置放大器时，需要满足噪声足够低、增益足够高，并且还要保证失真幅度极小、动态范围极大的要求，使用的检波器就是对数放大器。整个传感器主要由超声波接收探头、前置放大电路和供电电路及对数检波器共同组成，见图 5.18。这里的供电电路不仅需要保证传感器所具有的检波器和放大器具有的电压足够稳定，还需要满足各个芯片对电压的要求。

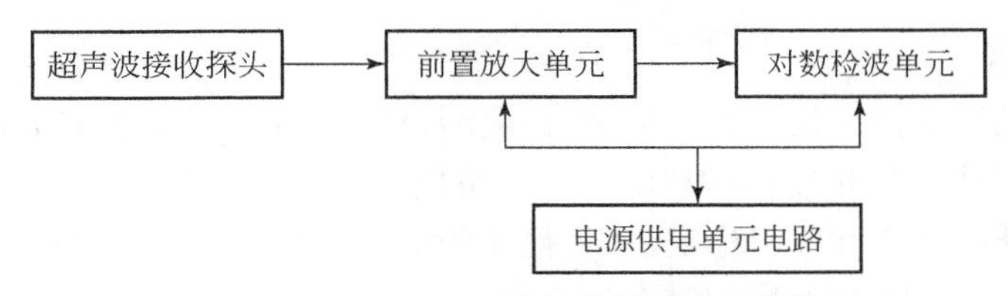

图 5.18　PD 检测超声波传感器主要结构

除了应用于声发射传感器中，压电型传感器也被广泛用于加速度传感器的设计制造。图 5.19 是压电式加速传感器的结构和实物图。压电晶体产生的电荷与所受的压力 F 成正比，F 由质量块 m 的惯性力产生，再根据牛顿定律 $F=ma$ 可知输出电荷 Q 正比于传感器的加速度。压电式加速传感器的灵敏度 S(单位为 pC/ms^{2}或 pC/g)是一个重要参数。质量块的质量 m 越大，S 越高；但质量越大，传感器的自振频率 f_0越小。一般允许工作频率为自振频率的 1/3，这也是加速度传感器的重要参数[6]。

5.4.2　局部放电超声光纤传感器

光纤传感技术是伴随着光纤通信发展起来的一门多学科交叉技术，可以用于超声的测量。光纤传感器与常规的电子类传感器相比有许多独特之处[31-36]，主要优点包括：

(1) 传感器由玻璃纤维制成，绝缘性能好。

(2) 通过光信号的特征变化实现对外界参数敏感的功能，传输光缆完全不带电，既安全又方便。

(3) 利用光波作为传感信号，测量不受外界电磁场干扰，长期漂移小，可以在高压等强电场环境下对电力设备进行长期在线检测。

(4) 传感器的体积小、重量轻，可以方便地安装在设备内部如绝缘气室内部，

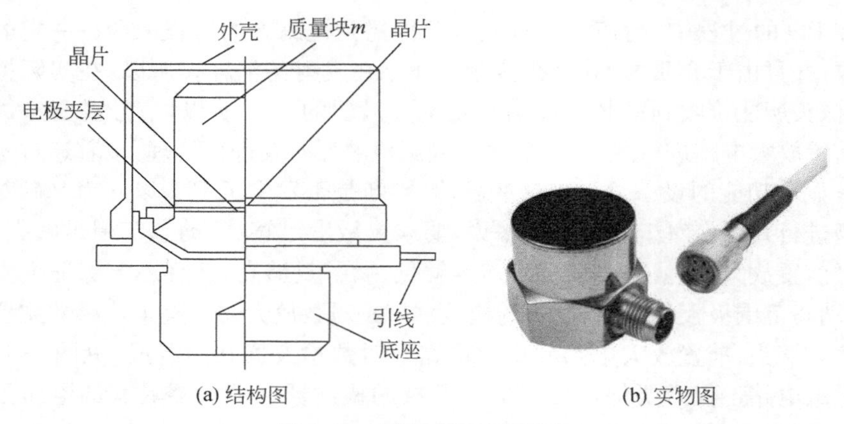

(a) 结构图 (b) 实物图

图 5.19 压电式加速传感器

进行长期监测。

(5) 以光波长作为长度测量单位,长度测量精度可达到接近纳米量级,因此以光纤为基础的声发射传感器的监测灵敏度可以达到和超过传统的电子器件。

(6) 光纤的化学性质很稳定,具有很强的抗腐蚀能力,即使安装在恶劣的环境也不会损坏,可以保证检测的稳定性。

传统的压电陶瓷类超声传感器受电磁干扰比较严重,在强电场环境下,其有效性受到很大制约。因此,除了在电气设备外壁设置压电式加速度传感器测量 PD 产生超声信号外,还可以使用光纤传感头在 GIS 和变压器内部采集超声信号。电气设备的 PD 在线监测中,基于超声波的光学检测技术的发展和更新主要以光纤传感器的发展与改良为途径。目前应用的光纤传感器主要有三种:光纤耦合器、相位调制型光纤传感器和非本征型光纤法珀(Fabry - Perot,FP)传感器。

光纤耦合器是用两根扭绞在一起的单模光纤,经氢氧焰加热拉伸,形成一个细腰的熔锥区,两根光纤的包层合并在一起,纤芯距离很近形成光波导弱耦合结构。当声波作用于该耦合结构时,改变了耦合器的分光比,通过测试分光比的变化来测试局部放电产生的声波[37]。光纤耦合器法的工作原理如图 5.20 所示。声波作用时,耦合器分光输出信号 V_1、V_2 发生变化,V_1+V_2 保持不变。因为光纤耦合区域较小,试验中为了提高灵敏度,把耦合区域粘贴在悬臂梁或者变压器壳体上,但粘贴在外壳上会带来低频噪声较大的问题。

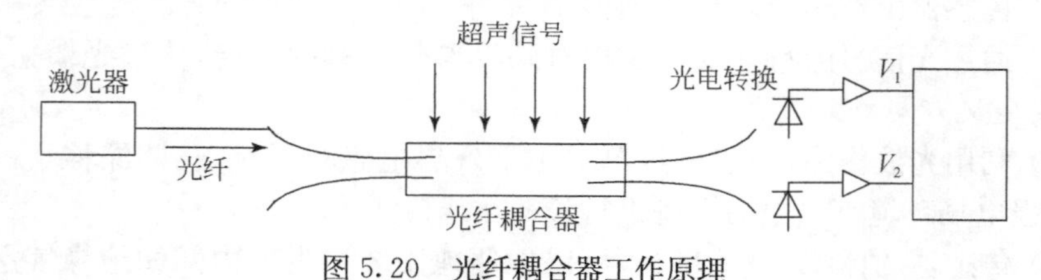

图 5.20 光纤耦合器工作原理

相位调制型光纤传感器在超声检测技术中使用得最多，其原理就是利用双光束干涉原理，激光器发出的光经 3dB 耦合器分为两束相干光，其中一束光进入参考臂，另一束进入测量臂，声波作用于测量臂时，改变了测量臂的折射率，使参考臂和测量臂的相位差发生变化，导致输出光强发生变化，通过检测相位的变化来测量。常用的相位调制型光纤传感器分为 Michelson 和 Mach-Zehnder 两类结构，其测试原理分别如图 5.21 和图 5.22 所示。有研究表明，光纤 Michelson 传感器测试系统的灵敏度取决于绕制光纤的长度[38]。

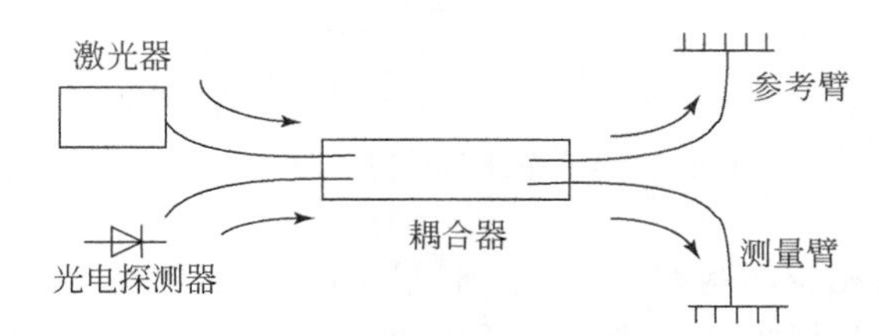

图 5.21　光纤 Michelson 传感器测量原理图

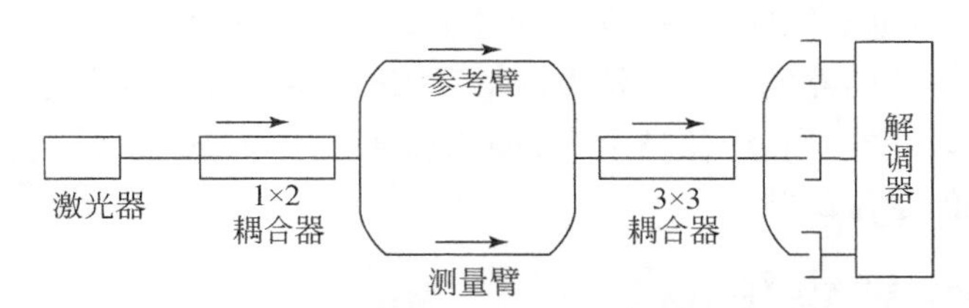

图 5.22　光纤 Mach-Zehnder 传感器测量原理图

光纤法珀传感器的原理如下。其激光器输出的光经耦合器(或者环形器)输入法珀传感器，法珀传感器由两个反射面构成，它们的干涉结果再经过耦合器(或者环形器) 输出至光电探测器。声波改变了两个反射面之间的光程，导致干涉相位和干涉强度的变化。干涉相位和干涉强度的关系式为[39]

$$I_r = \frac{R_1 + R_2 - 2\sqrt{R_1R_2}\cos\delta}{1 + R_1R_2 - 2\sqrt{R_1R_2}\cos\delta} I_i \tag{5.18}$$

式中，干涉相位 $\delta = 4\pi nL/\lambda$，L 为谐振腔长度，λ 为光波长；I_i 为输入光强；I_r 为反射输出光强；R_1 和 R_2 分别为谐振腔前后面的反射率。当反射率极低时，多光束干涉可简化为双光束干涉，当腔长引起光束损耗时，R_2 可以用 ηR_2(η 为光功率损耗系数)近似代替。FP 传感器分为本征型法珀传感器(intrinsic Fabry-Perot interferometer，IFPI)和非本征型法珀传感器(extrinsic Fabry-Perot interferometer，EFPI)。本征型法珀传感器的谐振腔介质是光纤，非本征型法珀传感器的谐振腔是非光纤介质。而常用于局部放电测量的传感器为光纤 EFPI，采用膜片式结构，如图 5.23 所示。声波作用于石英膜片时，膜片产生振动，改变了谐振腔的长度，导致输出光强的变化。

谐振腔为空气腔体，光偏振方向稳定性高。敏感膜面积小，测试角度大，定位精度高。

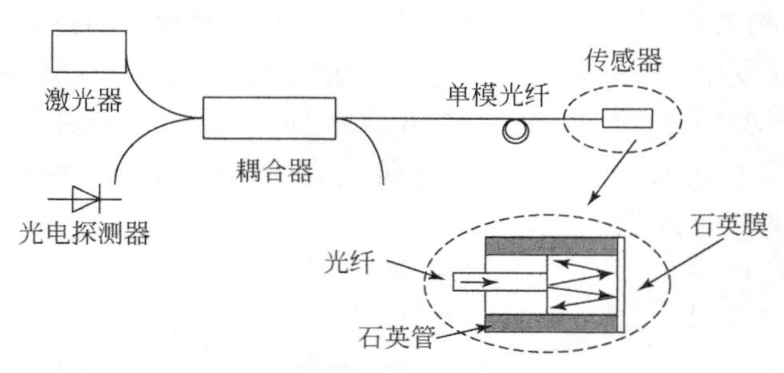

图 5.23　光纤 EFPI 的工作原理

光纤耦合器与相位调制型光纤传感器相比，受力面积小，灵敏度较低。相位调制型光纤传感器通过增加绕制光纤的长度可以提高灵敏度，但是需要维持偏振态稳定等装置，结构复杂，稳定性较低；其次，光纤环结构体积较大，存在正负半波声压抵消、灵敏度降低等问题，定位准确度较低。短腔长的法珀传感器灵敏度较低，多圈绕制的法珀传感器的灵敏度较高。由于 EFPI 采用空气谐振腔，偏振稳定，敏感膜片体积小，灵敏度高，定位精度高，相比而言具有优势。到目前，也仅有 EFPI 进行了较成功的定位试验。

5.4.3　局部放电超声阵列传感器

超声阵列传感器[40-45]是指按照一定的规则和时序组成的传感器阵列，通过调整阵元的序列、数量、位置来控制波束的形状、轴线偏转角度及焦点位置等参数的超声波电子扫查方式。与传统的单个传感器相比，阵列传感器有灵活的波束控制、较高的信号增益、极强的抗干扰能力以及较高的空间超分辨能力等优点，因此受到了人们的极大关注，其应用范围也不断扩大。超声阵列传感器随着超声阵列传感器阵元个数的增加，对 PD 源的测向精度也会增加。文献[46]～[48]指出阵元个数增加到一定时，测向精度的增加就不是很明显了。相反，随着超声阵列传感器阵元个数的增加，设备的成本和复杂度就会增加很多，而且阵元过多，在阵列信号处理算法中会产生信号冗余现象，使计算过程变得冗余缓慢，甚至陷入波达方向谱峰搜索的内循环。

依据实际需要，传感器向着大功率、高指向性、宽频带等方向发展，但单个传感器的性能指标不能满足灵敏度、发射声功率、指向性以及信息处理等方面的要求。利用单个传感器按一定的方式组成传感器阵列[49,50]是解决这一问题的重要方法。

传感器阵是由若干个传感器按一定规律排成的阵列。组成传感器阵的单个传感器称作阵元，所以一个阵元是传感器阵的最简单结构形式。根据在设备中发射和接收声波的不同作用，阵分为发射阵和接收阵。如果同一个阵同时作为接收、发射，则称作收发两用阵。超声探头采用收发两用阵较多。超声传感器阵是声学参量阵的重要组成部分。传感器阵的作用是将高频电信号转化为超声波，然后超声波在空气中自解调成为声波。

传感器阵分为均匀传感器阵和非均匀传感器阵。传感器阵从简单的线阵列、平面阵，已经发展到圆柱阵、弧形阵、球壳阵、体积阵、保角阵等多种不同的布阵形式。本书介绍的是圆阵（图5.24）、方阵（图5.25）、十字阵（图5.26）和线阵（图5.27）。

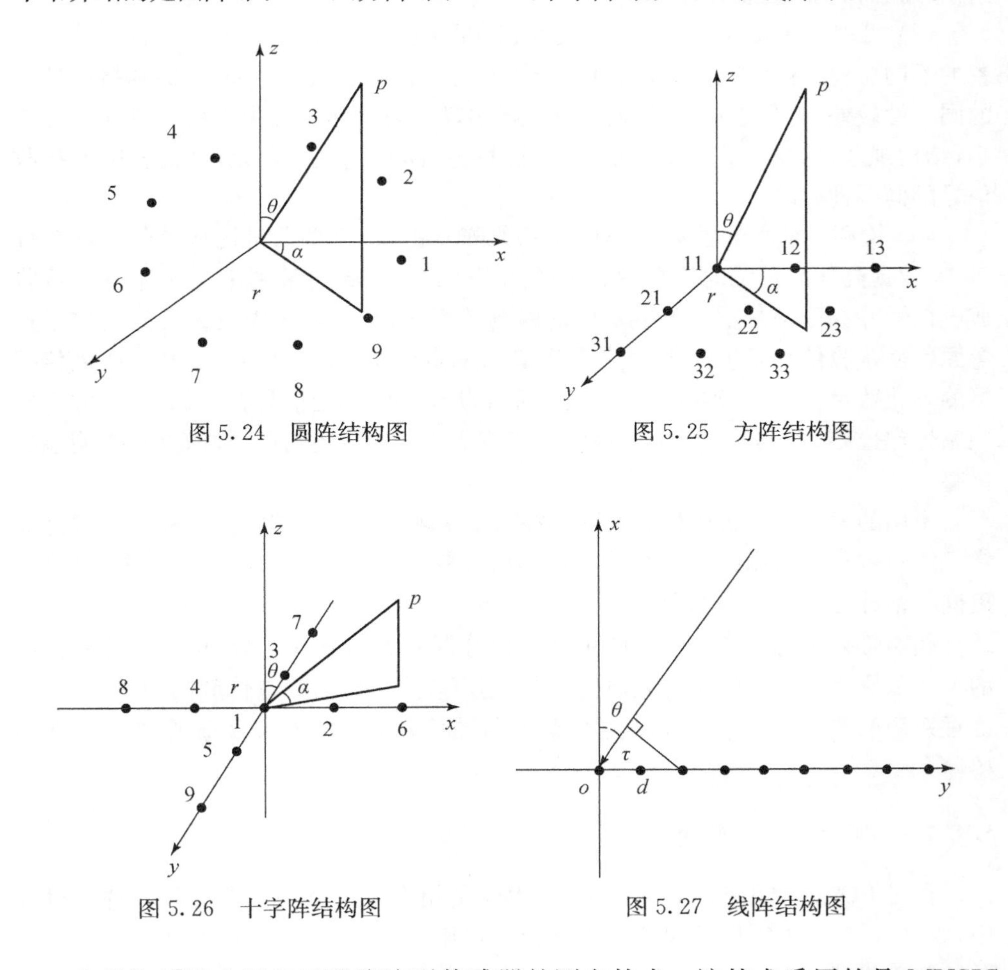

图5.24　圆阵结构图

图5.25　方阵结构图

图5.26　十字阵结构图

图5.27　线阵结构图

文献[51]提出了基于圆阵阵列传感器的测向技术。该技术采用的是MUSIC测向算法，通过圆阵对被测信号的响应矩阵来解算信号方向。由响应矩阵的特征值得到对应于信号和噪声的特征向量，以此扩展成信号子空间和噪声子空间。利用信号子空间与噪声子空间的正交关系，求解信号的方位角。

基于空间谱估计[52]的变压器PD超声阵列法，是指利用超声阵列传感器接收到的各阵元的阵列信号，通过阵列传感器接收数据的相位差，应用空间谱估计算法[53-55]来确定变压器的一个或几个 PD 源的方位角与俯仰角等，确定其空间几何位置。

相比传统的超声检测方法，超声阵列法具有以下优点：

(1) 阵列信号的信噪比高。阵列传感器的阵元间距小于等于接收信号的半波长，可有效避免旁瓣及信号泄漏，从而提高信号的入射方向性，获得信噪比高的阵列信号，为精确定位奠定基础。

(2) 可以解决多径传输问题。传统的 PD 超声检测将单个探头放置在被测设备的不同位置，导致放电信号通过多个不同的路径传播到各探头，探头间接收信号的同一性较差，导致定位误差较大，甚至不成功。阵列传感器由于各个阵元尺寸较小，结构规范，可认为放电超声信号是通过同一路径到达各阵元，因此各阵元接收信号的同一性好。

(3) 检测性能可靠性高。阵列传感器阵元密布，可将数量优势转化为性能优势，有效提高信号检测的可靠性。传统的 PD 超声检测通常利用 3、4 个探头接收放电信号并获取信号空间位置对应的时延关系，若某个探头失效或受到电磁干扰等原因使接收信号发生偏差，则将导致较大的定位误差甚至失败。通常，阵列传感器的阵元数目较多，个别阵元失效或因受干扰所接收到的信号存在偏差，却并不影响整体定位结果。综上所述，超声阵列定位法相比传统的超声波法，具有很明显的优势。

常用的超声阵列传感器有圆阵、方阵、十字阵和线阵这四种阵列模型。线阵通常只能对方位角或俯仰角进行估计，圆阵、方阵和十字阵由于增加了一个自由度，可同时估计方位角和俯仰角。

超声阵列传感器相比传统的单阵元传感器有着明显的优势，正日益受到人们的关注和研究。相比传统的超声传感器，超声阵列传感器的造价颇高，对硬件采集处理系统的要求也更高，所以要根据不同的应用环境，选取合适的超声阵列传感器[56]。

5.4.4 超声传感器选型对比

在对 PD 进行超声检测时，关键技术就是超声波传感器。在实际的选择过程中，要进行综合的衡量，不仅要考虑频带和灵敏度，还要考虑分辨率和安装难度以及经济效益等众多问题。

(1) 现阶段，超声传感器以压电传感器为主，技术比较成熟，被广泛用于各类成套设备中，虽然光纤传感器具有非常好的发展前景，也是新技术，不过要进行现场运用，难度极大。

(2) 如果现场的环境比较复杂，可对不同的传感器进行组合式的安装，不同的传感器采用相同的安装方式，也可以对不同带宽的同种传感器进行组合，这样可以在使灵敏度得到提升的同时，使误判的概率极大地降低，能够获得更多的放电信息。

在选择传感器时，最主要的依据和指标就是灵敏度和工作频带[27]，尽管在发生 PD 时是随机产生声信号的，并且它们的频谱也不尽相同，但是从整体上看，这些声波所具有的频率基本上都分布在恒定的范围内，在选择传感器时，要根据电气设备的类型有针对性地选择合适的超声传感器。

5.4.5　常见超声传感器及设备

前面列举了超声检测法的几类主要传感器，本节将对应用于变压器、GIS 等电气设备 PD 在线监测中常见的超声传感器进行介绍。

由 Sintef 电力研究所开发，TransNor As 制造的 AIA-2 仪器(图 5.28)被挪威电网公司和许多其他公司用于状态监测。气体绝缘变电站常常处于电网中的重要环节，因此要求它具有很高的有效性，IEC 71 规定的有效性目标是每 100 间隔 · 年 0.1 次故障。随着 GIS 设备在我国的广泛使用，该设备被推广用于检测 GIS 中各种类型的缺陷，如颗粒和 PD，以及检测其他类型的设备，如电缆终端中的 PD。AIA-2 采用基于声发射的声测法，它使用安装在外壳上的压电型传感器或用手持棒(玻璃纤维棒)测量运行中的设备。测量时，AIA-2 不需要把任何装置安装在设备内部，如测量 GIS 时只需要一个安装在外部的传感器或手持传感器，测量电缆终端时只需要用一根手持棒。

AIA-2 使用的声发射传感器为 D9241 型(图 5.29)，它是美国物理声学公司(PAC)设计生产的。D9241 型声发射传感器是一种高灵敏度、低频、低噪声的差分型传感器，而且具有很好的抗电磁干扰的能力。D9241 型声发射传感器的外壳材料为不锈钢，与地接触的一侧为绝缘材料陶瓷，且自带信号线和差分 BNC 接头。

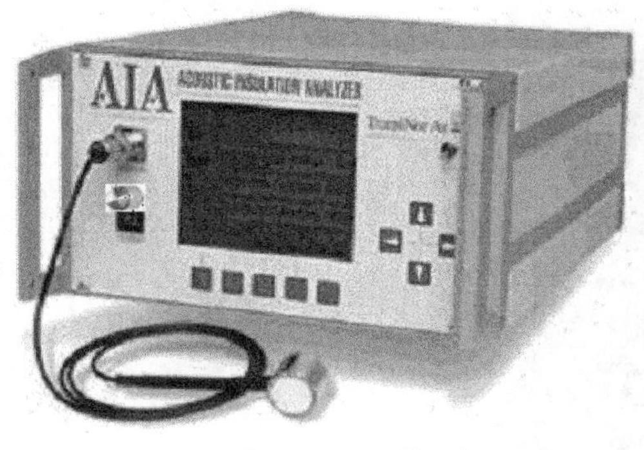

图 5.28　AIA-2 前面板

图 5.29　PD 专用 D9241 型声发射传感器

该传感器的主要参数如下：

1）动态参数

峰值灵敏度：82dB。

带宽：20～60kHz。

谐振频率：30kHz。

2）环境参数

温度范围：－45～＋125℃。

冲击：500g。

3）物理参数

尺寸：23.77mm×20.01mm（外径×高）。

质量：56g。

外壳材料：不锈钢。

表面材料：陶瓷。

接头：BNC 差分接头。

连接方式：侧面。

包装：环氧基树脂。

为了得到良好的声接触，应在传感器和 GIS 外壳之间填充一些介质。原则上，任何润滑脂都是可以的。利用润滑脂的主要目的是避免在传感器表面和 GIS 表面间存在气泡，润滑脂的另一个好处就是有一定的黏性，这可以减少人手持传感器时产生的随机噪声。通常，传感器用手来与 GIS 外壳接触，这是快速而有效的测量方式。然而，人手拿着传感器有时会产生随机噪声，在某种程度会扰乱超声信号的读取。因此可以利用绑带来固定传感器（图 5.30），只需简单地将 GIS 部件与传感器绑扎在一起，拉紧即可。这种方式不会受传感器操作者人为因素的影响，重要的是传感器表面和 GIS 之间要有好的声音传导介质，这两个表面要很好地接触。

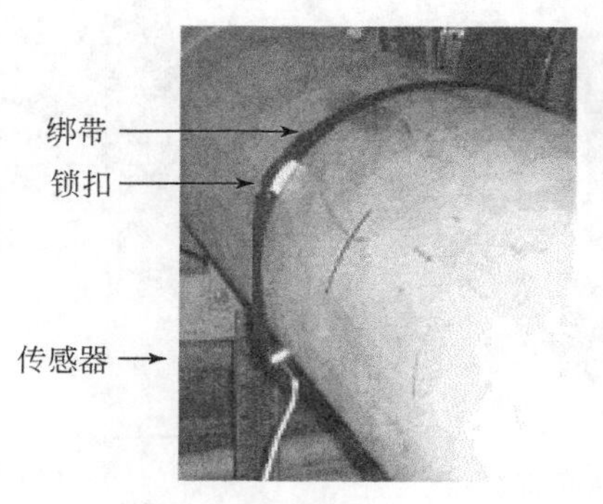

图 5.30　用绑带把传感器安装在 GIS 壳体上

当然，随着科技的进步，一些基于超声法的便携式PD检测仪也应运而生，例如，美国物理声学公司设计制造的PocketAE等，可以用于GIS、变压器、电缆终端、断路器、电机定子、有载分接开关(OLTC)、开关柜等的检测。功能提升了，便携性提高了。图5.31为PocketAE现场实时PD检测情况。

图5.31　PocketAE现场实时PD检测

为了更准确高效地检测变压器等电气设备内的PD故障，现有在线监测系统常常将超声检测法和其他检测手段融合，多种检测手段联合诊断技术可以降低误报并提高检测精度。

以PD在线监测系统PD-TP500A(图5.32)为例，该设备可以完成PD的连续监测，同时采用AE(超声波)传感器及RFCT(射频电流)传感器进行PD检测，检测结果更可靠，可以完成PD波形测量、分析、显示及故障定位。最低检测PD量分别为AE为20pC、RFCT为5pC，可以有效避免变压器突发性事故，对设备状态做出趋势分析。

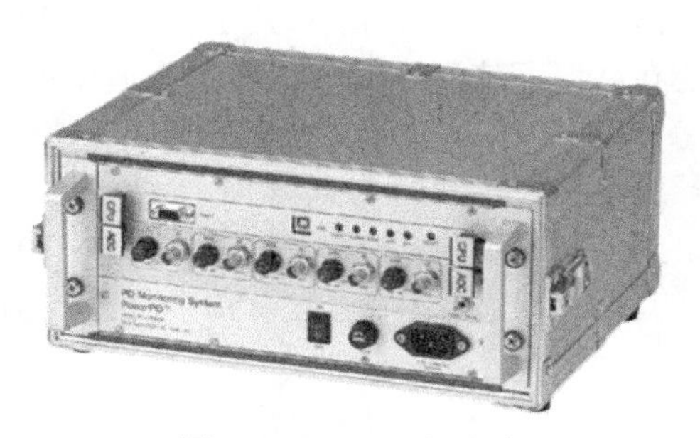

图5.32　PD-TP500A

5.5 超声传感器评价标准

根据电气设备超声传感器的工作特点以及类别,不同传感器的性能可能存在差异,有必要通过一些常用的评价标准对其表征参数及性能指标进行描述和评判。本节将对其常见基本参数指标、环境参数指标、可靠性指标以及其他指标进行介绍,为读者在选取传感器时提出可靠的标准。

5.5.1 基本参数指标

电气设备PD超声波传感器系统的工作流程为:超声波传感器接收PD等引起的超声信号,通过压电转换或电磁转换将电信号经过放大、滤波、检波等处理。它的一些基本参数如下:

(1) 中心频率。也就是压电晶片所具有的共振频率,如果在它两端的交流电压所具有的频率与之相等,那么就会输出最大的能量,具有最高的灵敏性。

(2) 声压特性。声压(SPL)是表示传感器发射音量大小的参数。用下列公式表示:$\mathrm{SPL}=20\lg P/P_{re}$(dB),$P$ 为有效声压,P_{re}为参考声压($2\times10^{-4}\mu\mathrm{bar}$),超声波传感器的发射声压一般不小于100dB。

(3) 灵敏度。灵敏度是表示传感器接收能力强弱的参数,主要取决于制造晶片本身。机电耦合系数大,灵敏度高;反之,灵敏度低。用如下公式表示:$20\lg E/P$(dB),E 为产生的电压值(VRMS),P 为输入的声压(μbar)。超声波传感器的灵敏度一般为$-85\sim-60$dB。

(4) 探测包络。传感器的可探测区域是不规则的,一般在正后方最强,距离越远衰减越快;在斜方向的反射较弱,总体可探测区域呈扇形分布。

5.5.2 环境参数指标

(1) 工作温度和湿度。对于压电类的材料来说,它们都具有非常高的居里点,在进行超声波检测时,由于使用功率非常小,其工作时温度不高,即使长时间工作也不会失效,所以不能在高温下使用这类传感器。介质温度与湿度会影响声波的行程时间。SF_6温度每上升20℃,检测距离至多增加3.5%。在相对干燥的空气条件下,湿度的增加将导致声速最多增加2%。

(2) 气流。气流的变化将会影响声速,然而由最高至10m/s的气流速度造成的影响也是微不足道的。由于气体绝缘电气设备中气体流动幅度微弱,故该项因素对传感器影响较小。

5.5.3 可靠性指标

(1) 工作频率。工作频率就是压电晶片的共振频率。当加到它两端的交流电压的频率和晶片的共振频率相等时,输出的能量最大,灵敏度也最高。

(2) 检测范围。超声波传感器的检测范围取决于其使用的波长和频率。波长越长,频率越小,检测距离越大,如具有毫米级波长的紧凑型传感器的检测范围为300～500mm,波长大于5mm的传感器的检测范围可达8m。

(3) 指向性。超声波传感器探测的范围。

5.5.4 其他指标

周围环境也会产生类似频率的噪声。噪声可分为声学噪声和非声学噪声。非声学噪声主要包括电子电路噪声、振铃噪声和脉冲噪声等。电噪声源于仪器电路中的随机扰动,如电路中元器件的电子热运动及半导体器件中载流子的不规则运动等。电噪声是一种连续性随机变量,即在某一时刻可能出现各种数值。声学噪声主要是材料噪声。材料噪声一般是指由材料晶界散射引起的微结构噪声,它的幅度和到达时间是随机的,往往对放电信号造成干扰,甚至将目标信号完全湮没。晶界回波不同于电噪声,它是静止、相关的,在扫描过程中,若换能器不动,则不同次采样中的材料噪声近似相同。因此不同传感器材料也可能给信号采集过程带入噪声干扰。因此需要避免材料噪声,并通过检测系统硬件及相关算法配合滤除噪声干扰。

参考文献

[1] 李燕青．超声波法检测电力变压器局部放电的研究[硕士学位论文]．保定:华北电力大学，2004.

[2] 杜功焕，朱哲民，龚秀芬．声学基础．南京:南京大学出版社，2001.

[3] 李颖．GIS局部放电超声检测技术的研究及应用[硕士学位论文]．大连:大连理工大学，2014.

[4] 邱昌容,曹晓珑．电气绝缘测试技术．北京:机械工业出版社,2001.

[5] 邱昌容,王乃庆．电工设备局部放电及其测试技术．北京:机械工业出版社，1994.

[6] 王昌长，李福祺，高胜友．电力设备的在线监测与故障诊断．北京:清华大学出版社，2006.

[7] 邱昌容,王乃庆．电工设备局部放电及其测试技术．北京:机械工业出版社，1994.

[8] 张海，王琪，杨卫东．GIS超声波局部放电检测的研究与应用．2009年全国输变电设备状态检修技术交流研讨会论文集,昆明，2009:803-809.

[9] 中国机械工程学会无损检测分会．超声波检测．北京:机械工业出版，2000.

[10] 李夏青，王小平，李力．电力变压器绝缘局部放电的声发射检测原理，石家庄铁道学院学报，1998，11(2):30-33.

[11] 苑舜．全封闭组合电器局部放电超声传播特性及监测问题的研究．中国电力，1997，30(1):7-10.

[12] 王圣．便携式多功能局部放电检测仪的原理及应用．高电压技术，1994,20(1):90-93.

[13] 伍志荣，李焕章．运行变压器、电抗器振动噪声及局部放电超声波信号的频谱分析．高电压技术，1991,(01):44-48.

[14] 秦曾衍，左公宁，王永荣，等．高压强脉冲放电及其应用．北京:北京工业大学出版社，2000.

[15] Ahmed F, Darus A B, Yusoff Z, et al. Characterisation of acoustic signal and pattern recognition of free moving metallic particle motion modes in GIS. Information, Communications and Signal Processing, 1997, 2:750-753.

[16] Lundgaard L E, Runde M, Ssyberg B. Acoustic diagnosis of gas insulated substations: A theoretical and experimental basis. IEEE Transactions on Power Delivery, 1990, 5(4): 1751-1759.

[17] Lundgaard L E. Partial discharge. XIII. Acoustic partial discharge detection-fundamental considerations. Electrical Insulation Magazine, IEEE, 1992, 8(4):25-31.

[18] Oyama M, Hanai E, Aoyagi H, et al. Development of detection and diagnostic techniques for partial discharges in GIS. IEEE Transactions on Power Delivery, 1994, 9(2):811-818.

[19] 李成榕，王浩，郑书生．GIS局部放电的超声波检测频带试验研究．南方电网技术，2007, 1(1):42-44.

[20] 李继胜，李军浩，罗勇芬．用于电力变压器局部放电定位的超声波相控阵传感器的研制．西安交通大学学报，2011, 45 (4):93-99.

[21] Gao K, Yang H L, Jiang J H. Research on the synthetic method for the detection and location of PD in GIS. 2008 Annual Report Conference on Electrical Insulation Dielectric Phenomena, New York, 2008:459-462.

[22] 李敏．液体电介质局放声测的光纤非本证法拍型传感器的研究[博士学位论文]. 哈尔滨:哈尔滨工业大学，2009.

[23] Kawada H, Honda M, Inoue T, et al. Partial discharge automatic monitor for oil-filled power transformer. IEEE Transactions on Power Apparatus and Systems, 1984, 2:422-428.

[24] Pearson J S, Farish O, Hampton B F, et al. Partial discharge diagnostics for gas insulated substations. IEEE Transactions on Dielectrics and Electrical Insulation, 1995, 2(5): 893-905.

[25] 田景林，李国来．GIS工频耐压闪络点的探测方法研究．电器技术，1989，增刊:18-26.

[26] 钱家骊，沈力，刘卫东，等．GIS的壳体振动现象及其检测．高压电器，1990，6:3-9.

[27] 肖燕．GIS局部放电在线监测和故障诊断技术的研究[博士学位论文]. 上海:上海交通大学，2006.

[28] 吴征彦．GIS局部放电声电检测系统设计与定位技术研究[硕士学位论文]. 北京:华北电力大学，2014.

[29] Guo H, Mei X, Bai L. A design of ultrasonic detecting circuit on partial discharge. Cross Strait Quad-Regional Radio Science and Wireless Technology Conference, London, 2011: 1118-1121.

[30] 梅晓云．局放检测超声波传感器电路设计与应用[硕士学位论文]. 西安:西安电子科技大学，2012.

[31] 杜剑波，魏玉宾，刘统玉．光纤传感技术在变压器状态检测中的应用研究．电力系统保护与控制，2008，36(23):36-40.
[32] 郭少朋，韩立，徐鲁宁，等．光纤传感器在局部放电检测中的研究进展综述．电工电能新技术，2016，35(3):47-53.
[33] 梁艺军．光纤声发射检测技术研究[博士学位论文]. 哈尔滨:哈尔滨工程大学，2005.
[34] Beard P C, Mills T N. Extrinsic optical-fiber ultrasound sensor using a thin polymer film as a low-finesse Fabry-Perot interferometer. Applied Optics, 1996, 35(4):663-675.
[35] 宋方超．基于非本征光纤法珀传感器的液体电介质局部放电声发射检测技术研究[硕士学位论文]. 哈尔滨:哈尔滨理工大学，2013.
[36] Alcoz J J, Lee C E, Taylor H F. Embedded fiber-optic Fabry-Perot ultrasound sensor. IEEE Transactions on Ultrasonics Ferroelectrics & Frequency Control, 1990, 37(4): 302-306.
[37] 马良柱，常军，刘统玉，等．基于光纤耦合器的声发射传感器．应用光学，2008，29(6): 990-994.
[38] A non-invasive optical fibre sensor for detection of partial discharges in SF_6-GIS systems. International Symposium on Electrical Insulating Materials, Orlando, 2001:359-362.
[39] 赵雷，陈伟民，章鹏．光纤法布里-珀罗传感器光纤端面反射率优化．光子学报，2007，36(6):1008-1012.
[40] 张光义，赵玉洁．相控阵雷达技术．北京:电子工业出版社，2007.
[41] 栾桂东，张金铎，王仁乾．压电换能器和换能器阵．北京:北京大学出版社，2005.
[42] 丁亚军，钱盛友，胡继文，等．超声相控阵在多层媒质中的声场模式优化．物理学报，2012，61 (14):1-7.
[43] 孙芳，曾周末，王晓媛，等．界面条件下线型超声相控阵声场特性研究．物理学报，2011，60(9):1-6.
[44] Hernandez J R G, Bleakley C J. Low-cost, wideband ultrasonic transmitter and receiver for array signal processing applications. IEEE Sensors Journal, 2011, 11(5):1284-1292.
[45] 章成广，张碧星，邓方青，等．非整数维超声相控阵探测方法研究．声学学报，2008，33(6):555-561.
[46] 薛晓峰，王永良，张永顺，等．二维 MUSIC 算法分维处理及其阵列结构的研究．空军工程大学学报，2008,9(5):33-37.
[47] 金梁，殷勤业．时空 DOA 矩阵方法．电子学报，2000，28(6):8-11.
[48] 金梁．基于时空特征结构的阵列信号处理与智能天线技术研究[博士学位论文]. 西安：西安交通大学，1999.
[49] 林建，马建敏，庄子听．换能器组阵对声场指向性的影响．噪声与振动控制，2010，30(3):55-59.
[50] 朱晓黎．对于提高压电超声换能器阵指向性的研究[硕士学位论文]. 武汉:华中科技大学，2008.
[51] 李炳荣，曲长文，平殿发．基于 MUSIC 算法的圆阵测向技术研究．弹箭与制导学报，2007,27(1):207-210.

[52] 王永良，陈辉，彭应宁，等．空间谱估计理论与算法．北京：清华大学出版社，2004.

[53] Doron M A, Weiss A J. On focusing matrices for wide-band array processing. IEEE Transactions on SP,1992,40(6):1295-1302.

[54] Xu X L, Buckley K M. Bias analysis of the MUSIC location estimater. IEEE Transactions on SP, 1992,40(10):2559-2569.

[55] Porat B, Friedlander B. Analysis of the asymptotic relative efficiency of the MUSIC algorithm. IEEE Transactions on ASSP, 1988,36(4):532-543.

[56] 侯姗姗．局部放电超声阵列传感器的稀疏设计方法研究[硕士学位论文]．北京：华北电力大学，2014.

第6章　光测量传感器

6.1　光测法检测的原理与优势

对电力设备内部所发生的PD进行测量，均是以PD过程所产生的各种物理化学现象为依据，通过能表述该现象的特征量来表征PD的状态。其中，光学检测法是通过检测PD过程所产生的光辐射作为测量依据的[1]。通过PD光脉冲[2]（图6.1）或经光电转换后[3]（图6.2）的信息，可以进行PD光谱分析、PD光脉冲检测（单个和序列），在此基础上进而开展PD源定位、电气绝缘老化机理等各方面的研究，从不同的角度对电力设备中PD的发生、发展机理进行深入分析。

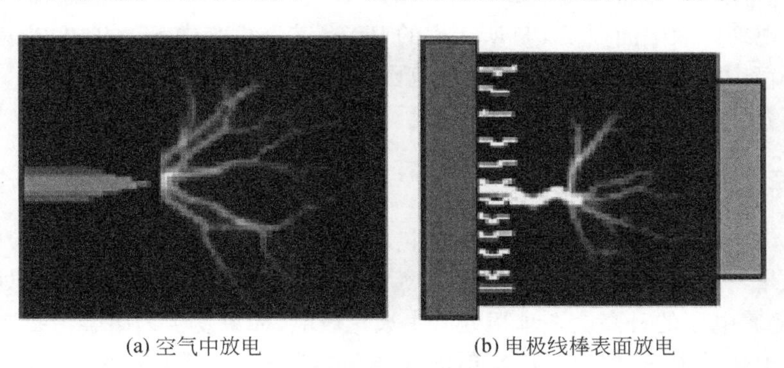

(a) 空气中放电　　(b) 电极线棒表面放电

图6.1　PD产生的光脉冲

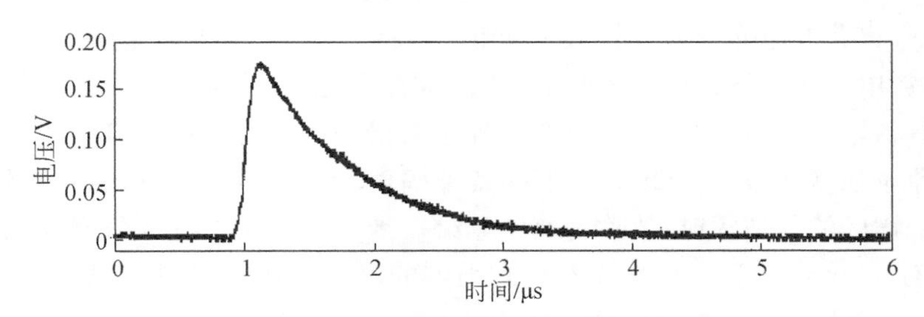

图6.2　绝缘子表面金属污染物产生的PD光测法信号

PD光学检测技术研究始于20世纪70年代，经过几十年的发展，目前主要有利用紫外光、荧光及红外等进行PD检测的技术方案[4]。这些技术方案均是基于光学原理对电力设备PD进行检测，具有其他方法无可比拟的优势：①光纤传感器

的主要材料是 SiO_2，绝缘性能极佳，该优势在超高压、特高压等级电力系统中尤为突出；②用光纤作为信号传输载体，具有较强的抗电磁干扰能力；③光纤传感器体积小，布置方式灵活，并能深入电力设备内部进行检测而不影响其工作状态；④灵敏度高，响应速度快，且能实现数字化，便于接入智能电网。

6.2　局部放电光谱特性

PD 光谱分析是进行 PD 光测系统设计、光脉冲检测、定位以及传播机理等研究的前提。根据 PD 脉冲光谱图（光波长的分布情况）才能确定相应的光电转换系统参数，从而以相对较大的检测灵敏度和效率实现从光信息到电信息的转变[1]。

不同电气设备具有不同的内部环境或外部环境，因绝缘缺陷不同而产生的 PD 光谱具有一定的差异。例如，当架空线路、杆塔金具上或者充有压缩空气的开关设备中出现绝缘缺陷而引发 PD 所产生的 PD 光谱为空气中的 PD 光谱，而油浸式变压器内出现绝缘缺陷而引发 PD 所产生的 PD 光谱为变压器油中的 PD 光谱，当 GIS 内出现绝缘缺陷而引发 PD 所产生的 PD 光谱为 GIS 中 SF_6 的 PD 光谱。即不同物质环境中产生的 PD 光谱在波长范围、光谱强度、谱线分布上具有一定的差异。下面介绍几种典型物质的 PD 光谱。

6.2.1　空气中的局部放电光谱

高压电气设备大多处在空气中，发生放电时根据电场强度（或电压差）的不同，会产生电晕、火花或电弧等放电。例如，污秽绝缘子最初会在钢帽或钢脚处产生电晕放电，随着电压的升高会在伞裙处产生火花放电，如果发生闪络会沿整个绝缘子表面产生电弧放电，这些放电所辐射的光谱包括紫外线、可见光和红外线，不同类型放电产生的光波波长不同。电晕辐射的光，波长小于 400nm，呈紫色，大部分为紫外线；强火花放电光辐射波长从 400nm 扩展到 700nm，呈橘红色，大部分为可见光；电弧放电光辐射波长可在 700nm 以上，呈耀眼白色，也为可见光[5]。

在各种紫外光源中，太阳是至今紫外辐射最强的光源。由于高空大气热流层中的氧原子强烈地吸收 200nm 以下的紫外辐射，因此，只有大气层以外的太空中存在这一谱区的紫外辐射，故称为真空紫外。地球对流层上部大气平流层中的臭氧（O_3）对 300nm 以下的紫外辐射具有强烈的吸收作用，臭氧层主要吸收谱区为 200～300nm，氧分子主要吸收谱区为 110～250nm。所以太阳辐射的紫外光只有 300～400nm 谱区能透过大气层到达地面，这一谱区称为大气紫外窗口。因此，200nm 以下的真空紫外谱区称为外层空间太阳盲区，300nm 以下的紫外谱区为地球大气太阳盲区，简称日盲区[6]。

由于空气中主要含有 N_2，它放电的光辐射起主要作用。氮原子基态的电子组

态为 $1s^2 2s^2 2p^3$，对应的光谱项为 ^2P、^2D、^4S。文献[7]给出了氮及氮类原子三个光谱项所对应的能量。

$$\lambda=\frac{c}{\nu}=\frac{hc}{E} \tag{6.1}$$

式中，c 代表光速(3×10^8m/s)；h 为普朗克常量(6.63×10^{-34}J·s)；E 代表辐射能量。

通过表 6.1 可以计算出，原子欲从 S 到 P 的过程所需的能量约为 0.202Hartree，即 5.488eV(1Hartree＝27.2114eV)。根据式(6.1)可以计算出辐射光子的波长约为 224nm，这个波长位于紫外波段。其他能态下的辐射光子波长也大致在紫外范围内。因此可以发现，氮及其氮类化合物是空气中 PD 产生紫外光的主要原因。

表 6.1　氮原子基态对应的光谱项的能量

N 原子基态光谱项	^2P	^2D	^4S
能量/Hartree	−54.34014	−54.42019	−54.54182

对于空气中 PD 的各种形式，光谱范围都包括紫外部分，故可选择处于紫外区域作为检测 PD 的突破点。下面以典型针-板模型说明电晕紫外辐射的光谱特点。

电晕放电的光谱大部分处于 400nm 以下的紫外区域，典型的光谱图如图 6.3 所示。根据文献[8]的结果，在空气中电晕放电的过程中，不仅发生了分子的解离，而且伴随有一定数量的原子电离。因此，空气中的电晕放电光谱包括分子光谱、原子和离子的发射光谱。在放电电压较低时，从图 6.4 和图 6.5 可以看出，当针-板距离不变时，紫外区的放电强度随电压的升高而增强，红外区的辐射强度随电压的升高而降低；而在电压不变的情况下，对比图 6.5 和图 6.6 可以发现，随着针-板距离的增大，红外区的辐射强度会提高，紫外区的辐射强度反而减弱。图中 U 为针-板电压，d 为针板间隙。

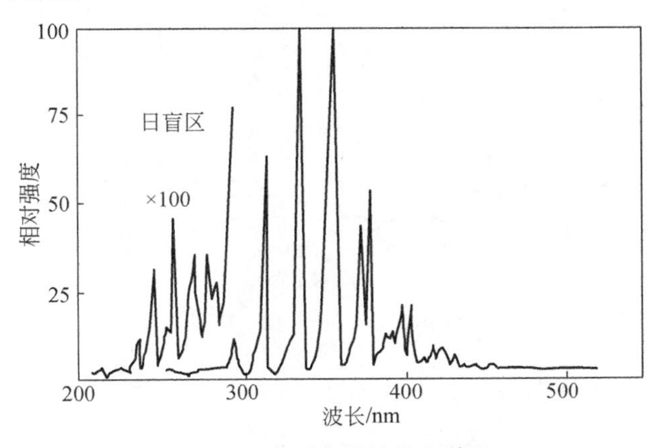

图 6.3　典型电晕放电光谱图

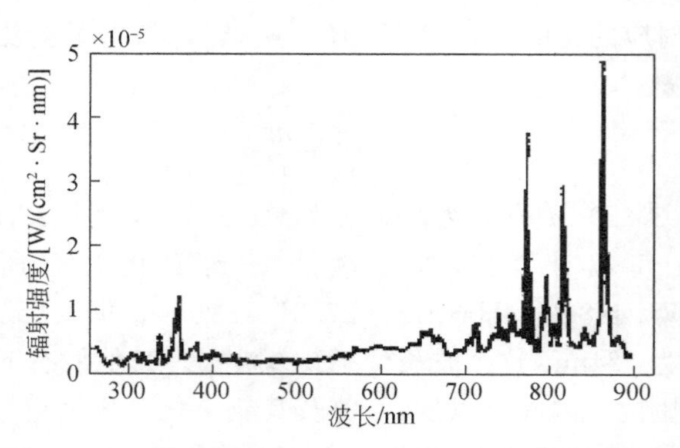

图 6.4　$U=6000\text{V}$、$d=2.5\text{mm}$ 条件下的电晕放电光谱

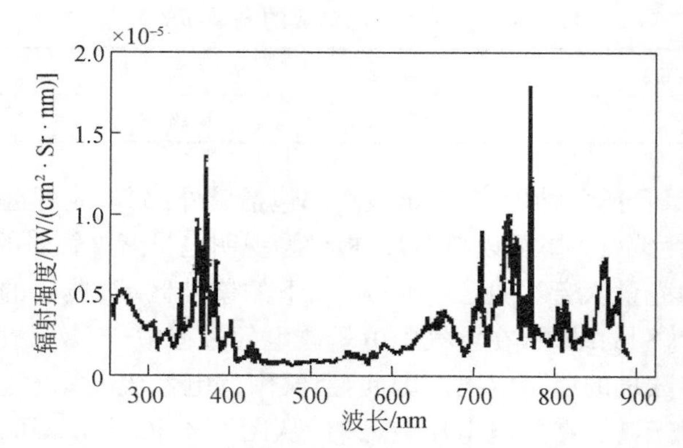

图 6.5　$U=8000\text{V}$、$d=2.5\text{mm}$ 条件下的电晕放电光谱

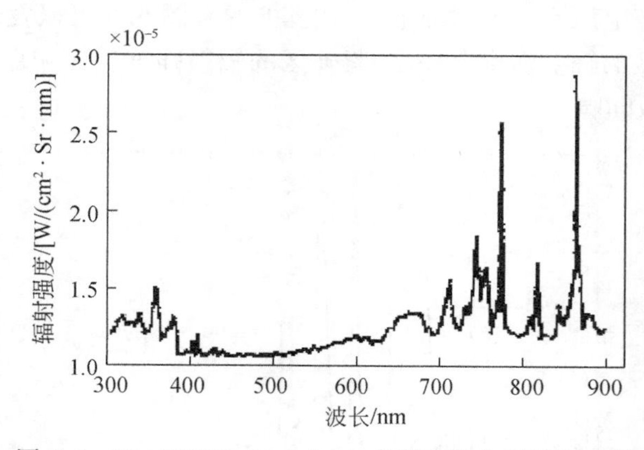

图 6.6　$U=8000\text{V}$、$d=4.0\text{mm}$ 条件下的电晕放电光谱

但电晕放电的光谱范围不是一成不变的，随着模型的改变，其光谱特征有所变化。文献[9]指出，空气中在放电电压较高的情况下，交流电晕在起晕阶段，紫外部

分的光谱很明显,可见部分几乎没有;随着电压的升高,紫外部分越来越强,红外增强,有一个明显的谱峰;电压加至击穿前已有多个红外部分的谱峰。而对于直流电晕而言,在负极性电晕的起晕阶段紫外部分的光谱很明显,红外部分谱逐渐丰富,出现多个谱峰,主要的峰值波长与交流电晕相同。在正极性电晕的起晕阶段,紫外部分已有很明显的光谱,而在可见和红外部分几乎没有;随着电压的增高,光谱的幅值增加,在接近击穿时红外部分出现明显谱峰,主要峰值波长与交流电晕相同。

综上所述,随着外加电压的增加,电晕放电光谱的紫外区辐射强度增强,说明紫外光对外加电压较为敏感。

6.2.2　变压器油中的局部放电光谱

变压器油的主要成分是石蜡、烷烃、环烷族饱和烃、芳香族不饱和烃以及烯烃等,其中碳氢化合物的含量超过 95%,非碳氢化合物约占 5%。由于变压器油的成分复杂,其 PD 光谱呈现多样性[10]。

Tomasz 等[11]利用图 6.7 所示的系统研究了酚醛树脂/油分界面上的沿面放电脉冲的光谱特性,得出放电光谱分布与电极间的电压和距离有关。图 6.8 和图 6.9分别为发生沿面放电 1s 后和 30s 后的光谱图。由图 6.8 可知,油中沿面放电的光谱主要分布在 330～850nm 的紫外辐射和可见光范围内,此时近红外段的分布值较小。当放电时间到达 30s 时,光辐射强度较 1s 时明显增强,并且此时有大量热能得到释放,近红外段的辐射强度与 1s 时相比明显增强,光谱主要分布范围扩大到 400～1100nm,如图 6.9 所示。

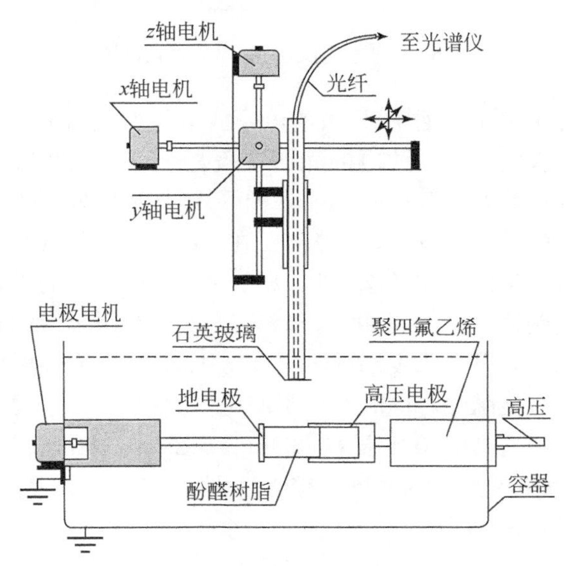

图 6.7　变压器油中 PD 光测量与光谱分析系统

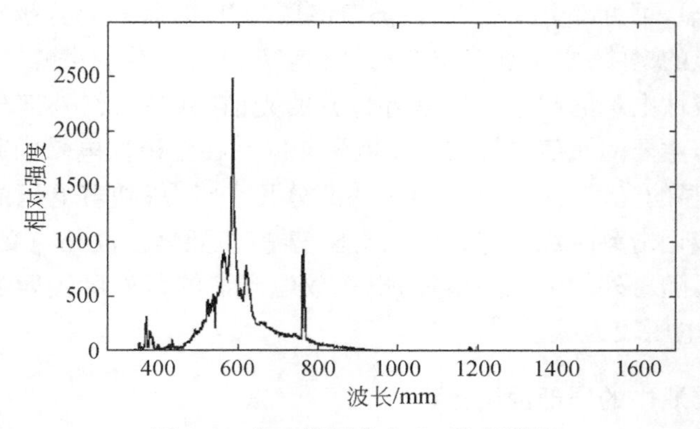

图 6.8 发生沿面放电 1s 后光谱图

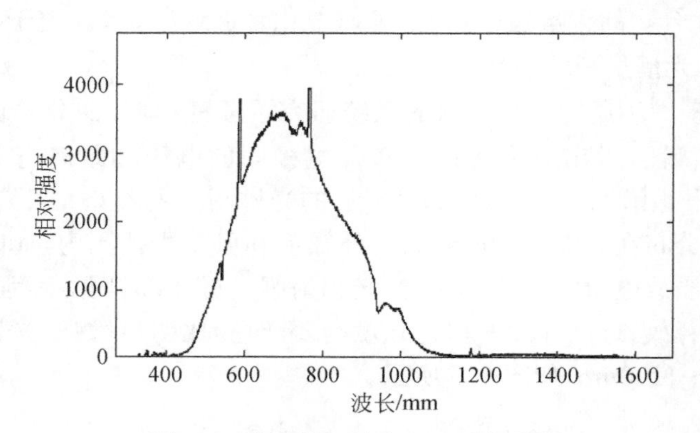

图 6.9 发生沿面放电 30s 后光谱图

文献[12]研究了变压器油中针-板的电晕放电辐射光谱分布，如图 6.10 所示。由图可知，油中针-板模型电晕放电的光谱覆盖整个可见光波段，最大的辐射光强度集中在绿色和红色波段。分区间详细分析可知，从近紫外到可见光波段，光谱主要在 324.7nm 处；在可见光波段，光谱主要在 510nm、656nm 处。其中，324.7nm 为铜原子从较高激发态回复到基态（即 3.817～0eV）所辐射的光；510nm 为铜原子从较高激发态回复到第一激发态（即 3.817～1.389eV）所辐射的光；656nm 为氢原子从第三激发态回复到第二激发态（即 12.03～10.05eV）所辐射的光。

如图 6.11 所示，文献[12]同时给出了变压器油中沿面放电的光谱分布。由图可知，油中沿面放电光谱峰值主要在 309nm、512nm、588nm、616nm、926nm 处。这与油中针-板模型电晕放电的光谱有较大区别，由此也可以说明油中 PD 光谱的特性与电极的形状有较大关系。

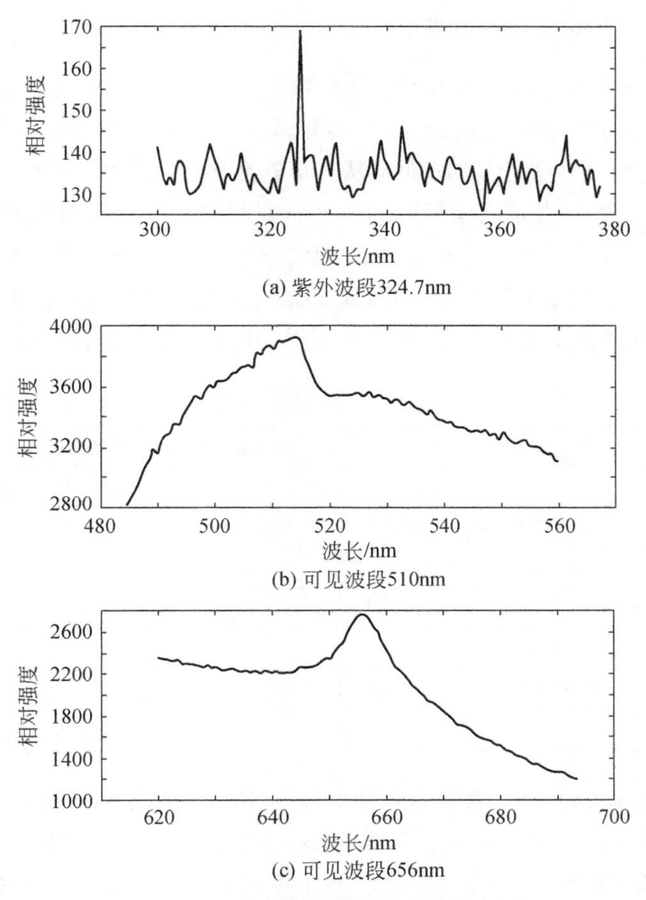

图 6.10　油中电晕放电的光谱分布图

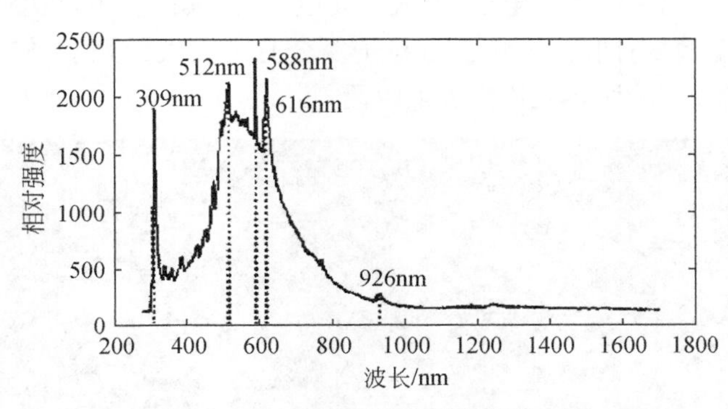

图 6.11　油中沿面放电的光谱分布图

6.2.3 GIS 中 SF_6的局部放电光谱

GIS 已经成为电力行业中不可或缺的输电设备，使用 SF_6气体充当绝缘介质，不仅有效地减少了变电所的占地面积，更加隔绝了外界条件和环境污染对其工作的影响，使之运行更加安全可靠，而且从其可达到的电压等级以及经济技术最佳化角度来看，SF_6气体一直是绝缘气体的典型研究对象。本章利用相关方法对试验数据进行分析和讨论[13]，数据分析中所使用的参考数据来自 NIST 光谱数据库[14]。光谱图的横坐标为波长(单位为 nm)，纵坐标代表光照相对强度。表 6.2 给出一些 SF_6放电的光谱谱线及其参数(Ⅰ为原子谱线，Ⅱ为一价离子谱线)[15]。

表 6.2 SF_6谱线参数

元素	波长/nm	跃迁能级	跃迁概率	高能级的状态权重 g	位能/cm^{-1}	能级差/cm^{-1}
FⅠ	623.94	$3P^4S—3S^4P$	2.42×10^7	4	118429	15587.4
FⅡ	402.50	$3S^3S—3P^3P$	1.2×10^8	9	207703	24839.39
FⅡ	413.34	$3P^3P—3d^3D^o$	2.05×10^8	15	232066	24362.5
SⅠ	469.51	$4S^5S^o—5P^5P$	7.4×10^6	15	73917	21291.5
SⅠ	527.87	$4S^3S^o—5P^3P$	3.8×10^6	9	74270	18939.5
SⅡ	532.07	$4S^2D—4P^2F^o$	8.4×10^7	8	140319	18789.31
SⅡ	545.38	$4S^4P—4P^4D^o$	7.8×10^7	8	128599	1534.97

图 6.12 是 ICCD 扫描拍摄的脉冲电压下 SF_6气体的放电图像[13]。从中可以观察到，针电极头部的放电区域会随着电离的加剧而增大，因为有一个电子从负极逸出后，在电场力的作用下就会从阴极向阳极运动，这个过程中，碰撞电离的作用使这段空间内的电子总数以指数形式增长。由于正离子的迁移速度慢，所以电子崩向前发展时，正离子滞后于电子，形成空间电荷，当其量值积累达到足够大时，导致空间电场发生畸变；同时，大量正负粒子复合时产生大量光子，使电离过程加剧发展，由电子崩放电阶段转入流注放电阶段[16]。

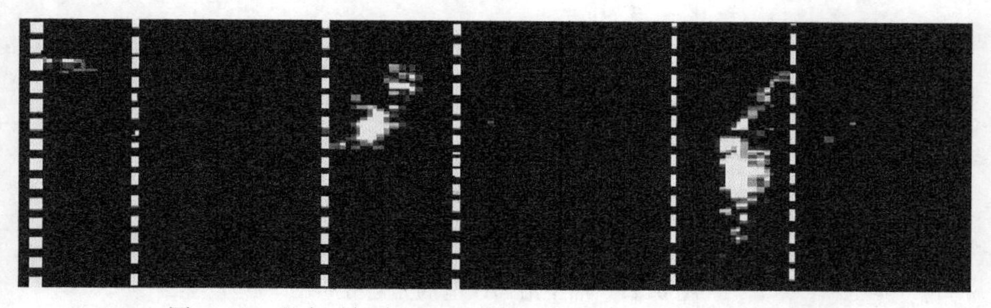

图 6.12 曝光时间为 100ns 的 SF_6气体放电图像(三幅照片)

图 6.13 是 SF_6 气体放电的光谱图，对应图 6.12 中的第一幅照片试验现象[13]。试验中所得到的光谱图对应现有理论上 SF_6 的相关特征谱线(参照表 6.2)，可以看出谱线 A 接近于理论上 469.51nm 的标准值，它是 S Ⅰ 元素在电场作用下发生由电子态 $4S^5S^o$ 到电子态 $5P^5P$ 的电子跃迁。与其他谱线相比可以看出，谱线 A 的相对峰值并不高，说明参与这种跃迁情况的硫原子并不多。谱线 B 接近于理论波长 527.87nm，是硫原子的电子从初始所在状态 $4S^3S^o$ 跃迁到电子态 $5P^3P$ 所产生的 S Ⅰ 谱线，参与这个过程的粒子明显多于谱线 A。

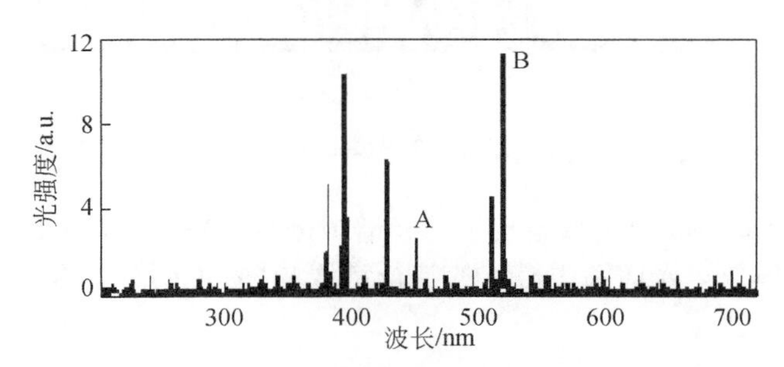

图 6.13　SF_6 气体放电的光谱图(对应第一幅照片)

图 6.14 对应图 6.12 中的第二幅照片试验现象。试验中所得到的光谱图对应理论上 SF_6 的相关特征谱线(参照表 6.2)，可以看出，谱线 C 接近于理论上 413.34nm 的特征谱线值，它是 F Ⅱ 在电场作用下从 $3P^3P$ 到 $3d^3D^o$ 能级的电子跃迁。与其他谱线比较可以看出，谱线 C 的峰值很高，说明参与这种跃迁情况的氟离子数量很多。谱线 D 接近于理论波长 623.94nm，是氟原子电子从初始所在位置 $3P^4S$ 跃迁到电子态 $3S^4P$ 所产生的 F Ⅰ 谱线，与谱线 C 相比，参与这个过程的粒子明显减少。

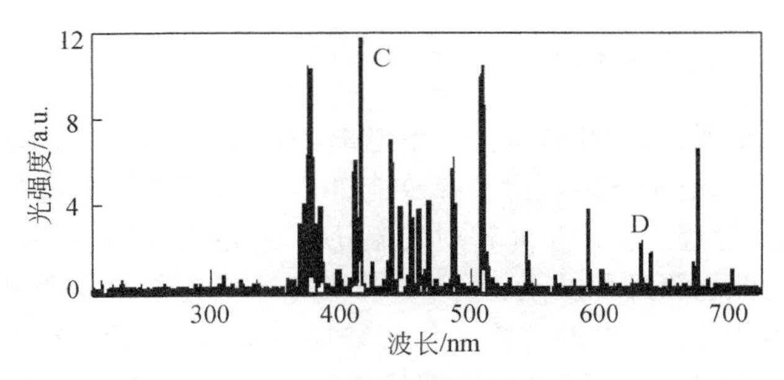

图 6.14　SF_6 气体放电的光谱图(对应第二幅照片)

图 6.15 是对应图 6.12 中的第三幅照片试验现象的光谱。试验所得到的光谱图与理论上 SF_6 的相关特征谱线(参照表 6.2)比较，可以看出谱线 E 接近于理论上 469.51nm 的标准值，它是 S Ⅰ 在电场作用下发生从 $4S^5S^o$ 到 $5P^5P$ 能级的电子跃

迁。谱线 F 接近于理论波长 532.07nm，是硫离子从电子态 $4S^2D$ 跃迁到电子态 $4P^2F^o$ 所产生的 SⅡ谱线，通过光强对比，可知这个过程辐射光子远少于谱线 E 的跃迁过程所辐射的光子。

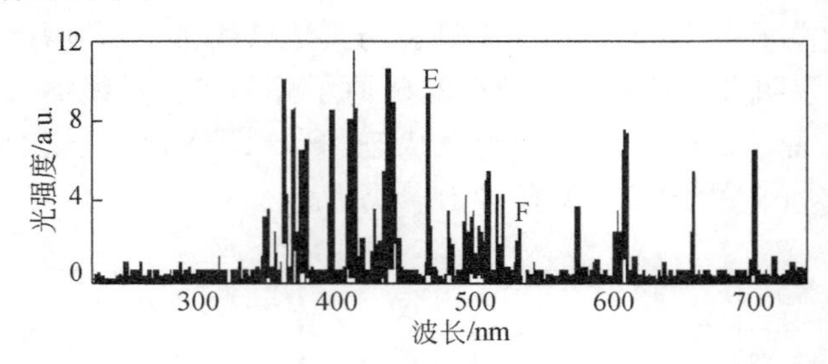

图 6.15 SF_6 气体放电的光谱图(对应第三幅照片)

对以上三个时刻的 SF_6 放电现象的光谱图进行比较，可以得出结论：放电现象越明显，SF_6 气体放电光谱图中得到的特征谱线越多，说明分子在电场作用下的电离越激烈。

6.3 光测法技术

为了弥补电力设备 PD 传统检测方法的不足，光学检测技术应运而生，并显示出巨大的发展潜力和广阔的应用前景[4]。经过近几十年的发展，目前主要采用紫外光、荧光光纤、光学-超声波以及光纤电流传感器对电气设备内部的 PD 进行检测，少数也将红外检测技术应用于电气设备内的 PD 检测中。本节将对紫外光检测技术、光纤检测技术和红外检测技术进行介绍。

6.3.1 紫外传感技术

1. 紫外光检测法原理及其分类

当电力设备出现绝缘缺陷时，会产生电晕、闪络或电弧等不同形式的放电。电离过程中，空气中的电子不断获得和释放能量[17]。除了伴随着电荷的转移和电能的损耗之外，电离过程还会产生光辐射现象，所产生的光辐射主要由粒子从激励状态恢复到基态或低能级过程及正、负离子或正离子与电子的复合过程产生。紫外光检测法是利用紫外光电探测器将光信号转换为电信号，通过对电信号的分析处理来反映 PD 的强度[5]。根据检测原理的不同，分为紫外光功率检测法和紫外光成像检测法两大类[4]。

1）紫外光功率检测法

研究表明，紫外光辐射强度随着放电量的增加而增加，因此通过检测 PD 产生的紫外光功率就能得到 PD 量的大小。紫外光功率检测技术就是利用紫外探测器接收电力设备 PD 产生的紫外光信号，通过检测到的紫外光功率值计算电晕放电的能量值。该检测系统一般由紫外光纤探头、紫外探测器和信号采集处理单元等组成，如图 6.16 所示。为了探测到微弱光信号，光纤探头采用球状结构增加入射光通量，探测器采用紫外 PMT 放大微弱信号。为了对 PD 位置进行定位，可以在电力设备中布置多个紫外光纤探头形成 PD 检测矩阵，结合多个探头的不同检测结果，以确定 PD 位置。宁波大学的童啸霄等[18]研究了电晕电流大小和紫外探测器响应的光脉冲数的关系，并通过电光传递函数定量表示两者的关系。重庆大学的张占龙等[19]采用这种方法对变压器电晕放电进行试验研究。结果表明，这种方法检测放电点位置与实际的放电点最大误差为 7.8%，可以快速定位放电位置和放电量，检测效果灵敏，适用于电力设备的在线监测，具有较好的工程化应用价值。

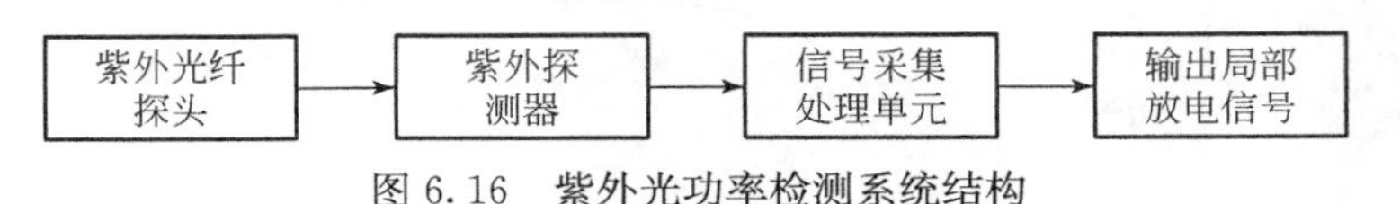

图 6.16　紫外光功率检测系统结构

2）紫外光成像检测法

紫外光成像检测技术的工作原理如图 6.17 所示。该系统由可见光和紫外光两个通道组成，PD 产生的信号源通过紫外光束分离器分为两束，其中一束经过紫外滤光镜滤掉紫外光以外的光线进入紫外光镜头，在紫外相机中形成紫外图像；另一束信号经处理后进入可见光镜头，并在可见光相机中形成可见光图像。之后采用特定的图像处理和融合方法，输出包含 PD 信号的图像，达到确定 PD 位置和强度的目的。李艳鹏等[20]已将紫外成像仪应用于 1000kV 特高压交流输电工程中变压器的 PD 检测中，检测到了外部电晕干扰，实现了对变压器 PD 试验外部干扰的快速准确定位。目前，紫外成像仪已有产品投入市场。例如，以色列 OFIL 公司生产的 Daycor Ⅱ型紫外成像仪，该设备采用日盲滤光器，实现白天检测电晕放电的目的。南非 CSIR 公司的研究人员利用紫外太阳盲区，开发出 CoroCAM 紫外电晕检测系统，该仪器的波长响应范围为 240～280nm，因而能探测出电晕产生的光波，可以用于电力变压器、输电线路等 PD 的检测。

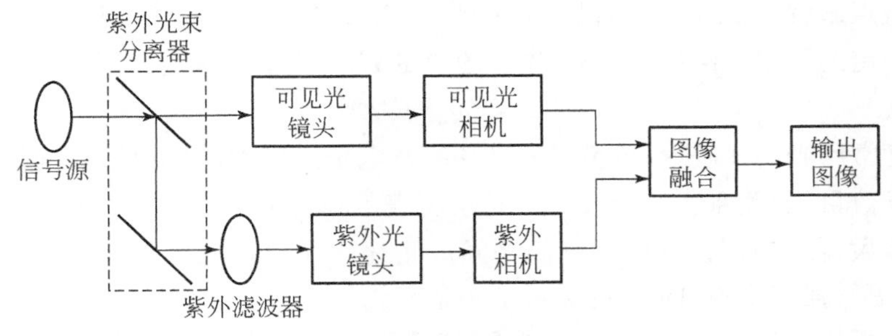

图 6.17　紫外光成像检测系统结构

2. 紫外传感器检测 PD 原理

紫外线的波长范围是 10～400nm，太阳光中也含紫外线，波长小于 280nm 的部分被称为 UV-C，几乎全部被大气中的臭氧所吸收，可以通过大气传播的紫外线中的 98%是 315～400nm 的 UV-A，2%是 280～315nm 的 UV-B，如图 6.18 所示。通过 6.2.1 节可知，高压设备在空气中 PD 产生的紫外线大部分波长在 280～400nm 内，小部分波长在 230～280nm 内[5]。利用这一段日盲区，可在处于日照情况下，选用波长相应范围小于 280nm 的紫外传感器对电气设备 PD 进行检测。

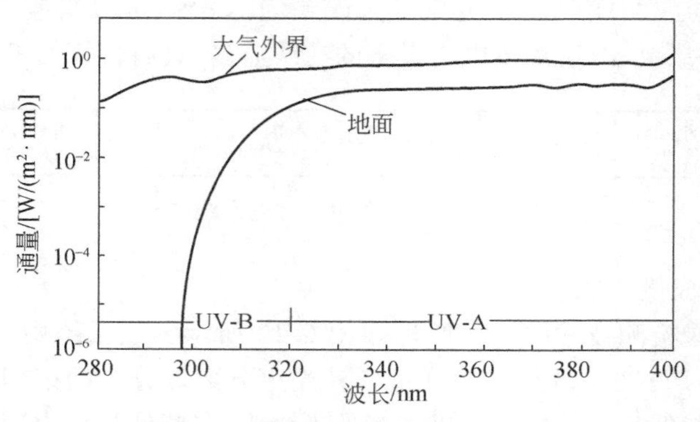

图 6.18　大气外界与地面的辐射通量

3. 紫外光子探测器的基本物理效应及性能参数

紫外光子探测器是基于光子与物质相互作用的光电效应原理的一类光辐射探测器，它们是光电子发射探测器（真空或充气光电二极管或光电倍增管）和半导体光电探测器（如光电导探测器和光生伏特探测器）。本节重点介绍光电子发射探测器。光电发射有以下特点[21]：

(1) 光电子的速度分布不服从麦克斯维分布。

(2) 光电发射的一个显著特点是光电流 i 随着光的强度 I 的增加而增加。从粒子的观点来看，光是由光子组成的光子流，光是静止质量为零，有一定能量的粒子。与一定的频率 ν 相对应，一个光子的能量 E_{p} 可由下式确定：

$$E_{\mathrm{p}}=h\nu=hc/\lambda \tag{6.2}$$

光流强度常用光功率表示，单色光的光功率与电子流量 R（单位时间内通过某一截面的光子数目）的关系为 $P=RE_{\mathrm{p}}$。光强度表示单位时间内发射的光子数量。所以光强度大，释放的电子也多，它们之间成正比。在恒定电压 U 及光频率不变的情形下，辐射强度 I 和电流 i 的关系是一条直线。

(3) 光发射有一个临界频率。为了把电子从金属表面释放出来，光子能量必须具有一个最小值，以克服电子脱离表面所需要的逸出功。

光辐射的探测器通常是先把辐射能量转换为电信号，然后利用电子技术测量电信号的强度。因此，绝大部分光辐射探测器件是光电器件。光辐射探测器的主要性能参数如下。

1）量子效率 η

量子效率 η 在数值上等于具有能量为 $h\nu$ 的一个光子在探测器中所能产生具有电量为 e 的光电子的数量，可表示为

$$\eta=\frac{Ih\nu}{ep_i} \tag{6.3}$$

式中，η 是一个无量纲的数，其最大值为1，对应于理想探测器的情况，对所有实际探测器都有 η 小于1。

2）响应度 $\mathscr{R}$

响应度 $\mathscr{R}$ 是探测器输出电信号与入射到探测器上的光辐射功率之比。更确切的定义是：在入射辐射垂直投射到探测器响应平面的情况下，探测器输出基频信号电压（开路）的均方根值或基频信号电流（短路）的均方根值与入射辐射功率的基频均方根值之比，可表示为

$$\mathscr{R}_{\mathrm{V}}=V_{\mathrm{s,rms}}/P_{\mathrm{s,rms}} \tag{6.4}$$

$$\mathscr{R}_{\mathrm{I}}=I_{\mathrm{s,rms}}/P_{\mathrm{s,rms}} \tag{6.5}$$

3）噪声等效功率 NEP

探测器的探测能力除取决于响应度外，还取决于探测器本身的噪声水平。投射到探测器响应平面上光辐射功率所产生的信号等于探测器无入射辐射时探测器本身的均方根噪声电压（或电流）时的光辐射功率，叫做探测器的最小可探测功率，也称为噪声等效功率 NEP，其表示式为

$$\mathrm{NEP_V}=\frac{P_{\mathrm{s,rms}}}{V_{\mathrm{s,rms}}/V_{\mathrm{n,rms}}} \tag{6.6}$$

$$\mathrm{NEP_I}=\frac{P_{\mathrm{s,rms}}}{I_{\mathrm{s,rms}}/I_{\mathrm{n,rms}}} \tag{6.7}$$

4）探测器的光谱响应

探测器的响应度与入射波长的依赖关系称为探测器的光谱响应。它是探测器对不同波长辐射响应能力的度量。光谱响应曲线有极大值，称为探测器的峰值响应，相应的波长位置称为探测器的截止波长或波长限，它决定了选择性光子探测器的光谱响应范围。

5）探测器的频率响应和时间常数

对于光子探测器，光生载流子的寿命限制了探测器的响应速度。探测器将入射辐射转变为电信号的弛豫时间，是探测器响应速度的度量。

4. 紫外光电管基本参数与原理及其驱动电路

PD中光辐射的波长范围比较广，但为了实现日照背景下的放电检测，本试验中选用Hamamatsu公司生产的UV TRON R2868型紫外光电管，该型号紫外光电管的波长响应范围为185～260nm，处于日盲区，可避开环境干扰。为了更好地掌握该传感器性能，采用了针-板典型模拟电晕放电对传感器进行研究[5]。

图6.19是R2868型紫外光电管实物图，其灵敏度为5000cpm(1cpm是以200nm紫外光辐射度为10pW/cm^{2}情况下测试的每分钟脉冲数)，光谱响应范围为180～260nm，工作温度范围为－20～＋60℃。

紫外光电管是一种基于光电发射原理和电子崩理论的光电转换器件[22]。图6.20显示了紫外光电管的工作原理。在传感器的阳极和光电阴极之间加上电压后，两极之间建立了电场。当紫外线穿过UV玻璃射到光电阴极时产生光电发射现象，光电子从光电阴极表面发射出去，在电场的作用下与气体分子碰撞并产生电离，导致带电粒子增加，此过程也称为α过程；电离后的电子被加速并以极大的能量继续电离其他气体分子，最终射向阳极，而气体分子电离后产生的正离子，在电场的作用下也被加速，撞向光电阴极产生更多电子，此过程称为γ过程。上述过程循环往复，在阳极和光电阴极之间就会迅速形成很大的电流并产生放电。

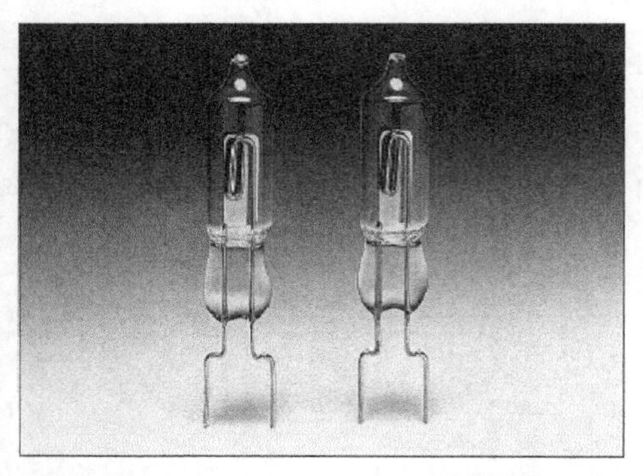
图6.19　UV TRON R2868型紫外光电管

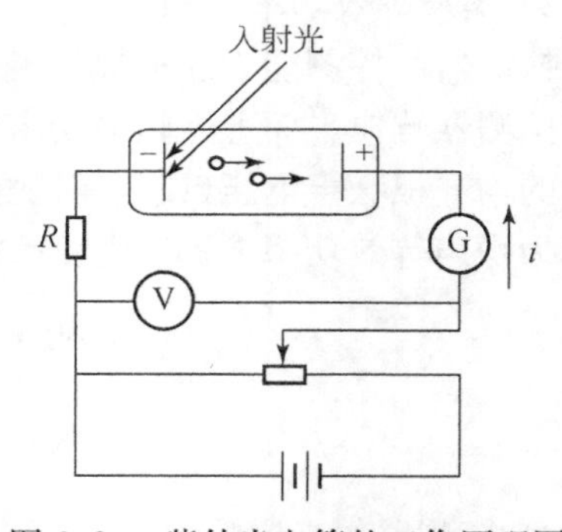

图6.20　紫外光电管的工作原理图

当紫外光经过透紫玻璃入射到光电管的阴极时，阴极光电子最大初动能与入射光的频率成正比，而与入射光强度无关：

$$E_{\max}=\frac{1}{2}m\nu_{\max}^{2}=h\nu-h\nu_0=h\nu-A \tag{6.8}$$

式中，$E_{\max}$为光电子的最大初动能；h为普朗克常量；ν_0为产生光电发射的极限频率阈值；A为材料表面的逸出功(从材料表面逸出时所需的最低能量)，单位为eV，与材料有关的常数，也称为功函数。光电子的能量也可表示为

$$E_{\max}=\frac{hc}{\lambda}-A \tag{6.9}$$

式中，c 为光速；λ 为入射光波长。

由此可知，紫外光电管的反应能力与入射光波长、阴极表面逸出功有关。由式(6.9)可知，在光电子初动能 $E_{\max}=0$ 的情况下，得出临界波长：

$$\lambda_c=\frac{hc}{A}\text{ 即 }\lambda_c=\frac{1329.8}{A}\text{nm/eV} \tag{6.10}$$

紫外光电管光谱响应特性的上限取决于阴极材料表面的逸出功 A。采用特定的紫外光电管，使仪器工作在波长 185～260nm 内，而对其他频谱不敏感，可以去除可见光源的干扰。综合考虑各种金属的化学性能、机械性能以及成本等因素，常用 W、Mo 和 Ni 等金属做紫外管阴极材料[23]。

紫外线透过管壳玻璃入射到阴极表面才能产生光电效应，因此，玻壳材料透紫性能要好，紫外管光谱响应的上限波长取决于阴极材料表面的溢出功，而下限则取决于管壳材料的截止波长。由于纯金属阴极的电子产额极低，只有 10^{-3}～10^{-5} 电子/光子，因而紫外光电管中还需充入特殊气体。紫外光电管内的气体主要要求如下：

(1) 必须为还原性气体，由于在工作过程中，管壁和电极或多或少会释放出一定氧气，这不但改变了原有的气体成分还使管子的着火特性发生改变。在还原性气体下，阴极表面可不断还原，同时也抑制了氧负离子所造成的不良影响。

(2) 满足汤生放电条件，即满足在规定的工作电压范围内的放电时非自持放电。

(3) 对电极溅散速率小，由于管子在工作过程中，离子会不断地轰击阴极，这可能使电极材料溅散到管内表面，致使紫外线透过率降低，从而降低了紫外管的灵敏度。

(4) 离子漂移速度快，去电离时间短。

Hamamatsu 公司提供的 UV TRON R2868 型紫外光电管的工作电压为 260～320V，工作电压会在这个范围是由于该传感器中两极距离较短，可看成均匀电场，根据巴申定律可知均匀电场中气体的击穿电压是电极间距离与气压乘积的函数，且随着 Pd 的变化，击穿电压将出现极小值，约为 300V，与该型号传感器的工作电压接近。

由于直流电源采用的是晶闸管整流，对检测电路存在脉冲干扰，所以采用 4 个 IN4007 二极管组成全波整流桥作为紫外光电管的驱动电路。为了使检测系统有较高的分辨能力，采用了如图 6.21 所示的电路。

交流电源通过二极管整流桥整流对电容 C_1 进行充电，当没有紫外光子打在紫外光电管的阴极上时，传感器处于截止状态，其两端电压即为 C_1 两端的电压。当紫外光子在光电管阴极激发出电子，电子在阳极和阴极间电场的作用下加速运动，激发管

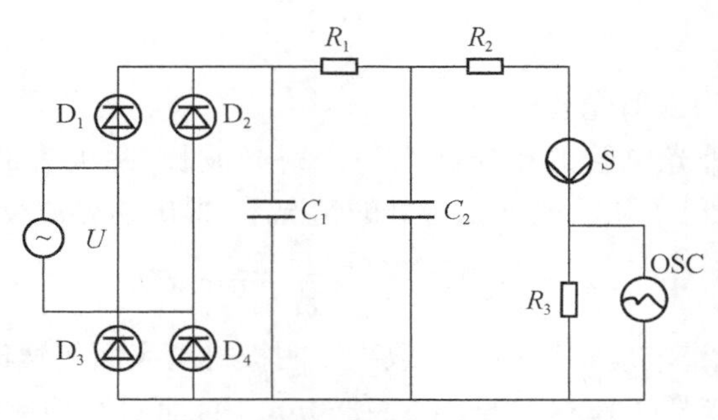

图 6.21　紫外光电管的驱动电路图

内气体电离，在极板间产生电子崩。电子崩到达阳极，传感器导通，脉冲电流流过由C_2、R_2、R_3和传感器组成的回路。脉冲电流流过R_3时在其两端产生脉冲电压。

在图 6.21 中，C_1采用的电容量较大，目的是减小输出电压的纹波。电路的放电时间为$\tau \approx 0.5R_1C$，C为探头的电容。电路中，R_1为限流电阻，U为 220V 交流电源。

5. 紫外光传感器的 PD 检测

交流电压下的电晕放电试验电路如图 6.22 所示[5]。图中单相调压器 T_1 的型号为 KZT-5/0.25；试验变压器 T 的型号为 YDW-5/50；保护电阻 R 为 7kΩ，50kV；电容 C 为 1000pF，60kV；AC 为 220V 交流电源。示波器 S 为 Tektronix 公司的 TDS5052B。

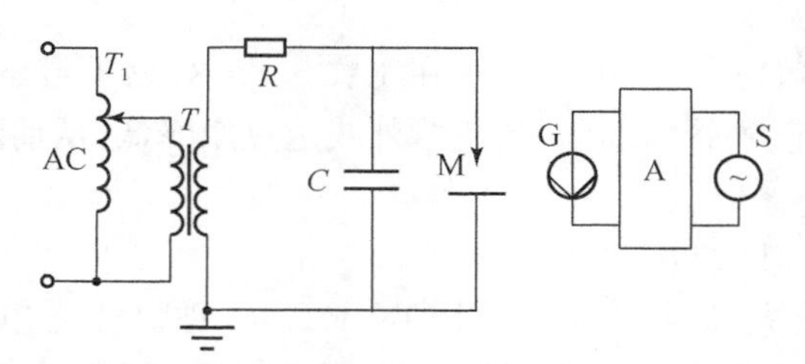

图 6.22　交流电压下的电晕放电试验电路

T_1-调压台；T-单相变压器；R-保护电阻；C-电容器；M-针板电极模型；
G-紫外光敏管；A-紫外光电管驱动和检测电路；S-示波器

由于试验在高强度电场环境下进行，强交变电场和放电产生的电磁波会通过驱动电路的连线耦合进入测试回路，产生干扰，故在测试时，必须对驱动电路进行必要的屏蔽。试验过程中，将驱动电路板置于 15cm×12cm×6cm 钢板制成的屏蔽盒中。紫外传感器输出的放电信号呈脉冲状，单个典型紫外脉冲信号如图 6.23(a)所示。该脉冲的宽度大约为 6μs，幅值约为 1V，均由放电回路参数决定。连续紫外脉冲信号如图 6.23(b)所示。

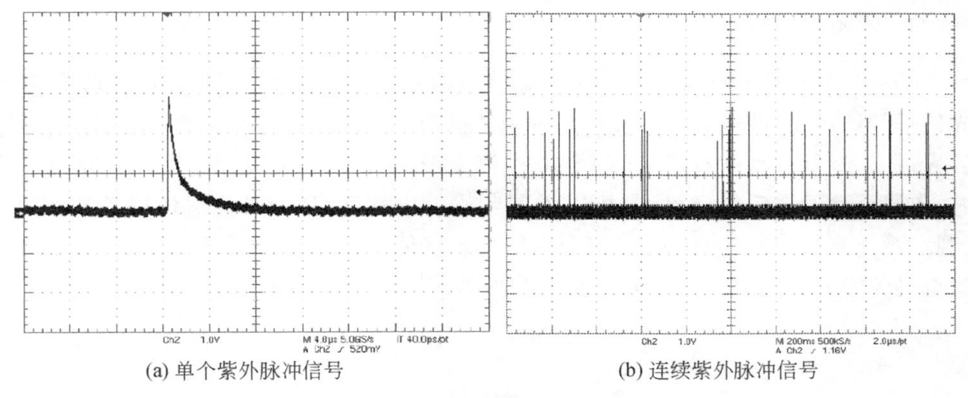

(a) 单个紫外脉冲信号　　(b) 连续紫外脉冲信号

图 6.23 交流电压下的电晕放电紫外脉冲信号

6.3.2 光纤传感技术

光纤传感技术利用光纤作为传感器接收电气设备发生 PD 时产生的光辐射，并通过检测光辐射强度判断电气设备的绝缘状况。光纤传感器布置方式灵活并且可以伸入电气设备内部检测其内部产生的光辐射等优点，使光测法在检测电气设备(变压器、GIS)内部缺陷引发的 PD 时有独特的优势并成为该领域的研究热点[24]。光纤传感技术用于检测 PD 的特点如下：

(1) 抗电磁干扰能力强。电气设备的现场运行环境存在复杂空间干扰电磁场，传统电测法在现场检测 PD 时受各种空间电磁场的干扰比较严重，然而空间电磁场并不会影响光信号在光纤中的传输。

(2) 光纤导光性能好，光损耗低。光纤的这一特点可以减少光信号在传输过程中的能量损耗，提高光测法的灵敏度。

(3) 绝缘性能好。光纤是绝缘材料，绝缘性能良好，利用它来检测高压电气设备 PD，可以安装在设备内部，并不会改变设备内部的电场分布，而且光纤可以灵活安装于不同电气设备的不同位置，使用起来既方便又安全。

(4) 柔软性良好，适宜弯曲。光纤的布置形式可以随着检测对象的改变而灵活安装。

(5) 耐腐蚀性强。由于光纤耐腐蚀性好，因此即使安装在恶劣的环境(油浸式变压器、GIS)中也不会损坏，可以保证检测的稳定性。

目前，光纤传感器按照接收光信号原理可划分为普通石英光纤和荧光光纤两种。普通石英光纤存在数值孔径角，只有在数值孔径角以内的光信号才能被光纤吸收，运用普通石英光纤作为传感器的光测法检测系统灵敏度不高，这就使运用普通石英光纤传感技术检测 PD 产生的光信号受到了很大限制。因此，本节将着重对荧光光纤传感器及其检测系统进行介绍。

1. 荧光产生机理

荧光光纤接收和传播光信号原理示意图如图 6.24 所示。荧光光纤接收和传播光信号的原理是:荧光光纤外包层是透明的且光纤纤芯内部含有大量荧光分子,当外界光进入光纤中时,所有荧光分子都将受激发形成荧光,只要荧光的发射方向满足纤芯-包层界面的全反射条件,就可以沿着荧光射出端面,从而被光电传感器检测[24]。因此,荧光光纤接收的光等于所有具有轴向传输能力的荧光分子所激发的荧光总和,这也是荧光光纤检测光信号灵敏度高于普通石英光纤的原因。

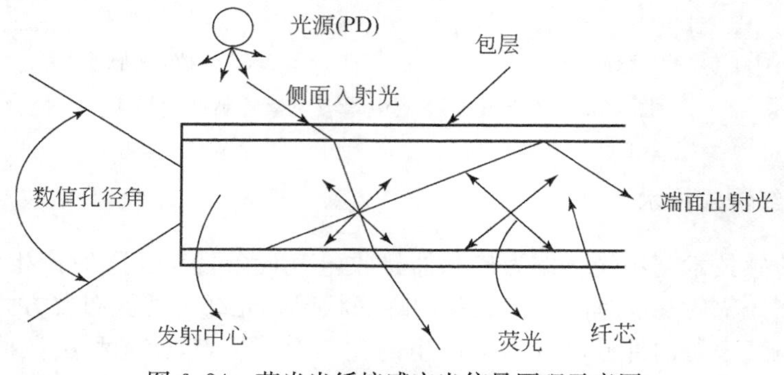

图 6.24　荧光光纤接感应光信号原理示意图

2. 荧光光纤传感器检测 PD 原理

荧光检测技术始于 20 世纪 90 年代,国内外相继开展了广泛的研究[25]。荧光检测系统主要由感应微光信号的荧光光纤探头、传输荧光信号的普通光纤、转换荧光信号的光电探测器以及采集处理单元构成,其结构如图 6.25 所示。荧光光纤的纤芯中掺有一定浓度的荧光物质,且荧光光纤是透明的,这样就不受数值孔径角的影响,能够接收来自各个方向的设备内部微弱的 PD 光信号。当电力设备发生 PD 并辐射出光信号时,荧光物质就能够选择性吸收特定波段的微弱光信号,吸收光的荧光分子的电子就会由基态跃迁到激发态,而激发态不稳定,其会返回基态同时发出荧光,满足纤芯-包层界面全反射条件的荧光就会沿着该光纤传输并传给光电探测器,光电探测器将荧光信号转换为电信号,并经过后续电路的放大处理,就能得到包含 PD 信息的数字信号[4]。

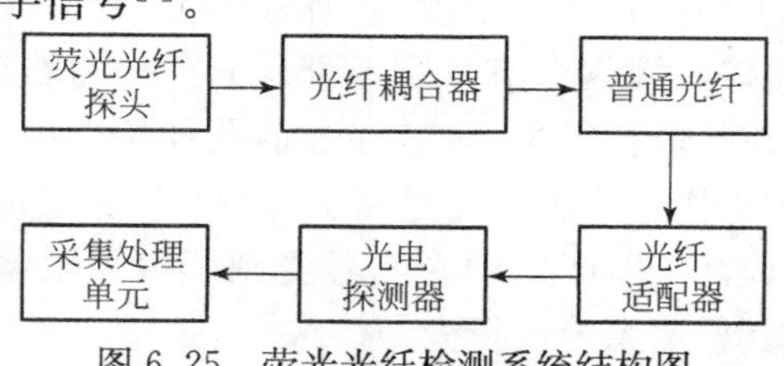

图 6.25　荧光光纤检测系统结构图

日本三菱电气公司的 Katsuoshi 在 1989 年首次利用荧光光纤传感器研制了一套光测法检测系统,并利用该检测系统成功检测出模拟 GIS 装置内部 PD[25]。该荧光光纤由掺钐(Sm^{3+})的 Na_2O-CaO-5SiO_2玻璃制成,光纤吸收光谱峰值约在 400nm,发射光谱峰值约在 650nm。法国学者 Mangeret 等于 1991 年分别采用五种具有不同特性的荧光光纤传感器构成了一套光测法检测系统,并采用该检测系统对同一针-板缺陷模型下 PD 释放的光信号进行了检测。对比研究结果表明:灵敏度最高的检测系统可以检测到试验电压为 5kV,平均电流为 2μA 下的 PD 信号[26]。同时,法国学者 Beroul 等利用荧光光纤传感器构成的光测法检测系统检测 GIS 装置中针-板缺陷引发的 PD 信号,并与脉冲电流法进行了对比研究。对比结果表明,此方法比脉冲电流法的灵敏度更高,而且不会影响原有 GIS 的工作方式[27]。在国内主要有清华大学、西安交通大学、重庆大学等高校对利用荧光光纤检测技术检测 PD 进行了研究。清华大学的魏念荣等[28]设计了三种不同的荧光光纤传感器构成的光测法检测系统对高压电机中的 PD 进行了研究。

3. 荧光光纤传感器系统的参数选择与设计

荧光光纤传感器系统示意图如图 6.26 所示,它主要包括光传感器单元、光传输单元、光电转换单元、电源模块以及电信号传输与采集单元五个部分[3]。

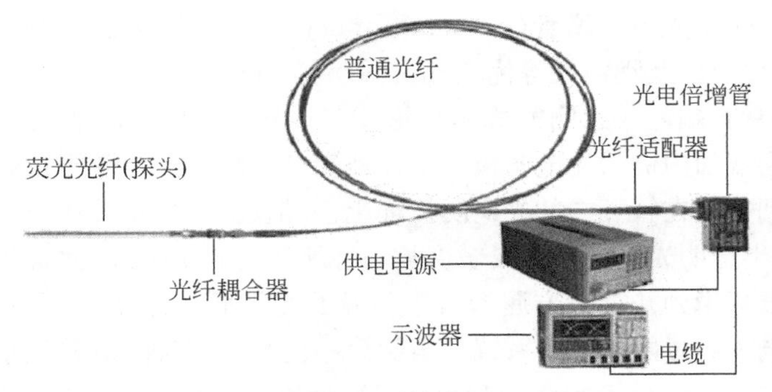

图 6.26 荧光光纤传感系统示意图

1) 光传感器单元

为了方便将荧光光纤传感器安装在电气设备内部并保证其能够长期保持工作有效性,适用于电气设备内部 PD 检测的荧光光纤传感器需要具有良好的绝缘性、抗腐蚀性与柔软性。本节使用的荧光光纤传感系统的传感器单元采用塑料材质的荧光光纤传感器。与石英光纤相比,塑料材质的荧光光纤传感器具有以下优点:

(1) 塑料光纤传输光效率高。

(2) 塑料光纤性能稳定,不易与 SF_6 及其分解物发生反应,柔韧性良好,适合弯曲,能方便安装于 GIS 内部。

将聚甲基丙烯酸甲酯、聚苯乙烯分别作为荧光光纤传感器的包层和纤芯材料。荧光光纤传感器的主要特性参数如表 6.3 所示。

表 6.3　荧光光纤传感器的特性参数

名称	具体参数	名称	具体参数
激发光谱	300～500nm	直径	1.0mm
发射光谱	492～577nm	长度	1.0m
荧光量子产率	0.7	工作温度	－40～＋70℃

2）光传输单元

从荧光光纤传感器感应光信号到光电探测器进行光电转换，荧光光信号需要经一定的距离传输。为了提高检测系统的灵敏度，采用聚苯乙烯、聚甲基丙烯酸甲酯的普通塑料光纤作为传输荧光信号的介质、光信号的传输单元。由于塑料光纤的透光率高，为了解决传输光纤受自然光干扰的问题，在传输塑料光纤外面包裹一个护套，并采用光纤连接器对荧光光纤传感器与传输塑料光纤进行连接。

3）光电转换单元

由光传感器和光传输单元得到的 PD 光信号，是经过光电探测器将光信号转换为电信号输出，然后进行处理与分析，因此，光电探测器是荧光光纤传感系统中的核心器件。采用光电倍增管（photomultiplier，PMT）作为光电探测器，具有灵敏度高、响应速度快以及噪声低等优点，适合检测荧光信号。

PMT 通常有端窗式和侧窗式两种形式。端窗式 PMT 倍增极的光通过管壳的端面入射到端面内侧的光电阴极面上。侧窗式 PMT 倍增极的光通过玻璃管壳的侧面入射到安装在管壳内的光电阴极面上。端窗式 PMT 通常采用半透明材料的光电阴极，半透明光电阴极的灵敏度均匀性比反射式阴极好，而且阴极面可以做成从几十平方毫米到几百平方厘米大小各异的光敏面。另外，球面形状的阴极面所发射出的电子经过电子光学系统汇聚到第一倍增极的时间散差最小，因此，光电子能有效地被第一倍增极收集。侧窗式 PMT 的阴极是独立的且为反射型，光子入射到光电阴极面上产生的光电子在聚焦电场的作用下汇聚到第一倍增极，因此它的收集效率接近 1。按照倍增极结构可将 PMT 分为聚焦型与非聚焦型两种。非聚焦型 PMT 有百叶窗型和盒栅式两种，聚焦型有瓦片静电聚焦型和圆形鼠笼式两种结构。

（1）PMT 的基本结构与原理。

PMT 主要由五部分组成，它们分别是光入射窗、光电阴极、电子光学系统、二次发射倍增系统以及阳极[29-32]。PMT 的工作原理如图 6.27 所示。当高于光电发射阈值的光子入射到光电阴极面 K 上时，光电阴极就将可以产生光电子。产生的光电子在电场作用下加速，经电子限束器电极 F 汇聚到第一倍增极 D_1 上，并与第

一倍增极 D_1 发生碰撞产生二次电子。在第一倍增极上产生的二次电子，经电场加速并高速运动到第二倍增极，并与第二倍增极 D_2 发生碰撞产生二次电子。依次类推，经过 n 级倍增极后，电子数量大增，产生的所有电子经过阳极形成阳极电流 I_a，I_a 将在负载电阻 R_L 上产生压降，从而形成输出电压 U_o。

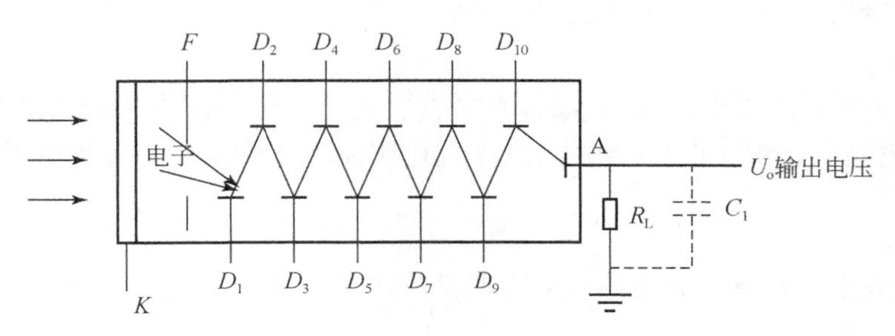

图 6.27　PMT 的工作原理

(2) PMT 的主要表征参数。

① 灵敏度。

灵敏度是衡量 PMT 质量的重要参数，它反映光电阴极材料对入射光的敏感程度和倍增极的倍增特性。PMT 的灵敏度通常分为阴极灵敏度与阳极灵敏度，其性质主要取决于光电阴极材料的性质，有时还需要标出阴极的蓝光、红光或红外灵敏度。红光灵敏度往往采用红光灵敏度与白光灵敏度之比来表示。实际使用时，更希望知道 PMT 的阳极灵敏度，将 PMT 阳极电流 I_a 与入射光谱辐通量 $\Phi_{e,\lambda}$ 之比称为阳极的光谱灵敏度，即

$$S_{k,\lambda}=\frac{I_a}{\Phi_{e,\lambda}} \tag{6.11}$$

其量纲为 μA/W。

与灵敏度有关的一个参数称为放大倍数或内增益。

② 电流放大倍数(内增益)。

电流放大倍数表征 PMT 的内增益特性，它不但与倍增极材料的二次电子发射系数 δ 有关，而且与 PMT 的级数 N 有关。理想 PMT 的增益 G 与电子发射系数的关系为

$$G=\delta^N \tag{6.12}$$

若考虑光电阴极发射出的电子被第一倍增极所收集，其收集系数为 η_1，且每个倍增极都存在收集系数 η_i，则式(6.12)修正为

$$G=\eta_1\ (\eta_i\delta)^N \tag{6.13}$$

对于非聚焦型 PMT，η_1 近似为 90%，η_i 要高于 η_1，但小于 1；对于聚焦型 PMT，尤其是在阴极与第一倍增极之间具有电子限束电极 F 的倍增管，其 $\eta_i\approx\eta_1\approx1$，因此基本可用式(6.12)计算增益 G。

倍增极的二次电子发射系数可用经验公式计算。当电源电压确定后,PMT 的电流放大倍数可以从定义出发,通过测量阳极电流 I_a 与阴极电流 I_k 确定,即

$$G=\frac{I_a}{I_k}=\frac{S_a}{S_k} \tag{6.14}$$

式(6.14)给出了增益与灵敏度之间的关系。

③ 量子效率。

在单色辐射作用于光电阴极时,光电发射阴极单位时间发射出去的光电子数 $N_{e,\lambda}$ 与入射光子数 $N_{p,\lambda}$ 的光子数之比称为光电阴极的量子效率 η_λ(或称量子产额),即

$$\eta_\lambda=\frac{N_{e,\lambda}}{N_{p,\lambda}} \tag{6.15}$$

量子效率和光谱灵敏度是一个物理量的两种表示方法,它们之间存在着一定的关系:

$$\eta_\lambda=\frac{I_k/q}{\Phi_{e,\lambda}/h\nu}=\frac{S_{e,\lambda}hc}{\lambda q}=\frac{1240S_{e,\lambda}}{\lambda} \tag{6.16}$$

式中,波长 λ 的度量单位为 nm。

④ 光谱响应。

PMT 的光谱灵敏度或者量子效率与入射辐射波长之间的关系曲线称为光谱响应曲线。PMT 的量子效率、光谱响应这两个参数主要取决于光电阴极材料,而在光谱分析中,要求在有效波段处所选传感器应有最佳的光谱响应。因此需要注意选择合适的光电阴极材料的 PMT 作为光谱检测的光电传感器。

⑤ 暗电流。

PMT 在无辐射作用下的阳极输出电流称为暗电流,记为 I_D。正常情况下,PMT 的暗电流范围一般为 $10^{-16}\sim10^{-10}$ A,但影响 PMT 暗电流的因素很多,而暗电流增大可导致 PMT 无法正常工作。

影响 PMT 暗电流的主要因素有欧姆漏电、热发射电、残余气体放电、场致发射暗电流等。欧姆漏电主要指 PMT 的电极之间玻璃漏电、管座漏电和灰尘漏电等。欧姆漏电通常比较稳定,对噪声的贡献小,在低电压工作时,欧姆漏电成为暗电流的主要部分;由于光电阴极材料的光电发射阈值较低,容易产生热电子发射,即使在室温下也会有一定的热电子发射,并被电子倍增系统倍增,这种热发射暗电流对低频率弱辐射光信息的探测影响严重,在 PMT 正常工作状态下,它是暗电流的主要成分。PMT 中高速运动的电子会使管中的残余气体电离并产生正离子和光子,而且它们也将被倍增,并形成暗电流,这种效应在工作电压高时更加严重,甚至会使倍增管工作不稳定。PMT 在工作电压较高时,导致因管内电极尖端或棱角的场强太高而产生的场致发射也可能产生暗电流。虽然电源电压的增高将使倍增管的增益增高,而且信号电流也随之增大,非常有利于对弱信号的检测,但是过分追求高增益而使 PMT 的极间电压或电源电压过高,容易损伤 PMT。

⑥ 噪声。

PMT 的噪声主要由散粒噪声和负载电阻的热噪声组成。负载电阻的热噪声为

$$I_{\mathrm{na}}^2=\frac{4kT\Delta f}{R_{\mathrm{a}}} \tag{6.17}$$

散粒噪声 I_{sh}^2 主要是由阴极暗电流 I_{dk}、背景辐射电流 I_{bk} 及信号电流 I_{sk} 的散粒效应引起的。阴极散粒噪声电流为

$$I_{\mathrm{nk}}^2=2qI_{\mathrm{k}}\Delta f=2q\Delta f(I_{\mathrm{sk}}+I_{\mathrm{bk}}+I_{\mathrm{dk}}) \tag{6.18}$$

这个散粒噪声电流将被逐级放大，并在每一级都产生自身的散粒噪声。为了简化问题，设各倍增极的发射系数都等于 δ（各倍增极的电压相等时发射系数相差很小），则倍增管末级倍增极输出的散粒噪声电流可近似认为是

$$I_{\mathrm{nD}n}^2=I_{\mathrm{nk}}^2\delta_1\delta_2\delta_3\cdots\delta_n(1+\delta_n+\delta_n\delta_{n-1}+\cdots+\delta_n\delta_{n-1}\cdots\delta_1) \tag{6.19}$$

为了简化问题，设定各倍增极的发射系数都等于 δ（各倍增极的电压相等时发射系数相差很小），则倍增管末级倍增极输出的散粒噪声电流为

$$I_{\mathrm{nD}n}^2=2qI_{\mathrm{k}}G^2\frac{\delta}{\delta-1}\Delta f \tag{6.20}$$

则总噪声电流为

$$I_{\mathrm{n}}^2=\frac{4kT\Delta f}{R_{\mathrm{a}}}+2qI_{\mathrm{k}}G^2\Delta f \tag{6.21}$$

由于出厂的 PMT 的负载电阻热噪声皆远小于散粒噪声，因此在实际应用中一般只需要考虑 PMT 的散粒噪声。

⑦ 伏安特性[17]。

当入射到 PMT 阴极面上的光通量一定时，阴极电流 I_{k} 与阴极和第一倍增极之间电压（简称为阴极电压 U_{k}）的关系曲线称为阴极伏安特性。图 6.28 为不同光通量下测得的阴极伏安特性曲线。从图中可见，当阴极电压较小时，阴极电流 I_{k} 随 U_{k} 的增大而增加，直到 U_{k} 大于一定值（几十伏特）后，阴极电流 I_{k} 才趋向饱和，且与入射光通量 Φ 呈线性关系。

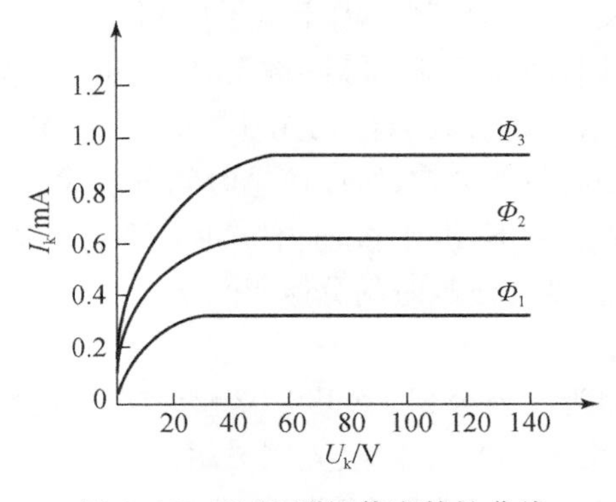

图 6.28　PMT 阴极伏安特性曲线

⑧ 线性。

PMT 的线性一般由它的阳极伏安特性表示，它是光电测量系统中的一个重要指标。线性度好坏与否，直接影响到信号测量的准确性。线性不仅与 PMT 的内部结构有关，还与供电电路及信号输出电路等因素有关。

造成非线性的原因可分为内因和外因两类。内因包括空间电荷、光电阴极的电阻率、聚焦或收集效率等的变化。外因包括 PMT 输出信号电流在负载电阻上的压降以及对末级倍增极电压产生的负反馈和电压的再分配等。内因和外因都可能破坏输出信号的线性度。

⑨ 疲劳与衰老。

光电阴极材料和倍增极材料中一般都含有铯金属。当电子束较强时，电子束的碰撞会使倍增极和阴极板温度升高，铯金属蒸发，影响阴极和倍增极的电子发射能力，使灵敏度下降，甚至使 PMT 的灵敏度完全丧失。因此，在选择 PMT 时，需注意 PMT 输出电流的极限值 I_{am}，使用时，最大光通量产生的输出电流不应超过其最大极限值。

在较强辐射作用下，倍增管灵敏度下降的现象称为疲劳。这是暂时现象，待管子避光放置一段时间后，灵敏度将会部分或全部恢复过来。当然，过度的疲劳也可能造成永久损坏。PMT 在正常使用的情况下，随着工作时间的积累，灵敏度也会逐渐下降，且不能恢复，将这种现象称为衰老，这是真空器件特有的正常现象。

⑩ 时间特性。

描述 PMT 的时间特性有三个参数，即响应时间、渡越时间和渡越时间分散(散差)。由于 PMT 响应速度很高，所以时间特性的参数是在极窄脉冲如 δ 函数光脉冲作用于光电阴极时测得的。用 δ 函数光脉冲照射 PMT 全阴极时，由于光阴极中心和周边位置所发射的光电子飞渡到倍增极所经时间不同，造成阳极电流脉冲的展宽，展宽程度与倍增管的结构有关。阳极电流脉冲幅度从最大值的 10%上升到 90%所经过的时间定义为响应时间。从 δ 函数光脉冲的顶点到阳极电流输出最大值所经历的时间定义为渡越时间。由于电子的初速度不同，电子透镜场分布不一样，电子走过的路不同，在重复 δ 光脉冲输入时，渡越时间每次略有不同，有一定起伏，称为渡越时间分散(散差)。当输入光脉冲时间间隔很小时，渡越时间分散，将使管子输出脉冲重叠而不能分辨，所以渡越时间分散代表时间分辨率。通常，光电阴极在重复 δ 光脉冲照射下，取阳极输出脉冲上的某一特定点的出现时间做出时间谱，取其曲线的半宽度为渡越时间分散[33]。

(3) PMT 的选择。

采用的光电探测器为滨松公司 H9656-02 型 PMT，其光谱响应范围为 300～880nm，峰值灵敏度波长为 500nm，阴极光照灵敏度为 250μA/m，阳极光照灵敏度为 1.25×10^7V/m。H9656-02 型 PMT 为端窗型，多碱光电阴极，阴极材料为硼硅酸盐玻璃，工作环境温度为＋5～＋45℃，重量为 90g。

4）电源模块

由于工作电压的波动会影响 PMT 的工作性能，因此要求 PMT 工作电源具有非常稳定的输出电压。所使用的线性电源为苏州茂迪公司生产的 LPS305。该电源纹波峰值为 $10\mathrm{mV_{p\text{-}p}}$，噪声有效值为 $1.5\mathrm{mV_{rms}}$，满足 PMT 对工作电压的要求。

5）电信号传输与采集单元

PMT 输出的电压信号经过 50Ω 的同轴电缆与示波器（Tektronix DPO7104）相连，进行信号的采集、显示、存储以及分析。

4. 荧光光纤传感器的 PD 检测

变压器 PD 检测试验平台如图 6.29 所示[10]，主要包括：高压发生装置、针-板放电模型以及 PD 检测系统。其中，T_1 为电动调压器（型号为 TEDGC-25），T_2 为无晕试验变压器（型号为 YDTW-25kVA/100kV），R 为 20kΩ 的保护电阻，C_1、C_2 为分压电容器。针-板放电模型置于模拟的变压器箱体中央，箱体的底面直径为 260mm，高为 270mm。屏蔽室的尺寸为 3m×2.4m×2m。为了有效避免外界光线及电磁辐射对试验的干扰，整个装置置于金属避光屏蔽室内。该检测系统同时引入工频试验电压信号作为发生 PD 的相位参考。

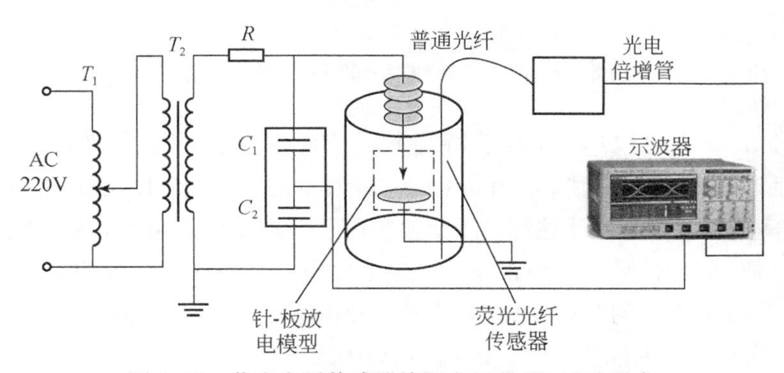

图 6.29　荧光光纤传感器检测变压器 PD 试验平台

1）单次放电时域波形对比

在试验中，除了采用荧光光纤传感器检测 PD 信号，还利用特高频天线对 PD 信号进行同步采集，对比分析两者的特点。在试验电压为 15.0kV 下，特高频天线和荧光光纤传感器检测变压器油（25 号）的 PD 单次脉冲信号，如图 6.30 所示。为了深入分析光脉冲信号的特性，本节定义了必要的波形特征参数。定义 T_1 为 PD 脉冲时间，它是指脉冲相对幅值大小为 5%的时间区间。定义 T_2 为 PD 衰减时间，对于衰减极快的特高频 PD 信号，T_2 近似为 0。对于荧光光纤信号而言，当外界微光信号停止照射探头后，由于荧光物质中处于激发态的电子按固有的指数形式衰减，因此荧光信号不会立即消失，T_2为沿脉冲衰减方向的相对5%～100%幅值的时间区间，它的大小代表荧光物质的吸收光衰减特性。定义T_3为PD信号持续时间，即$T_3=T_1-T_2$。

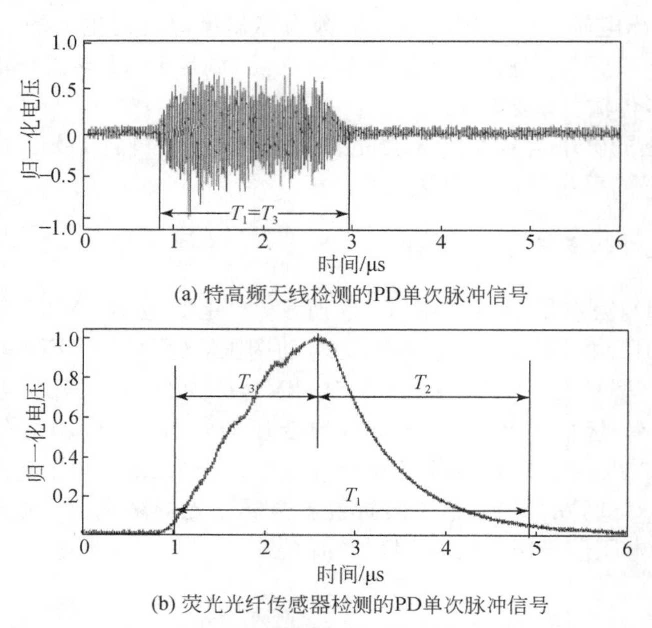

图6.30　两种传感器检测的PD单次脉冲信号

从图6.30中可以得出，对于特高频的PD单次脉冲信号来说，$T_1=T_3=1.92\mu s$；而对于光测法来说，T_1为$3.99\mu s$，T_2为$2.21\mu s$，T_3为$1.78\mu s$。比较图6.30(a)和(b)可知，特高频天线检测的PD脉冲信号呈现正负双极性，而荧光光纤传感器检测的PD脉冲信号仅呈现正极性。这是因为特高频天线感应的电磁信号反映的是PD过程电磁场的交替变化，而荧光光纤传感器所得光信号反映了PD引起局部电离与复合过程的能量变化。因此，光测法测得的信号只能是单极性，且说明无论为正极性电晕还是负极性电晕，都会引发光电效应。

2）工频周期下的PD脉冲对比

当试验电压为15.0kV时，利用特高频法与光测法同步采集了工频周期下PD的脉冲信号波形，如图6.31所示。比较图6.31(a)和(b)可知，在工频周期下利用特高频法和光测法同步采集的PD信号中，无论是检测PD脉冲产生的个数还是PD发生的相位，两者都呈现出了良好的对应关系，但两者的幅值大小并不存在相关性，这是因为特高频法检测的信号主要反映电磁脉冲幅值的高低；光电法检测的信号除了反映电磁幅值的高低外，还能反映出引起光电效应的电磁能量大小，其能量大小主要由PD脉冲陡度决定，陡度越陡，能量越大，即光电法检测到的高幅值不一定具有高能量。

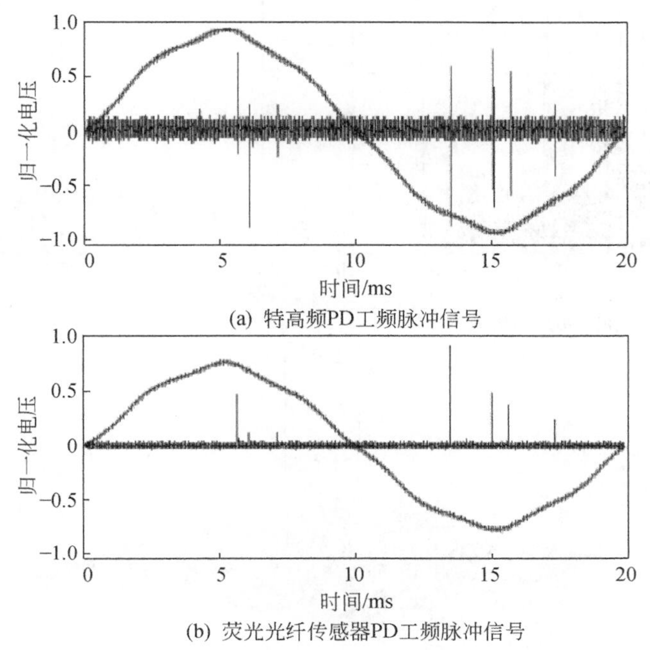

图 6.31　两种传感器检测的 PD 工频脉冲信号

3）PD 光脉冲的谱图分析

为了更加全面地分析变压器油中针-板电晕放电的特性与趋势，在试验电压为 15.0kV 下，共采集了 250 组连续、完整的 PD 光脉冲序列，将工频 360°相位区间分成许多子区间，利用编制的 MATLAB 程序进行统计，得到了变压器油中针-板电晕放电正负半周的 n-u 二维谱图、n-φ 二维谱图、n-u-φ 三维谱图，如图 6.32 和图 6.33 所示，其中 n 表示完整的 PD 脉冲个数，u 表示 PD 脉冲的幅值，φ 表示 PD 脉冲的相位。

正负半周的 PD 光脉冲个数与幅值二维谱图分布（即 n-u 二维谱图）如图 6.32(a)和图 6.33(a)所示。由图可知，随着 PD 脉冲幅值的升高，正半周的 PD 脉冲个数呈现随机分布的趋势；负半周的 PD 脉冲个数呈现逐渐减少的趋势。

正负半周的 PD 光脉冲个数与相位二维谱图分布（即 n-φ 二维谱图）如图 6.32(b)和图 6.33(b)所示。由图可知，正半周的 PD 脉冲相位在 40°～130°内，呈现单峰值对称分布，相位在 90°附近时 PD 脉冲个数较多；负半周的 PD 脉冲相位在 230°～300°内，呈现单峰值对称分布，相位在 270°附近时 PD 脉冲个数最多。

正负半周的 n-u-φ 三维谱图，如图 6.32(c)和图 6.33(c)所示。由图可知，在 PD 光脉冲幅值上，正半周明显大于负半周；在 PD 光脉冲个数上，负半周明显大于

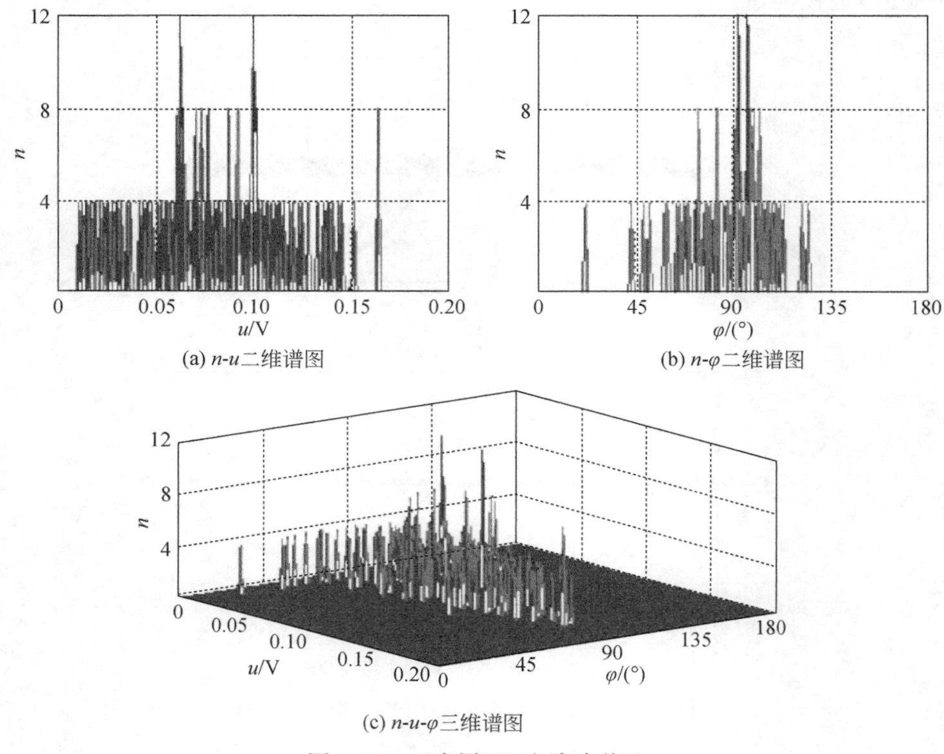

图 6.32 正半周 PD 光脉冲谱图

正半周。

综上所述，无论是正极性电晕放电还是负极性电晕放电，PD 光脉冲个数较多时集中在工频周期的正负半周电压峰值附近。

6.3.3 红外检测技术

1. 红外检测 PD 故障基本原理

红外检测也被应用于电力变压器局部放电的检测[34]。红外检测是基于局部放电点的温度升高，利用红外探测仪的热成像原理实现热点测量。在电力系统的各种电气设备中，导流回路部分存在大量接头、触头或连接件，如果由于某种原因引起导流回路连接故障，就会引起接触电阻增大，当负荷电流通过时，必然导致局部过热。如果电气设备的绝缘部分出现性能劣化或绝缘故障，将会引起绝缘介质损耗增大，在运行电压作用下也会出现过热；具有磁回路的电气设备，由于磁回路漏磁、磁饱和或铁心片间绝缘局部短路造成铁损增大，会引起局部环流或涡流发热；还有些电气设备(如避雷器和交流输电线路绝缘瓷瓶)，因故障而改变电压分布

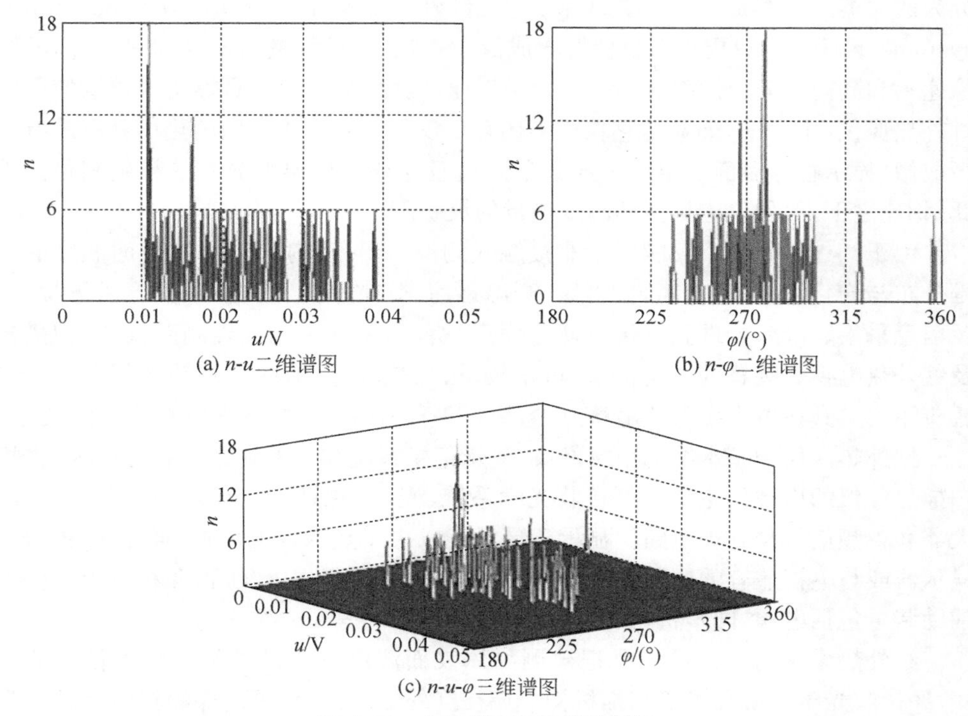

图 6.33　负半周 PD 光脉冲谱图

状况或增大泄漏电流，同样会导致设备运行中出现温度分布异常。总之，许多电力设备故障往往都以设备相关部位的温度或热状态变化为征兆表现出来。

任何事物都会发射人眼看不见的红外辐射能，而且物体的温度越高，发射的红外辐射能量越强。因此，既然电力设备故障绝大多数都以局部或整体过热或温度分布异常为征兆，那么，只要运用适当的红外仪器检测电力设备运行中发射的红外辐射能量，并转换成相应的电信号，再经过专门的电信号处理系统处理，就可以获得电力设备表面的温度分布状态及其包含的设备运行状态信息。这就是电力设备运行状态红外监测的基本原理。由于电力设备不同性质、不同部位和严重程度不同的故障，在设备表面不仅会产生不同的温升值，而且会有不同的空间分布特征，所以分析处理红外监测到的上述设备运行状态信息，就能够对设备中潜伏的故障或事故隐患属性、具体位置和严重程度做出定量的判定，这就是电力设备故障红外诊断的基本原理。

2. 红外热像仪工作原理

通常，把利用光学-精密机械的适当运动，完成对目标的二维扫描并摄取目标红外辐射而成像的装置称为光机扫描式红外热成像系统[34]。这种系统大体上可分为两大类。一类是用于军事目标成像的红外前视系统(forward looking infrared systems,FLIRS),只要求对目标清晰成像,不需要定量测量温度,因此强调高的取像速率和高的空间分辨率。另一类则是工业、医疗、交通和科研等民用领域使用的红外热像仪(thermovision),它在很多场合不仅要求对物体表面的热场分布进行清晰成像(显示物体表面的温度分布细节),而且还要给出温度分布的精确测量。因此,相比之下,热像仪应更强调温度测量的灵敏度。

由于红外热像仪不仅能用于非接触式测温,还可实时显示物体表面温度的二维分布与变化情况,又有稳定、可靠、测温迅速、分辨率高、直观、不受电磁干扰,以及信息采集、存储、处理和分析方便等优点,所以,尽管它比红外测温仪、行扫描器及红外热电视等装置的结构复杂、价格较贵、功耗较大,但在许多领域都得到了广泛应用。尤其在电力设备故障检测中,更是一种有效的基本手段和精密诊断仪器。

红外热像仪的基本结构由摄像头、显示记录系统和外围辅助装置等组成,光机扫描热像仪的摄像头主要包括接收光学系统、光机扫描机构、红外探测器、前置放大器和视频信号预处理电路。显示记录系统取决于热像仪的用途,通常采用 CRT 显示器或与电视兼容的监视器;记录装置可以用普通照相机、快拍照相机等。外围辅助装置包括电源、同步机构、图像处理与分析系统等。

红外热像仪的工作过程是把被测物体表面温度分布借助红外辐射信号的形式,经接收光学系统和光机扫描机构成像在红外探测器上,再由探测器将其转换为视频电信号。这个微弱的视频电信号经前置放大器和进一步放大处理后,送至终端显示器,显示出被测物体表面温度分布的热图像。应该指出,热像仪能够显示出物体热图像的原因,关键在于首先要把物体按一定规律进行分割,即把要观测的景物空间按水平和垂直两个方向分割成若干个小的空间单元,接收系统依次扫过各空间单元,并将各空间单元的信号组合成整个景物空间的图像。因此,在此过程中探测器在任一瞬间实际上只接收某一个景物空间单元的辐射。扫描机构依次使接收系统对景物空间进行二维扫描。于是,接收系统按时间先后依次接收二维空间中各景物单元的信息,该信息经放大处理后变成一维时序信号,该信号再与同步机构送来的同步信号合成后送到显示器,显示出完整的景物热图像。

3. 红外热像仪的测温方法

使用红外热像仪测量物体表面温度的方法,就是利用热像仪摄取的物体热图像灰度(或假彩色)进行测温的不同红外热像方法。但是,红外热像仪测量物体温度绝对值的具体操作也不相同,大体上可分为三种:模拟量测温方法、智能化测温方法和软件化测温方法。

1) 模拟量测温方法

较早期的红外热像仪,多数利用热像仪输出的视频模拟信号测量物体的温度,实质上就是测量物体视频信号的幅度。由于热像仪输出的这个视频信号与物体温度并非呈线性关系，所以需要根据事先经过严格标定的曲线才能把测量结果换算成被测物体的表面温度。另外，在进行模拟测量的热像仪显示器上，除了可以调节灰度、亮度和对比度旋钮以外，还设有温度范围和温度电平控制旋钮，以及等温宽度和等温电平控制旋钮。其中，温度范围是以等温单位值表示的热像仪灰度所含温度差，用该旋钮可选择热图像的温度量程，温度电平是可以由操作者调节的图像绝对温度电平。等温宽度和等温电平旋钮的功能是在被测物体热图像上叠加增亮的等温廓线来测量温度，等温廓线则指示热图像上等温部分(即相等灰度色调)的面积。等温宽度和电平的调节，由垂直刻度标记上的指针位置和指针高度表示，刻度的 10 个或 20 个分格代表图像温度跨度 0～1 内的分数。当调节温度电平旋钮时，热图像的绝对温度电平在仪器的整个观测温度量程范围内会上下移动，因此，模拟量测温方法实际上是利用等温功能和定标曲线测量物体温度的方法。当进行精确测温时，需要一个温度已知的参考源(通常为黑体)作为热像中的参考温度，且参考源的温度值应该近似为被测物体温度。在此基础上，可按如下程序进行测温：首先将图像类别开关指在“灰度”位置，然后调节亮度和对比度(这些只为改善图像的目视质量，而不影响温度测量)，接着调节温度范围及温度电平或摄像头的焦距，以便得到被测物体热图像。当得到被测物体的最佳红外热图像后，固定温度范围及温度电平旋钮，并利用等温功能和定标曲线确定被测物体的温度。由于这种测温方法比较麻烦，准确性较差，所以现在的红外热像仪已基本不再使用。

2) 智能化测温方法

对于未经数字化的热像仪，为了获得物体温度绝对值的测量，在模拟量测温方法中，必须把参考源温度电平和物体图像信号电平合成一个具有绝对温度概念的模拟信号。由于指示参考黑体温度的热敏电阻响应曲线和探测器响应曲线完全不同，所以，在叠加之前必须把参考黑体电路的输出电压校正为具有和探测器响应相同的对应电平。用模拟量方法进行这种校正往往是很复杂的，并且会带来较大误差，影响热像仪的测温精度。然而，对于智能化热像仪而言，运用微处理机可完全摆脱模拟量的非线性校正和叠加的烦琐过程。微处理机通过多路模拟开关和A/D转换器分别获得被测物体图像信号电压与参考黑体温度电压的数值，然后根据各自的函数关系进行计算，这样得到的温度值要比模拟量校正叠加方法精确得多。当计算温度时，只需要输入物体表面的发射率和环境温度，用一个功能键，由计算机程序对温度值进行修正，就能够得到被测物体表面的真实温度。

3) 软件化测温方法

先进的红外热像仪都配有完整的图像处理系统，它包括相应的硬件和软件。运用其中的图像分析软件，在采集红外热图像的同时，只要把测量参数(如镜头参数、光圈、测量范围、测温电平、环境温度、目标发射率、目标距离等)记录到图像信息中去，利用该软件，可以随时测量并显示出目标及其热图像上任意位置点温度值的精确结果和区域分析结果等。

4. 红外成像仪的基本技术参数

1）观察视场和瞬时视场

众所周知，红外热像仪总是对一定的空间范围进行观察，这个空间范围 $A \times B$ 通常称为热像仪的观察视场，它取决于被观察景物空间的大小和热像仪光学系统的焦距[34]。然而，一帧完整的观察视场并非一下子观察完，而是在一定的时间内由瞬时视场按特定的扫描方式依次扫描实现的，如图 6.34 所示。所谓瞬时视场，就是由单元探测器光敏面尺寸 a、b 及光学系统焦距 F 决定的观察角：

$$\begin{cases}\alpha = \dfrac{a}{F} \\ \beta = \dfrac{b}{F}\end{cases} \tag{6.22}$$

式中，α、β 为瞬时视场在水平和垂直方向所张的平面角，通常以毫弧度(mrad)表示。

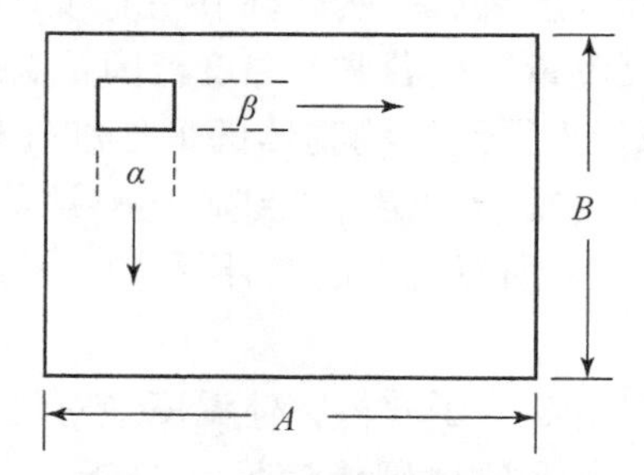

图 6.34 观察视场和瞬时视场

由于瞬时视场一行一行地扫描整个观察视场，所以把观察视场分成 n 个单元：

$$n = \frac{AB}{\alpha\beta} \tag{6.23}$$

由此可见，瞬时视场的大小同时可以反映红外热像仪空间分辨率的高低。

2）帧时和帧速

红外热像仪从观察视场的左上角第一个点开始，扫完整个观察视场的各点，并从右下角的最后一点回到起始的第一点所需要的时间(即扫完一帧画面所需要的时间)t_f称为帧时。帧时的倒数称为帧速：

$$v_f = \frac{1}{t_f} \tag{6.24}$$

因此，帧时和帧速是表示扫描速度快慢的参数。

3）扫描效率

系统中的扫描像素不可能在整个帧时 t_f 内都产生视频信号，因为诸如自动增益调节、空扫、回扫、直流恢复和显示屏上的各种要求等，均需要花费一定的时间和空间，所以扫描机构对景物扫描时，实际扫过的空间范围往往大于景物所张的空间角度，亦即有效的扫描面积小于空间覆盖面积。通常把一次扫过完整的景物所张的空间范围需要的时间与扫描机构实际扫描一周所需时间之比 η_{sc} 称为扫描效率。因为空间扫描由方位扫描和俯仰扫描构成，所以扫描效率也分成方位扫描效率 η_H 和俯仰扫描效率 η_V，并有如下关系：

$$\eta_{sc} = \eta_H \cdot \eta_V \tag{6.25}$$

4）驻留时间

由于瞬时视场把整个观察视场分成 n 个单元，帧时为 t_f，所以系统扫描每个单元所需要的时间为

$$\tau_d = \frac{t_f}{n} = \frac{\alpha\beta}{AB}\frac{1}{v_f} \tag{6.26}$$

就是景物空间一点扫过探测器所需要的时间，并称为驻留时间。当 $\eta_{sc} < 1$ 时，驻留时间为

$$\tau_d = \frac{\alpha\beta}{AB}\frac{1}{v_f}\eta_{sc} \tag{6.27}$$

5. 红外成像仪检测设备故障

图 6.35 为利用红外成像仪对高压试验中局部放电干扰源的检测图，图中检测对象为分压器[35]。对高压试验中的局部放电干扰源的检测，有助于排查出非待测设备所产生的局部放电信号的干扰，并指导消除干扰。

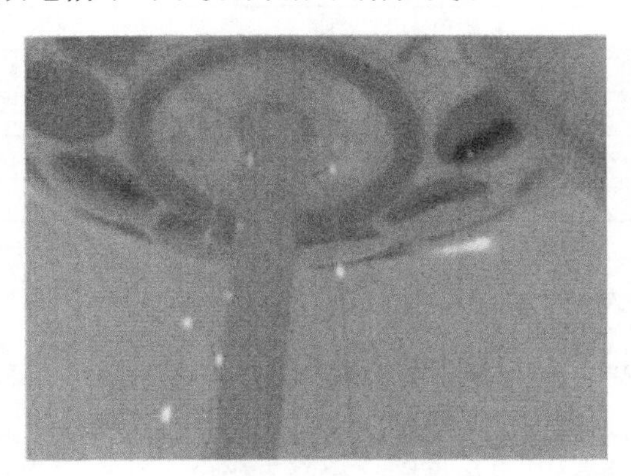

图 6.35　高压试验中分压器拉杆放电红外成像仪检测图像

用红外成像仪观察到耦合电容器和分压器的拉杆在高场强下发生放电。由于分压器拉杆在试验现场无法拆除，仅拆除耦合电容器拉杆，并用酒精擦拭分压器拉杆。处理后，重新试验，大脉冲放电现象消失。

6.4 光测法传感器评价标准

6.2节已经介绍了传感器的一般性评价指标。本节将对光测法传感器的评价标准进行探讨。需要说明的是，由于紫外光传感技术和荧光光纤传感技术应用于检测电力设备内部PD的研究仍处在不断发展和深化的阶段，而且所检测的PD自身是一种不稳定的物理现象，通过两种光检测法能够定性地检测出一定时间、一定相位出现的PD信号，但对放电量大小的定量方面仍存在诸多问题。因此，后面所提出的一部分参数指标在目前还无法得到量化。

6.4.1 紫外光参数指标

1. 紫外光电管基本参数

UV TRON R2868型紫外光电管是6.3节中介绍的紫外光传感器系统中的核心部件。其基本参数如表6.4所示。UV TRON R2868型紫外光电管的光谱响应灵敏度范围为185～260nm，处于日盲区，可避开环境干扰。该紫外光电管能够在−20～+60℃的温度范围内工作，满足绝大多数情况下的工程实际需要。UV TRON R2868型紫外光电管的灵敏度为5000cpm，其中，1cpm是指以200nm紫外光辐射度为10pW/cm^{2}情况下测试的每分钟脉冲数。

表6.4 UV TRON R2868型紫外光电管的基本参数

参数	数值	参数	数值
光谱灵敏度	185～260nm	起始放电电压(UV辐射下)	260V(DC)(最大值)
窗口材料	UV玻璃	建议工作电压	325±25V(DC)
质量	约1.5g	背景噪声	10cpm
工作温度	−20～+60℃		

2. 紫外光电管驱动电压参数选择

UV TRON R2868型紫外光电管的最低工作电压为260V，但260V并不是最理想的工作电压，需通过试验手段确定良好的工作电压范围。试验发现，随着紫外光电管驱动电压的升高，其灵敏度随之提高。当电子从金属表面逃逸时，它会受到镜像力的作用，从而限制电子脱离金属。如果通过外加电场来抵消这个力，便可使电子更易离开金属表面，这种效应称为肖脱基(Schottky)效应。因此，提高外加电场可增加光电子数。试验中，当驱动电压为310V时，光电管对施加电压值为11.6kV的PD已有响应，而驱动电压为270V时，光电管对施加电压值为12.4kV的PD才有响应。同时，随着驱动电压的升高，紫外光电管的输出的脉冲幅值增加。但当驱动电压超过 320V 时，紫外光电管的输出幅值就容易出现自持，传感器处于导通状态。因此，紫外光电管驱动电压的理想参考值为 290～300V。

3. 紫外光传感器的灵敏度

将紫外光传感器与传统脉冲电流传感器对 PD 的检测性能进行比较。试验条件为：针-板电极间距离 5cm，紫外光电管驱动电压设置为 300V，距离针电极 20cm。结果表明，当针-板间电压为 12.1kV 时能观测到紫外脉冲信号，此时无电晕放电声，且脉冲电流传感器也未能检测到放电信号；当外施电压达到 13kV 时，电流传感器开始有响应，并可听到明显的电晕放电声音。传统的电流传感器所检测到的是形成稳定的电晕放电时的电晕电流，而紫外光传感器可以反映稳定电晕放电之前的微弱放电。因此，紫外光传感器检测 PD 的灵敏度高于传统脉冲电流传感器，并可用于 PD 的早期监测。

6.4.2　荧光光纤传感器参数指标

1. 荧光光纤传感器的激发光谱[36]

在不同荧光物质里的电子受到外界激发时，都有各自的跃迁能级，并对应有各自的特征荧光光谱（激发光谱与发射光谱）以及荧光量子产率。为了使荧光光纤在探测 PD 时具有较高的灵敏性，应当使荧光光纤的激发光谱与 PD 产生的光谱一致。文献[28]对变压器绝缘油中电晕放电的光谱特性进行了大量研究，其光谱主要在 324nm、510nm 和 654nm 波段处有较大强度。文献[29]表明，变压器绝缘油中沿面放电的光谱集中在 300～1000nm 内。因此，要提高对 PD 检测的灵敏度，应选择荧光物质的激发光谱在 PD 所产生的光谱范围，才能保证检测对象的 PD 所产生的大部分光信号为荧光光纤所接收。6.3 节介绍的荧光光纤传感器的激发光谱范围为 300～500nm。

2. 荧光光纤传感器的发射光谱

发射光谱是反映荧光物质所发射的荧光在各种波长下的相对强度。荧光发射光谱一般具有以下特征：①荧光发射光谱的形状与激发光波长无关；②荧光物质的荧光发射光谱与它的吸收光谱之间存在着“镜像对称”的关系。一般来说，荧光物质的发射光谱是连续的谱带，但是由于斯托克斯频移（Stokes shift）的影响，其发射光谱带总是位于激发光谱的长波边。对于荧光分子，其值为 100～200nm。因此，必须考虑斯托克斯频移的影响，选择合适的光电探测器，使其光谱响应覆盖荧光物质的发射光谱。6.3 节介绍的荧光光纤传感器的发射光谱范围为 492～577nm。

3. 荧光光纤传感器的荧光量子产率

荧光量子产率（Y_F）的定义是荧光物质吸收光后所发射的荧光光子数与所吸收

的激发光光子数之比。通常情况下，荧光量子产率总是小于1。荧光量子产率的大小取决于荧光物质的化学结构，与荧光的发射速率常数、各种单分子非辐射去活化过程速率常数的总和有关。Y_F越接近1，表示荧光体吸收光子后所发荧光的效率越高。因此，选择合适的荧光物质，可提高荧光光纤传感光信号的能力。6.3节介绍的荧光光纤传感器的荧光量子产率值为0.7。

4. 荧光光纤传感器的长度确定

由于荧光光纤(探头)的长度L与接收光信号的能力成正比，即荧光光纤越长，接收PD光信号的表面积就越大，受激产生的荧光分子也就越多，灵敏度也就越高。然而，荧光信号在沿着光纤的传输过程中，由于存在相对大的传输损耗(约300dB/km)，从而限制了它的使用长度。因此，作为传感器的荧光光纤长度的选择是关键。损耗引起的功率衰减为

$$A(\lambda)=\alpha(\lambda)\cdot L=-10\lg\left(\frac{P_o}{P_i}\right) \tag{6.28}$$

式中，$\alpha(\lambda)$为衰减系数；L为探头长度；P_o为输出功率；P_i为输出功率。可定义传输效率为

$$\eta=\frac{P_o}{P_i} \tag{6.29}$$

本书采用的荧光光纤衰减系数$\alpha(\lambda)$为0.3dB/m，为了保证检测中具有较高的光传输效率($\eta>0.85$)，荧光光纤探头的长度不宜超过2m。综合考虑接收能力和传输效率两种因素，用于PD信号检测的荧光光纤探头长度设计为1m。

5. PMT参数选择

本书介绍的光电探测器为滨松公司H9656-02型PMT，其光谱响应范围为300～880nm，峰值灵敏度波长为500nm，阴极光照灵敏度为250μA/m，阳极光照灵敏度为1.25×10^7V/m。H9656-02型PMT为端窗型，多碱光电阴极，阴极材料为硼硅酸盐玻璃，工作环境温度为+5～+45℃，质量为90g。其具体性能参数如表6.5所示。

表6.5 H9656-02型PMT的性能参数

名称	具体参数	名称	具体参数
光阴极直径	8mm	阴极峰值波长辐射灵敏度	58mA/W
光谱响应范围	300～880nm	阳极光照灵敏度	1.25×10^7V/m
峰值灵敏度波长	500nm	暗电流	0.2mV
阴极光照灵敏度	250μA/m		

6.4.3　红外热像仪性能指标[34]

衡量红外热像仪综合性能好坏的指标是它的温度分辨率和空间分辨率，而为了描述这两个综合性能，可以用下列三个性能指标：噪声等效温差、最小可分辨温差和最小可探测温差。

1. 噪声等效温差(NETD)

噪声等效温差只涉及热像仪本身性能，而不包括观测者的工作特性，是衡量热像仪温度灵敏度的一个客观指标。其定义为：当热像仪观测尺寸为 $W \times W$（W 的大小是热像仪瞬时视场的倍数）、温度为 T_t 的黑体目标及温度为 T_b 的均匀背景构成的靶标时（图 6.36），在其输出的峰值信号与均方根噪声之比等于 1 的情况下所需要的目标与背景温度之差，并可将其表示为

$$\mathrm{NETD} = \frac{\pi\sqrt{ab\Delta f}}{A_0 \alpha\beta \int_0^{\infty} \left[\frac{\partial M_\lambda(T_b)}{\partial T} D^*(\lambda) \tau_o(\lambda) \mathrm{d}\lambda \right]} \tag{6.30}$$

式中，A_0 为热像仪的有效接收面积；ab 为热像仪红外探测器光敏面积；$\alpha\beta$ 为热像仪的瞬时视场；$D^*(\lambda)$ 为红外探测器的光谱 D 星值；$\tau_o(\lambda)$ 为热像仪光学系统的光谱透射率；Δf 为热像仪系统的噪声等效带宽，$\Delta f = \frac{\pi}{2}\frac{1}{2\tau_d}$，其中 τ_d 为驻留时间；$\frac{\partial M_\lambda(T_b)}{\partial T}$ 为在背景温度 T_b(K) 时的光谱辐射度 $M_\lambda(T_b)$ 相对于温度的变化率。

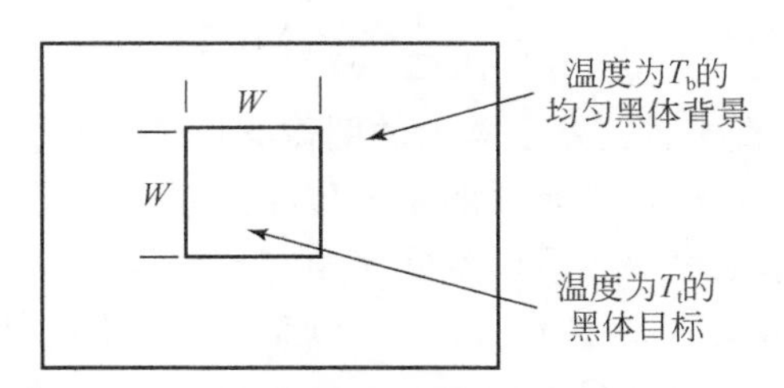

图 6.36　测量 NRTD 的靶标

应该指出，NETD 只反映了热像仪光学系统、探测器及一小部分电路（如前置放大器）的特性，并未考虑从测量点到显示器之间的噪声源或滤波作用，未考虑大气衰减的影响和观测者眼睛特性的影响。而且，把目标和背景都视为黑体，即未考虑景物发射率差异引起的信噪比变化和景物各部分温度之差引起的信号变化。因此，尽管这个指标的物理意义清晰，且容易测量，在国内外广泛使用，但是，它并不能全面地反映系统的质量，而且有较大的局限性。

2. 最小可分辨温差(MRTD)

最小可分辨温差是既反映热像仪温度灵敏度,又反映热像仪空间分辨率特性,还包括观察者眼睛工作特性的系统综合性能参数,因此目前广泛用于综合评价热像仪性能。其定义为:当被检验热像仪对准标准的四杆周期测试图形时,在观察者刚好能分辨出四杆图案的情况下,目标与背景之间最低的等效黑体温差。通常可用以下公式计算:

$$\mathrm{MRTD}(f)=\frac{\pi^2}{\sqrt[4]{14}}\frac{V_s}{V_n}\left[\frac{\mathrm{NETD}(f)}{r_{\mathrm{tot}}(f)}\right]\left(\frac{\frac{\alpha}{\tau_d}\beta}{\tau_e\nu_f\Delta f}\right)^{1/2} \tag{6.31}$$

式中,V_s/V_n为识别单杆目标需要的信噪比阈值;f 为输入目标图案的空间频率(cycles/mrad);NETD 为热像仪的噪声等效温差;τ_e 为人眼的积分时间,为 0.2~0.3s。

其余变量与之前介绍的意义相同,而

$$r_{\mathrm{tot}}(f)=r_o(f)r_d(f)r_{\mathrm{ele}}(f)r_{\mathrm{dis}}(f)r_{\mathrm{eye}}(f) \tag{6.32}$$

是红外热像仪系统的总传递函数。其中,各因子依次为光学系统、红外探测器、电子线路、显示器和人眼的传递函数。

3. 最小可探测温差(MDTD)

用热像仪对着图 6.36 所示的靶标进行观测,当观测者刚好能分辨出目标时,目标与背景温度之差称为热像仪的最小可探测温差,可表示为

$$\mathrm{MDTD}(f)=\frac{\sqrt[4]{14}}{\pi^2}\left[\frac{r_{\mathrm{tot}}}{I(x,y)}\right]\mathrm{MRTD}\left(f=\frac{1}{2W}\right) \tag{6.33}$$

式中,$I(x,y)$ 是人眼直接看到显示器上的图像亮度的平均值,可以用对图像亮度最大值的相对值表示,它相当于有效的系统传递函数值。当目标张角小于探测器张角时,可以把它简单地表示成目标空间张角与探测器空间张角之比。当系统的噪声频率 $g(f)=1$ 和 $r_{\mathrm{ele}}(f)r_{\mathrm{dis}}(f)r_{\mathrm{eye}}(f)=1$ 时,式(6.33)中的噪声滤波函数(即系统加人眼的等效噪声带宽) $Q(f)=af/\tau_d$ 。MDTD 是用来描述点目标可以探测性的很有价值的性能指标,因此,在户外现场检测时,使用 MDTD 这个性能指标评价红外热像仪的性能是非常合适的。

参 考 文 献

[1] 司文荣,李军浩,袁鹏,等. 局部放电光测法的研究现状与发展. 高压电器,2008,44(3):261-265.

[2] 郭俊,吴广宁. 局部放电检测技术的现状和发展. 电工技术学报,2005,20(2):29-35.

[3] 刘永刚. 光测法检测局部放电的模式识别及放电量估计研究[硕士学位论文]. 重庆:重庆大学,2012.

[4] 刘克民,韩克俊,李军,等．局部放电光学检测技术研究进展．电子测量技术,2015,38(1):100-104.
[5] 崔婷．紫外光传感器用于电气设备局部放电检测的试验研究[硕士学位论文]. 重庆:重庆大学,2008.
[6] 苑进社,陈光德,张显斌．GaN 基半导体太阳盲区紫外探测器研究进展．半导体光电,2003,24(1):5-11.
[7] 李宽国,刘广菊．氮原子基态能量的计算．淮北煤炭师范学院学报,2006,9(27):41-44.
[8] 赵文华,张旭东,姜建国,等．尖-板电晕放电光谱分析．光谱学与光谱分析,2003,23(5):995-997.
[9] 杨清华．大型发电机定子绝缘局部放电光谱检测法的实验研究[硕士学位论文]. 武汉:武汉大学,2003.
[10] 欧阳有鹏．电力变压器局部放电荧光光纤检测系统研制[硕士学位论文]. 重庆:重庆大学,2011.
[11] Tomasz B,Dauriusz Z. Optical spectra of surface discharge in oil. IEEE Transactions on Dielectrics and Electrical Insulation,2006,13(3):632-639.
[12] Boczar T,Fracz P,Zmarzly D. Analysis of the light radiation spectra emitted by electrical discharges in insulation oil. Physics and Chemistry of Solid State,2003,4(4):729-736.
[13] 王倩．大气压下空气/SF_6 放电的光谱特性[硕士学位论文]. 哈尔滨:哈尔滨理工大学,2014.
[14] Soh Y,Hiroki K,Naoki H,et al. Light emission spectrum depending on propagation of partial discharge in SF_6. Conference Record of 2008 IEEE International Symposium on Electrical Insulation,Vancouver,2008:365-368.
[15] 徐建源,王其平．SF_6电弧等离子体平衡成分计算及其光谱特性．高压电器,1987,6:9-13.
[16] 张晓萍,陈金忠,郭庆林,等．激光等离子体光谱分析技术的发展现状．光谱学与光谱分析,2008,3:656-662.
[17] 王少华,梅冰笑,叶自强,等．紫外成像检测技术及其在电气设备电晕放电检测中的应用．高压电器,2011,47(11):92-97.
[18] 童啸霄,袁永刚,吴礼刚,等．电晕放电等级的光学测量．光电工程,2012,38(12):63-68.
[19] 张占龙,王科,唐炬,等．变压器电晕放电紫外脉冲检测法．电力系统自动化,2010,34(2):84-88.
[20] 李艳鹏,晋涛,张健,等．紫外成像技术在特高压变压器局部放电试验中的应用．高压电器,2013,49(11):123-132.
[21] Erickson C W. A flame sensor with uniform sensitivity over a large field of view. IEEE Transactions on Electron Dvices,1972,19(11):1178-1180.
[22] 陈涛,何为,刘晓明,等．高压输电线路紫外在线检测系统．电力系统自动化,2005,29(4):88-92.
[23] 杨津基．气体放电．北京:科学出版社,1983.
[24] Zhuo R,Tang J,Liu F,et al. Study on relationship between optical signals and charge quantity of partial discharge under four typical insulation defects. Annual Report Conference

on Electrical Insulation and Dielectric Phenomena,2013,1(13):1209-1212.

[25] Katsuoshi M. Electric-discharge sensor utilizing fluorescent optical fiber. IEEE Journal of Light Wave Technology,1989,7(7):1029-1032.

[26] Farenc J,Mangeret R,Boulanger A,et al. A fluorescent plastic optical fiber sensor for the detection of corona discharges in high voltage electrical equipment. Review of Scientific Instruments,1994,65(1):155-160.

[27] Beroul A,Buret F. Optical detector of electrical discharges. IEE Proceedings- G,1991,138(5):620-622.

[28] 魏念荣,李航,段前伟,等. 利用光纤技术监测高压电器设备局部放电的初步研究. 内蒙电力技术,2000,18(3):1-5.

[29] 雷玉堂. 光电检测技术. 北京:中国计量出版社,2009.

[30] 唐炬,欧阳有鹏,范敏,等. 用于检测变压器局部放电的荧光光纤传感系统研制. 高电压技术,2011,37(5):1129-1135.

[31] 唐炬,曾福平,范庆涛,等. 基于荧光光纤检测 GIS 局部放电的多重分形谱识别. 高电压技术,2014,40(2):465-473.

[32] 唐炬,刘永刚,裘吟君,等. 针-板局部放电光测法信号一次积分值与放电量关系. 高电压技术,2012,38(1):1-8.

[33] 张广军. 光电测试技术. 北京:中国计量出版社, 2003.

[34] 陈衡,侯善敬. 电力设备故障红外诊断. 北京:中国电力出版社,1999.

[35] 聂德鑫,伍志荣,罗先中,等. 特高压变压器套管局部放电试验技术分析. 高电压技术,2010,36(6):1448-1454.

[36] Boczar T,Zmarzly D. Optical spectral of surface discharges in oil. IEEE Transactions on Dielectrics and Electrical Insulation,2006,13(3):632-639.

第7章 电化学气体传感器

7.1 电气设备局部放电常见特征分解组分

电气设备内部的绝缘介质在高电压(运行电压和过电压)和大电流下,因内部绝缘缺陷引发的各种类型的放电(PD、火花放电和电弧放电)和过热作用都会使SF_6气体产生分解,不同类型的设备、绝缘故障以及绝缘介质(气体、液体、固体以及复合介质)生成的分解物成分是不同的,监测故障初期的分解产物,能及时发现早期和潜伏性故障,并通过检测特征分解组分的含量和产生速率等手段,实现对运行设备的故障诊断和状态评估,为设备的状态检修提供相应的支撑,进而避免电网停电事故的发生。

气体绝缘介质最大的优点是不存在老化问题,而且在击穿后具有完全的绝缘自恢复特性,但是当分解后的离子或分子再次与其他物质发生反应之后,可能会形成稳定的分解产物,这些分解物长期存在,会对气体绝缘介质的绝缘性能有一些影响。对于液体电介质又称绝缘油,在常温下为液态,多用于油浸式电力变压器、互感器、充油套管、油断路器和电容器等电气设备中,起到绝缘、冷却、散热和灭弧等作用。当油浸式设备内部存在绝缘缺陷引起不同类型放电时,绝缘油往往会分解产生大量气体。对于固体绝缘介质,除了绝缘作用外,还具有一定的支撑作用,应用非常广泛,例如,在变压器内部的主要固体绝缘材料为绝缘纸和纸板;GIS中的固体绝缘介质主要有盆式绝缘子、盘式绝缘子和支柱绝缘子,多使用复合材料,包括环氧树脂、聚四氟乙烯、聚丙烯和酰亚胺与丙烯酸的共聚物等;电缆中则常用交联聚乙烯或聚氯乙烯作为绝缘层。上述电气设备的内部故障涉及固体绝缘时,会使固体绝缘材料分解,产生某些特定组分。

气体绝缘设备以SF_6气体作为绝缘介质,通常情况下的可靠性非常高,但其内部不可避免的缺陷,不同程度地导致设备内部的电场发生畸变,从而导致PD的发生,电子碰撞将导致SF_6分裂形成SF_5、SF_4、SF_3、SF_2、SF_2和SF等低氟化物,在没有杂质存在的情况下,这些低氟化物会迅速复合还原成SF_6分子,当SF_6气体中有微水、微氧、有机物及金属等杂质存在时,反应生成的多种低氟化物会与杂质发生反应,将会产生SO_2F_2、SOF_4、SO_2、SOF_2、CF_4、CO_2和HF等气体[1]。GIS设备过负荷运行、电阻损耗、介质损耗、铁心磁路损耗、放电致热或者加热器故障等原因会导致设备内部发生过热性故障,SF_6会在过热故障作用下发生分解,并且首先生成

低氟硫化物 SF_5、SF_4、SF_3和 SF_2等，这些低氟硫化物再与混杂在其中的杂质如 H_2O 和 O_2发生反应。SF_6在温度高于 260℃时开始分解产生少量的 SO_2和 SOF_2，随着故障温度的升高，会逐步产生大量的 HF、SOF_2、SO_2、SO_2F_2、SOF_4，在故障温度高于 340℃时会产生 H_2S 等产物；当局部过热涉及有机固体绝缘材料时，会产生大量的 CF_4和 CO_2[2]。由于 SF_6气体具有很高的温室效应，在部分低电压等级的 GIS 中采用高气压干燥空气[3]，低压开关柜也普遍采用空气作为主绝缘。干燥空气中发生 PD 则可能会生成 O_3、NO、NO_2、N_2O 和 CO 等气体，空气的分解产物组分及浓度与放电强度有紧密的联系，空气中水分含量对产物也有较大的影响[4]。

绝缘油是由大量碳氢化合物组成的混合物，其化学成分主要包括 60%以上的链烷烃(C_nH_{2n+2})、20%～40%的环烷烃(C_nH_{2n})以及 10%以下的芳香烃(C_nH_{2n-6})[5]。根据模拟试验的结果，发生故障时绝缘油分解出的气体如下：

(1) 在 300～800℃时，热分解产生的气体主要是低分子烷烃(如 CH_4、乙烷)和低分子烯烃(如乙烯和丙烯)，也含有氢气。

(2) 当绝缘油暴露于电弧中时，分解气体大部分都是氢气和乙炔，并有一定量的甲烷和乙烯。

(3) 发生 PD 时，绝缘油分解的气体主要是氢气、少量甲烷和乙炔，发生火花放电时，则会有较多的乙炔。

固体绝缘介质主要有绝缘纸、绝缘纸板、环氧树脂、聚四氟乙烯、聚丙烯、酰亚胺与丙烯酸的共聚物、交联聚乙烯和聚氯乙烯等。绝缘纸、绝缘纸板的主要成分是纤维素，它是由许多葡萄糖基借助 1-4 配键连接起来的大分子，其化学通式为 $C_6H_{10}O_5$。模拟试验结果表明，绝缘纸在 120～150℃的温度下长期加热时，产生 CO 和 CO_2，且以 CO_2为主。绝缘纸在 200～800℃下热分解时，除产生 CO 和 CO_2外，还有氢烃类气体(CH_4及 C_2H_4等)[6]。聚氯乙烯塑料是电线电缆工业中应用最广泛的绝缘材料之一，它是以聚氯乙烯树脂为基础的多组分混合材料，同时会添加各种稳定剂、增塑剂、润滑剂、填充剂、着色剂和特殊用途添加剂等物质。聚氯乙烯的分子量不同，热稳定性也不同。在 227℃以下时，聚氯乙烯主要发生的反应是脱氯化氢，生成多烯；温度继续升高，到 327℃为止，主要的挥发性产物中 96%～99.5%是 HCl，而伴生产物是为数甚少(1%～3%)的苯和其他碳氧化合物[7]。开关柜中固体绝缘介质(如聚烯烃、硅橡胶、环氧树脂等)在放电和过热的作用下，也会发生劣化分解过程，产生 CO、CO_2等特征气体。

7.2 电化学气敏传感器检测机理与特性

电化学气敏传感器是指通过某些化学反应以选择性方式对特定的被分析气体产生的响应，从而进行定性或定量测定的传感器，通常由气敏电极或者气体扩散电极等构成一系列电池,可以直接测量大气中待测气体的含量,也可用于测量溶解在溶液中气体的含量。目前,市面上已经有很多先进精密的气体检测仪,如气相色谱仪、气相色谱-质谱联用仪、傅里叶变换红外光谱仪、烟气分析仪等。尽管这些检测仪的检测精度较高,但工作条件要求比较高,体积较大,价格昂贵,主要作为离线检测的手段。另外,电化学气敏传感器结构简单,体积较小,选择性好,而且能快速响应,便于应用在在线监测装置中。

1. 检测机理

电化学式传感器利用电化学原理实现对气体浓度的检测。从原理上可大体分为如下几类:

(1) 气体在电极与电解液界面保持一定电位的装置中进行氧化还原反应,在外部电路中产生电流而实现传感。

(2) 气体溶解在电解质溶液中,形成气体物质电离,通过电极作用产生电势变化而实现传感。

(3) 气体与电解质溶液反应而产生电解电流变化来实现传感。

2. 响应时间

响应时间是指传感器的输出从开始变化到达到稳定输出90%时所经历的时间,响应时间是传感器最重要的动态特性。电化学气敏传感器的响应时间一般小于20s,工作电极的结构和电极电阻的大小会影响响应时间的长短。响应时间小的传感器能更好地反映待测气体的瞬时值,对极度危险的场合能更迅速地做出反应,控制事故的发展。

3. 恢复特性

响应恢复时间有多种定义,这里遵循“90%变化率”定义,恢复时间定义为器件从被测气体中转移到空气中后,传感器的输出变化达到在空气中稳定的输出值与待测气体中输出差值的90%时所需要的时间。不同电化学传感器的恢复时间也不同。

4. 温度影响

部分电化学传感器根据电极对某种离子的选择特性,测量电化学传感器的电位值与溶液的标准电位值的差值,计算溶液中的某种离子浓度,进而实现传感测量。溶液离子度的检测会受到温度的影响,温度使离子自由移动的剧烈程度发生改变,因此,对于同一浓度的气体,在不同温度下传感器的响应时间、灵敏度和恢复时间都会不同。

传统金属氧化物半导体气敏传感器一般工作在200～400℃，具体温度视传感器的最佳灵敏度和响应特性决定。其工作温度一般保持恒定，因此受环境温度的影响较小。工作温度过高易引起可燃性气体的燃烧，导致爆炸，因此目前研制出了多种可在常温下工作的传感器。半导体气敏元件表面对气体的吸附特性受到温度影响，当气压一定时，吸附量随温度的变化有最高点和最低点。这是存在两种不同类型吸附的结果，低温时发生的是物理吸附，吸附热较低；高温时发生的是化学吸附，吸附热很高。另外，化学吸附只在某一温度以上时才能以显著的速度进行[8]。

当工作环境温度发生变化时，传感器的零点和灵敏度发生变化，同一气体浓度下传感器的输出随温度变化，导致测量出现附加误差，因此对于容易受到温度影响的传感器需要进行温度补偿。

大多数电化学传感器随温度变化时其基线信号呈指数上升，温度每上升10℃，信号大约翻一倍。在测量精度要求不高的多数情况下可以忽略基线信号的变化，但是对于痕量(ppm级别)气体传感器，如H_2S或CO的检测，任何一个因温度引起的基线变化都可能严重影响气体测量的准确性。因此，在极低浓度气体传感器中需要消除因温度变化引起的基线信号变化量。当温度变化时，感应电极和辅助电极的输出信号会发生相应的变化，但由于辅助电极没有暴露于反应气体中，它的输出与感应电极的输出相减就可以排除温度的影响。

5. 气压影响

催化燃烧式传感器通过测定可燃性气体的燃烧热量来测定其浓度，光离子化传感器通过测定被测气体离子化产生的微弱电流来检测待测气体的浓度，因此气压对这两种传感器基本无影响。伽伐尼电池式氧气传感器、定电位电解式气体传感器和金属氧化物气体传感器中气体透过薄膜或者吸附的过程都要受到气压的影响。

金属氧化物气体传感器实质上是对不同体积分数的气体有不同的响应，有学者提出对浓度属性的环境条件加以调制，以获取更多的待测气体特性，被称为浓度响应性，它是一种动态特性。通过快速压缩气体源，单位体积内更多的气体物质被传感器所吸附形成气敏响应，打破传感响应的稳态平衡使之在一段时间内呈现瞬态响应，即得到正方向的浓度响应，提高了传感器的灵敏度。图7.1给出了利用压缩气体源调制的基于多孔α-Fe_2O_3纳米微球气敏传感器的测试曲线[9]。该传感器对H_2S具有很好的选择性，在常温常压标定测试中，对极稀薄H_2S气体的响应可低至1ppm。但当处于气体体积分数0～5ppm这个关键预警区间时，灵敏度值仍然显得较低，通过压缩气源即可有效地提高检测灵敏度。在气腔内抽入待测气体，气敏反应腔内气压随着压缩的进行而同时增大，当达到预设的10atm(1atm=1.01325×10^5Pa)压强后，停止压缩并回到初始状态，体积分数为5ppm的H_2S气体的体积被压缩至 1/10 过程中，传感响应灵敏度显著提高[9]。

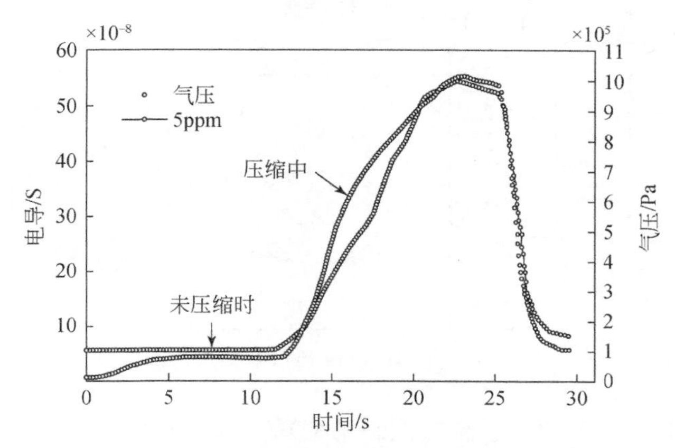

图 7.1　传感器电导与气压数据（5ppm，H_2S，16Hz 采样）

7.3　常见气体检测仪

目前，市面上有很多先进精密的气体检测仪，多应用电化学气敏传感器、色谱技术或者红外吸收光谱原理制成，其结构复杂，功能强大，检测精度高，价格昂贵，工作条件要求较高，因此，气体检测仪多用于实验室科研检测或离线气体检测。常见的气体检测仪主要有气相色谱仪、气相色谱-质谱联用仪、傅里叶变换红外光谱仪、烟气分析仪和 SF_6 分解产物检测仪，为方便读者了解这些气体检测仪，接下来对其进行简要介绍。

7.3.1　气相色谱仪

气相色谱仪的基本组件包括气路系统（包括气源、净化干燥管和气体流速控制）、进样系统（包括进样器及气化室）、分离系统（色谱柱，分为填充柱、毛细管柱）、检测系统（各种类型检测器，其中热导检测器、氢火焰离子化检测器为常规气相色谱仪的标准配置）、温度控制系统（柱箱、气化室、检测器等温度控制）以及数据记录和处理系统（色谱工作站）等。图 7.2 为气相色谱仪的基本结构示意图。

1. 气路系统

在色谱分析中，色谱流动相绝不仅仅是被分离物质的运载体，它直接影响到分离的好坏，也影响到测定的成功与否。为了保证分离的实现，需要用高压力气体作为流动相，因此气相色谱的气路系统又称为供气系统，由高压气源（钢瓶或气体发生器）、气体干燥净化器、压力调节器和流量控制器（减压阀或稳压阀和流量计，新

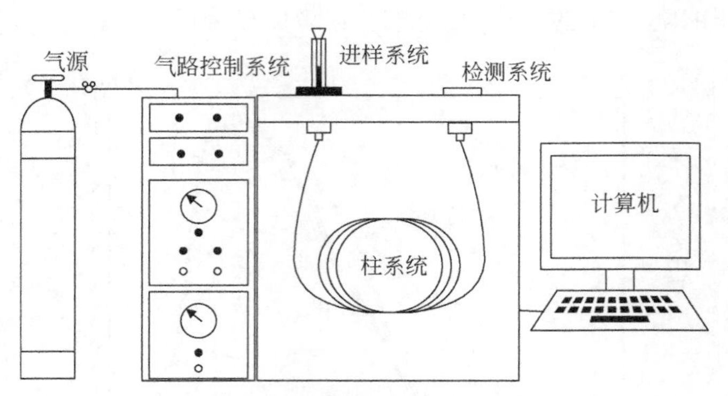

图 7.2　气相色谱仪基本结构示意图

型仪器可以配电子压力和电子流量控制系统)等组成,其目的是将气源的高压转换成能让分离顺利进行的合适压力,同时能除去气源中的微量水分和杂质,并以稳定的流量进入色谱仪,保证样品中各组分的分离分析顺利进行。

2. 进样系统

在色谱分析过程中,首先要用微量注射器或自动进样器定量地将样品引入色谱仪的气化室(即进样口)中,而后被载气带入气相色谱柱里进行分离。进样系统是第一环节,因而进样系统要保证进样量的准确,保证样品能在进样口完全气化又不会分解,并确保进样重复性好且不存在样品组分的歧视效应。由于色谱柱有填充柱和毛细柱之分,且进样方式多种多样,因此需要针对不同的情况设计不同的进样口。以瓦里安 CP3800 痕量气体分析仪为例,它可同时安装多达三个进样口,允许手动或电子气路控制,可连接毛细管柱或填充柱,可同时配置具有五种进样模式的 1079PTV 进样口、专用的分流或不分流 1177 毛细管进样口和 1041 填充柱进样口等,而且不同的进样口可采用不同类型的全优化电子流量控制方式。

3. 分离系统

色谱法中的首要问题就是设法将混合物中的不同组分加以分离,然后通过检测器对已分离的各组分进行鉴定,完成分离过程所需要的色谱柱是色谱仪的关键部件之一。气相色谱柱可以分成填充柱和毛细管柱两大类:

(1) 填充柱(packed column),填充柱由不锈钢或玻璃制成,内径一般为 2～4mm,长度为 1～4m,外形有 U 字形和螺旋形,柱内填充有颗粒状固定相。填充柱的优点是柱容量大,允许的进样量大,但其柱效较毛细管柱低。

(2) 毛细管柱(capillary column),又称开口毛细管柱,一般由外表面包裹了一层聚酰胺的石英毛细管制成,内径为 0.25～0.53mm,长度为 10～60m,由于聚酰胺保护层的作用,毛细管有一定的弹性,可以卷成螺旋状放入柱箱。常用的毛细管柱内通常没有填充物，固定相通过化学键或吸附作用固定在经过去活性处理的毛细管内表面。由于柱内无填充物，毛细管内径又很细，涡流扩散几乎不存在；内表面涂渍的固定相仅为一层薄液膜，传质阻力也很小，所以毛细管柱的塔板高度很小，加上毛细管的总长度很长，因此毛细管柱的理论塔板数（塔板理论将色谱柱看做一个分馏塔，随着流动相的流动，组分分子不断从一个塔板移动到下一个塔板，塔板数越多，其分离效果就越好）往往要比填充柱高 1～2 个数量级。但是，由于毛细管内径细，表面涂渍的固定相大约只有填充柱的 1/200～1/100，柱容量很小，允许进样量比填充柱小很多。为提高毛细管柱的进样量，近年来发展了一种将直径为 2～3μm 的微粒直接填入毛细管中的毛细管微填充柱，进样量较普通开口的毛细管柱明显提高，而柱效则远高于普通填充柱。表 7.1 为毛细管柱和填充柱性能的比较。由于毛细管柱突出的分析性能，经过近几十年来的发展，它已经成为目前气相色谱仪的主要分离柱。

表 7.1　毛细管柱和填充柱的比较

柱参数	毛细管柱	填充柱
柱长/m	20～100	1～5
内径/mm	0.1～0.7	2～4
填充物粒度/μm	无填充物或 2～3	100～200
总柱数/板数	几万到几十万	1000～8000
柱前压/MPa	0.05～0.10	大于 0.1
样品容量/μL	小于 0.01	大于 0.5
适用试样	复杂的多组分	简单的多组分

在实际工作中，一般根据被分离样品组分的性质，按“相似相溶原则”来选择固定相，性质相似时，溶质与固定相之间的作用力大，在柱内保留时间长，反之就先流出柱。综合来说，不同气体组分的物理化学性质不同，在不同的色谱柱分离中的表现也有所差异，因此针对不同的组分分析要选用与之相适应的色谱柱。

此处，以 SF_6 PD 分解组分检测所需色谱柱为例，普通硅胶柱、silicaplot 柱、poraplot 柱和 porapak Q 柱是应用相对广泛的四种色谱柱，它们在应用于研究 SF_6 PD 组分检测中的表现不一。其中，普通硅胶柱是《电气工业用气体六氟化硫》（GB/T 18867—2014）推荐使用的分析柱，但试验表明，普通硅胶柱对 SF_6 放电分解气体组分的分离效果并不尽如人意，效果不及 IEC 60480 推荐的 porapak Q 分析柱，如图 7.3 所示[10]。虽然 porapak Q 分析柱的分离效果比硅胶柱好，但在 IEC 60480 给出的标准图谱中，作为最关键组分之一的 SO_2F_2 的色谱峰仍然被 SF_6 的色谱峰覆盖，没有得到很好的分离。IEC 60480 推荐的 poraplot 柱比 porapak Q 柱有更高的分离效率，可以分离出浓度更低的 SOF_2 等气体组分。为了达到试验研究的要求，采用了 silicaplot 和 poraplot 双色谱柱系统，选用的 silicaplot 色谱柱，其吸附性远小于 poraplot 分析柱，它可有效地从 SF_6 中分离出浓度低至 1ppm 的 SO_2F_2、SO_2、CF_4、O_2、N_2 等气体，并且排除水蒸气对各种组分保留时间的影响。虽然 silicaplot 色谱柱不能有效分开 SF_6 与 SOF_2，但是由于补充了 poraplot 毛细管柱，它可以分离出 SOF_2 和水，从而使双色谱柱系统能够分离几乎所有的气态产物：SO_2F_2、SO_2、SOF_2、CF_4 以及 O_2 和水蒸气等杂质气体。

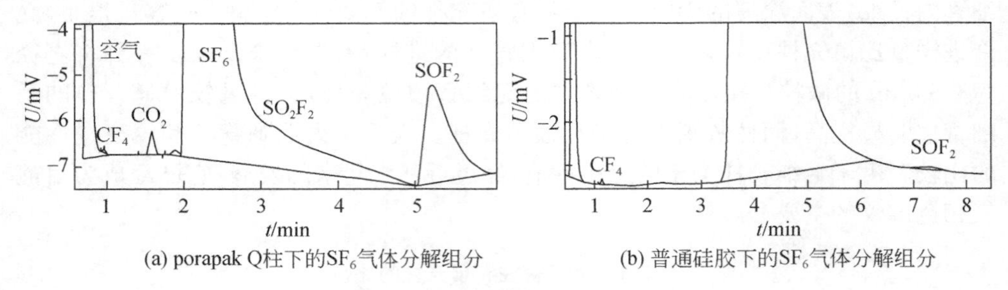

图 7.3　SF_6 气体分解组分色谱图

4. 检测系统

样品组分经色谱柱分离后依次进入检测器，按组分浓度或质量随时间的变化，转变成相应的电信号，经放大后记录并给出色谱图及相关数据。如果说色谱柱是色谱仪的心脏，那么检测器就是色谱仪的眼睛。如果没有好的检测器，无论分离效果多好也得不到好的分析结果。

气相色谱分析中常用的检测器有热导检测器（thermal conductivity detector，TCD）、氢火焰离子化检测器（hydrogen flame ionization detector，FID）、电子捕获检测器（electron capture detector，ECD）、氮磷检测器（phosphorus detector，NPD）、火焰光度检测器（flame photometer detector，FPD）、质谱检测器（mass spectrometry detector，MSD）等。根据检测器的响应信号与被测组分的质量或浓度的关系，常将检测器分为浓度型检测器和质量型检测器。

浓度型检测器的响应信号 E 与载气中待测组分浓度 c 成正比：

$$E \propto c \tag{7.1}$$

浓度型检测器测得的峰高表示组分通过检测器时的浓度值，峰宽表示组分通过检测器的时间。峰面积随着流速的增加而减小，峰高基本不变。该类型常用的检测器有 TCD 和 ECD 等。

质量型检测器的响应信号与单位时间进入检测器的待测组分质量成正比：

$$E \propto \mathrm{d}m/\mathrm{d}t \tag{7.2}$$

质量型检测器测得的峰高表示组分单位时间内通过检测器的质量，峰面积表示该组分的总质量。峰高随着流速的增加而增大，峰面积基本不变。该类常用的检测器有 FID、FPD 和 MSD 等。

此外，检测器根据检测的组分还可分为通用型检测器(universal detector)和选择型检测器。前者对所有组分均有响应，后者只对特定组分产生响应。对检测器的性能通常要求灵敏度高、检测限低、体积小、响应迅速、线性范围宽、稳定性好等。通用型检测器要求适用范围广，选择型检测器要求选择性好。气相色谱中常用检测器的性能见表 7.2。

表 7.2　常用检测器的性能

性能	热导	氢火焰离子化	电子捕获	火焰光度
类型	浓度	质量	浓度	质量
通用型或选择型	通用型	通用型	选择型	选择型
检测限	2×10^{-6}mg/cm^3	10^{-12} g/s	10^{-14}mg/cm^3	10^{-12}g/s (对 P)，10^{-11}g/s (对 N)
线性范围	10^4	10^7	$10^2\sim10^4$	$10^3\sim10^4$(对 P)，10^2(对 N)
最小检测浓度	0.1μg/g	1ng/g	0.1ng/g	10ng/g
使用范围	有机物和无机物	含碳有机物	卤素及亲电子物质、农药	含硫、磷化物，农药残留

常用于 SF_6气体分解组分检测的检测器为热导检测器和火焰光度检测器。热导检测器的检测限一般大于 100ppm，火焰光度检测器对含 S 的化合物响应较高，但对 O_2、CF_4、H_2O 等没有响应，两者均不能完全满足 SF_6气体分解组分检测分析的要求。有学者的试验表明，脉冲放电氦离子化检测器(PDHID)有比较好的检测效果，PDHID 是利用氦中稳定的、低功率脉冲放电作为电离源，使被测组分电离产生信号。PDHID 的优势在于，对于所有固定气体(在常压和常温下不冷凝的气体)均有正响应，响应的线性范围宽，灵敏度高达 ppb 级。SF_6分解气体组分及微氧和微水等杂质气体浓度都为 ppm 级，脉冲放电氦离子化检测器能够检测所有相关气体成分，并且有较高的检测精度。

气相色谱仪作为一种混合气体成分分析检测的精密仪器，在电力、石油、化工、生物化学、医药卫生、食品工业、环保等方面的应用很广，具有如下特点：

(1) 具有强大的组分分离、定性和定量功能，是目前复杂样品组分分离不可或缺的有力工具和手段。

(2) 具有高选择性，可根据被测气体的性质，通过改变色谱固定相或流动相的种类来提高色谱选择性。

(3) 高灵敏度，仅需少量或微量样品即可进行组分的定性或定量分析。

(4) 可以收集被分离组分，可获得高纯度、高附加值的产物。

(5) 仪器自动化程度高,分析过程简便、快速。

为了让读者更加全面地了解如今气相色谱技术的发展,表 7.3 为简单安捷伦和岛津的两款气相色谱仪的配置。

表 7.3 两种气相色谱仪的配置

仪器型号	厂商	气路系统	进样系统	检测系统	保留时间重现性	峰面积重现性
7890B GC	安捷伦	电子气路控制(EPC)	可同时配置两个进样口	可同时配置三个检测器	<0.008%	<1%
GC-2014	岛津	电子流量控制(AFC)技术	可同时配置三个进样口	可同时配置四个检测器	<0.006%	<0.3%

7.3.2 气相色谱-质谱联用仪

气相色谱-质谱联用仪(GC-MS)可以充分发挥气相色谱的高分离效率和质谱的高专属性与高灵敏度,实现对复杂样品中目标组分的定性、定量分析测定。气相色谱-质谱联用技术是将混合物样品组分经气相色谱分离成单一组分后,各组分按保留时间的顺序依次通过联用仪的接口进入质谱,经离子化后按照一定的质荷比(m/z)顺序通过质量分析器进入检测器,根据产生的信号进行定性、定量分析。图 7.4 给出了质谱仪的工作流程。气相色谱-质谱联用仪具有强大的定性和定量功能,是在复杂样品中实现目标组分分离、定性、定量的有效工具。

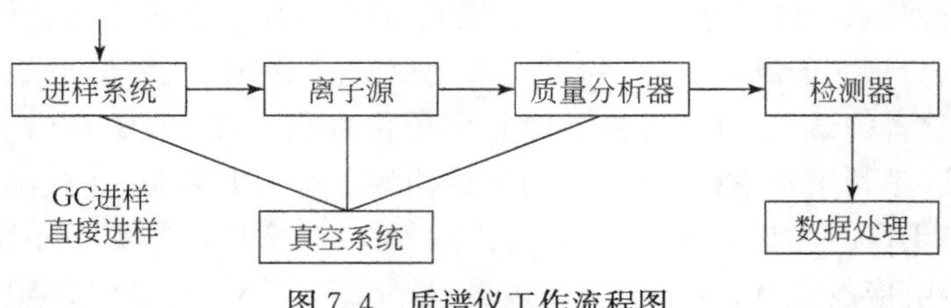

图 7.4 质谱仪工作流程图

气相色谱作为进样系统,将待测样品组分进行分离后直接进入质谱仪进行检测,既满足了质谱分析对样品组分纯度的要求,又省去了样品制备、转移的烦琐过程,极大地提高了对复杂样品进行定性、定量分析的效率。质谱作为检测器,具有较强的定性能力,强大的谱库极大地方便了这些组分的定性,弥补了气相色谱定性的不足;同时,质谱的多种扫描方式和质量分析技术,可以选择性地检测目标化合物的特征离子,能有效排除基质和杂质峰的干扰,提高检测灵敏度。前面已经对气相色谱仪进行了详细的介绍,此处不再赘述。下面主要介绍质谱仪的基本组成和工作原理。

质谱的基本部件由离子源、质量分析器(也称滤质器)和检测器三部分组成。

质量分析器不同，质谱仪结构也会有很大不同，其中四极杆（quadrupole）质量分析器最简单。图7.4给出了毛细管柱气相色-单四极杆质谱仪结构示意图。

1. 离子源

离子源的作用是接收样品并使样品组分离子化产生离子。组分分子进入接口后首先进入离子源，使其在高真空条件下发生离子化，产生的离子进一步碎裂成多种碎片离子和中性粒子，在加速电场作用下进入质量分析器，后者可将不同质量的离子按质荷比（m/z）大小的顺序进行分离。分离后的离子依次进入离子检测器，经采集放大离子信号和计算机处理，绘制成质谱图。

GC-MS中最常用的离子化方式有电子轰击离子化（electron impact ionization，EI）和化学离子化（chemical ionization，CI）。EI是GC-MS最常用的离子化模式，是一种“硬”电离技术。EI离子化过程为：进入EI离子源的组分气态分子，受到EI源中高能电子束的轰击，失去一个外层电子，产生电子和带正电荷的分子离子（M^+），M^+受到电子轰击进一步碎裂成各种碎片离子、中性离子或游离基。在电场作用下，正离子被加速、聚焦，进入质量分析器。

由于标准质谱库中的质谱图是在EI模式、能量为70eV下获得的，为便于样品组分的谱库检索定性，GC-MS测定样品时离子化方式多采用EI模式。据统计，在可用于GC-MS分析测定的化合物中超过90%的化合物可以采用EI离子化。

EI离子化过程稳定，操作方便，电离效率高，所形成的离子具有较窄的动能分散；谱图具有特征性，化合物分子碎裂程度大，能提供较多信息，有助于化合物的鉴别和结构解析；所得分子离子峰不强，有时不能识别。EI离子化方法不适合于相对分子质量大以及热不稳定的化合物。

CI电离过程是一种低能量的过程，远比EI离子化弱，是一种利用反应气体的离子和有机化合物分子发生离子-分子反应而生成离子的“软”电离方法。在CI电离条件下，组分分子进入含有反应气的离子源中（常用反应气有甲烷或氨气），由于反应气远多于组分分子，大多数的电子与反应气碰撞，生成反应气离子，这些离子再与组分分子发生离子-分子反应。在以氨气为反应气的条件下，主要生成$[M+H]^+$和$[M+NH^4]^+$，这些反应气离子相互反应，在主反应和副反应过程中达到一个平衡，同时，它们也通过多种途径与组分分子反应形成组分离子。

由于CI电离产生的碎片少，主要生成高强度的分子离子峰，因而CI电离经常被用于测定化合物的相对分子质量。对于未知化合物，可通过EI获得碎片的信息，通过CI获得相对分子质量的信息。CI与EI互补，从而扩展了质谱的应用范围。

2. 质量分析器

质量分析器（mass analyzer）的作用是将离子源产生的离子按质荷比（m/z）大

小分开，进行质谱检测。其中四极杆质量分析器具有结构简单、使用方便、质量范围和定量分析的线性范围较宽等特点而被广泛地使用，如图 7.5 所示。它可以用于分析皮克级的样品，分析结果的重复性好，相对标准偏差(RSD)一般小于 5%。

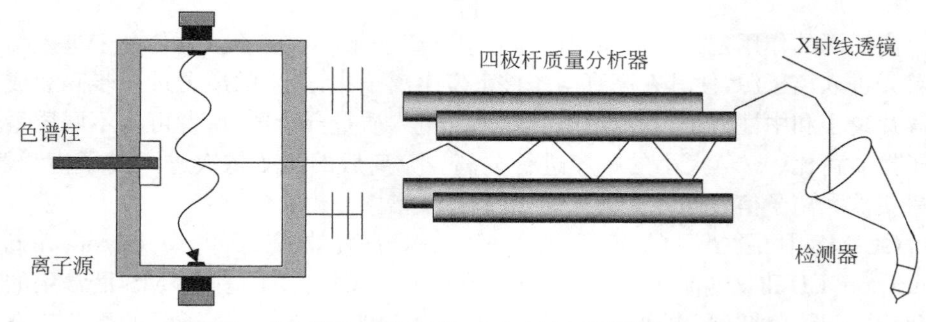

图 7.5 毛细管柱气柱色谱——四极杆质谱仪结构示意图

四极杆质量分析器由四根平行圆柱形电极组成。电极分为两组，相对的一对电极的电位数值相等但极性相反，两组电极分别施加精确控制的直流电压(DC)和射频电压(RF)，产生静电场，这些电场可以控制在给定直流电压下具有设定质荷比的离子通过质量分析器。当一组质荷比不同的离子进入由 DC 和 RF 组成的电场时，在极性相反的电极间振荡，只有质荷比在某设定范围的离子才能进行稳定振荡通过四极杆到达检测器而被检测，通过扫描 RF 场可以获得质谱图。在设定的质荷比范围以外的离子因振幅过大与电极碰撞，放电中和后被抽走，因此，改变电压或频率，可使不同质荷比的离子依次到达检测器。

3. 检测器

质谱中检测器的作用是将离子束转变成电信号，并将信号放大。常用的检测器是电子倍增器(electron multiplier)。离子通过四极杆进入内表面含负电子发射材料的电子倍增器。当进入的某离子撞击负电子发射材料时会喷射出多个电子，被喷射出的电子由于电位差被加速，会碰撞喷射出更多的电子，由此连续作用，产生大量的电子。通常电子倍增器有 14 级倍增器电极，可大大提高检测灵敏度。

气相色谱-质谱联用仪作为一种高精度气体定性定量检测仪器具有如下特点：

(1) 定性能力高，气相色谱-质谱联用仪的定性指标有分子离子、功能团离子、离子峰强比、同性素离子峰等。

(2) 能区分出未分离的色谱峰，质谱仪具有更高的分离、鉴别能力，用选择离子监测法和选择反应监测法，可以分离总离子流色谱图上未能分离或受干扰的色谱峰。

(3) 定量分析精度高，可用同位素稀释和内标技术提高定量精度和定性能力。

(4) 仪器功能强，分析自动化精度高，采用计算机进行数据处理和控制，工作能力强，速度快，内存数据丰富，自动化程度高。

(5) 可靠性高，由于气相色谱-质谱联用仪组合了色谱的保留时间和质谱指纹数据，保证了分析的可靠性。

(6) 灵敏度高，气相色谱-质谱联用仪以质谱仪作为检测器，灵敏度大为提高。

7.3.3　傅里叶变换红外光谱仪

傅里叶变换红外光谱仪(Fourier transform infrared spectrometer, FTIR Spectrometer)，简称为傅里叶红外光谱仪，如图 7.6 所示。它是 20 世纪 50 年代发展起来的先进红外光谱仪，被称为第三代红外光谱仪，利用光干涉图和光谱图之间的对应关系，采用傅里叶变换的方法对干涉图进行计算得到红外光谱。它与传统红外光谱仪相比，有多频道、高通量、高信噪比、高分辨率、频率范围宽等优点。

图 7.6　常见的傅里叶变换红外光谱仪

傅里叶变换红外光谱仪不同于色散型红外分光，它是基于对干涉后的红外光进行傅里叶变换的原理而开发的红外光谱仪，可以对样品进行定性和定量分析。傅里叶变换红外光谱仪主要由红外光源、光阑、干涉仪(分束器、动镜、定镜)、样品室、检测器以及各种红外反射镜、激光器、控制电路板和电源组成。

1. 傅里叶变换红外光谱仪测量原理

当一束红外光照射物质时，该物质的分子将吸收一部分光能，并将其变为振动能和转动能。由于振动能增加时总是伴随转动能的增加，而且能量的增加是跳跃式(跃迁)的，其相应的光谱出现于中红外区(2～25μm)，因此中红外光谱又称为振-转光谱，它是由多根相隔很近的谱线组成的吸收带。因各种物质具有振动和转动能级的跃迁分子数不同，即跃迁概率及分子偶极矩变化的大小不同，使其吸收强度也不同，在此情况下，通过仪器来测定混合物的红外光谱，便可清晰地显示上述物质的结构特性。将透过的光用单色器进行色散，以波长或波数为横坐标，以百分吸收率或透过率为纵坐标，记录形成的谱带，即为该物质的红外光谱图。

傅里叶变换红外光谱仪利用迈克尔孙干涉仪将检测光(红外光)分成两束，在动镜和定镜上反射回分束器，这两束光是宽带的相干光，会发生干涉。相干的红外光照射到样品上，经检测器采集，获得含有样品信息的红外干涉图数据，经过计算机对数据进行傅里叶变换后，得到样品的红外光谱图，其工作原理如图 7.7 所示。傅里叶变换红外光谱具有扫描速率快、分辨率高、可重复性好等特点，被广泛使用。

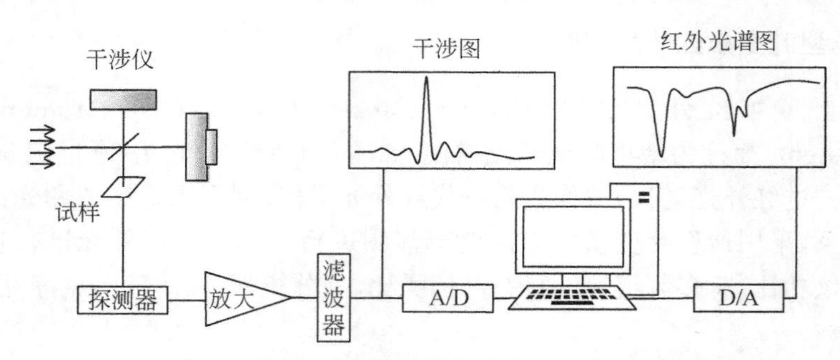

图 7.7 傅里叶变换红外光谱仪的工作原理图

2. 傅里叶变换红外光谱仪组成

傅里叶变换红外光谱仪由光源、迈克尔孙干涉仪、探测器和数据处理系统四部分组成。

1) 光源

傅里叶变换红外光谱仪为测定不同范围的光谱而设置多个光源，常用的是钨丝灯或碘钨灯(近红外)、硅碳棒(中红外)、高压汞灯及氧化钍灯(远红外)。

2) 迈克尔孙干涉仪

分束器是迈克尔孙干涉仪的关键元件，其作用是将入射光束分成反射和透射两部分，然后使之复合，如果可动镜使两束光造成一定的光程差，则复合光束即可产生相长或相消干涉，分束器应在波数 ν 处使入射光束透射和反射各半，此时被调制的光束振幅最大。根据使用波段范围的不同，在不同介质材料上加相应的表面涂层，即构成分束器。

3) 探测器

傅里叶变换红外光谱仪所用的探测器与色散型红外分光光度计所用的探测器无本质上的区别。常用的探测器有硫酸三甘钛(TGS)、铌酸钡锶、碲镉汞、锑化铟等。

4) 数据处理系统

傅里叶变换红外光谱仪数据处理系统的核心是计算机，可直接控制仪器的操作，收集数据和处理数据。

3. 傅里叶变换红外光谱仪的特点

傅里叶变换红外光谱仪的主要特点如下：

(1) 可以进行定量分析。

(2) 固、液、气态样均可用，且用量少、不破坏样品。

(3) 分析速度快，傅里叶变换红外色谱仪与色散型光谱仪相比，扫描时间变短，信噪比高。

(4) 非对称分子均有红外吸收现象，对称分子没有偶极矩(如 N_2、Cl、O_2)，辐射不能引起共振，无红外活性，无法用红外光谱仪进行检测。

(5) 可以进行分子结构更为精细的表征，通过红外光谱的波数位置、波峰数目及强度确定分子基团、分子结构。

(6) 与色谱等联用(GC-FTIR)具有强大的定性功能。

7.3.4 烟气分析仪

烟气分析仪是用来测量工业锅炉燃烧所产生的烟气中污染气体成分的仪器，一般由红外、化学发光、电化学等多种传感器组成，主要测量对象有氧气(O_2)、一氧化碳(CO)、二氧化碳(CO_2)、二氧化硫(SO_2)、氮氧化物(NO_x)等。利用烟气分析仪可以对燃料的燃烧过程进行分析，计算燃料的燃烧效率，实现节能生产，还可以对燃烧中产生的气态污染物(SO_2、NO_x等)及温室气体(CO_2等)进行连续监测和计算。烟气分析仪按使用方式分为两种，分别是便携式烟气分析仪和在线式烟气连续监测分析仪，如图 7.8 所示。这里主要介绍便携式烟气分析仪。

(a) 在线式烟气分析仪

(b) 便携式烟气分析仪

图 7.8　烟气分析仪

1. 工作原理

烟气分析仪的工作原理通常用两种，一种是电化学工作原理，另一种是红外工作原理。目前，市场上的便携式烟气分析仪一般是这两种原理的结合，电化学烟气分析仪厂家有德国菲索、德国 MRU、德国德图，国产的有天虹和崂应等，红外烟气分析仪厂家一般有德国 MRU、德国西门子等。下面简要介绍烟气分析仪的两种工作原理。

电化学气体传感器的工作原理如下：将待测气体经过除尘、去湿后进入传感器室，经由渗透膜进入电解槽，使在电解液中被扩散吸收的气体在规定的氧化电位下进行电位电解，根据耗用的电解电流求出其气体的浓度。可测量 SO_2、NO、NO_2、CO、H_2S 等气体，但这些气体传感器的灵敏度却不相同，灵敏度从高到低的顺序是 H_2S、NO、NO_2、SO_2、CO，响应时间一般为几秒至几十秒，一般小于 1min；它们的寿命也各不相同，短的只有半年，长则 2～3 年，有的 CO 传感器长达几年。

红外传感器的工作原理如下。利用不同气体对红外波长电磁波能量的吸收特性，进行气体定性和定量分析。红外线一般指波长为 0.76～1000μm 的电磁辐射，在红外线气体分析仪器中实际使用的红外线波长一般为 1～50μm。

2. 基本结构

不同烟气分析仪的构造不同，这里以德国 RBR 益康 ECOM-J2KN 便携式烟气分析仪为例，介绍烟气分析仪的一般构造。烟气分析仪由气路系统和电路系统两部分组成。工作时，通过气体采样泵将烟气经采样管送至传感器的气室，传感器的输出电信号通过电子线路将模拟信号放大，转换成被测气体的浓度。分析仪的主要部件包含：采样探针、带烟温热电偶、烟气和压力采样管线采样管、仪器分析箱、带显示屏的手操器、气体传感器组合单元（电化学和红外）、内置热敏打印机、MMC 卡数据存储、可充电电池和外接电源线缆、帕尔贴冷却器带排水蠕动泵、多级烟尘过滤单元等。

3. 烟气分析仪的技术参数

不同烟气分析仪的性能不同。表 7.4 为德国 RBR 益康 ECOM-J2KN 便携式烟气分析仪的技术参数。

表 7.4　ECOM-J2KN 便携式烟气分析仪的技术参数

参数	量程范围	精度	分辨率
O_2	0～21.0 vol%	±0.2% vol%	0.10%
CO	0～10000ppm	±10ppm(0～400ppm)或±5%测量值(其余量程)	1ppm

续表

参数	量程范围	精度	分辨率
NO	0～5000ppm	±10ppm(0～200ppm)或±5%测量值(其余量程)	1ppm
NO_2	0～1000ppm	±5ppm(0～200ppm)或±5%测量值(其余量程)	1ppm
SO_2	0～5000ppm	±10ppm(0～400ppm)或±5%测量值(其余量程)	1ppm
H_2S	0～1000ppm	±5ppm(0～200ppm)或±5%测量值(其余量程)	1ppm
CO	0～10%	±0.02%	10ppm
CO_2	0～20%	±0.3%	0.01%
CH_4	0～5000ppm	±4ppm(0～200ppm)或±3%测量值(其余量程)	1ppm
T-gas	0～1000℃	±1℃(0～100℃)或±2%测量值(其余量程)	1℃
T-air	0～100℃	±1℃	1℃
压力	±100hPa	±2%测量值	0.01hPa
压差	±100hPa	±2%测量值	0.01hPa

7.3.5　SF_6分解产物测试仪

SF_6气体绝缘设备在内部绝缘缺陷引发的各种类型的放电(PD、火花放电和电弧放电)和过热作用下,SF_6气体会分解产生多种低氟化物,并与微水或微氧发生反应,生成多种分解产物,SF_6分解物测试仪是一种专门用于检测 SF_6 分解组分的仪器。目前已经有成熟产品,此处以 RTFJ-Ⅱ型 SF_6分解产物测试仪[11](图 7.9)为例,进行简单的介绍。

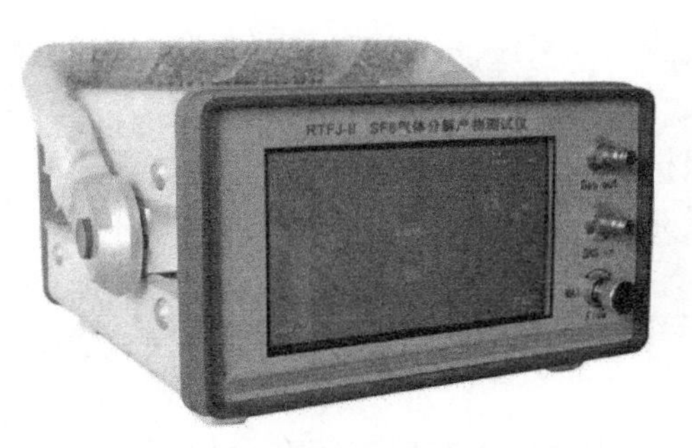

图 7.9　RTFJ-Ⅱ型 SF_6分解产物测试仪

RTFJ-Ⅱ型 SF_6分解产物测试仪采用目前世界上最先进的英国阿尔法高性能、高分辨率的电化学传感器,采用嵌入式微机技术,是一款高精度智能化的检测仪器。通过检测 SF_6设备内部绝缘材料裂解的主要产物——SO_2、H_2S、HF 和 CO 的含量,能够快速准确地判断出 SF_6断路器、互感器、GIS、GIL 等电气设备内部的早期故障,可应用于故障定位、PD 检测、气体净化、过滤检测和 SF_6分解物检测等。

RTFJ-Ⅱ型 SF_6分解产物测试仪的主要技术参数如表 7.5 所示。

表 7.5 RTFJ-Ⅱ型 SF_6分解产物测试仪的主要技术参数

项目	指标	分辨率	0.1ppm
测量范围	H_2S:0～100ppm(标配)(不宜长期超过 200ppm)	重复性	<±2%
	SO_2:0～10ppm(标配)(不宜长期超过 200ppm)	90%响应时间	45s
	CO:0～500ppm(选配)(不宜长期超过 1000ppm)	取样流量	0.15～0.3L/min
	HF:0～10ppm(选配)(不宜长期超过 10ppm)	工作温度	−20～50℃
测量精度	SO_2和 H_2S:5～20ppm 量程内±1ppm; 20～100ppm 量程内±3ppm	最小检出量	SO_2:≤0.1ppm H_2S:≤0.1ppm CO:≤0.1ppm
	CO:5～50±3ppm;50～200±10ppm		

RTFJ-Ⅱ型 SF_6分解产物测试仪适用于电力系统现场测量部门和各省级 SF_6测量中心,该检测仪具有如下特点:

(1) 高灵敏度,确保检修人员尽早地发现设备的潜在故障。

(2) 采用特别设计的测量气室,测量速度快,测量平衡时间小于 1min,耗气量少。

(3) 采用过滤技术,避免气体交叉干扰,提高灵敏度。

(4) 随机配有不定小浓度的标准气体,测量前激活传感器,保证仪器快速测量小浓度气体。

(5) 仪器具备零位自动修正、传感器自激活、电池电压偏低报警、流量异常报警等功能。

(6) 仪器专家故障诊断系统能够分别对断路器和其他设备进行分析判断并给出处理策略。

(7) 浓度过高保护技术,提高传感器的使用寿命。

(8) 内置高容量充电电池,能满足现场长时间使用。

7.4 电化学气体传感器分类

1953 年,Brattain 和 Bardeen 发现气体在金属半导体材料表面的吸附会引起半导体电阻的明显变化。20 世纪 60 年代初,利用金属氧化物半导体(metal oxide semiconductor,MOS)研制出了可燃性气体传感器,由烧结方法制备而成的氧化锡气体传感器于 1968 年在日本第一次进入市场,自从半导体金属氧化物陶瓷气体传感器问世以来,半导体气体传感器(semiconductor gas sensor,SGS)已经成为当前应用最普遍、最具有实用价值的一类气体传感器。

7.4.1　金属氧化物半导体式传感器

金属氧化物半导体式传感器是利用金属氧化物薄膜(如 SnO_2、ZnO、Fe_2O_3、TiO_2等)制成的阻抗器件,最具代表性的是 SnO_2。当气体相互作用时产生表面吸附或反应,引起以载流子运动为特征的电导率、伏安特性或表面电位的变化,借此来检验待测气体的成分或者测量其浓度,并将其转换为电信号输出。典型的气敏传感器结构如图 7.10 所示[12]。

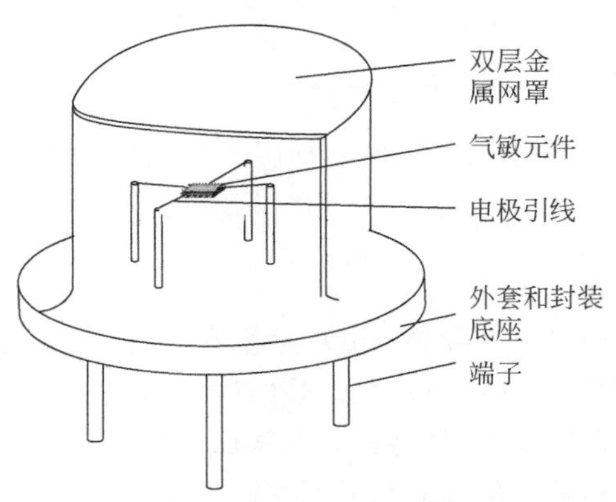

图 7.10　一种典型的气敏传感器结构

金属氧化物半导体式传感器的气敏特性机理是比较复杂的,通常采用表面空间电荷层模型、晶粒界面势垒模型和吸收效应模型等进行定性解释。当半导体器件被加热到稳定状态,在气体接触半导体表面而吸附时,被吸附的分子首先在物体表面自由扩散,失去运动能量,一部分分子被蒸发掉,另一部分残留分子产热分解而固定在吸附处。如果半导体的功函数小于吸附分子的亲和能(气体的吸附和渗透特性),吸附分子将从器件夺得电子而变成负离子吸附,如 O_2等具有负离子吸附倾向的气体被称为氧化性气体。如果半导体的功函数大于吸附分子的解离能,吸附分子将向器件释放出电子,从而形成正离子吸附。具有正离子吸附倾向的气体有 H_2、CO、碳氢化合物和醇类,它们被称为还原性气体。当氧化性气体吸附到 N 型半导体,还原性气体吸附到 P 型半导体上时,将使半导体载流子减少,而使电阻值增大。当还原性气体吸附到 N 型半导体上,氧化性气体吸附到 P 型半导体上时,载流子增多,使半导体电阻值下降。图 7.11 为气体接触 N 型半导体时所产生的器件阻值变化情况。半导体气敏响应时间一般不超过 1min。N 型材料主要有 SnO_2、ZnO、TiO,P 型材料有 MoO_2、CrO_3等。

金属氧化物半导体气敏传感器按照制造工艺可分为烧结型、薄膜型和厚膜型三种。

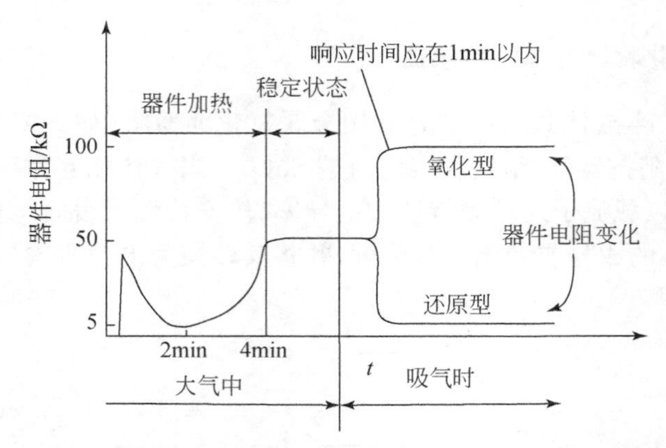

图 7.11　气体接触 N 型半导体时所产生的器件阻值变化情况

1. 烧结型气敏元件

烧结型气敏元件通常以半导体 SnO_2 为基体材料(其粒度在 1μm 以下),添加不同杂质,采用传统制陶方法进行烧结。烧结时埋入加热丝和测量电极,最后将加热丝和测量电极焊接在管座上,加特种外壳构成器件。图 7.12 为烧结型气敏传感器的原理结构。烧结型器件的一致性比较差,机械强度也不高,但价格便宜,工作寿命较长,目前仍得到广泛应用。

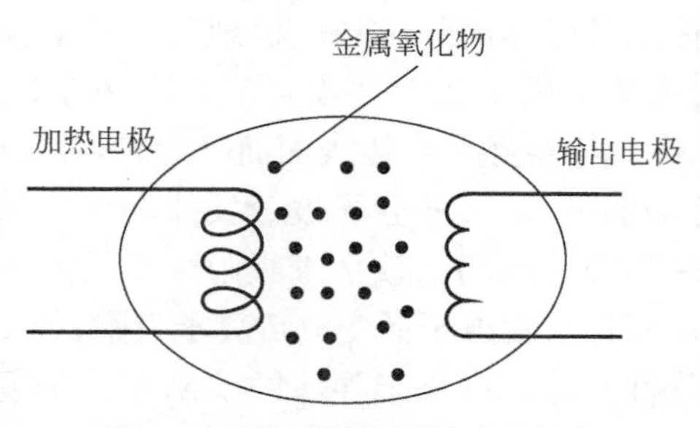

图 7.12　烧结型气敏传感器结构

2. 薄膜型气敏元件

薄膜型气敏传感器的结构如图 7.13 所示,采用蒸发或溅射方式在石英基片上形成一层氧化物半导体薄膜。经试验测定,SnO_2 和 ZnO 薄膜的气敏特性最好。然而,这种薄膜为物理性附着系统,器件之间的性能差异仍较大。

3. 厚膜型气敏元件

为了解决器件一致性问题,出现了厚膜器件,它是用 SnO_2 和 ZnO 等材料与

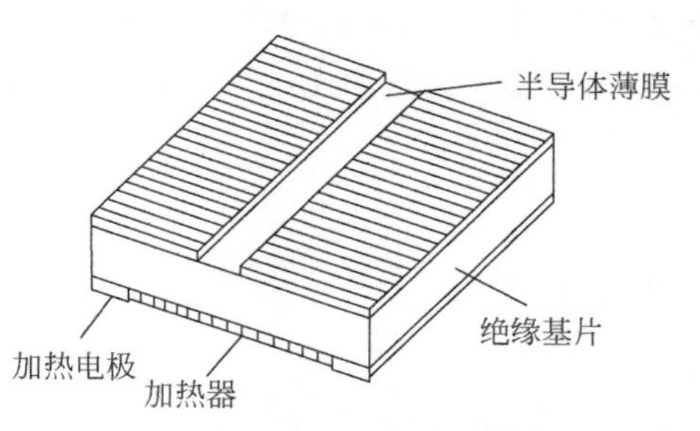

图 7.13　薄膜型气敏传感器结构

3%～15%(质量)的硅凝胶混合制成能印刷的厚膜胶，把厚膜胶用丝网印刷到事先安装有铂电极的 Al_2O_3 基片上，以 400～800℃烧结 1h 制成的。厚膜型气敏传感器的结构原理如图 7.14 所示。厚膜工艺制成的元件的一致性好，机械强度高，适于批量生产，是一种具有广泛应用前景的器件。

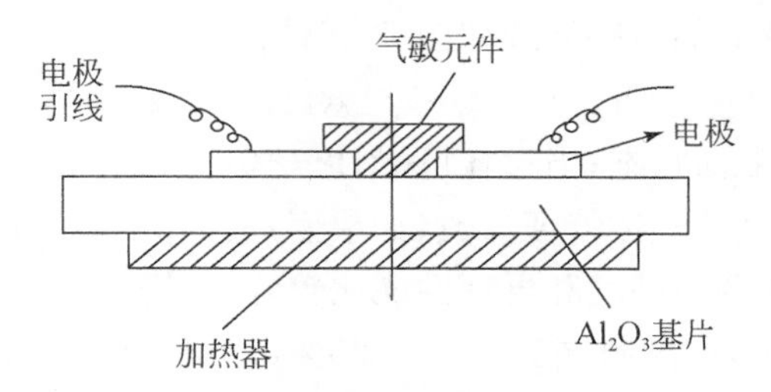

图 7.14　厚膜型气敏传感器结构

以上三类气敏传感器都附有加热器，加热方式一般有直热式和旁热式两种。使用时，加热器能使附着在探测部分的雾、尘埃等烧掉，同时加速气体的吸附，从而提高器件的灵敏度和响应速度，一般加热到 200～400℃，具体温度视所掺杂质与器件最佳工作性能而定。

7.4.2　催化燃烧式传感器

一般将在空气中达到一定浓度、触及火种可引起燃烧的气体称为可燃性气体。绝缘介质在高压(运行电压和过电压)、大电流、内部绝缘缺陷引发的各种类型的放电(PD、火花放电和电弧放电)和过热作用下会产生分解，部分分解产物是可燃性气体，如绝缘油分解产生的 H_2、低分子烷烃和烯烃等。催化燃烧式传感器是目前广泛用于检测可燃性气体的器件之一，其结构和电路原理如图 7.15 所示。催化燃烧式传感器是将白金等金属线圈埋设在氧化催化剂中构成的，使用时电流流过金属线圈加热元件，使之保持在 300～400℃的高温状态，同时将元件接入电桥中的一个桥臂，调节桥路使其平衡。当可燃性气体与传感器表面接触时，燃烧热量进一步使金属丝升温,引起器件阻值增大,从而破坏电桥的平衡,其输出的不平衡电流或电压与可燃性气体浓度成比例,检测输出的电流或电压即可测得可燃性气体的浓度。

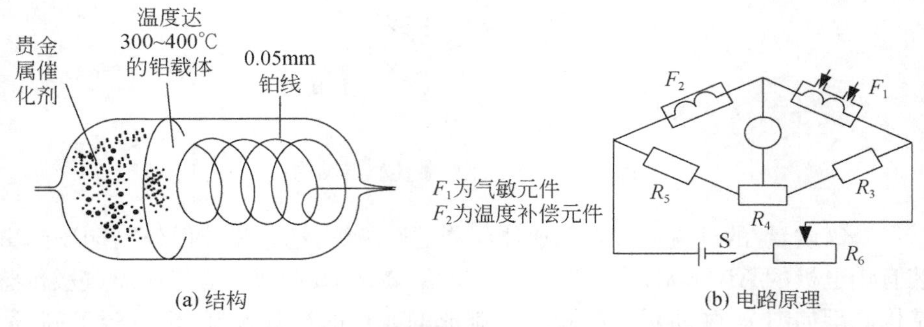

图 7.15　催化燃烧式传感器的结构与电路原理

催化燃烧式传感器的电路原理如图 7.15(b)所示,F_1是气敏元件,F_2是温度补偿元件,F_1、F_2均为白金电阻丝。F_1、F_2与R_3、R_4组成惠更斯电桥,当不存在可燃性气体时,电桥处于平衡状态;当存在可燃性气体时,F_1的电阻产生增量ΔR,电桥失去平衡,输出与可燃性气体特征参数(如浓度)成比例的信号。

催化燃烧式传感器的精度和再现性能比较好,环境对其影响很小,可工作温度范围为−20～50℃[13],湿度范围为10%～95%(相对湿度)。催化燃烧式传感器接触到某些物质时,会中毒,从而使检测性能降低,甚至降低传感器的使用寿命。其中毒一般表现为两种形式:一种为催化剂中毒,通常是铅或硫的化合物以及硅化物等在催化剂表面分解,形成固体的钝化层,阻止可燃性气体与元件表面接触,这种作用最终将导致敏感元件的灵敏度产生不可逆转的降低,甚至在很短时间内就使器件无法工作。另一种为催化剂抑制,某些种类的化合物如卤代烃类(F、Cl、Br、I)与催化剂发生强烈的化学反应,使敏感元件本身正常工作所发生的反应受到了抑制,导致元件的灵敏度出现暂时性的降低,这种降低可以通过在洁净空气中通电工作一段时间得到恢复。催化燃烧式气体传感器的工作寿命一般在1～3年以内,当其灵敏度明显降低时,就应该对其进行更换[14]。

催化燃烧式传感器是一种广谱型气体传感器,对于各种可燃性气体都有很好的响应,相对而言其选择性较差。由于其工作原理所限,选择性差的问题很难解决,所以在应用催化燃烧式传感器时,应扬长避短,在发挥其广谱性能的同时,尽量提高一致性,降低测量误差,并提高其工作寿命[15]。

7.4.3　定电位电解式气体传感器

定电位电解式传感器最初是由两个电极构成的,随着电化学与材料技术的不断发展,传感器的结构也相应发生变化,现在用于二氧化硫气体检测的定电位电解式传感器基本采用了三电极或四电极结构,以三电极最常见,这三个电极分别是工作电极、参比电极和对电极。

定电位电解式传感器中最主要的电极是工作电极,它是将具有催化活性的高纯度金属粉末(铂、金等)涂在透气憎水的薄膜上制成的。被测量的气体扩散穿过工作电极的多孔膜时,在电极上发生氧化还原反应,反应中发生自由电子的转移,产生电流作为传感器的输出信号。参比电极是为工作电极提供一个稳定的电化学电位。为了确保其电位的恒定,参比电极通常不会与被测气体接触。此外,参比电极一般不允许有电流通过,以免改变其电位值。对电极仅仅是一个完整的电化学电池所需要的第二个电极,它与工作电极组成回路,使整个电路构成完整的循环,以使电化学反应能在传感器中顺利地进行。

定电位电解式传感器产生的电信号一般在微安培级,通常采用精密集成运算放大器,放大约1000倍得到毫安培级的电流输出。

定电位电解式传感器的整个工作过程可以简单地描述为以下几个步骤:

(1) 被测气体进入传感器气室,该过程可以通过气体的自由扩散实现,也可以通过有动力采样实现。

(2) 气体从气室扩散到达工作电极前端的多孔膜,并向电极和电解质的界面扩散。

(3) 气体溶解到电解质溶液中。

(4) 溶解的气体在电极表面吸附、活化。

(5) 气体发生氧化还原反应,发生自由电子的流动,传感器输出电信号。

(6) 反应产物从电极表面解吸附,向电解质内部扩散。

通过上述过程,待测气体发生氧化还原反应,产生自由电子的转移,同时反应产物在传感器内部积累。

以 SO_2 定电位电解式气体传感器为例,其内部的电极反应为

$$\text{阳极}\quad SO_2+2H_2O \longrightarrow 4H^+ + SO_4^{2-} + 2e \tag{7.3}$$

$$\text{阴极}\quad 2H^+ + \frac{1}{2}O_2 + 2e \longrightarrow H_2O \tag{7.4}$$

$$\text{总反应}\quad SO_2 + \frac{1}{2}O_2 + H_2O \longrightarrow H_2SO_4 \tag{7.5}$$

定电位电解式气体传感器的特性指标一般分为静态和动态两类。静态特性是指传感器在被测量的各个值处于稳定状态时,输出量和输入量之间的关系,包括温度漂移、线性相关度、零点漂移、数据重现性、准确性、选择性等。动态特性是传感器对随时间变化的输入量的响应特性,通常指响应时间。传感器特性指标是衡量传感器性能优劣的重要标准,例如,英国 City Technology 公司生产的一款 3SF(SO_2 传感器)线性传感器,其测量范围为 0~3000mg/m^3,响应时间小于 30s,被广

泛应用在煤矿、钢铁、石油、化工、冶金、消防、电力等排放监测方面。

7.4.4 伽伐尼电池式氧气传感器

伽伐尼电池式氧气传感器主要用于检测氧气的浓度。伽伐尼电池式氧气传感器本身不需外部电路，结构简单、没有热源、工作电流很小(微安级)，是一种比较理想的小型化氧气传感器。

伽伐尼电池式氧气传感器的结构如图 7.16 所示，阴极材料为金、铂等贵金属；阳极使用铅等低价金属；隔膜用 10～2μm 厚透气性好的聚四氟乙烯膜，电解质溶液用过氯酸或其他酸性电解液[16]。

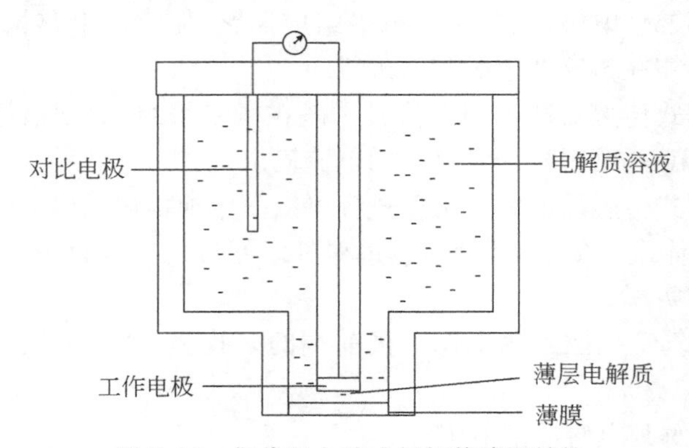

图 7.16　伽伐尼电池式氧气传感器结构

氧透过隔膜后溶解在隔膜与阴极间的薄层电解液中，当氧到达阴极表面时被还原，即

$$O_2+4H^++4e\longrightarrow 2H_2O \tag{7.6}$$

此时，阳极上的铅被氧化，即

$$2Pb+2H_2O\longrightarrow 2PbO+4H^++4e \tag{7.7}$$

在 0%～100%的氧浓度范围内，传感器的输出与氧浓度呈线性关系，因此，检测输出电流值就可以求出氧浓度。由于氧扩散依赖于温度，所以传感器的输出随温度而变化。实际应用时，一般都用热敏电阻器进行温度补偿，经过补偿后，传感器的输出基本不受温度变化的影响。另外，传感器的输出与氧分压成正比，它的输出受到空气湿度和气压的影响，因此，对采用伽伐尼电池式氧传感器制作的仪器进行校正时，必须首先考虑湿度的校正；同理，传感器的输出也必须考虑空气压力的影响。在正常环境中，伽伐尼电池式氧气传感器的使用寿命可达 2 年以上。

7.4.5 光离子化传感器

光离子化传感器(photo ionization detector，PID)，相比于其他气体传感器，具有独特的工作原理。光离子化传感器通过紫外灯的照射,“迫使”被测气体发生离子化过程进而产生微弱电流,对该微弱电流进行一系列的转换、放大等处理过程,最终可实现对气体的检测。

所谓的离子化就是用高于或等于待测气体的能量迫使待测气体“分裂”,把待测气体中的电子激发出来,“分裂”的每个部分都带有相应的电荷,在 PID 中激发待测气体离子化的源头就是电离室中的紫外灯。因此,在设计光离子化传感器之前要清楚被测气体发生电离所需的能量及光离子化传感器的能量源本身所能够提供的输出能量。化合物被离子化所需要的能量被称为电离电位(IP),其计量单位为电子伏特(eV)。实际上,IP 所表示的正是化合物中键的强度。光离子化传感器中采用紫外灯作为能量的输出源,其输出能量的单位也是 eV,因此,当紫外灯的输出能量高于或等于待测气体的 IP 值时,此待测气体可以被该紫外灯电离并做进一步检测,否则不能将其离子化[17]。当待测气体的 IP 值低于或等于紫外灯的输出能量时,待测气体分子可吸收光子发生电离,电离后形成带正电的离子,并放出电子,电离室中安装有接通高压电源的电极板,电离后的电子与离子经过该电极板时,由于外加电场的作用,离子和电子迅速发生移动,在两块极板间形成可被检测的微弱电流信号[18]。光离子化传感器的结构如图 7.17 所示。

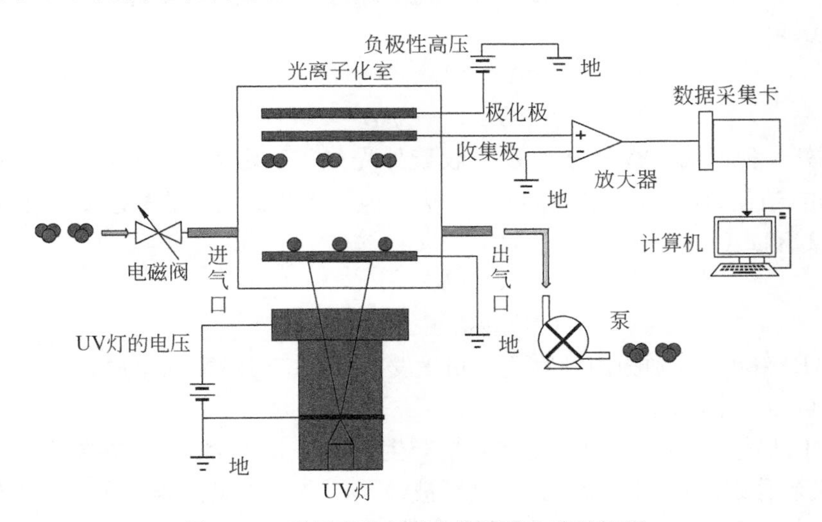

图 7.17　通用型光离子化传感器电路结构图

空气中的基本成分为 N_2、O_2、CO_2、H_2O 等,其 IP 值都大于紫外灯的输出能量,因此,PID 检测泄漏在空气中的挥发有机化合物时可保证空气中的基本组分不被离子化。应用 PID 进行检测的气体或蒸汽,一般情况下都是从泄漏源头挥发到空气中,在空气中由近及远地继续扩散,与空气中的气体混为一体,不断地进行稀释,距离泄漏源头越远,被测气体的浓度就越低,到达一定距离后,浓度被稀释为零，这样，被测气体的浓度就以泄漏源为中心形成了一个浓度的梯度，经过PID的实时监测可检测到不同点的不同浓度，进而测出浓度的梯度，即可根据浓度梯度上升的方向追溯到泄漏的源头。应用PID可以直接、快速地读取被测气体的浓度，它是一种灵敏度非常高的检测仪，应用它可以检测泄漏在空气中ppm级甚至是ppb级浓度的气体和蒸汽[19]。由此可判断出气体扩散的范围有多大，并快速地寻找到泄漏源头，及时做出应对泄漏的措施，应用PID检测泄漏在空气中的挥发性有机化合物具有十分可靠的准确性和灵敏性。

在光离子化过程中，设定待测气体分子为AB，载气分子为C，发生的电离种类主要有直接光电离和间接光电离，具体形式如下。

1）直接光电离

在电离室内，待测气体分子AB被紫外灯照射，AB与紫外光光子($h\nu$)发生反应，生成带正电的离子AB^+，并放出电子，具体过程见式(7.8)：

$$AB + h\nu \longrightarrow AB^+ + \mathrm{e} \tag{7.8}$$

2）间接光电离

间接电离分为两种形式，其中一种形式是待测气体分子AB吸收紫外光光子后并不直接发生电离，而是转至激发态，再进行电离，具体过程见式(7.9)和式(7.10)：

$$AB + h\nu \longrightarrow AB^* \tag{7.9}$$

$$AB^* \longrightarrow AB^+ + \mathrm{e} \tag{7.10}$$

另外一种形式是载气分子C吸收紫外光光子至激发态，并与待测气体分子AB撞击，迫使AB电离，与此同时，C^*失去能量恢复到最初的基态C，具体过程见式(7.11)和式(7.12)：

$$C + h\nu \longrightarrow C^* \tag{7.11}$$

$$C^* + AB \longrightarrow AB^* + C \tag{7.12}$$

式中，AB^*和C^*分别为两种物质的超激发态。式(7.12)中的生成物AB^*可继续发生式(7.10)中的反应。

综上所述，光离子化的最终结果是产生正离子AB^+和电子，在带电极板的作用下，两者分别向负、正极运动，形成可被检测的微弱电流信号。在真空紫外光强度一定时，样品池光程足够短，样品浓度足够低的情况下，被测物质浓度与光离子化电流呈线性关系[20]。

不同的化合物具有不用的电离电位，因此对于某一特定配置的紫外灯来说，可以检测的物质范围是有限的。理论上，只要紫外灯的输出能量不低于被测物质的电离电位，该物质就可以通过PID进行检测。以10.6eV的紫外灯光源为例，PID可以检测醛类化合物、醇类化合物、卤代不饱和烃类化合物、碳氢化合物、硫化物、带有一个苯环的芳香类化合物、半导体气体、溴和碘类、氨气、氧化亚氮、硫化氢等气体。

由于PID光离子化传感器独特的检测原理，它具有如下优点：

(1) 不具有破坏效应。经PID检测后的被测气体分子不会永久地以独立的电子和离子形式存在，一旦脱离离子化室可重新复合为未被检测前的初始状态，因此被测气体可重新被收集以便再次利用，这也是PID十分突出的特性。

(2) 对被测物质有针对性。PID所能够检测的物质范围十分广泛，但并不能将所有气体离子化，如空气中的各组分、CH_4、CO等气体，就不会影响PID检测的结果，因此在复杂的检测环境中，PID仍能够保证检测结果的准确性。

(3) 灵敏度高。高精度的PID可检测浓度低至ppb级的挥发有机化合物，即对低浓度的待测物质也具有很高的灵敏性，这对于泄漏事故的实时监测是十分有优势的。

(4) 危险系数低。测量过程中不需可燃气体、助燃气体作载气，减少了引燃、引爆等潜在的危险性。

(5) 反应速度快。PID在正常工作的情况下，对待测物质的反应时间只需几秒，反应速度非常快，接近于实时反应，而且还能够实现不间断检测。

(6) 方便携带。PID的外形小巧轻便，作业人员可随身携带检测操作。

7.5　电化学气体传感器评价标准

7.5.1　基本参数指标

1. 量程指标

化学气体传感器的测量范围从零到几十、几百或几千ppm不等。对传感器量程的选择应根据实际测量气体的浓度范围选择，一个传感器的量程指标不是孤立存在的，它通常与灵敏度以及传感器价格密切相关。一般来说，对于同一系列的传感器，量程越大，其灵敏度会越低，痕量气体或H_2S等剧毒气体的量程都比较小。以英国City Technology公司生产的传感器产品为例，其7系7HYT型号H_2传感器的量程为0～1000ppm，分辨率为2ppm；另外一款7系7HH型号H_2S传感器的量程为0～50ppm，其分辨率为0.1ppm。

2. 灵敏度指标

灵敏度指标是指传感器输出值随输入量变化而改变的程度，通常是输出电流、电压或阻抗随测量气体浓度变化的大小。对于痕量气体传感器，其灵敏度一般都比较高。同样以上述两款传感器为例，7HYT型号H_2传感器的输出信号为(0.03±

0.01)μA/ppm,7HH 型号 H_2S 传感器的输出信号为(1.70±0.30)μA/ppm,一般痕量气体传感器的灵敏度要比大量程气体传感器的灵敏度高。

3. 响应时间

电化学气敏传感器的响应时间从几秒到几十秒不等,半导体气敏响应时间一般不超过 1min,影响响应时间的因素主要有工作电极的结构和电极电阻的大小。部分剧毒气体对人体危害极大,因此对传感器的响应时间要求比较严格,在选择传感器时应该着重考虑。例如,在温度为 20℃时,7HH 型号 H_2S 传感器的 90%响应时间≤30s,4HS+型号 H_2S 传感器的 90%响应时间为 20s;7HYT 型号 H_2传感器的 90%响应时间≤50s。

4. 使用寿命

传感器的使用寿命是衡量传感器优劣的重要指标。催化燃烧式气体传感器的工作寿命一般为 1~3 年。在正常环境中,伽伐尼电池式氧气传感器的使用寿命可达 2 年以上。通过查阅英国 City Technology 公司的技术手册,大多数传感器的使用寿命多为 1.5~3 年。

7.5.2 环境参数指标

1. 温度指标

当工作环境温度发生变化时,传感器的零点和灵敏度发生变化,从而造成输出值随环境温度的变化,导致测量出现附加误差,因此对于容易受到温度影响的传感器需要进行温度补偿。另外,不同传感器的设计允许工作温度范围也不同,普通传感器一般可以工作在－20~＋50℃的范围内。

2. 气压指标

气压变化会影响气体吸附或者解吸附的速率,影响测量的准确性。例如,细孔氧气传感器遇到急剧增压或减压时,气体将被迫通过细孔栅板(大流量),气体的增加(或减少)产生了一个瞬变电流信号,影响测量的结果。选择气敏传感器时应该考虑传感器的允许工作气压范围。以及允许的气压波动范围。普通传感器一般可以工作在 1atm±10%的气压范围。

7.5.3 交叉干扰

交叉干扰问题是电化学传感器评价指标中所特有的,尽管国内外对电化学传感器的交叉干扰问题进行了大量的研究,但是这依然是电化学传感器始终存在的问题。对于应用于实际工程的传感器，应该考虑被检测气体所处的气体环境，选用的传感器应尽量排除或减小交叉干扰的影响。表 7.6 给出了英国 City Technology 公司生产的 7H 型号 H_2S 传感器的交叉干扰气体数据。

表 7.6　7H 型号 H_2S 传感器交叉数据

干扰气体	浓度/ppm	输出结果/ppm	干扰气体	浓度/ppm	输出结果/ppm
CO	300	≤6	H_2	10000	<15
SO_2	5	<1	HCN	10	$-1.4 \leq x \leq -0.5$
NO	35	0	HCl	5	0
NO_2	5	约−1	Cl_2	1	$-0.05 \leq x \leq +0.04$
C_2H_2	100	0			

电化学传感器的几种评价指标是相互关联的，如同一系列传感器的量程范围越大，其灵敏度会越低，因此对于传感器的选择应根据待测气体种类、浓度范围、测量环境、期望精确度以及传感器成本等多方面综合考虑。

参 考 文 献

[1] 刘帆．局部放电下六氟化硫分解特性与放电类型辨识及影响因素校正[博士学位论文]．重庆：重庆大学，2013.

[2] 曾福平．SF_6气体绝缘介质局部过热分解特性及微水影响机制研究[博士学位论文]．重庆：重庆大学，2014.

[3] 刘景博，武胜斌，李佩丽，等．72.5kV 环保型 GIS 技术现状及发展趋势．高压电器，2012，48(3)：99-103.

[4] Levine J S，Rogowski R S，Gregory G L，et al. Simultaneous measurements of NO_x，NO，and O_3 production in a laboratory discharge：Atmospheric implications. Geophysical Research Letters，1981，8(4)：357-360.

[5] 张颖，王学磊，李庆民，等．基于热焓分析的变压器油热解机制及热故障严重程度评估．中国电机工程学报，2014，(33)：5956-5963.

[6] 王昌长，李福祺，高胜友．电力设备的在线监测与故障诊断．北京：清华大学出版社，2006.

[7] 付强．典型电缆燃烧性能研究[博士学位论文]．合肥：中国科学技术大学，2012.

[8] 顾锡人，朱步瑶，李外郎．表面化学．北京：科学出版社，1994.

[9] 邓积微．金属氧化物半导体气体传感器制作及测试分析方法研究[博士学位论文]．长沙：湖南大学，2015.

[10] 万凌云．六氟化硫气体放电组分实验装置及试验方法研究[硕士学位论文]．重庆：重庆大学，2008.

[11] RTFJ-Ⅱ SF_6 气体分解产物测试仪．http://www.whretop.com/detail.aspx? node＝716&id＝238，2012-08-16/[2015-12-04].

[12] 永远．传感器原理与检测技术．北京：科学出版社，2013.

[13] 杨永辉,林彦军,冯俊婷,等．超声浸渍法制备 Pd/Al_2O_3 催化剂及其催化蒽醌加氢性能．催化学报，2006,27(4):304-308.
[14] 史春开．甲烷低温燃烧反应分子筛负载 Pd 催化剂[博士学位论文]．厦门:厦门大学，2003.
[15] 杨跃华．接触燃烧式甲烷传感器的敏感材料的研究[硕士学位论文]．长春:吉林大学，2010.
[16] 黄鸿雁,潘喜军．化学量传感器．传感器与微系统，1989,(3):54-64.
[17] 亢敏．光离子化气体传感器的测试基础及测试系统设计．硅谷，2010,(03):15.
[18] 殷亚飞,梁庭,牛坤旺,等．便携式光离子化有害气体检测仪的设计．自动化仪表，2011,(04):74-76.
[19] 吴利刚,王煊军,华明军．光离子化技术在肼类气体监测中的应用．宇航计测技术，2003,(06):46-49.
[20] 刘洋．光离子化气体传感器的研究与设计[硕士学位论文]．哈尔滨:哈尔滨工程大学，2013.

第 8 章　纳米气敏传感器

8.1　纳米气敏传感器现状与传感原理

纳米技术指用单个原子和分子制造物质的科学技术，且几何尺寸为 0.1～100nm 内材料的性质和应用。随着材料尺度的减小，物质的性能发生突变，出现特殊性能。这种既不同于原来组成的原子和分子，也不同于宏观的物质的特殊性能，在气体检测领域的应用就形成纳米气敏传感器。与传统气敏传感器相比，纳米气敏传感器在尺寸减小、精度提高、选择性增强以及检测时间缩短等方面的性能大幅提高。纳米气敏传感器已在生物、化学、机械、航空、军事等领域得到了广泛的应用。

基于纳米气敏传感器的气敏响应机理，纳米气敏传感器可分为电阻式传感器和非电阻式传感器，见表 8.1。对于电阻式纳米传感器，当被检测气体吸附到传感器表面时，传感器的电阻率发生变化。根据不同气体浓度在不同条件下对应的电阻率变化，确定被测气体的浓度。非电阻式纳米传感器是一种半导体器件，常见的有电容、二极管和场效应管型纳米气敏传感器。电容型气体传感器是根据被检测气体的浓度变化，其静电容量发生变化而制成。二极管气体传感器是利用一些气体被金属与半导体的界面吸收，对半导体禁带宽度或金属功函数的影响，而使二极管整流特性发生性质变化而制成。场效应管 FET 型气体传感器根据栅压域值的变化来检测未知气体。

表 8.1　纳米气敏传感器按分类

类型	物理特性	常见传感器	被测气体
电阻式	表面控制型	SnO_2、ZnO、碳纳米管、石墨烯	CO、H_2、CH_4、乙醇、丙酮、甲苯、汽油等
	体控制型	Fe_2O_3、氧化钛、氧化钴、氧化镁、氧化锡	酒精、可燃性气体、氧气
非电阻式	电容型	SnO_2、氧化银	乙醇
	二极管型	铂/硫化镉、铂/氧化钛	氢气、一氧化碳、酒精
	场效应管型	铂栅 MOS 场效应管	氢气、硫化氢

纳米气体传感器种类繁多，可用在不同的应用领域。在环境检测方面，当有毒气体浓度达到一定程度时，会给人身安全带来危害，需要对这些进行实时监测。在医学检测方面，基于纳米气体传感器制备出应用于肺癌早期检测的便携式人工嗅

觉系统——电子鼻测试仪[1]。该电子鼻利用纳米传感器分析呼出气体各组成成分的浓度,诊断被测试人员的患病情况。在实验室和工业安全领域,需要对有机类气体进行检测分析,如甲苯、甲醇和苯等。随着纳米气体传感器与计算机技术相结合,化学分析传感器逐渐向智能化、多功能化发展。

近年来,为了有效提高传感器检测精度、选择性、可靠性、便携性以及降低生产成本,纳米传感器在制备工艺、控制传感器材料的形貌、合成新型纳米材料等方面不断改进。早在 1991 年,Sberveglieri 等[2]利用采用磁控溅射方法在基片上沉积 SnO_2 薄膜形成气敏传感器。此外,溶胶-凝胶法、化学气相沉积法(MOCVD)、旋涂镀膜、阳极氧化法也常用于制备纳米气敏传感器。为了使被检测气体更好地与传感器表面相互接触而实现检测,所制备纳米材料的形貌需要具有大的比表面积及丰富的孔隙结构。如图 8.1 所示,常见的纳米气敏材料按形貌可分为零维纳米颗粒、一维纳米棒(线)、二维纳米片、三维纳米球。这些不同纳米材料形貌在极大地增加材料比表面积,同时,由纳米材料孔隙结构产生的气体传输通道也大大地缩短了气敏响应时间。

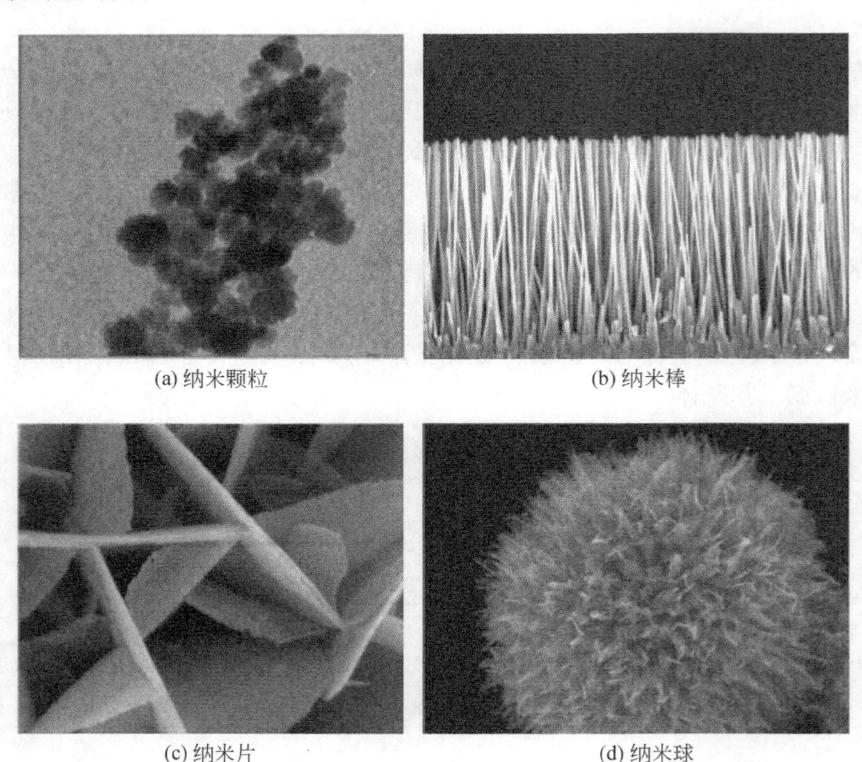
(a) 纳米颗粒　(b) 纳米棒　(c) 纳米片　(d) 纳米球

图 8.1　常见纳米气敏材料形貌

纳米气敏材料也常应用于气体绝缘设备的在线监测，如变压器油中溶解气体检测和气体绝缘电气设备的 SF_6 分解组分检测等。通过监测绝缘材料的分解气体组分的成分和浓度能及时有效地发现电气设备内部的潜伏性绝缘缺陷，进而对电气设备的运行状态和绝缘水平进行评估，避免发生因潜伏性绝缘缺陷造成的突发性故障。

8.2 常见纳米气敏传感器

常见的应用于电气设备分解组分在线监测的纳米气敏传感器类型有二氧化钛气敏传感器、碳纳米管气敏传感器、石墨烯气敏传感器、有机聚合物气敏传感器。

8.2.1 二氧化钛气敏传感器

二氧化钛（TiO_2）是一种无毒、催化活性高、稳定性好、价格低廉的半导体材料，在燃料和化妆品行业早已为人们所熟悉。纯净的 TiO_2 为白色，在自然界中存在的颜色一般是黄色或者红色。近年来，TiO_2 在汽车尾气检测、工业炉燃烧后废气处理及空气净化方面有着广泛的应用，在气体传感器等行业也成为人们研究的热点。纳米形式的 TiO_2 材料具有以下优点：比表面积大、表面活性高、光催化性能强、导热性能高、分散性好等。TiO_2 纳米管阵列是典型的三维纳米材料，近年来的研究表明 TiO_2 纳米管阵列材料在多个领域展现出巨大的开发潜力，已成国际上的研究热点之一。

1. TiO_2 的结构及性质

1）基本性质

TiO_2 因存在氧空位缺陷通常表现为弱N型半导体金属氧化物，Ti原子的外层电子为 $3d^2 4s^2$，基本分子结构属于闪锌晶格，其中，每个 Ti^{4+} 被6个 O^{2-} 构成的八面体结构所包围。Ti原子具有22个电子，外围3d轨道的两个价电子以及4s轨道的两个价电子会供给两个氧原子的3p轨道，形成稳定的电子轨道结构，因此，TiO_2 的化学性质很稳定，除溶于热浓硫酸和氢氟酸之外，不溶于盐酸、硝酸以及稀硫酸[3]。

2）能带结构

常温下，TiO_2 晶体中的 Ti^{4+} 和 O^{2-} 有着稳定的电子排布结构，能隙禁带宽度约为3.2eV，因此价带中的电子几乎不能被激发到导带上去，所以它的电导率极低，即使在高温条件下也只有很小的电导率。一般主要通过激发附加能级上的电子使其进入导带来实现 TiO_2 电导的改变。附加能级可以由缺陷和杂质形成，而缺陷和杂质的种类和数量就可以在一定程度上影响 TiO_2 的导电率。因此，有目的性地在晶体中掺杂一定量的某种杂质或者形成一定种类和量的缺陷，就能在禁带中形成附加能级，从而改变 TiO_2 的导电特性[4]。

3）非化学计量氧化物

非化学计量化合物中各元素原子组成比例并非完全符合化学规则上的固定比例，而是会因为具体实际结构的不同而有所差异。TiO_2 存在大量的缺陷，导致其中氧和钛的数量比值不是 2∶1，而是 1.6∶1～1.62∶1，这说明实际 TiO_2 晶体中会存在很多氧空位体缺陷或者表面缺陷。

4）晶体结构

TiO_2 有三种晶型[5]：金红石（rutile）、锐钛矿（anatase）、板钛矿（brookite），其中，锐钛矿与金红石这两种晶型结构应用较多，而板钛矿型 TiO_2 的结构不稳定，很少被运用在工业中。金红石型和锐钛矿型 TiO_2 则均属于四方晶系，但两者的晶格不同，所以其 X 射线图像也有区别，锐钛矿型 TiO_2 的 XRD 衍射角 2θ 为 25.5°，金红石型 TiO_2 的 XRD 衍射角 2θ 为 27.5°。

金红石型 TiO_2 的晶格中心有一个钛原子，被 6 个氧原子包围，而这些氧原子构成了八面体的棱角，2 个 TiO_2 分子为一个晶胞，该晶型的热稳定性最好。锐钛矿型 TiO_2 中 4 个 TiO_2 分子为一个晶胞，在低温度环境中，该结构较为稳定，但是随着温度的升高，会逐渐向金红石转化；板钛矿型 TiO_2 中 6 个 TiO_2 分子为一个晶胞，属于不稳定的晶型，温度高于 650°C 时则转化为金红石型。图 8.2 为 TiO_2 三种晶型的球棍结构示意图。

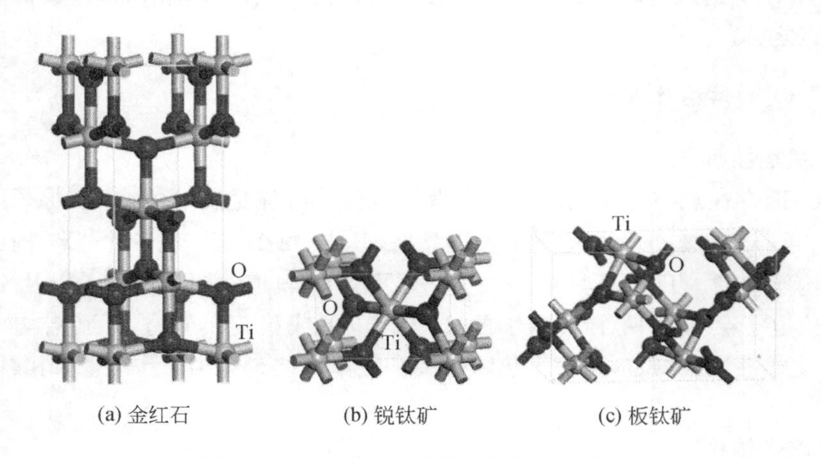

(a) 金红石　(b) 锐钛矿　(c) 板钛矿

图 8.2　TiO_2 的三种晶体球棍结构示意图

金红石晶型的 TiO_2 原子排列致密，相对密度和折射率比较大，在光学方面有较多应用，而锐钛矿晶型的 TiO_2 具有优秀的光催化性能以及气敏特性，在工业催化加工和环境气体检测等领域具有很广的应用空间。

2. TiO_2纳米管制备方法

在实验室中，制备 TiO_2纳米管的常用方法有三种：化学模板法、水热合成法和阳极氧化法。

1）化学模板法

化学模板法是通过模板纳米管孔洞使纳米材料最小结构单位形成纳米管的方法。用这种方法制备 TiO_2纳米管时，首先需要采用由阳极氧化制备的多孔氧化铝(AAO)作为模板，再将此模板浸渍到由特定含 Ti 化合物作为前驱体的溶胶溶液中，溶胶需要经过聚合形成凝胶，之后通过高温处理使进入多孔氧化模板中的含 Ti 凝胶固化成具有同模板孔尺寸的纳米管结构；最后利用金属氧化物不溶于浓碱而氧化铝溶于浓碱的原理，将多孔氧化铝溶解，分离出具有类似纳米管结构的 TiO_2，并用水清洗干净。Lakshmi 等[6]使用这种方法成功制备了具有纳米管结构的 TiO_2、Co_3O_4、MnO_2、WO_3和 ZnO 等。

模板法的优点是可以通过一些电化学来控制模板纳米孔的尺寸参数，进而控制制备的纳米管尺寸，而且对试验设备的要求比较低，缺点是很难保证生成的纳米管具有很高的连续性和完整性。

2）水热合成法

水热合成法将 TiO_2粉末溶解于强碱溶液进行很多复杂的化学反应来制备 TiO_2纳米管，这种方法需要在封闭的高温高压条件下进行，此条件下，强碱中的单层纳米 TiO_2会发生卷曲，并慢慢形成管状结构，再通过弱酸溶液中和强碱溶液，最后采用溶液分离出去就可以得到颗粒细小的 TiO_2纳米管。Kasuga 等[7]采用水热合成法，在 110℃ 下对 NaOH 碱溶液中的 TiO_2纳米颗粒粉体进行处理，之后分别采用水和盐酸溶液对生成的反应物进行洗涤，成功制备了 TiO_2纳米管。

水热合成法的优点是制备方法简单，花费成本低廉，也可以通过参数的调整来控制纳米管的尺寸，被广泛运用于工业生产过程中，缺点是通过此方法制备的 TiO_2纳米管无有序的阵列结构，排列也不规则。

3）阳极氧化法

将金属作为阳极，在外加电场以及电解液离子的作用下，金属表面会发生溶解并生成金属离子，金属离子被溶液中的阳离子氧化后在金属表面生成氧化膜。氧化膜导致金属表面电阻升高，电解电流减小，同时生成的氧化膜又会不断地在溶液中溶解反应。在金属氧化膜不断生成以及溶解的过程中，金属表面就会生成阵列结构的纳米孔洞。金属氧化膜的生成速度可以通过外加氧化电压的大小来控制，而氧化膜的溶解速度可由电解液的成分、pH 值决定，不同的阳极氧化条件就能控制金属表面纳米空洞的形貌。

TiO_2纳米管阵列结构的形成就是基于此原理。2001 年，Grimes 等[8]发现在常温条件下将高纯度的钛片在 HF 电解液中阳极氧化后，钛片表面就生成了一层整齐规则的 TiO_2 纳米管阵列。Grimes 等[8]还研究了影响 TiO_2 纳米管阵列结构参数以及生长变化情况的因素：当电解质呈弱酸性时，纳米管的长度会更长，而使用有机电解质时，长出的纳米管管壁更加光滑。阳极氧化法的优点是制备的纳米管阵列生长有序，结构整齐，管壁比较厚，管径比较合适，具有半导体特性，直接生长在 Ti 片基底上容易制备成器件，缺点是成本过高。

8.2.2　碳纳米管气敏传感器

碳纳米管（carbon nanotube，CNT）又称巴基管，是一种具有特殊结构的一维量子材料，与金刚石、石墨、富勒烯一样，是碳的一种同素异形体。在 1991 年 1 月由日本筑波 NEC 实验室的物理学家 Iijima 使用高分辨透射电子显微镜从电弧法生产的碳纤维中发现[9]。碳纳米管的碳（C）原子以 sp^2 杂化的方式形成活性更强的原子杂化轨道，然后各 C 原子以 σ 键相互结合形成六边形蜂窝状的 CNT 骨架。C 原子未参与杂化的一对孤立 p 电子相互之间形成跨越整个 CNT 的共轭 π 电子云。碳纳米管可以分为单壁碳纳米管（SWCNT）和多壁碳纳米管（MWCNT），如图 8.3 所示。

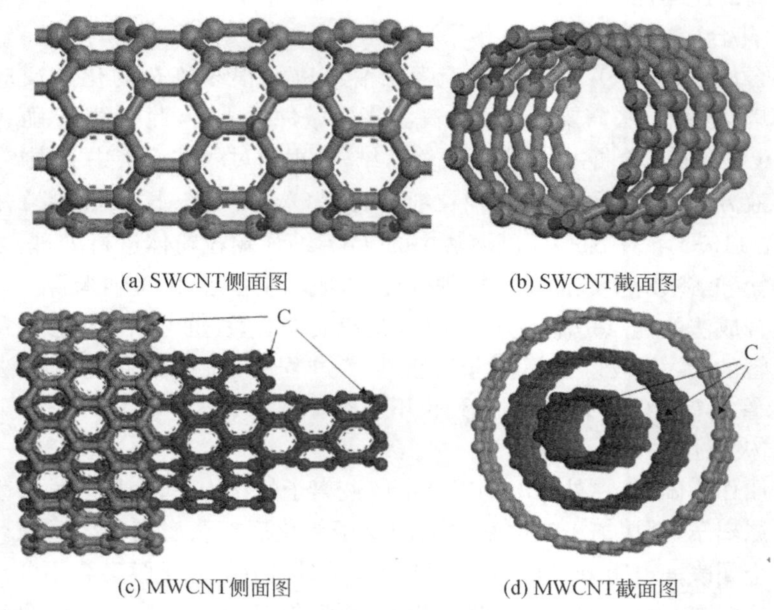

(a) SWCNT侧面图　(b) SWCNT截面图　(c) MWCNT侧面图　(d) MWCNT截面图

图 8.3　碳纳米管结构模型

1. 碳纳米管的结构及性质

碳纳米管具有巨大的长径比，是一种典型的一维量子材料，其电子波函数在管径方向和管轴方向分别表现为周期性和平移不变性，它的特殊分子结构决定其在力学、电学和热学等方面都具有一些独特性质。

1）力学性质

碳纳米管中 C 原子采取 sp^2 杂化，与 sp^3 杂化相比，sp^2 杂化中的 s 轨道成分较多，因而具有高模量、高强度。它的硬度与金刚石相当，但有良好的柔韧性，可以拉伸[10]。工业上常用的增强型纤维中，决定强度的一个因素就是长径比，工程师希望得到的长径比至少是 20∶1，而碳纳米管的长径比一般在 1000∶1 以上，是理想的高强度纤维材料。2000 年 10 月，美国宾州州立大学的研究人员称[11]，碳纳米管的强度比同体积钢的强度高 100 倍，重量却只有后者的 1/7～1/6，因而被称为“超级纤维”。Krishnan 等使用原子力显微镜对 SWCNTs 的测量表明其径向杨氏模量可达 1TPa[12]。

2）热学性能

碳纳米管的传热性能良好，其沿着长度方向的热交换性能很高，而垂直方向的热交换性能较低，热传导具有良好的方向性。所以通过对碳纳米管进行合适的取向可以合成高各向异性的热传导材料。另外，由于碳纳米管具有较高的热导率，于是在复合材料中掺入微量的碳纳米管可以极大地改善复合材料的热导率[10]。

3）电学性质

碳纳米管中 C 原子未参与杂化的孤立 p 电子形成大范围的离域 π 键，共轭效应显著，使其具有一些特殊的电学性质。常用矢量 C_h 表示 CNT 原子排列的方向，其中 $C_h = na_1 + ma_2$，记为(n,m)，a_1 和 a_2 分别表示两个基矢（图 8.4）。(n,m)与 CNT 的导电性能密切相关，对于一个给定(n,m)的 CNT，如果 $2n+m=3q$（q 为整数），则这个方向上表现出金属性，是良好的导体，否则表现为半导体。对于$n=m$的方向，碳纳米管的电导率通常可达铜的 1 万倍。

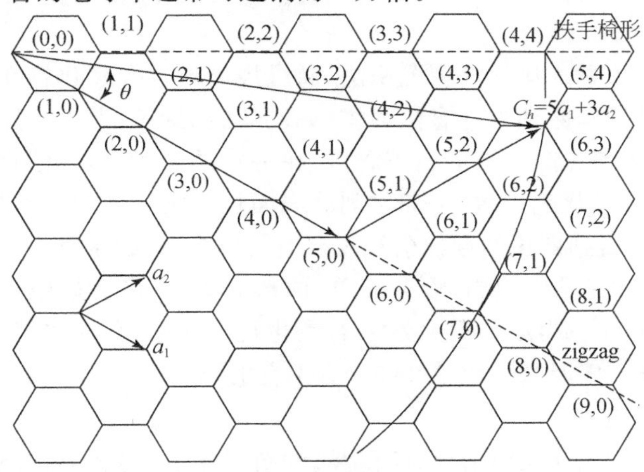

图 8.4　石墨片层上手性向量的选取

4）发射特性

碳纳米管具有纳米尺度的尖端，有利于电子的发射，因此科学家曾预言并证实了 CNT 具有极好的场致电子发射效应[13]。

5）吸附特性

碳纳米管表面活性大，具有丰富的孔隙结构，大的比表面积，对气相化学组分有很强的吸附和解吸附能力[14]。

2. 碳纳米管的制备方法

1）电弧法

它是最早用于制备碳纳米管的方法，也是最主要的方法。其主要工艺是：在真空容器中充满一定压力的惰性气体或氢气，以掺有催化剂（金属镍、钴、铁等）的石墨为电极。在电弧放电的过程中，阳极石墨被蒸发消耗，同时在阴极石墨上沉积碳纳米管，从而生产出碳纳米管。Ebbsen 等[15]在氮气下制备碳纳米管，并且可制得克级碳纳米管，从而使这种方被广泛应用。1994 年，Bethune 等[16]引入催化剂进行电弧反应，提高碳纳米管的产率，降低了反应温度，减少了融合物。1997 年，Journet 等[17]在氦气下采用催化剂大规模合成单碳纳米管。孙铭良等[18]的工作表明采用直流电弧法制备碳纳米管的影响因素主要有：惰性气体的压力大小会影响到碳纳米管的管径、管长及黏附颗粒的多少，氧气和水蒸气的存在会造成碳米管有较多缺陷，且相互烧结在一起无法分离纯化，电流、电压会影响碳纳米管的产率和生成速率，但石墨棒径比的不同不会影响碳纳米管的生成。电弧法的特点是简单快速，制得的碳纳米管管直，结晶度高，但产量不高，而且由于电弧温度高达 3000～3700℃，形成碳纳米管会被烧结成一体，烧结成束，束中还存在很多非晶碳杂质，造成较多的缺陷。目前，电弧法主要用于生产单壁碳纳米管。

2）催化裂解法

催化裂解法也称为化学气相沉积法，通过烃类或含碳氧化物在催化剂的催化下裂解而成。其基本原理为将有机气体（如乙炔、乙烯等）混以一定比例的氮气作为压制气体，通入事先除去氧的石英管中，在一定的温度下，在催化剂表面裂解形成碳源，碳源通过催化剂扩散，在催化剂后表面长出碳纳米管，同时推着小的催化剂颗粒前移[19]。直到催化剂颗粒全部被石墨层包覆，碳纳米管生长结束。该方法的优点是：反应过程易于控制，设备简单，原料成本低，可大规模生产，产率高等。缺点是：反应温度低，碳纳米管层数多，石墨化程度较差，存在较多的结晶缺陷，对碳纳米管的力学性能及物理化学性能会有不良的影响。

3）激光蒸发法

其原理是利用激光束照射至含有金属的石墨靶上，将其蒸发同时结合一定的反应气体，在基底和反应腔壁上沉积出了碳纳米管。Tans 等[20]在制备 C60 时，在电极中加入一定量的催化剂,得到了单壁碳纳米管。Thess等[21]改进试验条件,采用该方法首次得到相对较大数量的单壁碳纳米管。试验在1473K条件下,采用50ns的双脉冲激光照射含Ni/Co催化剂颗粒的石墨靶,获得高质量的单壁碳纳米管管束。

4) 低温固态热解法

低温固态热解法(low temperature solid pyrolysis,LTSP)是通过制备中间体来生产碳纳米管的。首先制备出亚稳定状态的纳米级氮化碳硅(Si_2C_2N)陶瓷中间体,然后将此纳米陶瓷中间体放在氮化硼坩埚中,在石墨电阻炉中加热分解,同时通入氮气作为保护性气体,大约加热1h,纳米中间体粉末开始热解,碳原子向表面迁移。表层热解产物中可获得高比例的碳纳米管和大量的高硅氮化硅粉末[19]。低温固态热解法工艺的最大优点在于有可能实现重复生产,从而有利于碳纳米管的大规模生产。

5) 热解聚合物法

该方法通过高温分解碳氢化合物来制备碳纳米管。用乙炔或苯化学热解有机金属前驱物制备碳纳米管。Cho等[22]通过把柠檬酸和甘醇聚酯化作用得到的聚合物在400℃空气气氛下热处理8h,然后冷却到室温,得到了碳纳米管。在420～450℃时,在H_2气氛下,用金属Ni作为催化剂,热解粒状的聚乙烯,合成了碳纳米管。Sen等[23]在900℃下,Ar和H_2气氛下热解二茂铁、二茂镍和二茂钴,也得到了碳纳米管。这些金属化合物热解后不仅提供了碳源,而且也提供了催化剂颗粒,它的生长机制跟催化裂解法相似。

6) 离子(电子束)辐射法

在真空炉中,通过离子或电子放电蒸发碳,在冷凝器上收集沉淀物,其中包含碳纳米管和其他结构的碳。Chernozatonskii等[24]通过电子束蒸发覆在基体上的石墨合成了直径为10～20nm的向同一方向排列的碳纳米管。Yamamoto等[25]在高真空环境下用氩离子束对非晶碳进行辐照得到了管壁厚10～15nm的碳纳米管。

7) 火焰法

该方法是利用甲烷和少量的氧燃烧产生的热量作为加热源。在炉温达到600～1300℃时,导入碳氢化合物和催化剂。该方法制备的碳纳米管结晶度低,并存在大量非晶碳,但目前对火焰法纳米结构的生长机理还没有很明确的解释。Richter等[26]在乙炔、氧、氩气的混合气体燃烧后的炭黑里发现了附着大量非晶碳的单层碳纳米管。Das Chowdhury等[27]通过对苯、乙炔、乙烯和含氧气的混合物燃烧后的炭黑检测,发现了纳米级的球状、管状物。

8) 太阳能法

聚焦太阳光至坩埚中,使温度上升到3000K,在此高温下,石墨和金属催化剂混合物蒸发,冷凝后生成碳纳米管。这种方法早期用于生产巴基球,1996年开始用于碳纳米管的生产。Laplaze 等[28]利用太阳能合成了多壁碳纳米管和单壁碳纳米管组成的绳。

9) 电解法

电解法制备碳纳米管是一种新技术。该方法采用石墨电极(电解槽为阳极),在约 600℃的温度及空气或氩气等保护性气氛中,以一定的电压和电流电解熔融的卤化碱盐(如 LiCl),电解生成了形式多样的碳纳米材料,包括包裹或未包裹的碳纳米管和碳纳米颗粒等,通过改变电解的工艺条件可控制生成碳纳米材料的形式。Andrei 等[29]发现在乙炔/液氨溶液中,在 N 型(100)硅电极上电解可直接生长碳纳米管。Hsu 等[30]以熔融碱金属卤化物为电解液,以石墨为电极,在氩气氛围中电解合成了碳纳米管和葱状结构。黄辉等[31]以 LiCl、LiCl+$SnCl_2$ 等为熔盐电解质,采用电解石墨的方法成功制备了碳纳米管和纳米线。

10) 其他方法

Stevens 等[32]在 50℃的低温下,通过铯与纳米孔状无定形碳的放热反应自发形成碳纳米管。俄罗斯的 Chernozatonskii 等[33]在检测用粉末冶金法制备的合金 Fe_2Ni_2C、Ni_2Fe_2C、$Fe_2Ni_2Co_2C$ 的微孔洞中发现了富勒烯和单层碳纳米管。日本的 Kyotani 等[34]采用"模型碳化"的方法,用具有纳米级沟槽的阳极氧化铝为模型,在 800℃下热解丙烯,让热解炭沉积在沟槽的壁上,然后用氢氟酸除去阳极氧化铝膜,得到了两端开口且中空的碳纳米管。Matveev 等[35]在 233K 用乙炔的液氮溶液通过电化学方法合成碳纳米管,这是迄今为止生产碳纳米管所报道的最低温度。

8.2.3 石墨烯气敏传感器

1. 石墨烯的结构及性质

石墨烯是除了石墨、金刚石、富勒烯和碳纳米管之外碳元素的又一种同素异形体,是具有二维层状纳米结构的原子晶体材料。由英国曼切斯特大学的 Geim 教授[36]于 2004 年首次通过微机械剥离法制备得到。这种新材料的发现证实了自然界中存在一种严格的二维材料。Geim 教授研究组对石墨烯的电学特性进行系统表征后发现这种新材料具有独特优异的理化特性,在超级电容器、生化传感器、燃料电池等研究领域具有很大的发展潜能和应用空间。Geim 教授和 Novoselov 博士由于此项开创性的研究成果获得了 2010 年的诺贝尔物理学奖,由此掀起了石墨烯的研究热潮。单层石墨烯厚度仅为 0.34nm,即一层碳原子的厚度。C 原子的外层电子分布为 $2s^2 2p^2$,2 个 2s 轨道电子和 1 个 2p 轨道电子同另外三个碳原子相应轨道的电子通过 sp^2 杂化形成 σ 键联结为二维六角蜂巢状结构。图 8.5(a)和图 8.5(b)分别为石墨烯构型图和能带结构图及布里渊区图。这种强 C—C 键形成的平面结构使石墨烯片层具有优异的结构钢性,而二维平面并非绝对平整,平面上微小的褶皱凸起反而使石墨烯的平面结构更具有稳定性。每个碳原子都有一个未成键的 2p 轨道自由电子，这些电子在与碳原子平面相垂直的方向形成的离域 π 轨道上自由运动，从而石墨烯具有良好的导电性。

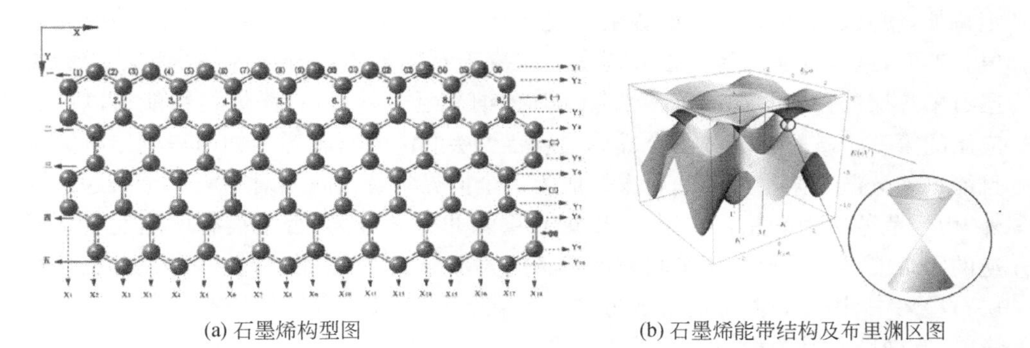

(a) 石墨烯构型图　(b) 石墨烯能带结构及布里渊区图

图 8.5　石墨烯构型及能带结构

分析石墨烯的能带结构和布里渊区图，发现其导带和价带呈锥形山谷状，在布里渊区高度对称，形成双锥体，动量幅值与能量变化呈线性关系，导带和价带正好在费米能级的 6 个顶点相交，此 6 个点处态密度为 0。由于具有上述独特的结构，石墨烯具备其他材料无可比拟的优异特性，目前已经证实的物理性质包括：

(1) 石墨烯载流子浓度为 $10^{12}/cm^2$，相应的电阻率为 $10^{-6}\Omega \cdot cm$，是迄今发现的室温下导电性最好的材料。

(2) 单层石墨烯在室温下具有超高的载流子迁移率，达到 $200000cm^2/(V \cdot s)$。

(3) 石墨烯每个碳原子都可看做表面原子，所有的碳原子均暴露在外，因此，石墨烯具有超大的比表面积，理论分析值为 $2630m^2/g$。

(4) 石墨烯在载流子数量很小的情况下仍具有极低的约翰孙噪声，因此，载流子浓度一个很小的改变就会引起电导率的显著变化。

(5) 石墨烯电子的典型传导速率为 $8\times10^5 m/s$，接近光在真空中传播速度的 1/400，远大于一般半导体材料的电子传导速率。

(6) 导带和价带在费米能级处相交，表明石墨烯是一种零带隙的物质。

石墨烯表面每个碳原子都可看做表面原子，都能与单个被测气体分子相互作用。从理论上分析，石墨烯具有超大的比表面积，具备多个与气体分子相互作用的位点。此外，石墨烯具有超高电导率(即使是在载流子很小时)、极少的晶体缺陷以及低噪声等固有的独特电子特性优势，从理论上表明石墨烯具有引起很大气敏响应的潜能。Geim 等[37]认为，石墨烯具有极限的检测灵敏度，在理论上是不可战胜的材料，其检测灵敏度可达到单个分子的水平。综上所述，从理论上讲，石墨烯的检测范围为单个分子到很高浓度的气体，具有其他任何三维气敏材料无可比拟的优势。因此可以看出，石墨烯在电化学传感器研究领域具有广阔的应用前景。

2. 石墨烯的制备方法

石墨烯由于其独特的机械、结构、热学、电化学特性，并能呈现出这些特性的稳定特征，使其成为可替代三维碳纳米复合材料的二维材料而具备了重要的研究价值。然而，这些优越的特性很大程度上取决于石墨基质被分离为纳米尺寸级的单层石墨片层的过程。如同碳纳米管和其他纳米复合材料，石墨烯材料能得以广泛应用的第一个难题在于如何合成单层或者少层的优质石墨烯。如何得到结构完整且能均匀分散于某种溶液的石墨烯成为了全世界学者共同面对的第二个难题。此外，由于范德华力的相互作用，石墨烯片层除非完全分离，否则很有可能发生不可逆的团聚或堆叠。而石墨烯材料所具备的大部分优越的物化特性基本只存在于单层石墨烯中，因此石墨烯的合成方法对其在各种领域的应用效果有着至关重要的影响，有效防止其团聚或堆叠尤为重要。总结最近几年在石墨烯合成领域的研究成果，学者主要发现了剥离法、还原氧化法等几种合成方法，可根据不同领域的应用着重选择不同的合成方法。

1）机械剥离法

机械剥离法是制备石墨烯最简单的方法，2004 年，Geim 研究组即用这种方法首次获得单层石墨烯，这是一种厚度仅为 0.34nm 的二维层状纳米结构的原子晶体。该项研究发现的重大意义在于证实了完美的二维晶体也可以在有限温度下稳定存在的事实，纠正了材料科学界关于“二维晶体不可能在有限温度下稳定存在”的谬论，获得诺贝尔科学奖后，全世界范围的石墨烯研究热潮由此展开。这种方法将常见的高度定向的裂解石墨（HOPG）作为原料，具体步骤为：将 1mm 厚的 HOPG 经过氧等离子体蚀刻处理后形成 5μm 深的正方形平台，将此正方形平台黏附在光刻胶上并进行适当挤压后，用透明胶带从正方形 HOPG 片上反复剥离出石墨烯薄片，最后将黏附在光刻胶上的石墨烯片层溶于丙酮后，转移至硅片基底上后再进行超声处理，除去较厚的薄片，最后能得到厚度小于 10nm 的石墨烯。一般认为，这种方法制备的石墨烯片层为单层和少层石墨烯，具有相对优良的晶体结构，结构缺陷最少，物化特性优异，但制作耗时，不能有效控制石墨烯片层厚度，易受胶带污染且产量极低，从而不能实现石墨烯大规模的制备合成。总体来讲，机械剥离法仍然是制备单层或极少层高质量石墨烯最为有效的方法，该方法更适用于实验室基础理论研究。

2）化学剥离法

化学剥离法是通过氧化石墨、去除石墨层间含氧官能团的化学方法实现石墨片层的相互剥离而得到大面积的石墨烯。目前主要有 Brodie、Staudenmaier 和 Hummers 三种方法进行石墨的氧化处理，其中，Hummers 法因其可方便修改制备过程参数并有效减少有毒物的排放而最常用。经氧化处理后的石墨片层间的主要以微弱的范德华力相互作用，有效提高了石墨层间距。去除石墨层间的含氧官能团主要包括化学还原和热还原两种方法。化学还原法中所使用的还原剂主要有肼、维生素 C 等。肼是一种强极性剧毒化合物。有研究证实更为环保的维生素 C 也能取得较好的还原效果。无论选用哪种还原剂，化学还原法都不可避免地会残留一定的氧元素，从而导致化学还原法制备的石墨烯相较于机械剥离法制备的石墨烯，具有更低的电导率。热处理也是还原氧化石墨的有效手段，可在碱性环境或者微波作用下有效还原。目前已有研究将化学还原和热还原方法结合起来还原氧化石墨。总体来讲，化学剥离法是可实现石墨烯大规模制备的有效方法，具有层数较少、产率高、易操作等优点，但该方法制备的石墨烯易被所添加的分散溶剂污染，晶体结构具有一定的缺陷以及一定程度的杂乱，因此，适用于电导率要求并不严苛的传感、催化等应用领域。

3）化学气相沉积法

化学气相沉积(chemical vapor deposition，CVD)法是制备大尺寸单层或少层优质石墨烯最值得期待的方法，由 Somani 研究组于 2006 年首次使用该方法成功合成。CVD 法中，石墨烯的生长需要 1000℃左右的高温且必须具有快速降温过程，甲烷、甲醇等碳氢化合物气体作为碳源，与镍、钴或铜等金属箔催化介质相互作用，在适合的生长温度下，含碳气体中的碳元素类似于渗碳过程，将有效地溶解于金属箔中，随后快速淬火的过程中，金属箔中渗入的碳元素在金属箔表面重新析出，从而形成一层均匀、晶体结构相对完美且尺寸较大的石墨烯薄膜。从生长机理可知，此种方法制备的石墨烯的厚度以及结晶序列主要由淬火速率、金属箔厚度以及溶解于金属箔中的碳元素含量决定。CVD 法生长出的石墨烯可以方便地转移到其他基底上，如 SiC、SiO_2基底，还可根据其用途适当裁剪大小，这就为后续的应用提供了很大的便捷。总之，CVD 法提供了一种层数可控、尺寸可控、晶体规则的单层或少层高质量石墨烯的合成途径，使大面积薄膜电极的成功量产成为可能，这种方法的缺点就是过程较为复杂，成本相对更高。

4）外延生长法

超高真空热处理 SiC 的方法也是获得高质量石墨烯片层的有效途径，尤其在半导体制造产业，该方法制备的石墨烯直接以具有绝缘特性的 SiC 为基底而不需要任何复杂的基底转移过程，可直接组装，从而得以广泛采用。6H-SiC 单晶体在超高真空环境中被加热至一定的温度，其表面的 Si 原子因具有更高的蒸汽压，而从基底表面升华溢出，而未升华的 C 原子则停留在基底表面重新排列形成蜂窝状稳定结构，即获得了石墨烯片层。石墨烯片层的厚度取决于退火时间和加热温度。研究表明，制备少层石墨烯的条件为经过 1200～1600℃的高温处理 1h 后，将 SiC 进行几分钟的退火处理，有研究认为 1600℃的高温更有利于在 SiC 基底上形成均匀的少层石墨烯。尽管外延生长法值得期待，但是也有几个需要解决的问题。首先,如何在实际生产中精确控制大尺寸石墨烯薄膜的厚度是第一个需要面对的挑战。其次,在 SiC 不同面(Si 面、C 面)上外延生长出的石墨烯片层具有不同的结构、厚度,甚至造成了部分物理特性、电子特性的不同,其中涉及的机理尚未取得突破性的研究进展。石墨烯层与层之间、片层与基底之间的结构以及电子特性的相互关系是需要进行深入研究的第三个挑战。总之,外延生长法制备的石墨烯只能以 SiC 为基底,不能转移至其他基底上,从而限制了其在其他领域的应用。

5) 其他合成方法

除了上述介绍的几种常用的石墨烯制备方法外,还有有机合成法、裂解碳纳米管法、电弧放电法等几种。有机合成法主要是通过有机反应形成石墨烯状的碳氢聚合物(PAH),尽管这种方法具有可实现多样性合成、嫁接边界改变溶解度等诸多优势,但最大的问题在于如何稳定保存、分散以及如何形成大面积的二维平面 PAH。裂解碳纳米管法主要是基于碳纳米管可视为其是由石墨烯层卷曲而成这一事实,这种方法的优势在于不同大小碳纳米管的制备方法已经足够精确完备,通过氩等离子体蚀刻裂解后的石墨烯片层自然也能被有效地控制尺寸。电弧放电法是对无定形碳进行高温等离子体修饰、H_2 蚀刻后获得完美晶格且稳定的石墨烯。有研究论证了电弧放电处理其实是很快的热还原过程,经过液相分离和离心后,得到高电导率且稳定的石墨烯。目前,根据现有的研究成果,尚未有学者将这三种方法制备的石墨烯用于气体传感技术领域。

8.2.4 有机聚合物气敏传感器

20 世纪 70 年代之前,人们普遍认为高分子材料为绝缘体,从来没有"导电高分子"的概念。1978 年,日本学者 Akhtar 等[38] 在实验室合成的掺杂态的聚乙炔(poly acetylene,PA)具有金属光泽,随后他与美国学者 Heeger 等合作发现,经 AsF_5 和 I_2 掺杂后的聚乙炔,其电导率增加了 10～12 个数量级,接近金属导体的电导率,达到 10^3 S/m。这一发现使导电高分子材料作为一种新兴学科迅速发展起来,之后研究者又相继合成了聚苯胺、聚噻吩、聚吡咯、聚对苯乙烯等数十种导电高分子,并对它们的光、电、磁性能进行了系统的研究,因其独特的结构和物理化学性质已广泛应用在能源、传感器、光电子器件、金属防腐、电磁屏蔽等领域。按照制备方法和结构可以将导电高分子分为两类:一类是由导电材料如碳系纳米材料、金属粉末等与高分子单体通过共混聚合或填充复合等形成复合材料;另一类是由含有大 π 键的共轭高分子,在聚合反应的过程中通过化学掺杂的方式形成。这种高分子的主链由单、双键交替组成,这种结构使沿高分子主链的成键分子轨道和反键分子轨道高度离域化,通过"掺杂",掺杂分子进入主链,大分子链内和链间 π 电子之间轨道交叠为载流子提供导电通道,掺杂的过程可增加高分子材料内部载流子的数目,同时,掺杂可以提高聚合物的结晶度并在一定程度上减少晶体中的缺陷,从而大大提高了载流子的流动性，使高聚物的电导率大幅提高。聚苯胺、聚吡咯、聚噻吩等都属于第二类导电高分子。

1. 聚苯胺的结构及性质

1）本征聚苯胺的分子结构

根据学者 MacDiarmid 等[39]在 1987 年提出的结构模型，本征态聚苯胺（poly aniline，PANI）分子的规整结构是一种线形的首-尾相连结构，由氧化单元和还原单元构成，结构模型如图 8.6 所示。

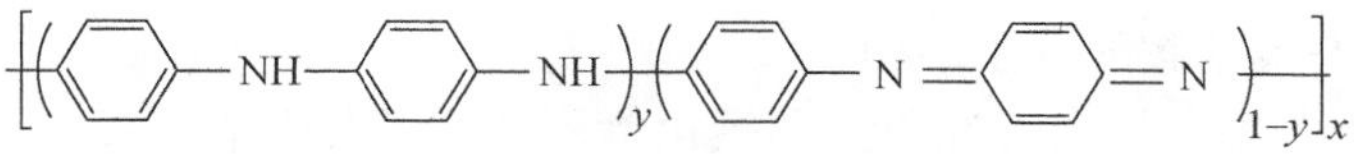

(a) 还原单元　　(b) 氧化单元

图 8.6　本征态聚苯胺的分子结构模型

在图 8.6 所示的分子结构模型中，聚苯胺是由氧化单元和还原单元两部分组成，$y(0\leqslant y\leqslant 1)$代表聚苯胺的氧化-还原程度，$x$ 为聚合度。其中还原单元是“苯—苯”连续形式，氧化单元由“苯—醌”交替构成。由于还原单元和氧化单元比例的不同，聚苯胺表现出不同的氧化状态，但与一般共聚物不同的是这两个结构单元通过氧化还原反应可以相互转化。

随着图 8.6 中的 y 在 0～1 内变化，聚苯胺结构变化多样，其组成、电导率与颜色也随之改变。其中，典型的、能稳定存在的氧化态聚苯胺的结构形式有三种，分别为 $y=0$、$y=0.5$ 和 $y=1$。当 $y=0$ 时，PANI 为完全氧化态“苯—醌”交替结构（pernigraniline，PE），其结构模型如图 8.7 所示。

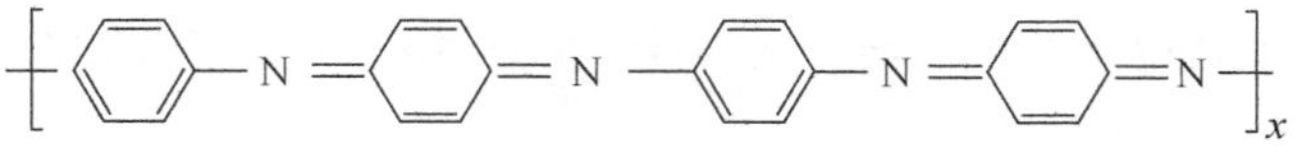

图 8.7　完全氧化态交替结构模型

此时聚苯胺为绝缘体，通常被称为最高氧化态。当 $y=1$ 时，聚苯胺为全苯式，为完全还原型（leucoemeraldine，LEB）结构，其结构模型如图 8.8 所示。

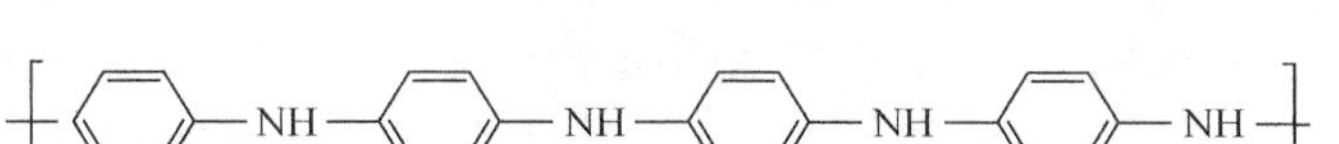

图 8.8　完全还原型结构模型

此时 PANI 为绝缘体。当 $y=0.5$ 时，还原单元和氧化单元数相等，为醌苯比为 1∶3 的半还原半氧化(emeraldinebase,EB)结构,其结构模型如图 8.9 所示。

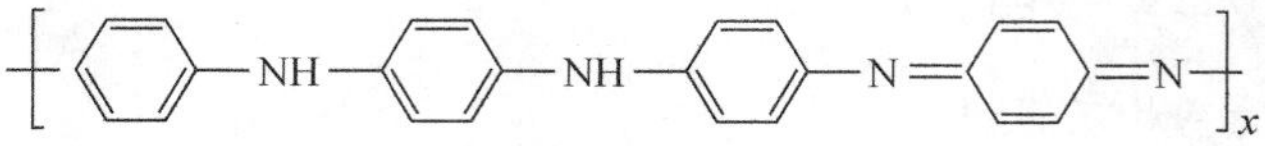

$$\left[\text{C}_6\text{H}_4\text{—NH—C}_6\text{H}_4\text{—NH—C}_6\text{H}_4\text{—N=C}_6\text{H}_4\text{=N} \right]_x$$

图 8.9　半还原半氧化结构模型

此时,聚苯胺被称为中间氧化态,只有这种结构的 PANI 才能通过掺杂,从绝缘态到导电态转变,而在其他氧化态下,电导率的变化没有这么大,通常所说的本征态的聚苯胺,就是指的这种中间氧化态。

2) 掺杂态聚苯胺的分子结构

本征态聚苯胺分子上还原单元和氧化单元又可以看成苯二胺单元和醌亚胺单元的共聚物,本征态和掺杂态的分子为平面型结构[27]。当用质子酸掺杂时,掺杂反应优先发生在分子链上的亚胺上,其结构模型如图 8.10 所示。

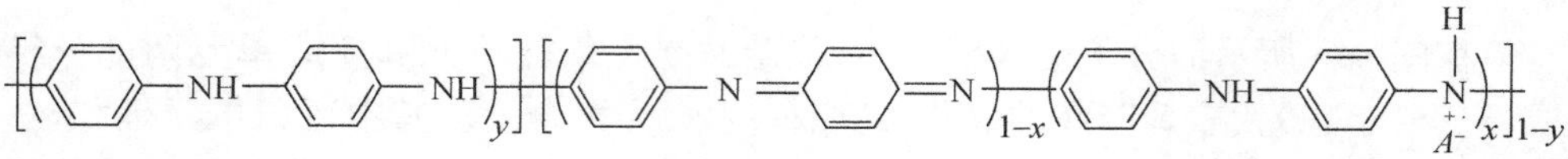

$$\left[(\text{C}_6\text{H}_4\text{—NH—C}_6\text{H}_4\text{—NH})_y \right] \left[(\text{C}_6\text{H}_4\text{—N=C}_6\text{H}_4\text{=N})_{1-x} (\text{C}_6\text{H}_4\text{—NH—C}_6\text{H}_4\text{—N}^{+}\text{H}\,A^{-})_x \right]_{1-y}$$

图 8.10　本征态和掺杂态结构模型

其中,x 为掺杂程度,$0\leqslant x\leqslant 1$,由掺杂过程决定;y 为氧化程度,$0\leqslant y\leqslant 1$,由聚合过程决定;A 为掺杂质子酸中的对阴离子,由掺杂酸的种类决定。

3) 聚苯胺的基本性质

(1) 溶解性。聚苯胺链的刚性和链之间的强相互作用,导致聚苯胺的溶解性极差,仅溶于部分有机溶剂,如二甲基甲酰胺和 N 甲基吡咯烷酮,可以通过有机或无机酸的掺杂来获得水溶性的导电聚合物,如在本征态的聚苯胺分子链上引入大分子的磺酸基团。

(2) 导电性。本征态的聚苯胺及其衍生物不仅可以通过质子酸掺杂获得性能优良、导电性好的产物,而且能通过化学氧化反应使聚合物主链骨架中的载流子发生迁移,通过掺杂可以使其电导率提高 10 个数量级左右,同时可以改变其溶解性和可加工性。聚苯胺的掺杂过程与其他高聚物不同,一般导电聚合物掺杂过程会伴随主链上电子的得失,然而聚苯胺在用质子酸掺杂时,主链骨架上电子数目不会发生改变,只有质子进入主链使其带正电。作为平衡的对阴离子,可以是聚合反应体系中的任何阴离子,但其分子的大小和亲水性的优劣,直接影响聚苯胺的溶解性和链的空间结构,并对产物的热稳定性和导电性有一定的影响。

(3) 氧化还原可逆性。聚苯胺具有化学氧化还原可逆性,在酸性体系(H^+)水溶液的循环伏安图(cyclic voltammetry,CV)中,有两个氧化还原峰,位于 0.2V 和

0.7V 左右。随着化学氧化还原反应的进行，聚苯胺的颜色历经从淡黄色—绿色—蓝黑色的可逆变化，分别对应着聚苯胺的三种氧化还原状态：还原态、中间态和氧化态。

(4) 微波吸收特性。由于 PANI 材料的高介电常数和电导率，其在微波频段能够有效地吸收电磁辐射，已被应用在电磁屏蔽材料上。

2. 聚苯胺的制备方法

1) 化学合成

(1) 化学氧化聚合。聚苯胺的化学氧化聚合法是在酸性条件下用氧化剂使苯胺单体氧化聚合。质子酸是影响苯胺氧化聚合的重要因素，它主要起两方面的作用：提供反映介质所需要的 pH 值和以掺杂剂的形式进入聚苯胺骨架赋予其一定的导电性。聚合的同时进行现场掺杂，聚合和掺杂同时完成。常用的氧化剂有过氧化氢、重铬酸盐、过硫酸盐等。其合成反应主要受质子酸的种类及浓度，氧化剂的种类及浓度，单体浓度和反应温度、反应时间等因素的影响。化学氧化聚合法的优点在于能大量生产聚苯胺，设备投资少，工艺简单，适合于实现工业化生产，是目前最常用的合成方法。

(2) 乳液聚合。乳液聚合法是将引发剂加入含有苯胺及其衍生物的酸性乳液体系内的方法。乳液聚合法具有以下优点：采用环境友好且成本低廉的水作为热载体，产物无须沉淀分离以除去溶剂；合成的聚苯胺分子量和溶解性都较高；若采用大分子磺酸为表面活性剂，则可一步完成掺杂提高导电聚苯胺的电导率；可将聚苯胺制成直接使用的乳状液，后续加工过程不必再使用昂贵或有毒的有机溶剂，简化了工艺，降低了成本，还可以克服传统方法合成聚苯胺不溶的缺点。

(3) 微乳液聚合法。微乳液聚合法是在乳液法的基础上发展起来的。聚合体系由水、苯胺、表面活性剂、助表面活性剂组成。微乳液分散相液滴尺寸(10～100nm)小于普通乳液(10～200nm)，非常有利于合成纳米级聚苯胺。纳米聚苯胺微粒不仅可能解决其难于加工成型的缺陷，且能集聚合物导电性和纳米微粒独特理化性质于一体，因此自 1997 年首次报道利用此法合成了最小粒径为 5nm 的聚苯胺微粒以来，微乳液法已经成为该领域的研究热点。目前常规 O/W 型微乳液用于合成聚苯胺纳米微粒常用表面活性剂有 DBSA、十二烷基磺酸钠等，粒径为 10～40nm。反相微乳液法(W/O)用于制备聚苯胺纳米微粒可获得更小的粒径(＜10nm)，且粒径分布更均匀。这是由于在反相微乳液水核内溶解的苯胺单体比常规微乳液油核内的少造成的。

(4) 分散聚合法。苯胺分散聚合体系一般由苯胺单体、水、分散剂、稳定剂和引发剂组成。反应前介质为均相体系，但所生成聚苯胺不溶于介质，当其达到临界链长后从介质中沉析出来，借助于稳定剂悬浮于介质中，形成类似于聚合物乳液的稳定分散体系。该法目前用于聚苯胺合成的研究远不及上述三种实施方法成熟，研究较少。

2) 电化学合成

聚苯胺的电化学聚合法主要有恒电位法、恒电流法、动电位扫描法以及脉冲极化法。一般都是 An 在酸性溶液中，在阳极上进行聚合。电化学合成法制备聚苯胺是在含 An 的电解质溶液中，使 An 在阳极上发生氧化聚合反应，生成黏附于电极表面的聚苯胺薄膜或是沉积在电极表面的聚苯胺粉末。Diaz 等[40]用电化学方法制备了聚苯胺薄膜。

目前主要采用电化学方法制备 PANI 电致变色膜，但是采用电化学方法制备 PANI 电致变色膜时存在如下缺陷：不能大规模制备电致变色膜，PANI 膜的力学性能较差，PANI 膜与导电玻璃基底黏结性差。

3) 模板聚合法

模板聚合法是一种物理、化学等多种方法集成的合成策略，使人们在设计、制备、组装多种纳米结构材料及其阵列体系上有了更多的自由度。用多孔的有机薄膜作为模板，可制得包含 PANI 在内的微米复合物和纳米复合物。薄膜上的小孔起到了模板的作用，并且决定了制品颗粒的形状尺寸、取向度等。

Guo 等[41]采用模板聚合法合成了导电聚苯胺，他们在生物材料磷酸甘露糖(PMa)中进行苯胺的聚合反应，得出 PANI-PMa 聚合物，电导率最大可达到 8.3×10^{-4}S/cm。

4) 酶催化合成

酶催化合成导电聚苯胺具有简单、高效、无环境污染等优点，是一种更具有发展前景的合成方法。目前，以辣根过氧化物酶(HRP)为催化剂合成聚苯胺成为研究的热点。HRP 可以在过氧化氢存在下催化氧化很多化合物，包括芳族胺和苯酚。天然酶(HRP)从过氧化氢得到 2 个氧化当量。生成中间体 HRP-Ⅰ。HRP-Ⅰ继而氧化底物(RH)。得到部分氧化中间体 HRP-Ⅱ，HRP-Ⅱ再次氧化底物(RH)。经过两步单电子还原反应，HRP 又回到它的初始形态，然后重复以上过程。底物在这里可以是苯酚或者芳族胺单体：R 是苯酚或者芳族胺的自由基形式。这些自由基连接起来形成二聚物，并继续氧化，如此继续，最终生成聚合物。

8.3 纳米气敏传感器的掺杂与改性

8.3.1 掺杂与改性研究方法及气敏试验设备

为了进一步提高纳米传感器的气敏响应灵敏度、选择性，需要对其进行掺杂与改性。本节分别介绍常用纳米气敏传感器(二氧化钛、碳纳米管、石墨烯、有机聚合物气敏传感器)的掺杂与改性方法：金属掺杂、半导体掺杂、有机高分子掺杂和官能管修饰。从理论仿真和试验探究两个途径，详细介绍掺杂与改性纳米气敏材料的气敏响应机理、试验制备流程。所有理论仿真优化和计算均基于美国 Accelrys 公司开发的 Materials Studio 中的量子力学程序 Dmol³ 模块。试验探究了掺杂与改性后纳米气敏传感器对不同浓度 SO_2、H_2S、SOF_2、SO_2F_2、HF 等在不同温度、气压的气敏响应特性。图 8.11 为纳米气敏传感器的气敏试验装置示意图。

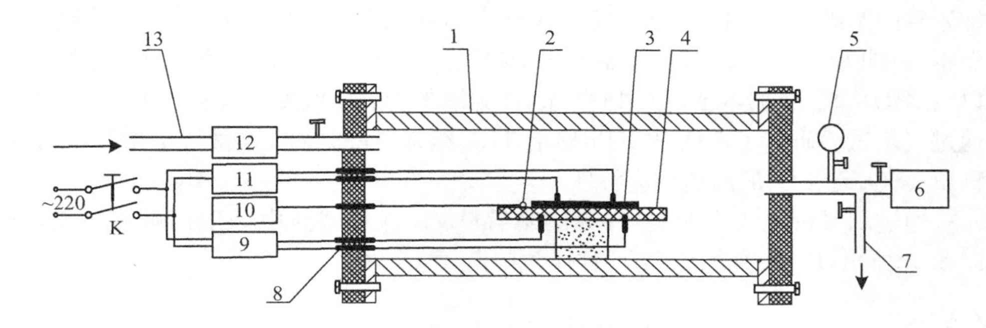

图 8.11　纳米气敏传感器的气敏实验装置示意图

1-石英玻璃管；2-热电偶探头；3-气体传感器；4-陶瓷加热片；5-真空表；6-真空泵；7-出气口；8-接线柱；9-交流调压器；10-数显温度仪；11-阻抗分析仪；12-气体流量计；13-进气口

进行气敏试验时，从进气口注入气体标气，通过气体流量计查看以及控制通入气体的流速，气体传感器表面的温度由放置于传感器下面的陶瓷加热片进行控制，并由热电偶探头实时检测温度，采用阻抗分析仪监测记录气体传感器在气敏试验中的电阻变化。气体传感器对检测气体标气的气敏响应值由其电阻的相对变化量 $R\%$ 来表示，计算公式如下：

$$R\%=\frac{(R-R_0)}{R_0}\times 100\% \tag{8.1}$$

式中，R 是气体传感器被测标气范围中的电阻值；R_0 为传感器在初始纯载气中的电阻值。

为了排除空气中 O_2、H_2O 的影响，在气敏试验时需保持一定流速的气体环境，其操作步骤如下：

(1) 通入流速为 0.1L/min 的纯载气，然后设置并控制传感器温度达到目标试验温度，当传感器的电阻值基本稳定不变后，记下该电阻值作为 R_0。

(2) 将载气替换为被测标气，并保持气体流速不变，期间传感器的阻值会发生变化，之后同样基本稳定不变，记下该电阻值作为 R。

(3) 将被测标气换回纯载气，直至传感器的电阻值再一次稳定，改变温度，重复下一次试验。

8.3.2 金属掺杂

1. 金属掺杂二氧化钛气敏传感器

1) 掺杂方法

运用阳极氧化法制备了本征 TiO_2纳米管阵列气体传感器，同时在本征 TiO_2纳米管的基础上，通过三电极体系的电化学脉冲沉积法将纳米尺度的 Pt 颗粒沉积在本征 TiO_2纳米管阵列表面，制备出 Pt 掺杂 TiO_2纳米管阵列[42]。并运用 SEM 以及 XRD 对制备的本征以及 Pt 掺杂 TiO_2纳米管表面微观结构进行了表征，之后通过气敏试验研究了本征以及 Pt 掺杂 TiO_2纳米管阵列对 SF_6故障分解特征气体 SOF_2、SO_2F_2、SO_2的温度响应特性。

通过阳极氧化法来制备 TiO_2纳米管阵列，制备试验中采用两电极体系，如图 8.12所示，Pt 片作为阴极，Ti 片作为阳极。

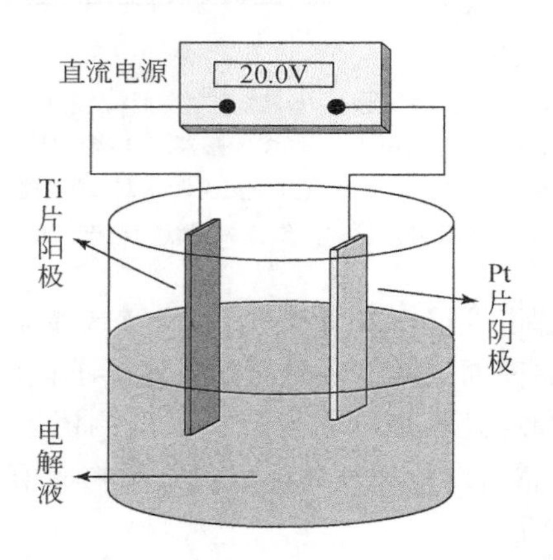

图 8.12　电化学阳极氧化制备 TiO_2纳米管装置示意图

基本试验过程如下：

(1) 金属 Ti 片的处理。首先将购买的 Ti 片(1cm×20cm，厚为 0.5mm，纯度为 99.95%)裁剪成合适的尺寸(1cm×4cm)，之后将其用蒸馏水清洗，并放置于 30%的 HCl 溶液中、无水乙醇中分别加热超声振荡 30min，去除 Ti 片表面的杂质油脂污染物和氧化层，最后再次用蒸馏水冲洗备用。

(2) Ti 片的阳极氧化。在塑料小烧杯中配置 0.1mol/L 的 HF 溶液作为电解液，以经过预处理的 Ti 片为阳极、Pt 片为阴极，直流稳压电源给电极输出 20V 的直流电压，阳极氧化处理时间为 2h。电解反应进行中使用磁力搅拌器对电解液进行搅拌，这有利于生成的 TiO_2纳米管阵列具有完整的结构。反应过程结束后，用蒸馏水对被氧化后的 Ti 片表面进行清洗，之后干燥。

(3) Ti 片的煅烧。将干燥过后的氧化 Ti 片放入马弗炉，在温度 500℃ 的条件下煅烧 1h，之后取出。

通过将纳米 Pt 颗粒沉积在本征 TiO_2 纳米管表面就制成了 Pt 掺杂 TiO_2 纳米管，其中，Pt 颗粒的沉积方法为采用三电极体系的脉冲电流法：将已经过氧化煅烧处理且表面长有本征 TiO_2 纳米管阵列的 Ti 片作为工作电极，Ag/AgCl 电极为参比电极，铂电极为对电极，50℃、pH 值为 4.4 的 $H_2PtCl_6 \cdot 6H_2O$(1g/L)和 H_3BO_3(20g/L)的水溶液作为电解液。脉冲电流信号由电化学分析仪的恒电位控制模式提供，并设定信号波形的控制参数，信号曲线如图 8.13 所示。输出脉冲电流信号采用线性扫描循环伏安法，每一个循环中先用电流负脉冲(电流密度为 $-5mA/cm^2$，持续时间为 10ms)将溶液中的 Pt 正离子还原沉积至纳米管表面，紧接着用一个较窄的正脉冲(电流密度为 $5mA/cm^2$，持续时间为 2ms)来进行放电，之后用 100ms 的 t_{off} 来使纳米管表面附近溶液中的 Pt 正离子浓度恢复正常。Pt 颗粒沉积的时间为 90s，可以在纳米管表面获得颗粒大小合适的 Pt 纳米颗粒。

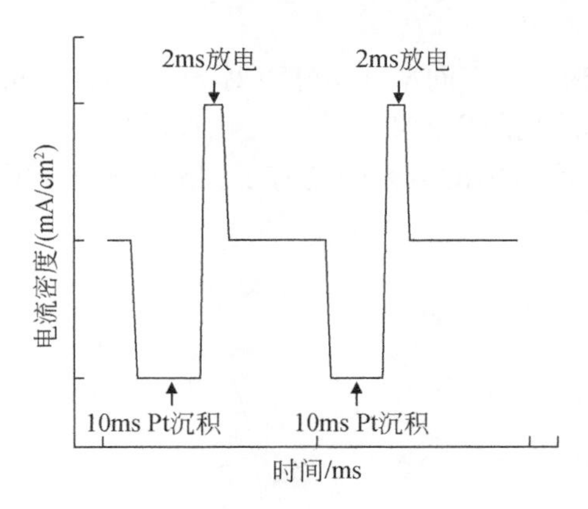

图 8.13　在本征 TiO_2 纳米管表面沉积 Pt 颗粒的电流-时间曲线

2) 气敏特性

本征 TiO_2 纳米管在不同温度条件下对 SF_6 故障分解特征气体 SO_2、SOF_2、SO_2F_2(浓度为 100μL/L)的气敏响应曲线如图 8.14 所示。在温度较高的情况下，本征 TiO_2 纳米管对 SO_2 的气敏响应比对 SOF_2、SO_2F_2 的气敏响应都要高得多，说明本征 TiO_2 纳米管对 SO_2 气体具有很高的灵敏度，且在这三种气体中对 SO_2 具有选择性。

当温度从 20℃ 开始逐渐升高时，本征 TiO_2 纳米管对特征气体组分的响应值逐渐升高增大，其中对 SO_2 响应值的升高变化比较明显；当温度升高到 200℃ 时，气体传感器对这三种气体的响应值均达到最大；而当温度从 200℃ 再往上升高时，响应值则几乎没有变化，基本保持不变。由此表明本征 TiO_2 纳米管在温度 200℃

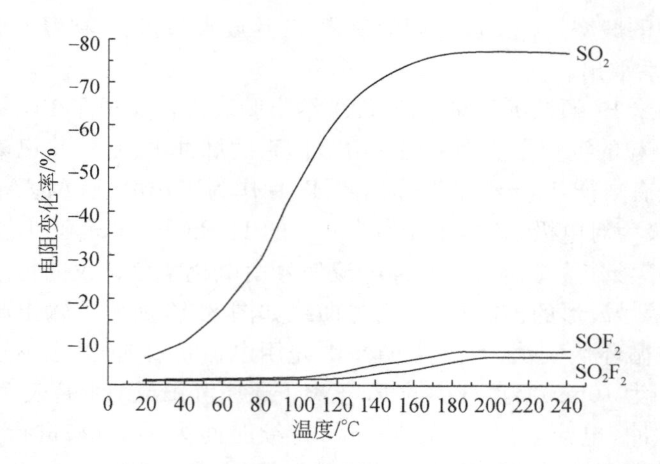

图 8.14 TiO_2纳米管气体传感器的温度响应特性曲线

左右对这三种气体具有最大响应。

Pt 掺杂 TiO_2纳米管在不同温度条件下对 SO_2、SOF_2、SO_2F_2的气敏响应曲线如图 8.15 所示，气体浓度同样为 100μL/L。由此看出，表面掺杂 Pt 纳米颗粒后的 TiO_2纳米管对 SOF_2、SO_2F_2的最大响应有了明显的提升，而对 SO_2的最大响应则有所下降。

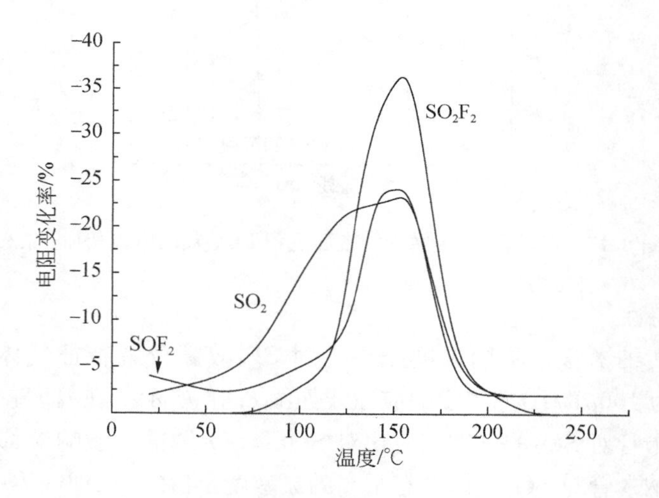

图 8.15 Pt 掺杂 TiO_2纳米管气体传感器的温度响应特性曲线

当温度从常温开始逐渐升高时，Pt 掺杂 TiO_2纳米管对特征气体组分的响应值也逐渐升高增大；当温度升高到 150℃ 附近时，气体传感器对这三种气体的响应值均达到最大；而当温度从 150℃ 再往上升高至 170℃ 时，气体传感器的响应值出现迅速下降，之后到 250°C 时传感器响应值已经变得很低，基本没有响应。由此表明 Pt 掺杂 TiO_2 纳米管在温度 150°C 左右对这三种气体具有最大响应，其中对 SO_2F_2 响应最高，具有较好的选择性。

2. 金属掺杂碳纳米管气敏传感器

1）掺杂方法

选取 Zigzag(8,0)周期性 SWCNT 作为本征碳纳米管，采用两个 SWCNT 单胞的超晶胞作为计算模型，在其基础上构建 Au—SWCNT，并利用 MS 的量子力学程序 $Dmol^3$ 完成模型的几何优化和性质计算[43,44]。

GGA 泛函在 LDA 泛函的基础上计入了某处附近电子密度梯度变化的影响，而 PW91 方法规避了分散能的计算，能够有效计算大型周期性体系，因此采用 GGA/PW91 泛函处理计算模型电子间的交换关联作用。考虑到计算模型中含有 Au 原子，它的原子序数是 79，属于重金属元素，有丰富的 d 电子轨道，所以使用 DFT semi-core pseudoptentials 方法[45]处理原子核与价电子的相互关系，计算基组选择加入了 d 和 p 轨道极化函数的双数值轨道基组 DNP。另外，为了保证计算精度，能量阈值和自洽场收敛标准均取最高，分别为 2.72×10^{-4} eV 和 2.72×10^{-5} eV。布里渊区 k 点选取 $1\times1\times2$，同时为避免相邻晶胞间的相互作用，构建 2.50nm×2.50nm ×0.85nm 的周期性边界[46]。

Au 与 SWCNT 间的相互作用较弱，Au 原子难以沉积在 SWCNT 的完美晶面，而容易吸附到 SWCNT 表面的点缺陷位形成稳定结构。因此构建 Au 原子吸附在 SWCNT 表面点缺陷位的 Au—SWCNT 模型作为研究对象，充分几何优化后的结构如图 8.16 所示。

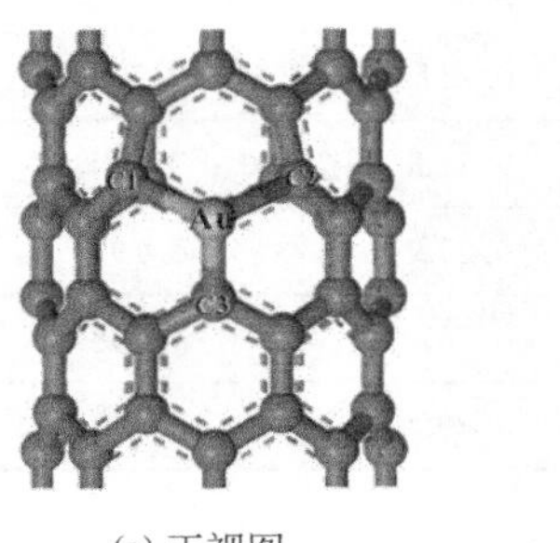

(a) 正视图

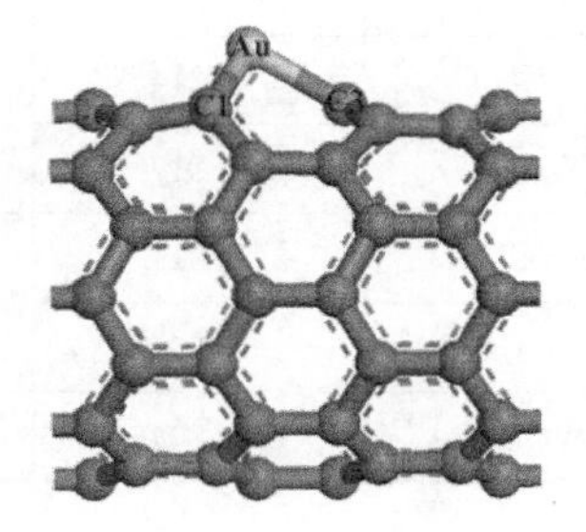

(b) 侧视图

图 8.16　充分几何优化后的结构模型

Au 原子的原子半径为 0.134nm，远大于 C 原子的原子半径(0.070nm)，所以优化后 Au 原子突出于 SWCNT 表面，它与相邻 3 个 C 原子之间的键长 Au—C1、Au—C2、Au—C3 分别为 0.207nm、0.208nm、0.196nm。

2）气敏特性

（1）金掺杂碳纳米管对 SO_2 的气敏响应机理。SO_2 以不同的姿态吸附到 Au—SWCNT 表面，对比分析各吸附结构的吸附参数，最终得到 SO_2 的稳定吸附结构如图 8.17 所示。

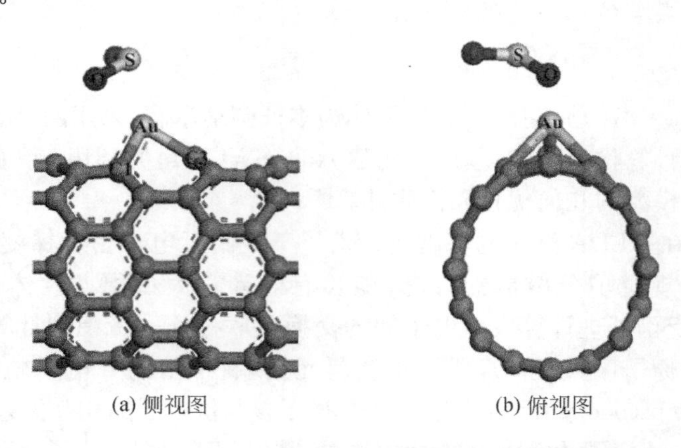

(a) 侧视图　　(b) 俯视图

图 8.17　SO_2—Au—SWCNT 吸附体系结构模型

Au 不仅是 Au—SWCNT 表面的活性位点，也是其感应元素。Au—SWCNT 与气体分子的吸附作用，在一定程度上取决于感应元素 Au 与气体分子的相互作用。Au—SWCNT 吸附 SO_2 反应的吸附能为－1.258eV（表 8.2），Au 原子与 SO_2 之间存在较强的相互作用，使 Au—C1 和 Au—C2 分别伸长 3.38％和 4.33％。

表 8.2　吸附体系的吸附能和几何结构参数

吸附体系	d_{Au-C1}/nm	d_{Au-C2}/nm	d_{Au-C3}/nm	E_b/eV
SO_2—Au—SWCNT	0.214	0.217	0.195	－1.258
H_2S—Au—SWCNT	0.217	0.218	0.195	－1.317
SOF_2—Au—SWCNT	0.211	0.212	0.197	－1.377
SO_2F_2—Au—SWCNT	0.205	0.207	0.198	－1.917
SF_6—Au—SWCNT	0.204	0.206	－0.196	－2.041

从表 8.3 中可以看到，SO_2 的 E_{H-L} 等于 0.065eV，Au—SWCNT 的 HOMO 电子仅需要 0.065eV 的能量就能跃迁到 SO_2 的 LUMO。相反，SO_2 的电子转移到 Au—SWCNT 需克服 3.603eV 的能量势垒，因此 SO_2 吸附反应的电子转移方向主要从 Au—SWCNT 转移到 SO_2。根据 Mulliken 电荷分布，吸附反应过程中 SO_2 得到 0.301 个电子，其中部分电子填充到 SO_2 的反键轨道，导致原子间排斥作用增强，S—O 键被拉伸，其键长由气相中的 0.148nm 变成 0.150nm 和 0.160nm。

表 8.3　吸附体系电子结构参数

吸附体系	E_{HOMO}/eV	E_{LUMO}/eV	E_{L-H}/eV	E_{H-L}/eV	Q_{SWCNT}/e	Q_{Au}/e	Q_{gas}/e	ΔQ_{SWCNT}/e	ΔQ_{Au}/e
Au—SWCNT	−4.795	−4.585			0.070	−0.070			
SO_2—Au—SWCNT	−8.188	−4.860	3.603	0.065	0.339	−0.038	−0.301	0.269	0.032
H_2S—Au—SWCNT	−5.889	−0.264	1.304	4.531	−0.106	−0.180	0.286	−0.176	−0.110
SOF_2—Au—SWCNT	−8.719	−3.284	4.134	1.511	0.525	0.016	−0.541	0.455	0.086
SO_2F_2—Au—SWCNT	−9.314	−2.876	4.729	1.919	0.690	0.217	−0.907	0.620	0.287
SF_6—Au—SWCNT	−10.479	−4.406	5.894	0.389	0.758	0.278	−1.036	0.688	0.348

从上述分析中可以看到，Au—SWCNT 吸附 SO_2反应的吸附能较大，SO_2容易吸附到 Au—SWCNT 表面。同时吸附过程中发生大量电子转移，导致吸附结构中 Au—SWCNT 和 SO_2的电子分布发生变化。从图 8.18 所示态密度中可以看到，在吸附结构中，S 原子 p 轨道与 Au 原子 d 轨道在−15～5eV 能量区域内的电子态密度发生重叠，两个原子轨道相互作用形成杂化轨道，SO_2稳定吸附到 Au—SWCNT 表面，因此 Au—SWCNT 对 SO_2具有较好的吸附灵敏度。另外，SO_2吸附过程中，Au—SWCNT 失去电子，空穴载流子增加，导电性增强。

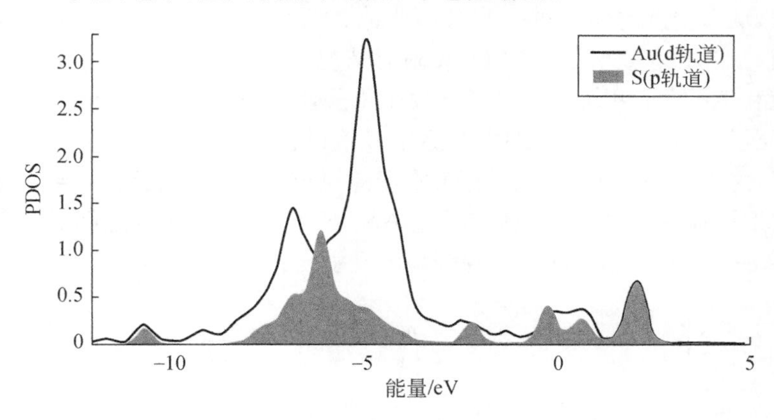

图 8.18　SO_2—Au—SWCNT 吸附结构 S 与 Au 原子的局部态密度

(2) 金掺杂碳纳米管对 H_2S 的气敏响应机理。图 8.19 为 Au—SWCNT 吸附 H_2S 的稳定结构模型，S 原子指向 Au 原子，相互作用距离为 0.248nm。Au—SWCNT 吸附 H_2S 是放热反应，其吸附能为−1.317eV，因此 H_2S 容易吸附到 Au—SWCNT 表面，它们之间存在较强的吸附作用，吸附后 Au—C1 和 Au—C2 的键长分别被拉伸至 0.217nm 和 0.218nm。

H_2S 中的 S 处于最低价，具有强还原性，在反应中能够提供电子发生氧化反应。在微观方面体现为 H_2S 与 Au—SWCNT 的前线轨道能量差 $E_{H-L}>E_{L-H}$，E_{H-L} 和 E_{L-H}分别等于 4.531eV 和 1.304eV，所以 H_2S 吸附到 Au—SWCNT 表面，电子

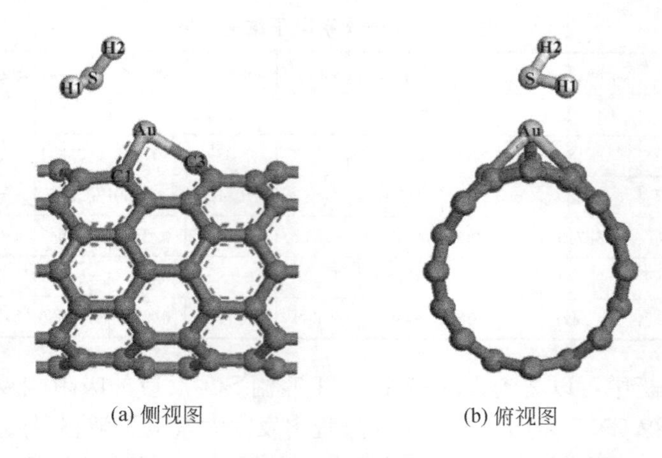

图 8.19 Au—SWCNT 吸附 H_2S 的稳定结构模型

转移的方向是从 H_2S 到 Au—SWCNT。从表 8.3 可以看到，反应过程中，H_2S 向 Au—SWCNT 提供了 0.286 个电子，其中 SWCNT 和 Au 分别得到 0.176 个和 0.110个电子，因此反应过后，Au—SWCNT 的载流子减少，导电性减弱。

另外，从态密度的角度进一步分析吸附过程中 H_2S 与 Au—SWCNT 之间的相互作用。如图 8.20 所示，与 SO_2 吸附时情况类似，H_2S—Au—SWCNT 中 S 原子 p 轨道和 Au 原子 d 轨道的 PDOS 发生重叠，S 原子与 Au 原子间存在一定的相互作用，原子轨道发生杂化。图中 S 原子 p 轨道在 −8eV 和 2.5eV 处出现较高的态密度峰，这主要是由于 S 原子与 H 原子的轨道相互作用成键，导致该能量区域电子态密度增加，态密度峰增高。因此 Au—SWCNT 与 H_2S 之间具有较强的相互作用，Au—SWCNT 对 H_2S 表现较高的灵敏度。

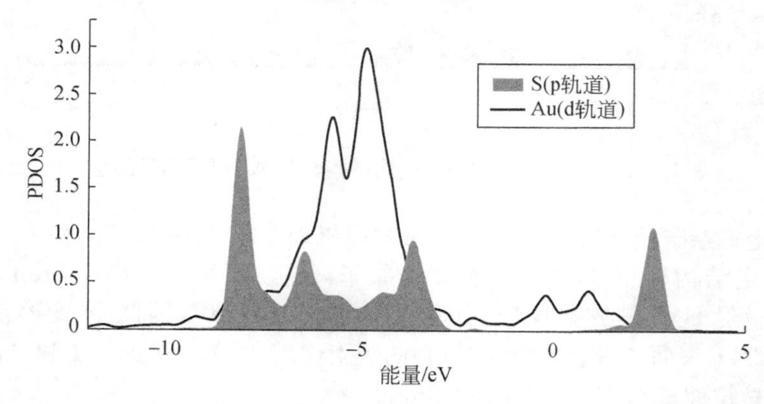

图 8.20 H_2S—Au—SWCNT 吸附结构 S 与 Au 原子的局部态密度

（3）金掺杂碳纳米管对 SOF_2 的气敏响应机理。Au—SWCNT 与 SOF_2 反应的吸附能为－1.377eV，因此 Au 原子与气体分子之间有较强的吸附作用，导致 Au 原子与相邻 C 原子的键长被拉伸，反应过后，Au—Cx(x=1,2,3)的键长分别为 0.211nm、0.212nm 和 0.197nm。从表 8.3 中可以看到，SOF_2 吸附过程中得到 0.541个电子，其中部分填充到 SOF_2 的反键轨道，使原子间排斥作用增强。由于 S—F 键的键能较小，所以吸附结构中 S—F2 的键长被拉伸为 0.171nm，而 S—F1 直接断键，SOF_2 发生解离吸附，如图 8.21 所示。

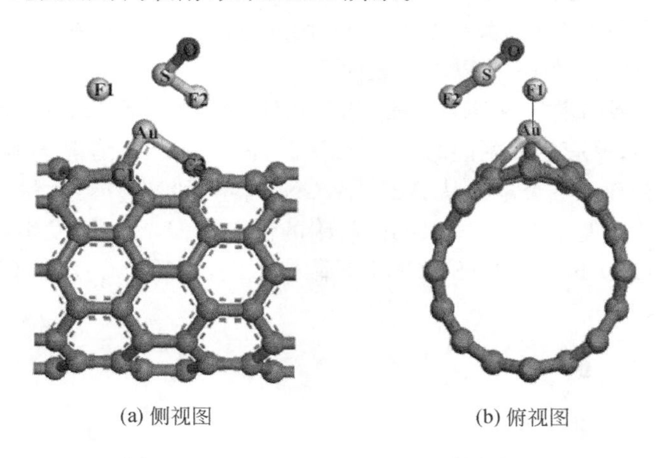

图 8.21　SOF_2—Au—SWCNT 结构模型

从前面的分析可以看到，Au—SWCNT 对 SOF_2 的吸附灵敏度较高，反应吸附能和转移电子量均较大，吸附过程中 SOF_2 发生解离，S—F1 断键。如图 8.22(a)所示，SOF_2 未发生吸附时 S 原子与 F 原子以 σ 键结合，它们的原子轨道相互作用形成稳定的分子轨道，所以 S 原子与 F 原子的 PDOS 相互有效重叠。

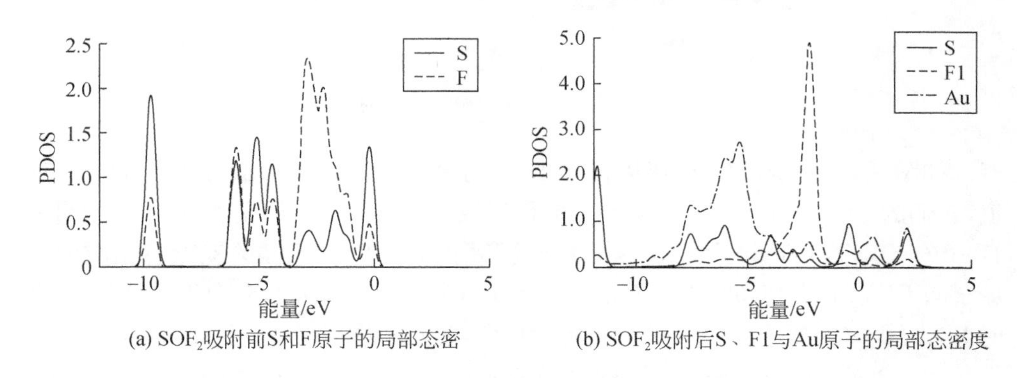

图 8.22　SOF_2 吸附前后局部态密度

当 SOF_2 吸附到 Au—SWCNT 表面时，大量的电子转移导致结构的电子分布发生改变。图 8.22(b)为 SOF_2稳定吸附模型中 S、F1 和 Au 原子的 PDOS。从图中看到，SOF_2吸附到 Au—SWCNT 表面后，S 原子与 F1 原子的 PDOS 重叠面积急剧减少，表明两原子间的相互作用力急剧减弱。同时 F1 原子的电子态密度分布趋向于局域化，主要分布在－5～－1.5eV 的能量区域内。这主要由于 F1 原子从 SOF_2分子解离，它与其他原子间的相互作用减弱，F1 原子的电子运动基本局限于自身作用范围内，不受其他原子影响，所以电子态分布趋向于局域化。另外，此时 S 原子与 Au 原子的 PDOS 发生有效重叠，因此它们的原子轨道发生杂化，SOF_2解离后仍然稳定吸附在 Au—SWCNT 表面。

(4) 金掺杂碳纳米管对 SO_2F_2的气敏响应机理。SO_2F_2与 Au—SWCNT 的吸附反应非常激烈，反应的吸附能为－1.917eV。两者前线轨道能量差 $E_{H\text{-}L}>E_{L\text{-}H}$，吸附过程中共有 0.907 个电子从 Au—SWCNT 转移到 SO_2F_2，大量的电子转移导致结构的电子分布发生变化。与 SOF_2吸附的情况类似，SO_2F_2发生解离吸附。在图 8.23 所示的 SO_2F_2—Au—SWCNT 吸附模型中，F1 从 SO_2F_2解离，S—F2 键的键长被拉伸 0.052nm。

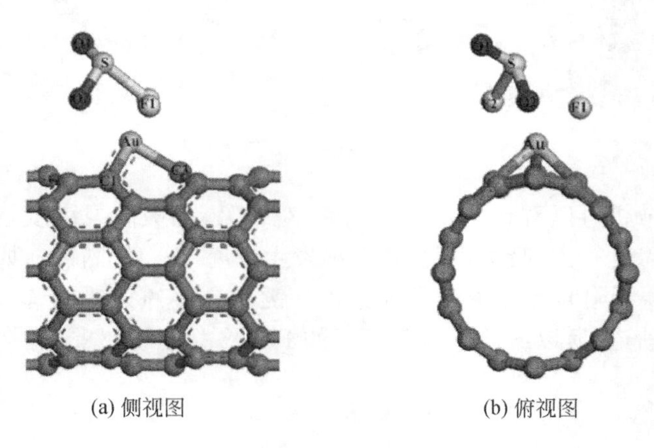

(a) 侧视图　　(b) 俯视图

图 8.23　SO_2F_2—Au—SWCNT 结构模型

如图 8.24 所示，SO_2F_2吸附前 S 与 F 的原子轨道杂化形成 SO_2F_2的分子轨道，它们的 PDOS 在－10～0eV 整个能量区域内有效重合。但发生吸附后，大量来自 Au—SWCNT 的电子填入 S—F 键的反键轨道，使 S—F 键的键能急剧减弱，S 原子与 F1 原子的 PDOS 重叠面积急剧减少，F1 原子的 PDOS 趋向于局域化，而此时 S 原子与 Au 原子的 PDOS 产生有效重叠，相互间作用增强。

(5) 金掺杂碳纳米管对 SF_6的气敏响应机理。从前面的分析可以看到，Au—SWCNT 对 SOF_2和 SO_2F_2表现出非常高的响应特性，吸附过程中 S—F 键断键，气体分子发生解离，Au—SWCNT 对硫氟气体表现出极强的作用，因此预测 Au—SWCNT 对 SF_6具有较高的灵敏度。

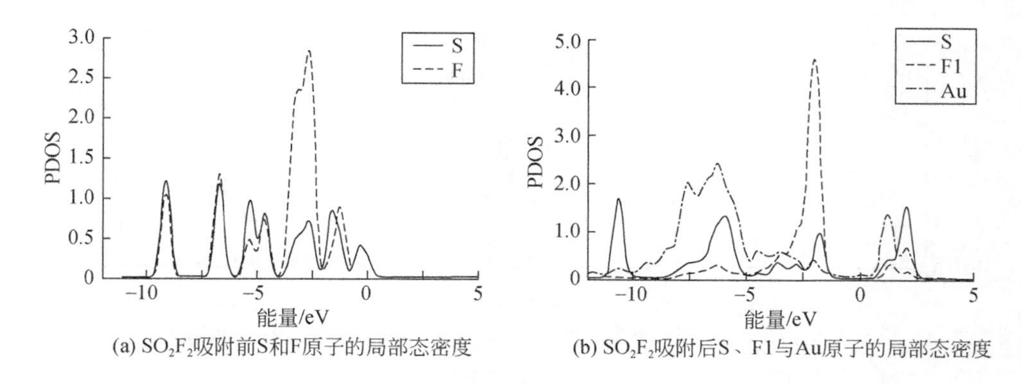

(a) SO_2F_2吸附前S和F原子的局部态密度　(b) SO_2F_2吸附后S、F1与Au原子的局部态密度

图 8.24　SO_2F_2吸附前后原子局部态密度

为了验证这一推测，本节对 SF_6 与 Au—SWCNT 的吸附反应进行研究。从表 8.2可以看到，SF_6吸附反应的吸附能较大，Au—SWCNT 容易吸附 SF_6气体分子。由于 SF_6是一种强电负性气体，它与 Au—SWCNT 的前线轨道能量差 $E_{H-L}>E_{L-H}$，因此电子主要从 Au—SWCNT 转移到 SF_6。根据 Mulliken 计算，SF_6在反应过程中共获得 1.036 个电子，其中部分填充到 SF_6的反键轨道，原子间的排斥增强，S—F 键的键能减弱，F1 原子从气体分子解离，S—F2 和 S—F3 的键长分别被拉伸0.058nm 和 0.041nm，其他原子由于离 Au—SWCNT 较远，相互作用较小，因此未发生明显形变(图 8.25)。如图 8.26 所示，与 SOF_2和 SO_2F_2情况类似，SF_6吸附前 S 原子与 F 原子的 PDOS 有效重合，F 原子态密度峰所在能量区域，S 原子的电子态聚集，形成态密度峰。但 SF_6吸附到 Au—SWCNT 后，S 原子和 F 原子 PDOS 的重叠面积明显减少，原子间作用力急剧削弱，F1 的态密度分布趋向于局域化。

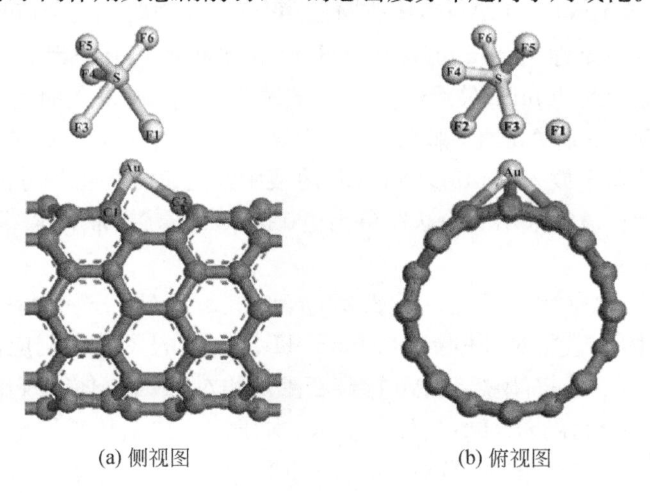

(a) 侧视图　(b) 俯视图

图 8.25　SF_6—Au—SWCNT 结构模型

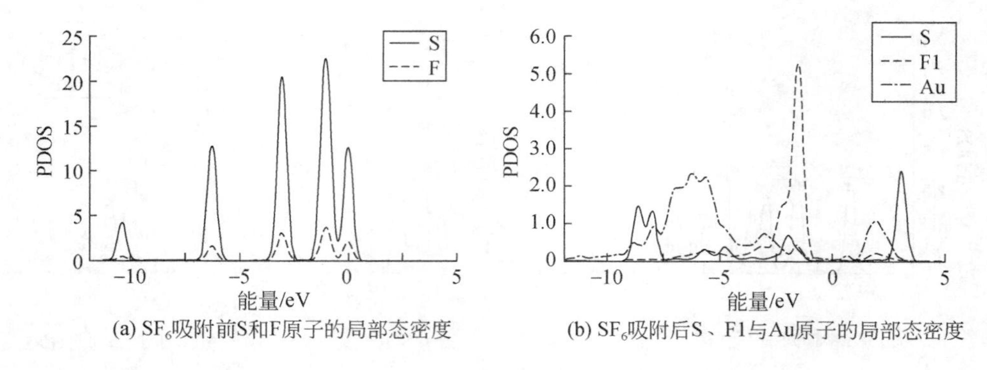

(a) SF_6吸附前S和F原子的局部态密度　(b) SF_6吸附后S、F1与Au原子的局部态密度

图 8.26　SF_6吸附前后原子局部态密度

3. 金属掺杂石墨烯气敏传感器

1）掺杂方法

直接进行贵金属掺杂的方法主要有三种：第一种是热蒸发法，将贵金属涂抹在高温电极，通过加热，将贵金属蒸发沉积到石墨烯表面；第二种是将石墨烯置于具有贵金属电极的电阻器上，采用聚焦离子束(FIB)技术以物理溅射的方式搭配化学反应有选择性地沉积金属；第三种为化学还原法。热蒸发法需要一个较高温度的热源，对沉积环境要求较高；FIB 方法由于其强电流离子束的冲击作用，容易破坏石墨烯本身的晶体结构；化学还原法是最常用的方法，根据实验室现有的条件，选用化学还原法掺杂贵金属纳米颗粒。

本试验所用的化学还原法按照文献[47]的制备方法，其基本过程为：量取 1mg 羧基石墨烯放入 1mol/L $HAuCl_4$ 中进行超声分散，超声时间为 40min，形成稳定的分散液后，取强还原性的 40mol/L $NaBH_4$ 溶液逐滴加入并不断搅拌进行缓慢还原，此还原过程持续 30min，最后经离心分散洗涤后，在 60℃的真空干燥箱中进行 12h 的干燥处理，得到 Au 纳米颗粒/石墨烯复合材料。量取上述方法制得的 5mg Au 掺杂石墨烯粉末放入 200mL 的 DMF 溶液中经超声处理得到分散性良好的 Au 掺杂石墨烯溶液，最后采用滴涂法制备出 Au 掺杂石墨烯薄膜传感器[48,49]。

2）气敏特性

(1) H_2S 的响应特性研究。图 8.27(a)和图 8.27(b)分别为室温下本征、Au 掺杂石墨烯气体传感器对 50ppm、100ppm H_2S 气体的灵敏度响应曲线。从灵敏度响应曲线可知，本征石墨烯和 Au 掺杂石墨烯均对 H_2S 气体表现出较好的响应。当通入 H_2S 气体后，随着 H_2S 气体的扩散，本征、Au 掺杂传感器的电阻均发生变化，其中，本征石墨烯传感器对 50ppm、100ppm H_2S 的响应灵敏度分别为 −10.53%、−15.78%，响应时间约为 480s；Au 掺杂石墨烯传感器对 50ppm、

100ppm H_2S 的响应灵敏度分别为 18.73%、28.15%，响应时间约为 410s。响应灵敏度为负表示暴露在被测气体中的传感器的电阻变化为阻值减小，为正表示传感器的电阻变化为阻值增大。因此可以看出，暴露在 H_2S 气体氛围中的本征石墨烯电阻阻值减小，而暴露在相同气体氛围中的 Au 掺杂石墨烯电阻阻值增大，响应时间略长。

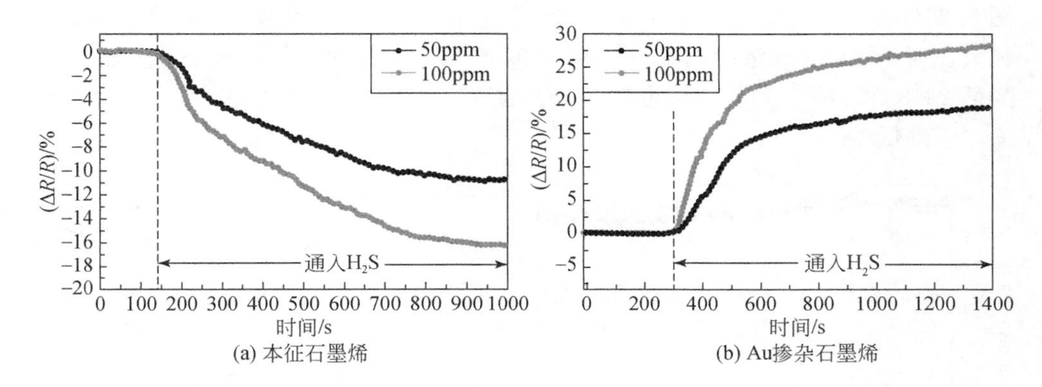

图 8.27　石墨烯传感器对室温下 H_2S 气体的灵敏度响应曲线

(2) SO_2 的响应特性研究。图 8.28(a)和图 8.28(b)分别为室温下本征、Au 掺杂石墨烯气体传感器对 50ppm、100ppm SO_2 气体的灵敏度响应曲线。通入 SO_2 后，如图 8.28(a)所示，本征石墨烯电阻具有下降趋势，但变化幅值小，具体体现为：浓度为 100ppm 的 SO_2 气体引起本征石墨烯阻值 1.5%的下降；50ppm 的 SO_2 气体引起本征石墨烯阻值 0.8%的下降。置于 100ppm SO_2 气体氛围中的 Au 掺杂石墨烯的电阻变化比本征石墨烯更明显，如图 8.28(b)所示，在近 600s 的响应时间内，Au 掺杂石墨烯的电阻减小 8.98%，50ppm SO_2 气体引起 Au 掺杂石墨烯电阻减小 4.15%。

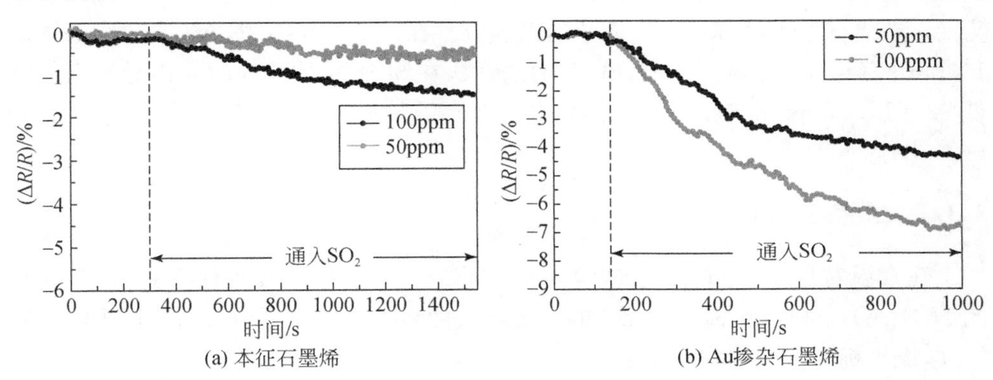

图 8.28　石墨烯传感器对室温下 SO_2 气体的灵敏度响应曲线

(3) SOF_2的响应特性研究。室温下，本征、Au 掺杂石墨烯气体传感器对 50ppm、100ppm SOF_2气体的灵敏度响应曲线如图 8.29(a)和图 8.29(b)所示。从 SOF_2气体的灵敏度响应曲线可以明显观察到本征石墨烯、Au 掺杂石墨烯对同种同浓度 SOF_2气体的气敏响应特性具有较大的差别。从图 8.29(a)可以看出，SOF_2气体的存在对本征石墨烯表面电阻的影响甚微，电阻值产生不到 1%的下降。而图 8.29(b)所示的 Au 掺杂石墨烯在 SOF_2气体氛围中的变化明显，灵敏度响应值较大。对于 100ppm 浓度的 SOF_2，在 310s 的响应时间内，Au 掺杂石墨烯的阻值降低 23.83%；对于 50ppm 浓度的 SOF_2，在 360s 的响应时间内，Au 掺杂石墨烯表面电阻降低 15.36%。

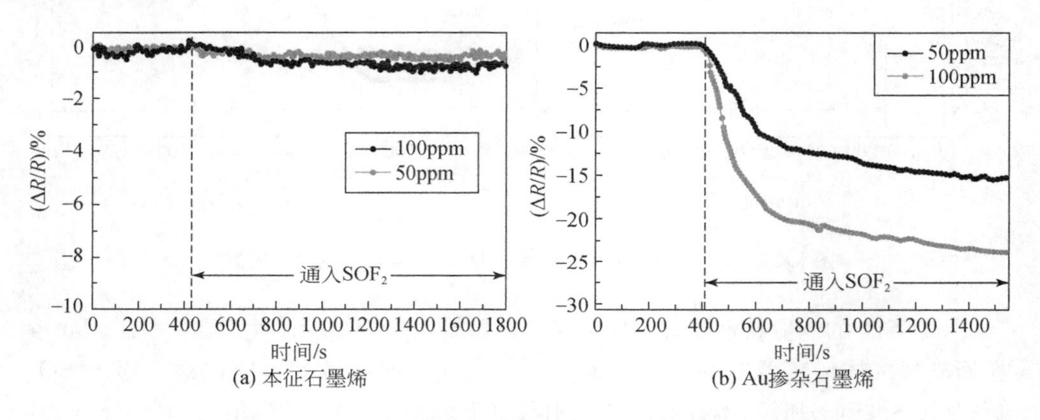

图 8.29　石墨烯传感器对室温下 SOF_2气体的灵敏度响应曲线

(4) SO_2F_2的响应特性研究。图 8.30(a)和图 8.30(b)分别为室温下本征、Au 掺杂石墨烯气体传感器对 50ppm、100ppm SO_2F_2气体的灵敏度响应曲线。从图 8.30(a)可以看出，SO_2F_2气体在本征石墨烯表面的阻值变化不明显，整体来看，其阻值变化小于 0.5%，没有出现阻值随着时间变化逐渐变化的趋势，因此可总结为 Au 掺杂石墨烯对 SO_2F_2气体基本无响应。在图 8.30(b)中，Au 掺杂石墨烯对 100ppm SO_2F_2气体响应明显，电阻变化较大，在约 360s 的响应时间内导致阻值降低 33.91%，50ppm SO_2F_2气体在约 380s 的响应时间内其灵敏度响应值为 −20.89%。

8.3.3　官能团修饰

在常温常压下，通过气敏试验得到 SWCNT—NH_2传感器对浓度为 100ppm 的 H_2S、SO_2、SOF_2和 SO_2F_2标气的气敏响应曲线如图 8.31 所示，横坐标为响应时间 T，纵坐标为传感器的电阻变化率 R%。

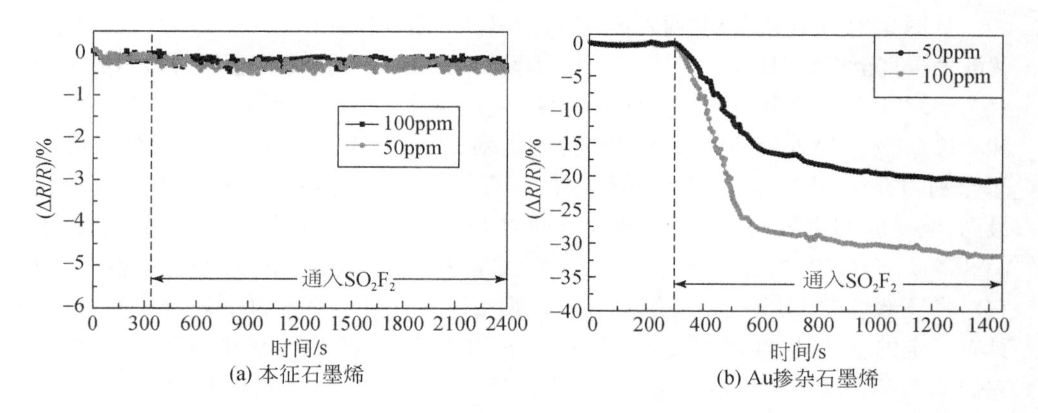

(a) 本征石墨烯　(b) Au掺杂石墨烯

图 8.30　石墨烯传感器对室温下 SO_2F_2 气体的灵敏度响应曲线

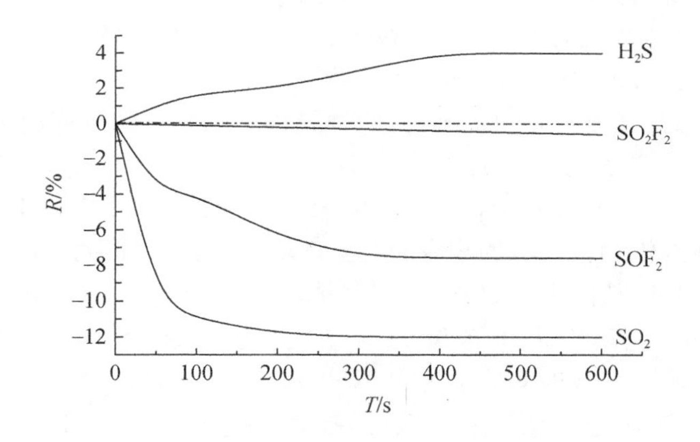

图 8.31　SWCNT—NH_2 传感器响应曲线

H_2S 的响应曲线呈上升的趋势，而 SO_2、SOF_2 和 SO_2F_2 的响应曲线呈下降的趋势。这是由于 H_2S 具有强还原性，在气体吸附过程中向 SWCNT—NH_2 提供电子，使 SWCNT—NH_2 的载流子减少，宏观电阻变大，所以响应曲线上升。而其他三种气体在吸附过程中从 SWCNT—NH_2 获得电子，因此 SWCNT—NH_2 的载流子增加，电阻变小，响应曲线下降。另外，SWCNT—NH_2 对四种气体的响应特征一致，响应曲线的变化趋势均为先快速变化，然后随着时间的推移逐渐变得平缓，最后达到一个稳定状态。这主要是因为刚开始时，SWCNT—NH_2 表面活性位点较多，气体吸附能力强，被测气体通入反应气室后迅速被捕捉，气体分子与 SWCNT—NH_2 之间的相互作用和电子转移导致 SWCNT—NH_2 电子结构发生变化，引起传感器电阻也急剧变化。但随着反应的不断进行，SWCNT—NH_2 表面活性位点逐渐减少，传感器的气体吸附逐渐饱和，因此传感器电阻开始趋于稳定，直到最后 SWCNT—NH_2 表面气体吸附和解吸附达到动态平衡，响应曲线达到稳定。

从图 8.31 中还可看到，通入 SO_2 后，传感器电阻变化率在 0～60s 急剧下降，随后逐渐平缓直至稳定，其稳定时的电阻变化率，即 SWCNT—NH_2 传感器对 SO_2 的灵敏度为－12.10％。而其对 SOF_2、H_2S 和 SO_2F_2 的响应灵敏度分别为－8.01％、3.92％和－0.79％。另外，SWCNT—NH_2 传感器对 SO_2、SOF_2、H_2S 和 SO_2F_2 的响应时间分别为 60s、210s、360s 和 540s。所以 SWCNT—NH_2 传感器对 SO_2 的灵敏度最高，响应时间也最短，其次是 SOF_2，而对 SO_2F_2 基本不响应。究其原因是由于 SWCNT—NH_2 中 N 原子的化合价为负，反应中可以提供电子，表现还原性，所以它对强还原性的 H_2S 气体灵敏度较低。而 SO_2 和 SOF_2 的 S 原子处于中间价态，具有一定的氧化性，在吸附反应过程中与 SWCNT—NH_2 发生氧化还原作用，所以它们与 SWCNT—NH_2 的相互作用较大，反应过程中电子转移也较剧烈，而由于 SO_2 的氧化性较强，所以 SWCNT—NH_2 对 SO_2 的灵敏度高于 SOF_2。SO_2F_2 的化学性质稳定，反应活性较低，SWCNT—NH_2 对它基本不响应。

为了探讨气体浓度对 SWCNT—NH_2 传感器气敏响应的影响，在常温常压下对浓度为 50ppm 的四种目标组分的标气进行气敏测试。同时为了清晰比较不同气体浓度对传感器气敏响应的影响，将同种气体不同浓度的响应曲线放置在同一坐标系下，如图 8.32 所示。气体浓度为 50ppm 时，SWCNT—NH_2 传感器对四种气体的响应特征与浓度为 100ppm 时基本一致：响应曲线先发生快速变化，然后逐渐平稳，最后达到饱和。H_2S 的响应曲线呈正增长趋势，而其他三种气体的响应曲线呈负增长。另外，从图中可以看到，当气体浓度为 50ppm 时，SWCNT—NH_2 传感器对 SO_2、SOF_2、H_2S 和 SO_2F_2 的响应灵敏度分别为－7.01％、－5.13％、2.17％和－0.53％。响应时间分别为 150s、300s、480s 和 540s。所以 SWCNT—NH_2 的总体选择性并没有变化，依然是对 SO_2 最敏感，响应速率最快，其次是 SOF_2，而对 SO_2F_2 的灵敏度最差。但与浓度为 100ppm 时相比，它的灵敏度有所降低，同时响应时间也有所延长。

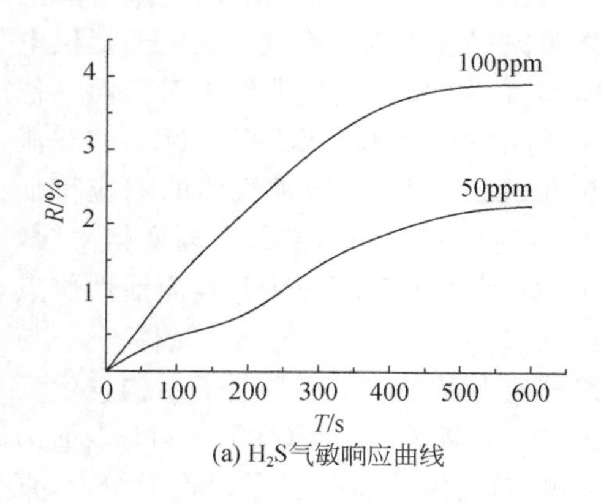

(a) H_2S 气敏响应曲线

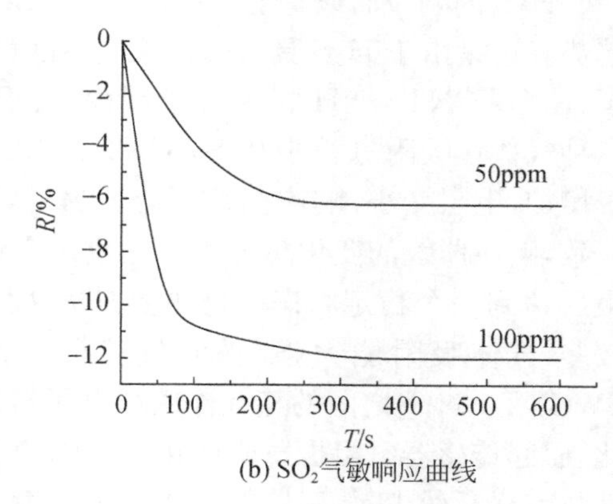

(b) SO_2 气敏响应曲线

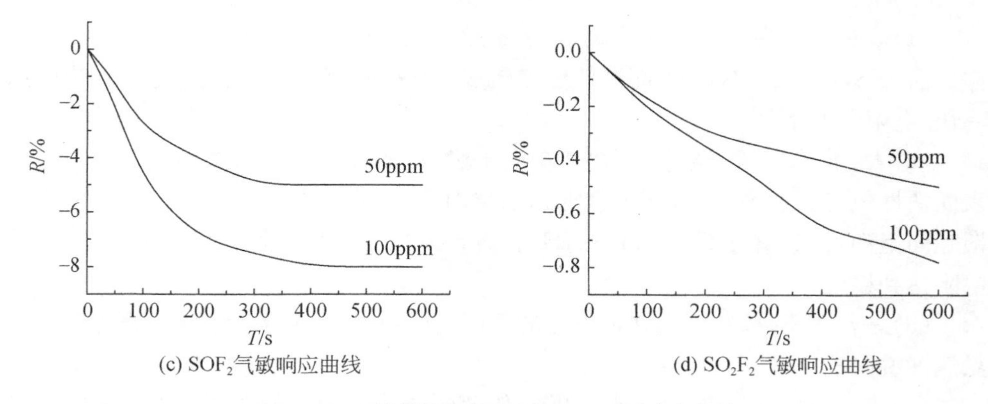

(c) SOF_2气敏响应曲线　(d) SO_2F_2气敏响应曲线

图 8.32　不同浓度下 SWCNT—NH_2响应曲线

综合气敏试验结果和以上分析可知，SWCNT—NH_2对四种 SF_6分解组分的灵敏度为 SO_2＞SOF_2＞H_2S＞SO_2F_2。随着气体浓度的降低，气体的灵敏度会相应减小，响应时间也会相应变长，但气体浓度的变化不会改变响应曲线的变化特征，也不会改变传感器的整体选择性。

从前面的分析中可以得到 SWCNT—NH_2传感器对 SF_6分解组分具有良好的选择灵敏度，这为该传感器的实用化奠定了基础，接下来将进一步研究 SWCNT—NH_2传感器的恢复特性。

气体传感器的恢复时间是表征传感器响应结束后被测气体解吸速度快慢的指标。对于电阻型气体传感器来说是指从传感器脱离被测气体开始到其阻值恢复到初始值的 90％时所需的时间。选择 100ppm 的 SO_2作为试验气体，研究 SWCNT—NH_2传感器的恢复特性。

如图 8.33 所示，整条曲线可以大致分为响应阶段和恢复阶段。*a*-*c* 为响应阶段：整个响应阶段，根据曲线变化的特征又可细分为两个阶段，即快速响应阶段和饱和阶段。

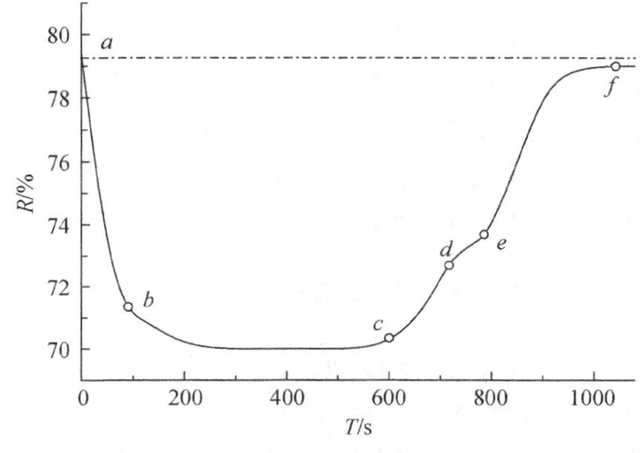

图 8.33　SWCNT—NH_2传感器的响应和恢复曲线

(1) *a*-*b* 快速响应阶段:在初始时刻 *a* 点通入一个大气压的 100ppm 的 SO_2气体。由于 SWCNT—NH_2表面活性位点较多,气体吸附较容易,因此传感器响应速率快,电阻急剧下降。

(2) *b*-*c* 饱和阶段:经过 *a*-*b* 快速响应阶段后,随着时间的推移,SWCNT—NH_2表面活性位点数逐渐较少,气体吸附越来越困难,因此 *b* 点(60s)以后,响应曲线逐渐趋向饱和,直到最后 SWCNT—NH_2表面 SO_2吸附和解吸附动态平衡,传感器的电阻达到稳定。

(3) *c*-*f* 恢复阶段:根据处理方法的不同,又可细分为抽真空阶段、静置阶段和氮气冲洗阶段。

(4) *c*-*d* 抽真空阶段:在 *c* 点(600s)传感器响应结束后开始抽真空,直到 *d* 点(720s)抽真空完毕。从图中可以看到,抽真空过程中传感器电阻急剧增大,原因是此过程中 SO_2从 SWCNT—NH_2表面脱吸附,并随着气室里的气体一起被抽走,所以传感器电阻快速回升。

(5) *d*-*e* 静置阶段:抽真空结束后静置 60s,在这个阶段,传感器的电阻略有回升,但速率较慢。这主要是由于在真空环境下传感器表面气体脱吸附较慢。

(6) *e*-*f* 氮气冲洗阶段:向反应气室通入干燥的氮气,此时 SO_2快速解吸附,传感器电阻迅速回升。从图中可以看到,氮气冲洗过后大部分 SO_2从 SWCNT—NH_2表面脱离,传感器电阻基本回到初始值。

综合分析可以看到,SWCNT—NH_2传感器吸附 SO_2后,通过抽真空和氮气冲洗处理可使传感器电阻快速回升,并在 6min 内基本回到初始值,因此 SWCNT—NH_2传感器恢复特性良好,可以用于实际检测。

8.3.4 有机高分子掺杂

目前制备碳纳米管/高分子复合材料主要有三种方法:溶液混合、熔融混合和原位合成。虽然这些方法已经被广泛研究,但它们面临一个共同而关键的挑战:碳纳米管在高分子中无规聚集,复合材料无法充分利用碳纳米管优异的性能,如拉伸强度和电导率分别低于 0.12GPa 和 10^{-6}S/cm,严重限制碳纳米管/高分子复合材料在很多领域的应用。为此,国际上多个课题组做了大量研究工作,包括尝试了外加电场、机械拉伸、旋转浇铸、熔融纤维纺丝和静电纺丝技术等多种方法,试图解决碳纳米管无规聚集的难题,提高碳纳米管的取向性。

1. 有机高分子掺杂碳纳米管气敏传感器

通过把高分子溶液或者高分子熔体加入碳纳米管阵列中,可以方便、高效率制备复合阵列。下面以取向碳纳米管/环氧树脂为例来说明通过溶液来制备的过程。首先按照环氧树脂配方“EPON812”制备包埋液[50],包埋液主要包括环氧树脂

(SPI-Pon 812)、十二烯基丁二酸酐、甲基纳迪克酸酐、固化促进剂 2,4,6-三(二甲氨基甲基)苯酚等。然后把碳纳米管阵列浸泡在包埋液中,环氧树脂通过渗透进入阵列的碳纳米管间隙中。最后,在聚合箱中常压、60℃下固化 36h,即可得到用环氧树脂包埋好的碳纳米管阵列。

2. 有机高分子掺杂有机聚合物气敏传感器

1) 制备方法

使用有机大分子磺酸,磺基水杨酸掺杂聚苯胺,不仅可以改善材料的稳定性,而且由于磺基水杨酸(sulpho-salicylic acid,SSA)同时含有极性和非极性基团,得到的掺杂态的聚苯胺 PANI-SSA 有较好的溶解性和成膜性[51]。以磺基水杨酸为掺杂质子酸,采用化学氧化聚合法合成 SSA 掺杂的聚苯胺 PANI-SSA,典型的试验制备过程如下:由于苯胺在空气中长期存放时容易被氧化,在使用前要在锌粉存在的条件下通过二次蒸馏提纯。首先将一定量新蒸馏的 0.1mol 苯胺单体溶于 50mL、1mol/L 的 SSA 中,用玻璃棒搅拌使其充分分散在其中,然后将 0.1mol 的 APS 也充分溶解在 1mol/L 的 SSA 中,苯胺和硫酸铵(APS)的摩尔比控制为 1∶1。然后,将盛有苯胺单体的 SSA 溶液置于磁力搅拌器中,在搅拌状态下向其中缓慢滴加一定浓度的 APS 水溶液,滴加时间控制在 30min 左右,聚合反应期间反应温度控制在 0～5℃,滴加结束后反应 8h。真空抽滤,收集产物,分别用蒸馏水和无水乙醇反复洗涤滤饼,直至滤液呈无色,在 60℃下真空干燥 24h,用研钵研磨成粉末状,即可得到磺基水杨酸掺杂的墨绿色的聚苯胺,记为 PANI-SSA。

2) 气敏特性

(1) PANI-SSA 传感器对 SF_6 特征分解组分 H_2S 的气敏响应。由图 8.34 可见,PANI-SSA 传感器对浓度为 10μL/L、25μL/L、50μL/L、75μL/L 和 100μL/L 的 H_2S 气体的灵敏度分别为 −3.4%、−5.6%、−10.1%、−13.2% 和 −15.6%。传感器灵敏度和 H_2S 气体浓度之间的线性拟合函数关系式为 $y=-0.11537x-1.96098$,线性相关系数 $R^2=0.98672$,由此可见两者满足较好的线性关系。

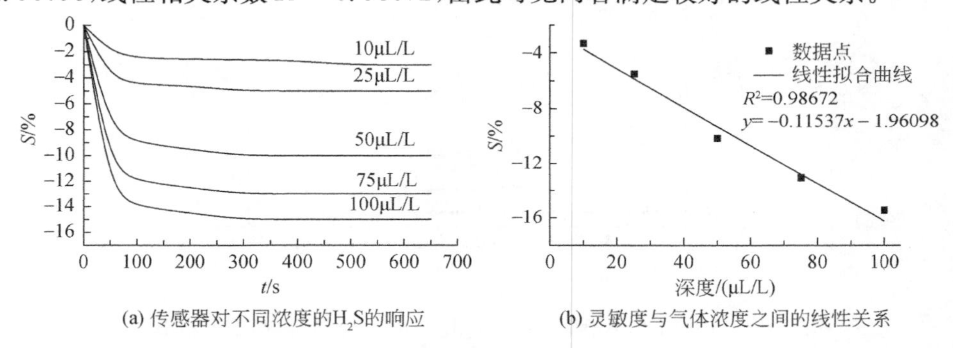

(a) 传感器对不同浓度的 H_2S 的响应　　(b) 灵敏度与气体浓度之间的线性关系

图 8.34　PANI-SSA 传感器对不同浓度的 H_2S 气体的气敏响应特性

(2) PANI-SSA 传感器对 SF_6 特征分解组分 SO_2 气体的气敏响应。图 8.35 为 PANI-SSA 传感器对浓度为 10μL/L、25μL/L、50μL/L、75μL/L 和 100μL/L 的 SO_2 气体的响应曲线。从图 8.35(a)可知，对应于五种不同浓度的 SO_2 气体的灵敏度分别为−2.7%、−4.6%、−8.4%、−10.6%、−13.2%。进行线性拟合结果如图 8.35(b)所示，函数关系式为 $y=-0.13889x-2.39756$，$R^2=0.97875$，满足较好的线性度，能根据拟合曲线近似估计气体浓度。

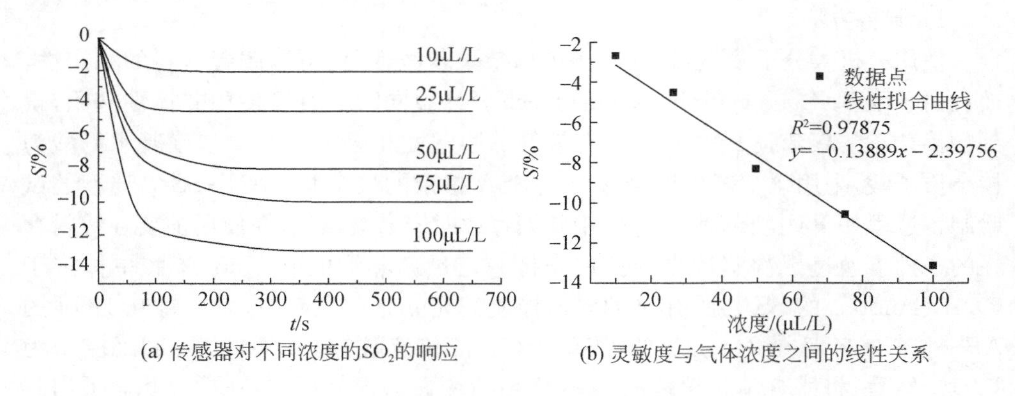

(a) 传感器对不同浓度的 SO_2 的响应 (b) 灵敏度与气体浓度之间的线性关系

图 8.35 PANI-SSA 传感器对不同浓度的 SO_2 气体的气敏响应特性

(3) PANI-SSA 传感器恢复和重复性曲线。以 PANI-SSA 传感器检测 25μL/L 的 H_2S 气体为例来研究传感器的响应和恢复过程，如图 8.36 所示。根据传感器的响应过程，将此传感器的气敏特性响应全过程概括为以下几个阶段：气体分子与敏感薄膜刚接触时的快速响应阶段；气体分子与敏感薄膜接触一段时间后的缓慢渗透阶段；响应达到稳定态或饱和阶段；气体分子脱离敏感膜的快速恢复阶段；经过长时间逐渐恢复到初始状态阶段。

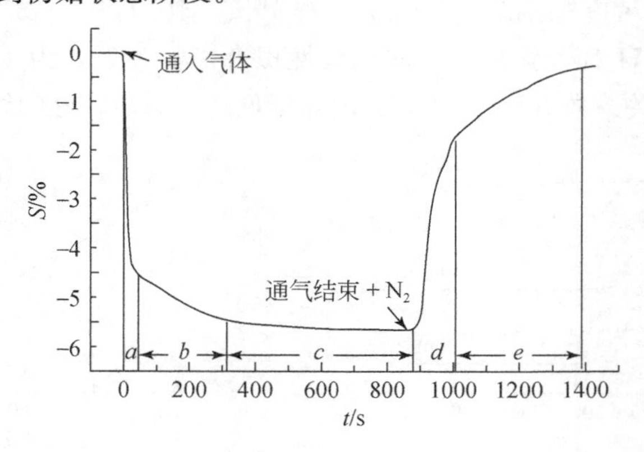

图 8.36 PANI-SSA 传感器对 25μL/L 的 H_2S 气体响应恢复曲线

图 8.37 为 PANI-SSA 传感器对 25μL/L 的 H_2S 气体的重复性曲线，多次试验过程中传感器的电阻变化趋势相同，最大灵敏度几乎保持不变，经过 N_2 冲洗试验后的传感器，其电阻值能恢复到初始值附近，恢复性能良好，能重复多次使用。

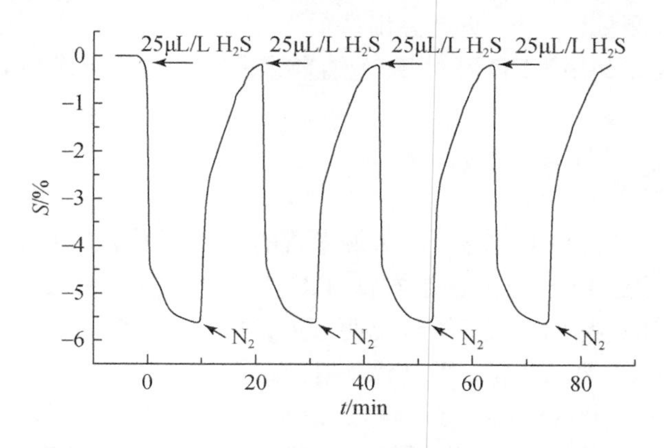

图 8.37　PANI-SSA 传感器对 H_2S 的重复性曲线

(4) PANI-SSA 传感器的长期稳定性。以检测 100μL/L 的 H_2S 气体为例，探究 PANI-SSA 传感器的长期稳定性。每 6 天为一个时间间隔，连续检测观察 49d，结果如图 8.38 所示。在初始的三周内，传感器的灵敏度有减小的趋势，三周过后，响应逐渐稳定在一个固定值附近，计算得到的稳定性为 81.4%。

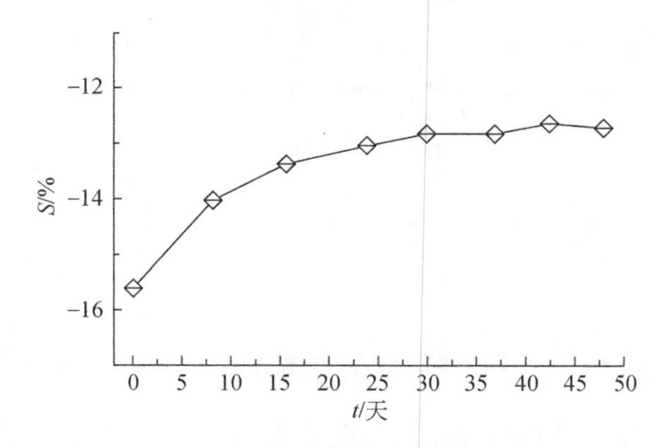

图 8.38　PANI-SSA 传感器的长期稳定性曲线

8.4　纳米气敏传感器的形貌表征手段

X 射线衍射分析是表征材料的晶相、测定晶细胞常数和晶粒尺寸的有效手段，以及合金相的成分及含量等。X 射线是通过高速运动的电子轰击晶体型样品时，其原子内层的电子发生跃迁而产生的光辐射，晶体内存在数目很大且排列规则的原子或离子所产生的相关散射对 X 射线发生光的衍射作用，从而影响 X 射线强度的增强或者减弱，从而显示出对应于特定晶型的特征 X 射线衍射图。通过被测晶体的晶面间距来测量衍射角，再计算出特征 X 射线的波长，进而可通过资料查出样品中所含的元素。利用 XRD 可对 TiO_2 纳米管进行晶型及所掺杂金属元素含量进行定性和定量分析。

8.4.1 X 射线衍射

本征 TiO_2 纳米管与 Pt 掺杂 TiO_2 纳米管的 XRD 谱图如图 8.39 所示，从该图中可以看到：不管是 Pt 掺杂的还是本征 TiO_2 纳米管，在 $2\theta=25.3°$（标注 A 处）都出现了锐钛矿（101）晶面的特征峰，说明 TiO_2 纳米管表面存在锐钛矿的（101）晶面；在 Pt 掺杂 TiO_2 纳米管的 XRD 谱图中，在 $2\theta=40.5°$ 和 $2\theta=46°$ 处分别存在 Pt(111) 晶面和 Pt(200) 晶面的特征峰，这说明 Pt 掺杂 TiO_2 纳米管 SEM 图中的纳米颗粒就是 Pt 纳米颗粒，Pt 纳米颗粒有效被沉积在 TiO_2 纳米管表面。

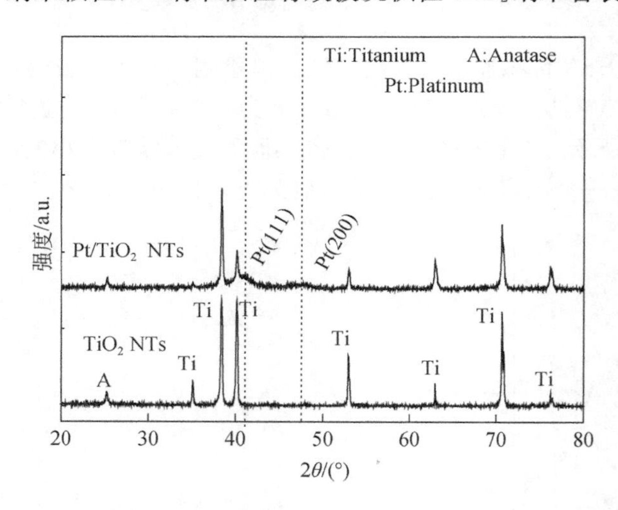

图 8.39 本征 TiO_2 纳米管与 Pt 掺杂 TiO_2 纳米管 XRD 谱图

图 8.40 为本征石墨烯以及 Au 掺杂石墨烯的 XRD 图谱。由图可知样品的 XRD 谱图峰形明显、谱线光滑，样品结晶度良好。本征石墨烯样品在 23.77°处以及 Au 掺杂石墨烯样品在 24.63°处均出现了衍射峰（002），表明样品都具有石墨烯状的碳原子层结构。对于通过还原氧化法制备的本征石墨烯来讲，假如制备过程中还原反应进行得不彻底，将在 9°附近出现氧化石墨烯的强衍射峰。本书的本征石墨烯样品 XRD 图谱中未观测到有关的氧化石墨烯衍射峰，说明本征石墨烯还原彻底，已基本将含氧官能团去除，保证了本征石墨烯的纯度。Au 掺杂石墨烯样品

的 XRD 图谱分别在 38.1°、44.3°、64.5°、77.55°以及 81.65°处出现 Au 晶体衍射峰，分别对应(111)相、(200)相、(220)相、(311)相以及(222)相。通过与 X 射线衍射标准图谱对比，各衍射峰位与 Au 晶体相符(标准峰位为 38.184°、44.392°、64.576°、77.547°和 81.721°)，没有其他杂质衍射峰出现，说明制备的 Au 掺杂石墨烯样品没有混入其他杂质晶体。分析峰强最大的主要衍射峰(111)，表明 Au 原子结晶度高，半峰宽较大，说明 Au 纳米颗粒高度分散于石墨烯表面。根据谢乐公式(Scherer equation)以及相应的主峰(111)半峰宽计算得到样品的主要晶粒尺寸，Au 纳米颗粒的大小约为 14nm。综上总述，数十纳米大小的 Au 颗粒成功掺杂于石墨烯中，结晶度良好。

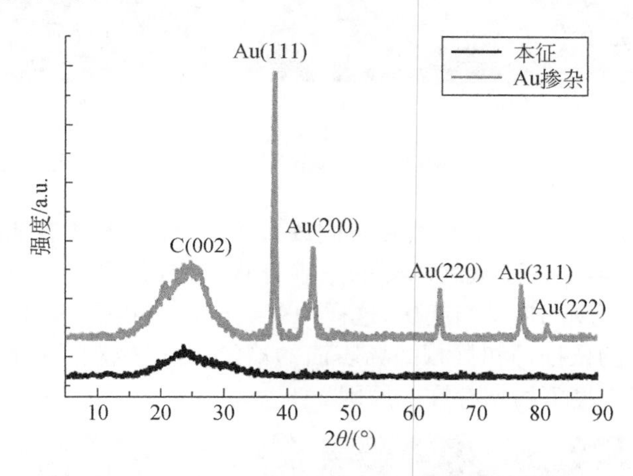

图 8.40　本征石墨烯和 Au 掺杂石墨烯的 XRD 图谱

8.4.2　扫描电子显微镜

扫描电子显微镜(scanning electron microscope, SEM)是介于光学显微镜和透射电子显微镜之间的一种微观形貌观察手段，主要用于观察材料表面的纳米尺寸的微细形貌并进行表面分析。其基本原理是：用一束经过高度聚焦的极细电子束扫描样品表面，在样品的表面激发出次级电子，次级电子的多少与射入电子束的入射角有关，而入射角的大小与样品表面的结构有关，因此，样品表面激发出的次电子的强度会随样品表面特征的变化而变化；通过探测体将次级电子收集并被闪烁器转化为光信号，再由光电倍增管和放大器转化为电信号，最终显示出与电子束同步的扫描图像。

利用 JEOLJSM7000 型场发射扫描电镜来观察样品形貌。图 8.41 为本征 TiO_2 纳米管阵列以及 Pt 掺杂 TiO_2 纳米管阵列由 SEM 观察到的形貌图。从图 8.41 可以看出，本征 TiO_2 纳米管阵列具有整齐规则有序、定向生长的阵列结构，而 Pt 掺

杂 TiO_2 纳米管表面具有较多分布均匀、颗粒大小一致的 Pt 纳米颗粒。

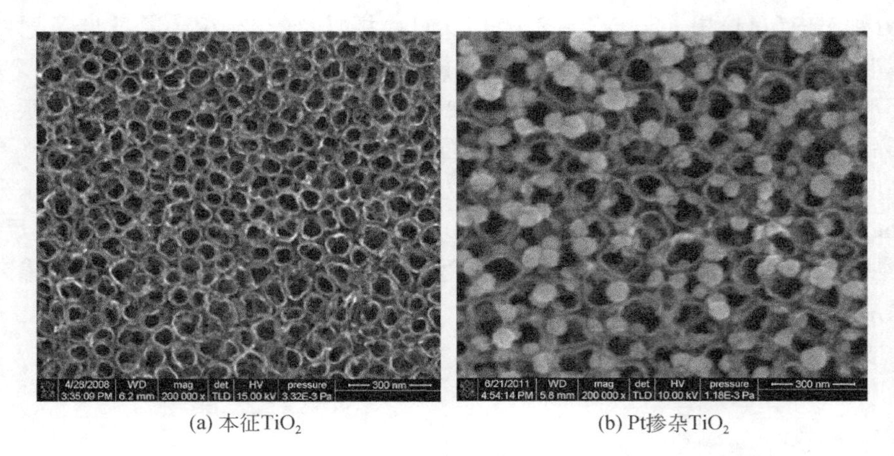

(a) 本征TiO_2　　(b) Pt掺杂TiO_2

图 8.41　本征 TiO_2 以及 Pt 掺杂 TiO_2 纳米管的 SEM 形貌图

图 8.42(a)为本征石墨烯材料在不同放大倍数下的 SEM 表征图，由图可知本征石墨烯较为轻薄，不同于碳纳米管的一维管状结构，石墨烯薄膜二维平面展开，其表面具有一定程度的褶皱与起伏，这样的褶皱与起伏也是 SEM 表征下判断石墨烯材料是否形成的依据，同时，石墨烯表面的褶皱、起伏也正是石墨烯的二维平面结构可以在有限温度下稳定存在的原因。

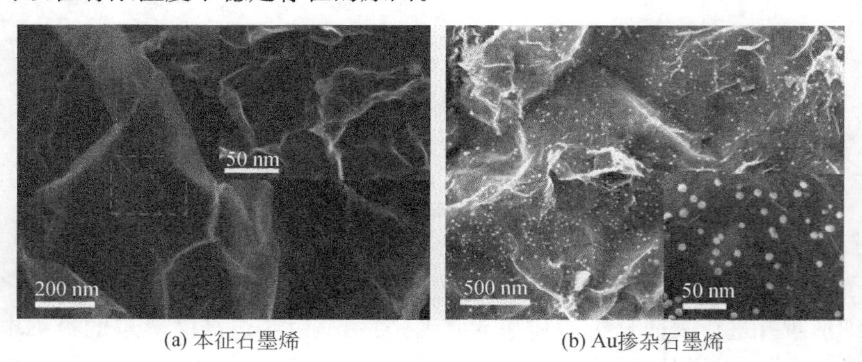

(a) 本征石墨烯　　(b) Au掺杂石墨烯

图 8.42　本征石墨烯和金掺杂石墨烯的 SEM 表征

本征石墨烯样品未进行喷金处理，SEM 图视野明亮说明样品导电性良好。图 8.42(b)为 Au 掺杂石墨烯材料在不同放大倍数下的 SEM 表征图，由图可以很直观地观察到纳米颗粒以覆盖和包裹两种方式均匀地分散在石墨烯薄膜表面，在其表面提供了多个有效活性位点。通过对多张 SEM 图的统计分析可知，石墨烯表面的纳米颗粒平均直径为数十纳米。

图 8.43 给出了 PANI-SSA 的 SEM 图。当有机磺酸进入聚苯胺的主链后，链

的结构更加伸展，形成大的链间距，降低了高分子链与链之间的交互作用，有机酸掺杂产物易呈片状结构。

图 8.43　有机磺酸掺杂的聚苯胺的 SEM 图谱

8.4.3　透射电子显微镜

图 8.44 为本征石墨烯和 Au 掺杂石墨烯透射电子显微镜(transmission electron microscope，TEM)图谱，可以看到在光学显微镜下无法看清的小于 0.2μm 的细微结构，这些结构称为亚显微结构或超微结构。要想看清这些结构，就必须选择波长更短的光源，以提高显微镜的分辨率。1932 年，Ruska 发明了以电子束为光源的透射电子显微镜，电子束的波长要比可见光和紫外光短得多，并且电子束的波长与发射电子束的电压平方根成反比，也就是说，电压越高波长越短。目前 TEM 的分辨力可达 0.2nm。

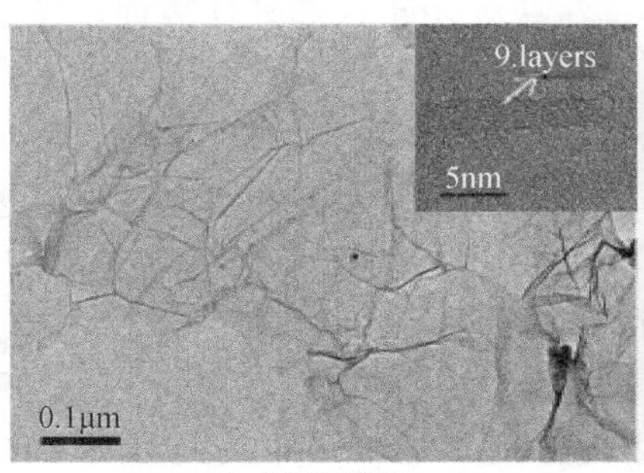

(a) 本征石墨烯

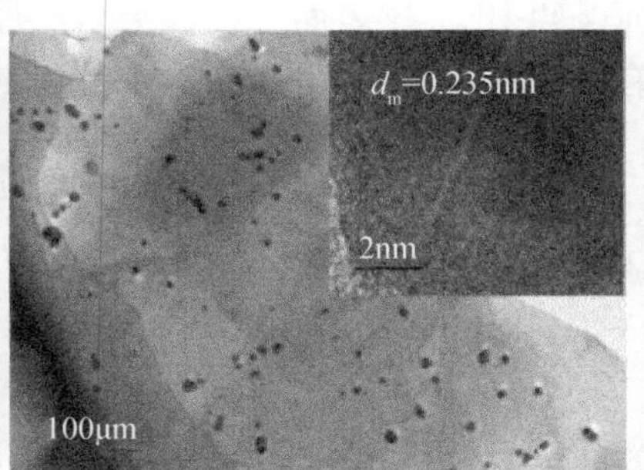

(b) Au掺杂石墨烯

图 8.44　本征石墨烯和 Au 掺杂石墨烯的 TEM 图谱

TEM的照明源使用波长极短的电子束，并采用电磁透镜聚焦成像技术实现原子尺度的分辨能力，从而提供可靠的物理结构分析功能。此外，在TEM上添加选区电子衍射技术，再配以能谱分析，便可使TEM实现纳米尺度形貌、晶体结构以及化学成分的一体化分析功能。为了观察本征石墨烯的内部结构和层数以及掺杂元素的成分，本书采用Tecnai公司的G2F20S-TWIN型配备X射线能谱分析(EDS)功能的高分辨率TEM，工作电压为200kV。样品制作方法如下：取少量石墨烯或Au掺杂石墨烯粉末于30mL无水乙醇中超声30min，然后用微栅铜网放于溶液中捞出后自然晾干，再进行观察。由于石墨烯及其衍生物具有很薄的厚度，微栅铜网的观测效果比传统的纯碳支撑膜好。

8.4.4 比表面积表征

比表面积表征方法主要分连续流动法(即动态法)和静态容量法。

1. 动态法

动态法是将待测粉体样品装在U形的样品管内，使含有一定比例吸附质的混合气体流过样品，根据吸附前后气体浓度的变化来确定被测样品对吸附质分子(N_2)的吸附量。静态法根据确定吸附量方法的不同分为重量法和容量法。重量法是根据吸附前后样品重量的变化来确定被测样品对吸附质分子(N_2)的吸附量，由于分辨率低、准确度差、对设备要求很高等缺陷已很少使用。容量法是将待测粉体样品装在一定体积的一段封闭的试管状样品管内，向样品管内注入一定压力的吸附质气体，根据吸附前后的压力或重量变化来确定被测样品对吸附质分子(N_2)的吸附量。

由吸附量来计算比表面的理论很多，如朗格缪尔吸附理论、BET吸附理论、统计吸附层厚度法吸附理论等。其中BET理论在比表面计算方面在大多数情况下与实际值吻合较好，被比较广泛地应用于比表面测试，通过BET理论计算得到的比表面又叫BET比表面。统计吸附层厚度法主要用于计算外比表面。动态法仪器中有种常用的方法：直接对比法和多点BET法。

1) 直接对比法

在国外，采用直接对比法的仪器叫作直读比表面仪。该方法测试的原理是用已知比表面的标准样品作为参照来确定未知待测样品相对标准样品的吸附量，从而通过比例运算求得待测样品的比表面积。以使用氮吸附BET比表面标准样品为例，该方法的依据有两个：①BET理论的假设之一是在吸附一层之后的吸附过程中的能量变化相当于吸附质分子液化热，也就是和粉体本身无关；②在相同氮气分压(5%～30%)、相同液氮温度条件下，吸附层厚度一致。这就是以直接对比法所得出的比表面值与BET多点法得到的值一致性较好的原因。

2) 多点 BET 法

多点 BET 法为国标比表面测试方法,其原理是求出不同分压下待测样品对氮气的绝对吸附量,通过 BET 理论计算出单层吸附量,从而求出比表面积;其理论认可度比直接对比法高,但实际使用中,测试过程相对复杂、耗时长,使得测试结果重复性、稳定性、测试效率相对直接对比法都不具有优势。这也是直接对比法的重复性标称值比多点 BET 法高的原因。

2. 静态容量法

在低温(液氮浴)条件下,向样品管内通入一定量的吸附质气体(N_2)。通过控制样品管中的平衡压力直接测得吸附分压,通过气体状态方程得到该分压点的吸附量。

通过逐渐投入吸附质气体来增大吸附平衡压力,得到吸附等温线;通过逐渐抽出吸附质气体来降低吸附平衡压力,得到脱附等温线;相对动态法,无须载气(He),无须液氮杯反复升降;由于待测样品是在固定容积的样品管中,吸附质相对动态法不流动,故叫静态容量法。

两种方法比较而言,动态法比较适合测试快速比表面积测试和中小吸附量的小比表面积样品(对于中大吸附量样品,静态法和动态法都可以定量得很准确)。静态容量法比较适合孔径及比表面测试。虽然静态法具有比表面测试和孔径测试的功能,但静态法的样品真空处理耗时较长,吸附平衡过程较慢、易受外界环境影响等,使测试效率比动态法的快速直读法低,对小比表面积样品测试结果的稳定性也比动态法低,所以静态法在比表面测试的效率、分辨率、稳定性方面,相比而言并没有优势。在多点 BET 法比表面分析方面,静态法无须液氮杯升降来吸附脱附,所以相对动态法省时。静态法与动态法相比,由于氮气分压可以很容易地控制到接近 1,所以比较适合进行孔径分析。而动态法由于是通过浓度变化来测试吸附量的,当浓度为 1 时,吸附前后将没有浓度变化,使孔径测试受限。

8.5　纳米气敏传感器的评价标准

常用的衡量气体传感器气敏性能的特征参数主要有灵敏度、稳定性、响应时间、恢复时间、选择性、线性度等。

8.5.1　灵敏度和稳定性

灵敏度表示气敏材料对待测气体的敏感程度。本书重点研究电阻型气体传感器,常用电阻的变化率来衡量器件的灵敏度。稳定性是指传感器在使用寿命期间响应的稳定性,由于气体传感器处于长期监测和反复使用的状态,稳定性的重要性要远大于灵敏度。如何提高传感器的使用寿命和响应的稳定性,是研究中亟待解决的难题。

8.5.2 响应时间和恢复时间

气体传感器的响应时间是衡量传感器对被测气体响应快慢的参量,指从传感器开始接触被测气体到响应达到稳定值的90%所需要的时间。一般情况下,响应时间越短越好,说明传感器对该气体越敏感。恢复时间是指从传感器开始脱离被测气体氛围,到恢复到其初始阻值的90%所需要的时间。该指标能反映气体分子解吸附的快慢,恢复时间越短,传感器性能越优越。

8.5.3 选择性

选择性是指当测量环境中同时存在多种气体时,传感器对目标气体的响应能力。选择性也被称为交叉敏感度,这种特性在多种组分共存、追踪目标气体的应用中非常重要。

8.5.4 线性度

线性度是指传感器的响应大小和被测气体浓度之间的关系,通过校正的线性关系曲线,测得响应的灵敏度,就可以分析得到被测气体的种类、浓度等信息。

参 考 文 献

[1] Röck F, Barsan N, Weimar U. Electronic nose: Current status and future trends. Chemical Reviews, 2008, 108: 705-725.

[2] Sberveglieri G, Faglia G, Groppelli S, et al. Methods for the preparation of NO, NO_2 and H_2 sensors based on tin oxide thin films, grown by means of the rf magnetron sputtering technique. Sensors and Actuators B: Chemical, 1992, 8(1): 79-88.

[3] 李智诚,薛剑峰,朱中平. 常用电子金属材料手册. 北京:中国物资出版社,1993.

[4] 康昌鹤,唐省吾. 气、湿敏感器件及其应用. 北京:科学出版社,1988.

[5] 裴润. 二氧化钛的生产. 北京:科技卫生出版社,1958.

[6] Lakshmi B, Patrissi C, Martin C. Sol-gel template synthesis of semiconductor oxide micro-and nanostructures. Chemistry Materials, 1997, 9: 2544-2550.

[7] Kasuga T, Hiramatsu M, Hoson A, et al. Formation of titanium oxide nanotube. Langmuir, 1988, 14: 3160.

[8] Gong D, Grimes C A, Varghese O K. Titanium oxide nanotube arrays prepared by anodic oxidation. Journal of Materials Research, 2001, 16: 3331.

[9] Iijima S. Helical microtubules of graphitic carbon. Nature, 1991, 354(6348): 56-58.

[10] 薛冰纯. 碳纳米管异型结构以及生长机理的理论研究[博士学位论文]. 天津:南开大学,2009.

[11] Hone J, Batlogg B, Benes Z, et al. Quantized phonon spectrum of single-wall carbon nanotubes. Science,2000,289(5485):1730-1733.

[12] Krishnan A,Dujardin E,Ebbesen T W,et al. Young's modulus of single-walled nanotubes. Physical Review B,1998,58(20):14013.

[13] 徐吉勇.碳纳米管膜修饰电极的电化学行为和应用研究[硕士学位论文].无锡:江南大学,2008.

[14] 孟凡生.单壁碳纳米管传感器检测 SF_6 局部放电分解组分的气敏性研究[硕士学位论文].重庆:重庆大学,2011.

[15] Ebbsen T W, Ajayan P M. Large-scale synthesis of carbon nanotubes. Nature, 1992, 358 (6383):220-222.

[16] Bethune D S, Klang C H, Vries M S D, et al. Cobalt-catalysed growth of carbon nanotubes with single-atomic-layer walls. Nature, 1993, 363(6430):605-607.

[17] Journet C, Maser W K, Bernier P, et al. Large-scale production of single-walled carbon nanotubes by the electric-arc technique. Nature International Weekly Journal of Science, 1997, 388(6644):756-758.

[18] 孙铭良,王红强,李新海,等.石墨直流电弧法制备碳纳米管.湘潭矿业学院学报,1999,14(1):54.

[19] 唐紫超,王育煌,黄荣彬,等.固体酸催化条件下碳纳米管的形成.应用化学,1997,14(2):32.

[20] Tans S J, Devoret M H, Dai H, et al. Individual single-wall carbon nanotubes as quantum wires. Nature, 1997, 386(6624):474-477.

[21] Thess A, Lee R, Nikolaev P, et al. Crystalline ropes of metallic carbon nanotubes. Science, 1996, 273(5274):483.

[22] Cho W S, Hamada E, Kondo Y, et al. Synthesis of carbon nanotubes from bulk polymer. Applied Physics Letters, 1996, 69(69):278,279.

[23] Sen R, Govindaraj A, Rao C N R. Carbon nanotubes by the metallocene route. Chemical Physics Letters, 1997, 267(3):276-280.

[24] Chernozatonskii L A, Kosakovskaja Z J, Fedorov E A, et al. New carbon tubelite-ordered film structure of multilayer nanotubes. Physics Letters A, 1995, 197(1):40-46.

[25] Yamamoto K, Koga Y, Fujiwara S, et al. New method of carbon nanotube growth by ion beam irradiation. Applied Physics Letters, 1996, 69(27): 4174-4175.

[26] Richter H, Hernadi K, Caudano R, et al. Formation of nanotubes in low pressure hydrocarbon flames. Carbon, 1996, 34(3):427-429.

[27] Das Chowdhury K, Howard J B, Vandersande J B. Fullerenic nanostructures in flames. Journal of Materials Research, 1996, 11(2):341-347.

[28] Laplaze D, Bernier P, Maser W K, et al. Carbon nanotubes: The solar approach. Carbon, 1998, 36(5):685-688.

[29] Murarescu M, Dima D, Andrei G, et al. Synthesis of polyester composites with functionalized carbon nanotubes by oxidative reactions and chemical deposition. Digest

Journal of Nanomaterials & Biostructures, 2014, 9(2):653-665.

[30] Hsu W K, Terrones M, Hare J P, et al. Electrolytic formation of carbon nanostructures. Chemical Physics Letters, 1996, 262(1):161-166.

[31] 黄辉，张文魁，马淳安，等. 熔盐电解法制备纳米碳管及纳米线. 化学物理学报(英文版)，2003，16(2):131-134.

[32] Li J, Stevens R, Delzeit L, et al. Electronic properties of multiwalled carbon nanotubes in an embedded vertical array. Journal of Applied Physics Letters, 2002, 81(5):910-912.

[33] Chernozatonskii L A, Val'Chuk V P, Kiselev N A, et al. Synthesis and structure investigations of alloys with fullerene and nanotube inclusions. Carbon, 1997, 35(6): 749-753.

[34] Kyotani T, Lifu Tsai A, Tomita A. Preparation of ultrafine carbon tubes in nanochannels of an anodic aluminum oxide film. Chemistry of Materials, 1996, 8(8):2109-2113.

[35] Matveev A T, Golberg D, Novikov V P, et al. Synthesis of carbon nanotubes below room temperature. Carbon, 2001, 39(1):155-158.

[36] Neto A C, Geim A K. Graphene: Graphene's properties. New Scientist, 2012, 214(2863): iv-v.

[37] Geim A K, Macdonald A H. Graphene: Exploring carbon flatland. Physics Today, 2007, 60(8):35-41.

[38] Akhtar M, Chiang C K, Cohen M J, et al. Synthesis and properties of halogen derivatives of (SN) X, and (CH) X *. Annals of the New York Academy of Sciences, 1978, 313(1): 726-736.

[39] Huang W S, MacDiarmid A G, Epstein A J. Polyaniline: Non-oxidative doping of the emeraldine base form to the metallic regime. Journal of the Chemical Society Chemical Communications, 1987, 76(23):1784-1786.

[40] Diaz S, Hodgson J G, Thompson K, et al. The plant traits that drive ecosystems: Evidence from three continents. Journal of Vegetation Science, 2004, 15(3):295-304.

[41] Guo L, Zhou J, Mao J, et al. Supported Cu catalysts for the selective hydrogenolysis of glycerol to propanediols. Applied Catalysis A General, 2009, 367(1-2):93-98.

[42] Zhang X, Chen Q, Hu W, et al. A DFT study of SF_6 decomposed gas adsorption on an anatase(101) surface. Applied Surface Science, 2013, 286:47-53.

[43] Zhang X, Gui Y, Dai Z. A simulation of Pd-doped SWCNTs used to detect SF_6 decomposition components under partial discharge. Applied Surface Science, 2014, 315: 196-202.

[44] Zhang X, Gui Y, Dai Z. Adsorption of gases from SF_6 decomposition on aluminum-doped SWCNTs: A density functional theory study. The European Physical Journal D, 2015, 69: 1-8.

[45] Delley B. Hardness conserving semilocal pseudopotentials. Physical Review B, 2002, 66(15):155125.

[46] Zhang X, Dai Z, Chen Q, et al. A DFT study of SO_2 and H_2S gas adsorption on Au-doped

single-walled carbon nanotubes. Physica Scripta, 2014, 89: 065803.

[47] Hu Y, Xue Z, He H, et al. Photoelectrochemical sensing for hydroquinone based on porphyrin-functionalized Au nanoparticles on graphene. Biosensors and Bioelectronics, 2013, 47: 45-49.

[48] Zhang X, Yu L, Gui Y, et al. First-principles study of SF_6 decomposed gas adsorbed on Au-decorated graphene. Applied Surface Science, 2016.

[49] Zhang X, Yu L, Wu X, et al. Experimental sensing and density functional theory study of H_2S and SOF_2 adsorption on Au-modified graphene. Advanced Science, 2015, 2: 1500101.

[50] Huang S Q, Li L, Yang Z B, et al. A new and general fabrication of an aligned carbon nanotube/polymer film for electrode applications. Advanced Materials, 2011, 23: 4707.

[51] Zhang X, Wu X, Yu L, et al. Highly sensitive and selective polyaniline thin-film sensors for detecting SF_6 decomposition products at room temperature. Synthetic Metals, 2015, 200: 74-79.

第 9 章　光谱类气体传感器

分子光谱是分子受外界因素激发后，形成激发态所吸收的光子或者由激发态回到原态过程中所发射出的光子，在进行分光后所得到的光谱，它是识别与鉴定分子的重要试验手段[1]。按波长范围进行分类，可将分子光谱分为远红外光谱、中红外光谱、近红外光谱以及可见-紫外光谱。分子光谱与内部分子的运动有直接的关系，分子运动包括分子转动、分子中的原子振动以及分子中的电子运动[2]。每种不同分子运动状态下的分子能量均有不同，在无外力作用时，分子中各状态基本都处于最低能级，这种状态称为基态。当受到光照等外力作用时，分子将吸收相应能级的光子，使分子能级转变（或跃迁）到能量较高的新状态，这种状态即称作激发态。激发态是种极不稳定的状态，易退激转回到基态。因此，常把分子由激发态退回到基态的过程叫作退激过程。退激过程中的激发分子态会发出相应能级的光子或以其他形式将多余能量释放出来。

该方法可用于测定电气设备因 PD 产生的特征气体分解产物种类和浓度。由于不同分子中的各个分子轨道分布和能级均不同，通过使用相应传感器检测分解产物的吸收光谱，或者退激过程中释放出的能量（以光能、声能或者其他形式的能量释放），即可实现对被测特征气体分解产物进行定性和定量分析。

9.1　特征分解气体常用光谱检测手段

9.1.1　红外光谱分析技术

1. 红外吸收光谱法

当红外光线通过气体组分时，光子将作用于气体分子，气体分子会有选择性地吸收具有特殊频率的光子，并从低能级向高能级跃迁，宏观上表现为红外光强度的减小，这一现象称为红外吸收。气体分子红外吸收主要是由于分子的振动以及分子中的原子振动转动所造成的。红外吸收光谱法利用光谱图的吸收峰形状、峰值、频率对检测组分进行定性定量分析。该方法可用于研究分子的结构和化学键，定性和定量检测固态、液态和气态物质成分，广泛应用于物理、天文、气象、遥感、生物、医学等领域。随着科技的发展，红外吸收光谱法在输变电设备故障特征气体检测中的应用也得到了突飞猛进的发展，在变压器油中分解气体识别、SF_6放电分解组分监测等方面均有了不少应用。图 9.1 为 SF_6 放电分解组分的红外傅里叶吸收光谱[3]。

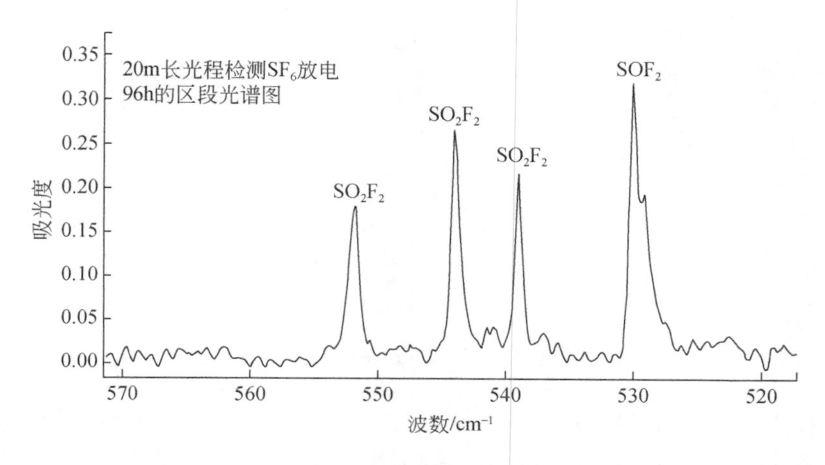

图 9.1 SF_6 放电分解组分红外傅里叶吸收光谱图

随着学者的研究不断深入，在吸收光谱法的基础上，又不断发展出新的检测技术，如可调谐激光二极管激光吸收光谱法(TDLAS)、傅里叶变换红外吸收光谱法(FTIR)、光腔衰荡光谱法(CRDS)等。TDLAS 具有灵敏度高、检测限低、易于集成为便携式痕量气体检测仪等优点[4]；FTIR 具有检测速度快、可检测组分种类多、检测精度高、抗干扰能力强、使用寿命长、样品无须前处理、吸光度和组分浓度线性特性好等优点；CRDS 的测量结果不受脉冲激光强度涨落的影响，具有灵敏度高、信噪比高、抗干扰能力强等优点。随着新技术的发展，便携式特征分解气体检测分析仪的检测精度、灵敏度、抗干扰能力、微型化等性能越来越高。

2. 红外光声光谱法

当气体组分受光子照射被激发后，气体组分在退激的过程中会将吸收的光能转化为平均动能，宏观上表现为气体温度的升高。气体组分内部温度的变化会引起其内部气体分子结构或体积压强的变化。当采用脉冲光源或调制光源照射气体组分时，其内部温度的变化会引起自身的体积呈现规律性涨缩，从而可以向外辐射出调制性的声波。这种现象称为光声效应(photoacoustic effect)。联合光谱吸收理论以及光声效应，通过测量辐射出的调制性声波的强弱，即可对电气设备中被测的特征分解产物进行定性和定量分析。光声光谱法具有不消耗载气、灵敏度高、选择性好、响应速度快等优点，在变压器油中溶解气体和 SF_6 气体绝缘电气设备故障分解气体检测领域有着广阔的应用前景[5]。图 9.2 为 H_2S 分子在 1578.13nm 附近的光声光谱吸收谱图。

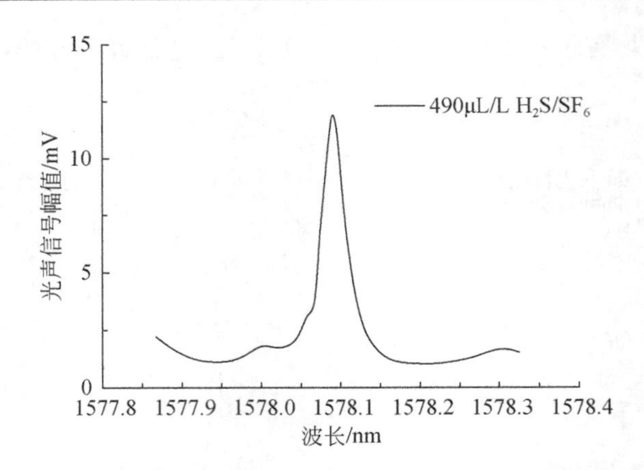

图 9.2　H_2S分子在 1578.13nm 附近的光声光谱吸收谱图

随着技术的不断发展，红外光声光谱技术在光源、光声池、传声器等部位上都做了很多的探索。为了提高光源强度，辐射光源被不断改进，出现了很多新颖的激光器，如铅盐激光器、激光泵浦的光参量振荡器、差频振荡激光器、分布反馈式激光器以及量子级联激光器等。也提出了不少光声池模型，如亥姆霍兹谐振模型、一维谐振模型以及空腔式谐振模型等。而在传声器的小型化、高灵敏度、低噪声领域上的成果更加突出，研制出了不少新型光声探测系统，如增强型石英音叉光声光谱技术(QEPAS)、增强型悬臂梁光声光谱技术(CEPAS)以及光纤声探测器等[6]。上述改进使光声光谱的检测灵敏度、检测限均有了极大的提高。

9.1.2　紫外-可见光谱分析技术

1. 紫外-可见吸收光谱法

当气体组分被紫外-可见光照射时，其分子将吸收光子中对应能级差的紫外-可见光子，使气体分子从低能级向高能级跃迁，宏观上表现为紫外-可见光强度的减小，这一现象称为紫外-可见光谱吸收。紫外-可见光谱吸收主要是由于分子中的外电子在不同能级轨道上跃迁造成的，由于不同分子的电子层数不同，每层电子的能级也不一致，通过分析吸收光谱的峰位置、峰形状、峰值等信息，即可对气体组分进行定性和定量的分析。由于紫外-可见吸收光谱在灵敏度和响应时间上都优于红外，测试方法也相对简单，并且紫外光源和探测器造价相对较低，可满足实时在线监测的需要。图 9.3 为 SO_2在紫外波段的差分吸收截面图[7]。

差分吸收光谱法(DOAS)是 20 世纪 70 年代末由德国学者 Platt 提出的，它是根据大气中痕量气体成分在紫外和可见光谱波段的特征吸收性质来反演其种类和浓度，已逐步发展成最具代表的气体浓度测量方法。通过事先测量(拟合)背景吸收光谱，然后将原始光谱除以背景光谱得到分子的特征差分光谱，去除带宽成分对

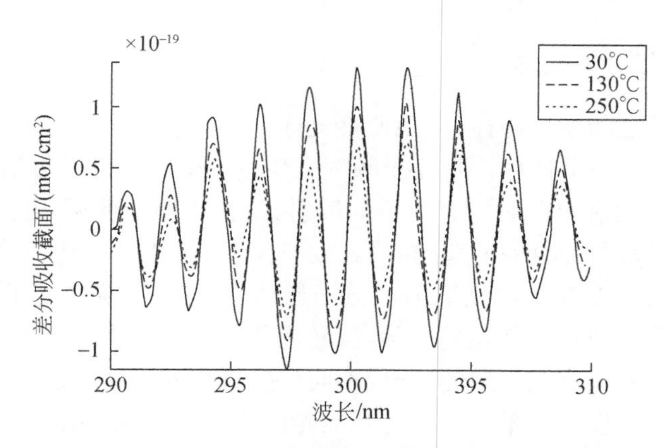

图 9.3　SO_2在不同温度下的紫外差分吸收截面

测量的影响，与传统吸收光谱相比，其抗干扰能力有了明显的提高。

2. 紫外荧光光谱法

当物质被紫外光照射时，其分子会因紫外光的照射而受到激发，而受激发的分子在返回到基态过程中，将释放出相应能级的光子。由于被测物质的分子种类或浓度不同，退激过程中会发射出波长范围和发光强度不同的可见光。而当紫外光停止照射时，这种光线也随之很快消失，这种发光现象称为荧光现象[8]。因此，通过气体组分所呈现的荧光特性可以对气体组分进行有效的定性定量分析。紫外荧光光谱法具有灵敏度高、测量速度快、非接触、可在线测量等优点[9]，因此在电气设备故障特征分解气体组分检测领域具有一定的优越性。图 9.4 为不同波长的光子所激发的 SO_2发射光谱[9]。由于该方法下物质的激发光谱受激发光的波长影响较为明显，因此，如何保证激发光源波长的稳定是定量测量准确与否的关键。

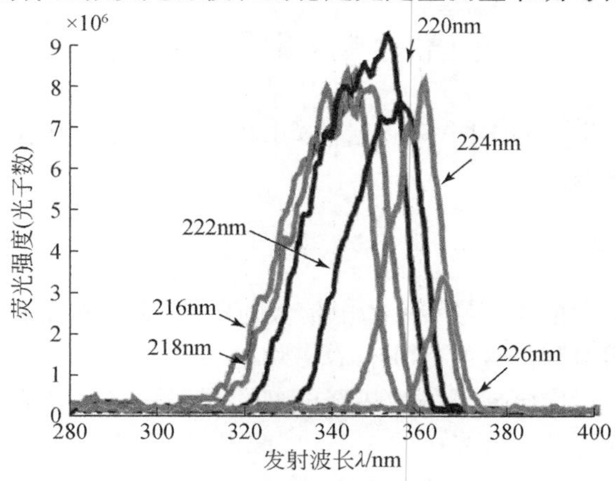

图 9.4　不同激发波长下 SO_2发射光谱图

9.1.3　拉曼光谱分析技术

光子与分子之间发生碰撞，可能改变光子的运动方向，这就是光的散射，拉曼光谱可反映被气体组分散射而且光子频率发生过改变的非弹性散射光子。拉曼散射分为斯托克斯散射和反斯托克斯拉曼散射，斯托克斯拉曼强度正比于处于最低能级状态的分子数量，反斯托克斯拉曼强度正比于处于次高振动能级的分子数，因此拉曼散射光的强度与入射光照射的分子数成正比[10]。拉曼光子波长相对激发光子波长所偏移的波数简称拉曼位移，拉曼位移与入射光频率无关，而仅与物质分子的振动和转动能级有关。因此，分析不同拉曼位移处的拉曼散射光的强度，可实现对气体组分的定性及定量分析。与其他光谱法相比，拉曼光谱具有检测范围广、无损、快速、无污染、可远距离测量以及检测灵敏度极高等优点[11]，可实现在线的实时分析，但拉曼散射效应的信号非常微弱，是痕量分析领域急需克服的一个困难。图 9.5 为变压器故障特征组分 C_2H_2 和 CH_4 的拉曼光谱图[10]。

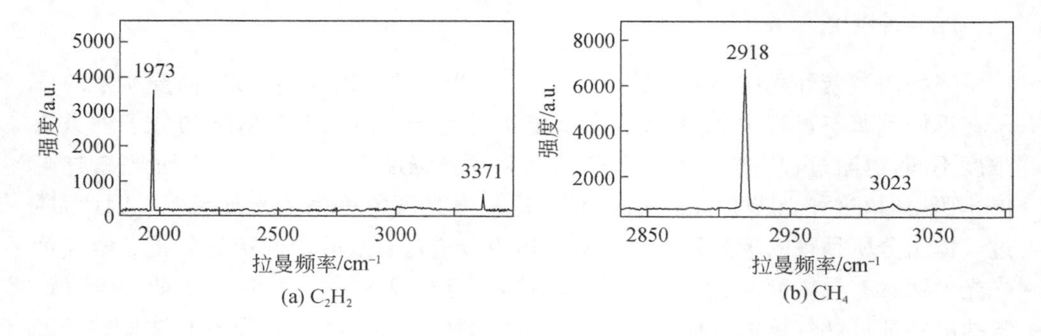

图 9.5　变压器故障特征组分气体拉曼光谱图

9.2　光谱检测法常用传感器分类

按所测量信息类型的不同，可将目前光谱检测法常用的传感器分为两大类：光电探测器和声探测器[12]。

9.2.1　光电探测器

光电探测器是指把光信号转换为电信号的器件，它是光路和电路的衔接点，其性能的优异对光谱检测信号的好坏有着密切的联系。光电探测器种类繁多，发展迅速。按探测器的工作原理可分为热释电型探测器和光电导型探测器两大类，而光电导型探测器又可分为外光电效应型和内光电效应型两类[13]。

1. 热释电型探测器

热释电型探测器是根据热释电效应制成的探测器。当一些晶体受热时，温度的变化使其原子排列发生变化，晶体自然极化，在其两端产生数量相等而符号相反的电荷。这种因光子照射等因素作用下使晶体表面温度快速变化而引发的电极化现象，称为热释电现象。通常，晶体自然极化所产生的束缚电荷被来自空气中吸附在晶体外表面的自由电荷所中和，其自发极化电偶极矩不被显示，对外不显电性。当温度变化时，晶体结构中的正负电荷重心产生相对位移，电偶极矩发生变化，晶体表面的束缚电荷也将变化，使其表面感应出极化负电荷。材料对光子的吸收率越高，热释电效应也就越强烈，传感器输出信号值也越大。热释电型探测器具有易于使用和维护，可靠性好，而且制备工艺相对简单、成本较低等优点；但由于光热效应与光子能量没有直接的关系，因此其光谱响应与波长无关，属于无选择性探测器，响应时间较长，容易受环境温度变化的影响。由于热释电型探测器接收的是照射光的辐射温度，因此该类型的探测器常用于对红外光谱的检测。目前最常用的热释电型探测器为掺杂丙乙酸的硫酸三甘肽(LATGS)，其介电损耗低，噪声小，不仅灵敏度高，而且响应速度快。

2. 光电导型探测器

光电导型探测器的检测原理基于光电导效应。光电导效应是指半导体材料在光照下，禁带中的电子受激发而跃迁到导带中使半导体电导率增加的现象。由于光电导效应所制成的探测器具有灵敏度高、时间响应快、可以对光辐射功率的瞬时变化进行测量，且有明显的光波长选择性等特点，目前已有一系列工作于紫外、可见、红外光波段的各种成熟的光谱检测器件。该类型的探测器是目前光谱检测中最常用的探测器。

由光的波粒二象性可知，光既有波动性，又有粒子性。每束光都可以看成一束光速运动的光子流，每个光子都具有一定的能量，其大小与它的频率成正比，即 $E=h\nu=hc/\lambda$，h 为普朗克常量，ν 为光子频率，c 为光速，λ 为光的波长。波长越短，光子能量越大。如果入射光子能量较大，半导体材料中的电子会逸出到物体表面，这种现象称为外光电导效应。当光子能量只能使半导体内部产生自由电子或者自由空穴(或者两者同时出现)，此现象称为内光电导效应。

内光电导效应是通过光与探测器靶面固体材料的相互作用，引起材料内电子运动状态的变化，进而引起材料电学性质的变化。例如，半导体材料吸收光辐射产生光生载流子，引起半导体的电导率发生变化，这种现象称为内光电导效应，所对应的器件称为内光电导器件[14]。

外光电效应器件是依据爱因斯坦的光电效应定律，探测器材料吸收辐射光能使材料内的束缚电子克服逸出功成为自由电子发射出来。光电子最大运动能与入射辐射通量的频率ν有关,设$h\nu$为入射光子能量,$e\varphi_0$为光电子的逸出功(eV),则光电子的最大动能为

$$\frac{1}{2}mv^2 = h\nu - e\varphi_0 \tag{9.1}$$

当$\nu=\nu_0$,使得$h\nu_0=e\varphi_0$时,则$v=0$,此时ν_0为极限频率,当$\nu<\nu_0$,即波长大于临界辐射波长λ_0时,将没有光电子发出。因为这样的光子能量不足以使电子克服材料的逸出功。由于电子的发射必须在真空中进行,所以外光电效应器件都属于电真空器件。

常见的内光电型探测器有光敏电阻、光电二极管以及电荷耦合器件(CCD阵列)等,而常见的外光电型探测器有光电管和光电倍增管等。

9.2.2 声探测器

按照传声器的转换能原理分类,可将传声器分为电动式、电容式、压电式、压缩式传感器,最常见的是前两种。由于电动式传声器存在拖尾振荡,其瞬态特性较差,因此在声学测量中常采用电容式传声器。按照工作条件区分,又可将电容式传声器分为需要外部提供极化电源的电容传声器以及内部预置极化电压的驻极体传声器[15]。

1. 电容传声器

电容传感器由接收声波的金属膜片、具有圆形沟槽的金属厚板按照不同的组合形式构成。金属膜片和带圆形沟槽的固定金属厚板(称为背景板)相距很近,形成一个以空气作为介质的可变电容器,这个电容器的静态电容量通常只有50~200pF。由于金属膜片非常薄,一般只有几微米到几十微米,因此当声波到来时,膜片会发生相应的振动,从而改变了电容器两极板间的距离,使电容量发生相应的变化。通过采用“直流极化”的方法,可把电容量的变化转换成相应的电信号输出。电容传声器具有灵敏度高、动态范围宽、频响宽而平直、瞬态特性好等一系列优点。根据金属膜片和背极板的组合方式不同,电容传感器又可分为压强式、压差式以及复合式几大类。

2. 驻极体传声器

驻极体是一种能够驻留电荷的电介质,将驻极体极化后,可得到一种永久极化的电介质。该传声器无须外加极化电源,因此结构简单、体积小、质量轻、价格低廉。驻极体传声器从结构上可分为两种形式,一种是驻极体振膜式传声器、另一种是驻极体背极式传声器。早期的驻极体传声器较多采用驻极体振膜式,但由于振膜的物理特性与传声器特性有关,如果采用驻极体薄膜作为振膜,既要考

虑传声器的声学特性，又要考虑其电荷特性，往往顾此失彼。因此，如今多采用喷溅方法把驻极体材料喷溅在金属背极上，而振膜则选用声学性能优良的聚酯薄膜，从而使驻极体传声器性能有了明显的提高。但是驻极体传声器的特性与驻极体材料的性能和极化工艺有密切的联系，在工作过程中，驻极体上的电荷会逐渐消退，使传声器性能大受影响。此外，其防潮、耐高温等性能较差，一般适合在室内使用。

3. 新型声探测器

随着新技术的发展，光纤传感器、石英音叉、悬臂式微传声器等新型的声探测器得到了迅猛的发展，光纤传声器具有良好的抗电磁干扰能力，还具有体积小、灵敏度高、耐腐蚀、损耗低等优点。石英音叉是一种利用石英晶体的压电效应制成的振荡器件，当在某些电介质晶体上沿一定方向施加外力时，在发生形变的同时，在其某两个相对的表面上将出现异号极化电荷。覆盖在晶体表面上的电极可将形变引起的电流导引出来，通过对电信号的探测实现对声波信号的探测。石英音叉具有高灵敏度、高选择性、响应速度快、噪声免疫力极强等优势。悬臂式传声器由极薄的半导材料硅制作，在压力产生变化时，悬臂式微传声器只发生弯曲形变，其伸缩形变几乎可忽略不计。因此，相较于传统电容式传声器，悬臂梁式传声器具有更高的灵敏度和更宽的动态响应范围，其位移与压力具有更好的线性响应关系。而且在相同的压力作用下，悬臂自由端的位移幅度会比被绷紧的电容式传声器的弹性膜中间的幅度大两个量级，表现出迄今为止最高的灵敏度[16]。

9.3　常用传感器及其主要的性能参数

本节将主要介绍一些常用传感器的工作原理、传感器的主要性能参数。其中光电倍增管在第 6 章中已经介绍，这里不再赘述。

9.3.1　热释电型探测器

1. 热释电型探测器的工作原理

热释电型探测器通常采用面电极和边电极两种结构，如图 9.6 所示。在面电极结构中，电极置于热释电晶体材料的前、后表面上，其中一个电极位于辐射灵敏面内。这种电极结构的电极面积较大，电极间距较短，因此极间电容较大，故在高速应用方面有所欠缺。边电极结构所在平面与辐射灵敏面相互垂直，电极间距较大，因此电极面积较小，故其极间电容较小，适宜于高速应用[17]。

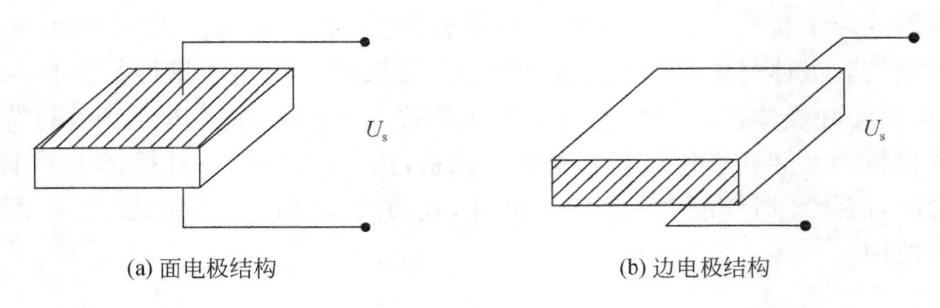

图 9.6　热释电的电极结构

热释电型探测器的工作原理如图 9.7 所示，用调制频率为 f 的红外光辐射热释电晶体，就会使晶体的温度、晶体自发极化以及由此引起的面束缚电荷均随频率 f 而发生改变。如果频率较低，热释电晶体的面束缚电荷将始终被体内自由电荷中和，因此无交流信号产生。当有 $f>1/\tau$ 的调制辐射红外线照射到晶体时，负载 R_L 的两端就会产生交流信号电压，这就是热释电型探测器的工作原理。

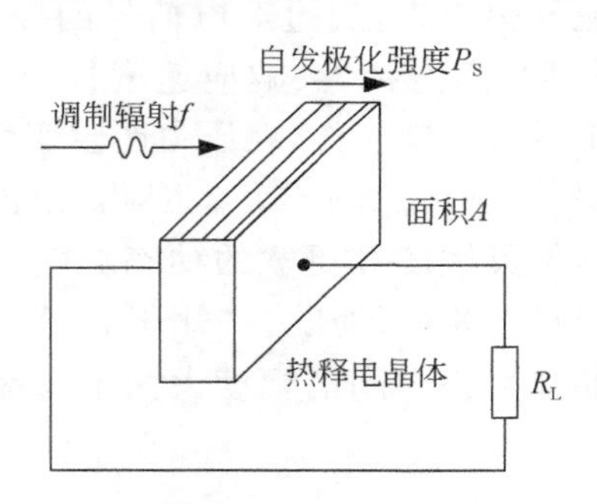

图 9.7　热释电型探测器的工作原理

若温度对时间的变化率为$\frac{dT}{dt}$，自发极化强度 P_S对时间的变化率为$\frac{dP_S}{dt}$。它相当于外电路上流动的电流。设电极面积为 A，则信号电压的大小为

$$\Delta U = AR_L \frac{dP_S}{dt} = AR_L \frac{dP_S}{dT} \frac{dT}{dt} \tag{9.2}$$

式中，A 为电极面积；$\frac{dP_S}{dT}$ 为热释电系数 P，当 ΔT 比较小时，$\frac{dP_S}{dT}$ 可看成常数。因此式(9.2)可表示为

$$\Delta U = AR_L P \frac{dT}{dt} \tag{9.3}$$

式(9.3)说明，输出信号 ΔU 正比于温度的变化率，而不取决于晶体与入射辐射是否达到热平衡。若入射辐射不变化，则无电信号输出。对于红外探测材料的热释电型晶体，要求因温度变化而产生的电压变化 ΔU 大，即希望有大的热释电吸收 P。

2. 热释电型探测器的主要表征参数

1）电压灵敏度

按照光电器件灵敏度的定义，热释电型探测器的电压灵敏度 S_V 为热释电器件输出电压幅值 U 与入射光功率 P_i 之比，即为

$$S_V=\frac{|U|}{P_i}=\frac{\alpha\omega PAR}{G\,(1+\omega^2\tau_T^2)^{\frac{1}{2}}\,(1+\omega^2\tau_e^2)^{\frac{1}{2}}} \tag{9.4}$$

式中，$\tau_T=R_QC_Q=\frac{|C_Q|}{G}$ 为热释电型探测器的热时间常数；$\tau_e=RC$，为热释电型探测器的电路时间常数，其中 $R=R_d//R_g$，$C=C_d+C_g$，R_d 与 C_d 为热释电型探测器的等效电阻和电容，R_g 和 C_g 为外接放大器的等效输入电阻和电容；α 为材料的吸收系数；ω 为入射调制频率；P 为热释电系数；A 为热敏面积。热释电型探测器的电压灵敏度受调制频率的影响，它对恒定辐射源不产生感应；在低频段时，其灵敏度 S_V 与信号的调整频率 ω 成正比；在高频段时，其灵敏度 S_V 与信号的调整频率 ω 成正比。

2）灵敏度与频率响应特性

图 9.8 给出了不同负载电阻 R_L 下的灵敏度与频率的关系曲线。由图可见，增大 R_L 可以提高探测器的灵敏度，但是频率响应的带宽将会变窄。因此，在具体应用时，必须考虑灵敏度与频率响应带宽的矛盾，因此需根据具体应用要求与条件合理选择恰当的负载。

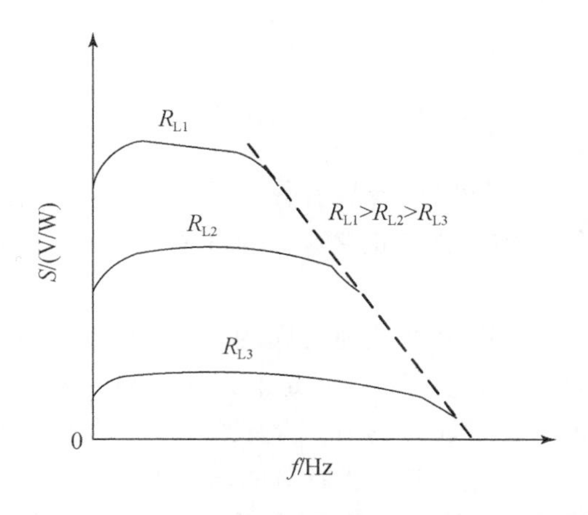

图 9.8　不同负载下热释电型探测器的灵敏度与调制频率的关系

3）响应时间

电压灵敏度高端半功率点取决于 $1/\tau_T$ 或 $1/\tau_e$ 中较大的一个，因此按通常的响应时间定义 τ_T 或 τ_e 中较小的那个即为热释电型探测器的响应时间，热释电型探测

器的响应时间可由式(9.4)中的时间常数求出。通常τ_T较大,而τ_e与负载电阻大小有关,多在几秒到几微秒之间。随着负载的减小,灵敏度也相应减小。减小负载阻值虽然可提高热释电型探测器的响应时间,却降低了探测器的灵敏度。因此,在热释电型探测器选型时,应该权衡好探测器的响应时间和灵敏度。

4) 噪声

热释电型探测器的基本结构是一个电容器,其输出阻抗较大,因此其后常接有场效应管,构成源极跟随器的形式,使输出阻抗降到适当数值。因此在分析热释电型探测器的噪声时,应考虑到放大器的噪声。因此热释电型探测器的主要噪声有热噪声、温度噪声和放大器噪声等三种。热释电型探测器热噪声来自晶体的介电损耗和与检测器件相并联的电阻,它随调制频率的升高而下降,增大总电阻R可使热噪声电压降低;放大器噪声可来自放大器中的有源元件和无源元件,以及信号源的源阻抗与放大器的输入阻抗之间是否匹配等方面;温度噪声由热释电器件的灵敏面与外界辐射交换能量时随机产生,其值与探测器的制造工艺有关,是一种始终存在且不可避免的噪声源。一般情况可以忽略其他噪声,主要考虑温度噪声。此时噪声等效功率(NEP)为

$$\mathrm{NEP}=\left(\frac{4kT^2G^2\Delta f}{\alpha^2A^2P^2\omega^2R}\right)^{\frac{1}{2}}\left[1+\left(\frac{TN}{T}\right)^2\right]^{\frac{1}{2}} \tag{9.5}$$

由式(9.5)可知,热释电器件的噪声等效功率具有随着调制频率的增高而减小的性质。

9.3.2 光电二极管

1. 光电二极管

硅(Si)光电二极管是最简单、最具有代表性的光电二极管。其中,PN结硅光电二极管是最基本的,其他发光二极管器件都是在此基础上为提高某方面特性而发展起来的[17]。

硅光电二极管可分为以P型硅为衬底的2DU型和以N型硅为衬底的2CU型两种结构形式。图9.9(a)为2DU型光电二极管的结构原理图。在高阻轻掺杂P型硅片上通过扩散或者注入的方式生成约$1\mu m$的N型层,形成PN结。为了保护光敏面,在N型硅面上有一层极薄的SiO_2保护膜,它既可保护光敏面,又能增加探测器对光的吸收。图9.9(b)为光电二极管的工作原理图,当光子入射到PN结形成的耗尽层内部时,PN结中的原子吸收光子能量,产生本征吸收,激发出电子-空穴对,在耗尽区静电场的作用下,空穴被拉到P区,电子被拉到N区,形成反向电流即光电流。光电流在负载电阻R_L上产生与入射光强度相关的电信号输出。

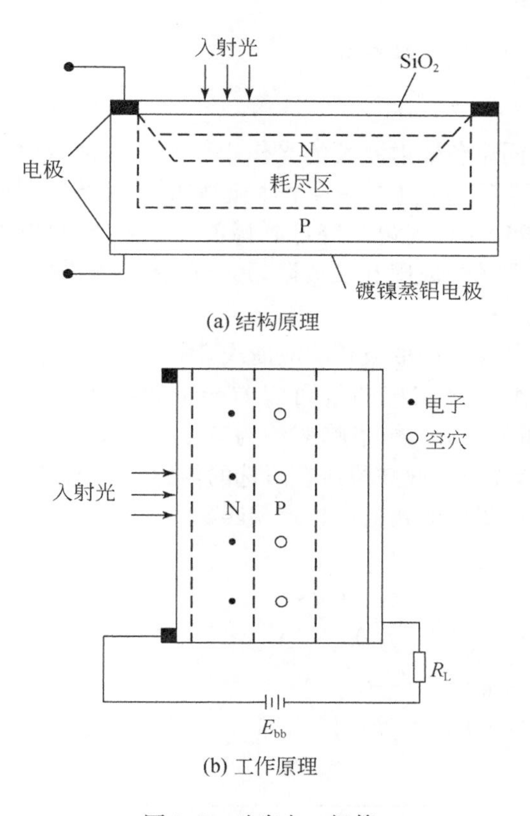

(a) 结构原理

(b) 工作原理

图 9.9　硅光电二极管

硅光电二极管输出的电流称为全电流，其包括受光子照射产生的光电流以及材质本身产生的暗电流。当光辐射到光电二极管时，产生的光电流为

$$I_{\Phi}=\frac{\eta q}{h\nu}(1-\mathrm{e}^{-\alpha d})\Phi_{e,\lambda}=\frac{\eta q\lambda}{hc}(1-\mathrm{e}^{-\alpha d})\Phi_{e,\lambda} \tag{9.6}$$

式中，η 为光电材料的光电转换效率；α 为材料对光子的敏感系数；d 为光敏层厚度；λ 为入射光强；$\Phi_{e,\lambda}$ 为入射光的辐射通量。

在无辐射作用下，PN 结硅光电二极管的伏安特性曲线与普通 PN 结二极管的伏安特性曲线一样，其电流方程为

$$I=I_{\mathrm{D}}(\mathrm{e}^{\frac{qU}{kT}}-1) \tag{9.7}$$

式中，U 为加在光电二极管两端的电压；T 为探测器的温度；k 为玻尔兹曼常量；q 为电子电荷量。当 PN 结出现反向偏置，且 $|U|\gg kT/q$ 时（室温下 $kT/q\approx 26\mathrm{mV}$，较容易满足），PN 结两端将出现反向电流，即暗电流。

因此硅光电二极管的全电流方程表达式为

$$I=I_{\Phi}+I_{\mathrm{D}}(\mathrm{e}^{\frac{qU}{kT}}-1) \tag{9.8}$$

2. 光电二极管的主要表征参数

1) 光谱响应

以等功率的不同单色辐射波长的光作用于光电二极管时，其响应程度或电流灵敏度与波长的关系称为光电二极管的光谱响应。保持入射光功率恒定，改变光波波长，光电二极管输出的光电流降低到峰值一半时所对应的两个入射激光波长分别称为光电探测器的短波限和长波限，短波限和长波限之间的波长范围即其光谱响应范围 $\Delta\lambda$[18]。

不同材料都有其相对应的波长响应曲线，图 9.10 为几种典型材料的光电二极管光谱响应曲线，由光谱响应曲线可以看出典型硅光电二极管的长波限约为 1.1μm，短波限接近 0.4μm，峰值响应约为 0.9μm；锗(Ge)的光谱响应范围比较宽。在光谱分析中，光谱吸收波段应在所选的传感器的光谱响应范围内，最佳吸收峰位置应与传感器的最佳光谱响应位置相匹配。

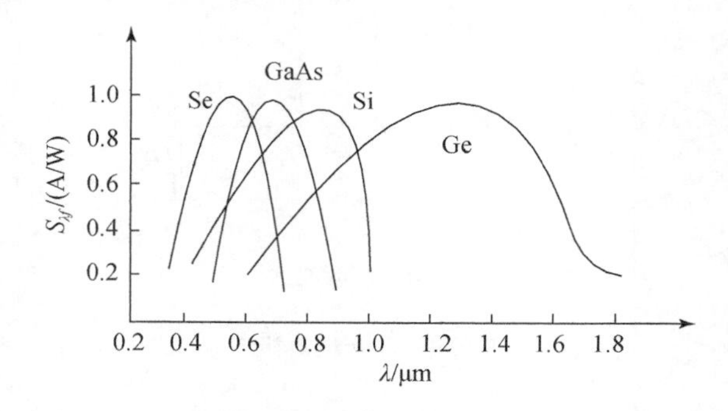

图 9.10 典型材料的光电二极管的光谱响应曲线

2) 灵敏度

光电二极管的电流灵敏度为光电流的变化与入射到光敏材料表面的辐射量之比，即为

$$S_i = \frac{\mathrm{d}I}{\mathrm{d}\Phi} = \frac{\eta q \lambda}{hc}(1 - \mathrm{e}^{-\alpha d}) \tag{9.9}$$

当辐射光波长一定时，其电流灵敏度为与光敏材料相关的常数。灵敏度是影响气体组分检测极限的重要指标参数。高灵敏度有利于提高光谱法对某气体组分的检测极限，甚至可实现在低光谱响应波段对某气体组分进行检测。

3) 响应时间

以频率 f 调制的辐射作用于 PN 结硅光电二极管的光敏面时，PN 结硅光电二极管电流的产生要经过如下三个过程：

(1) 在 PN 结区内产生的光生载流子渡越 PN 结区的时间 τ_{dr}，称为漂移时间；

(2) 在 PN 结区外产生的光生载流子扩散到 PN 结区内所需要的时间 τ_p，称为扩散时间；

(3) 由 PN 结电容 C_j、管芯电阻 R_i 及负载电阻 R_L 构成的 RC 延迟时间 τ_{RC}。

设载流子在结区内的漂移速度为 v_d，PN 结区的宽度为 W，载流子在结区的最长漂移时间为

$$\tau_{dr} = W/v_d \tag{9.10}$$

一般的 PN 结硅光电二极管载流子的平均漂移速度高于 10^7 cm/s，PN 结区的宽度一般约为 100μm，因此漂移时间 τ_{dr} 为纳秒数量级。对于 PN 结硅光电二极管，入射辐射在 PN 结势垒区以外的光生载流子，必须经过扩散运动到势垒区，才能受到内建电场的作用，并分别拉向 P 区和 N 区。载流子的运动往往相对较慢，因此扩散时间 τ_p 相对很长，约为 100ns，是限制 PN 硅光电二极管响应时间的主要因素。

延迟时间 τ_{RC} 与 PN 结电容 C_j、管芯电阻 R_i 及负载电阻 R_L 的大小有关，其表达式为

$$\tau_{RC} = C_j(R_i + R_L) \tag{9.11}$$

普通 PN 结硅光电二极管的管芯电阻约为 250Ω，PN 结电容常为 pC 量级，当负载电阻较小时，延迟时间 τ_{RC} 也仅仅是纳秒量级。但是，当负载电阻过大时，延迟时间 τ_{RC} 也将成为影响硅光电二极管时间响应的一个重要因素。

因此，影响 PN 结硅光电响应时间的主要因素是 PN 的扩散时间 τ_p。如何拓展 PN 结区，尽量消除扩散时间，是提高硅光电二极管时间响应的重要措施。

4) 噪声

光电二极管的噪声包含低频噪声 I_{nf}、散粒噪声 I_{ns} 和热噪声 I_{nT} 等三种噪声。由于光敏层内微粒的不均匀所引发的电爆脉冲是低频噪声的主要来源；散粒噪声是由电流在半导体内的散粒效应引起的；光敏电阻内载流子的热运动产生的噪声称为热噪声。散粒噪声是光电二极管的主要噪声。由于制作光电二极管的材料不同，其生产的探测器噪声值也不同，噪声值越低，则越有利于对微弱信号的测量。

9.3.3 CCD 型传感器

1. CCD 型传感器的工作原理[19]

CCD 是在 MOS(金属-氧化物-半导体)晶体管的基础上发展起来的，一个 CCD 传感器可以为一行行紧密排布在硅衬底上的 MOS 电容器阵列。当一束光线投射到 MOS 电容上时，光子穿过透明电极及氧化层，进入 P 型硅衬底，衬底中处于价带的电子将吸收光子的能量而跃入导带，价电子能否跃迁至导带形成电子-空穴对，将由入射光子能量 $h\nu$ 是否大于等于 E_g 来确定，亦即

$$E_g = 1.24/\lambda_c \tag{9.12}$$

式中，λ_c(μm)为波长；E_g(eV)是半导体禁带宽度。

对于硅材料来说，$E_g=1.12\text{eV}$，代入式(9.12)可得 $\lambda_c=1.11\mu\text{m}$。也就是说，波长小于和等于 1.11μm 的光子能使硅衬底中的价带电子跃入导带，产生电子-空穴对；而大于 1.11μm 波长的光子则会穿透半导体层而不起作用。但波长太短的光子由于穿透能力弱也进入不了衬底，因此也就产生不了电子-空穴对。因此 CCD 型传感器常应用在紫外-可见波段。

当光照射到 CCD 型硅片上时，在栅极附近的半导体体内产生电子-空穴对，多数载流子被栅极电压排斥，少数载流子被收集在势阱中形成信号电荷。光注入方式又可分为正面照射式与背面照射式。图 9.11 为背面照射式光注入的示意图。CCD 型摄像器件的光敏单元为光注入方式。光注入电荷为

$$Q_{in}=\eta q N_{eo} A t_c \tag{9.13}$$

式中，η 为材料的量子效率；q 为电子电荷量；N_{eo}为入射光的光子流速率；A 为光敏单元的受光面积；t_c为光的注入时间。

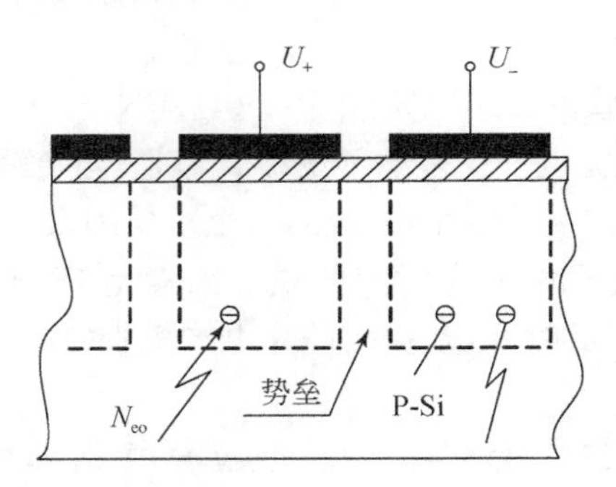

图 9.11 背面照射式光注入示意图

由式(9.13)可以看出，当 CCD 确定以后，η、q 及 A 均为常数，注入势阱中的信号电荷 Q_{in}与入射光的光子流速率 N_{eo}及注入时间 t_c成正比。注入时间 t_c由 CCD 驱动器转移脉冲的周期 T_{sh}决定。当驱动脉冲恒定时，注入 CCD 势阱中的信号电荷只与入射辐射的光子流速率成正比。因此，在单色入射辐射时，入射光的光子流速率与入射光谱辐通量 $\Phi_{e,\lambda}$的关系为

$$N_{eo}=\frac{\Phi_{e,\lambda}}{h\nu} \tag{9.14}$$

式中，h、ν 均为常数。在这种情况下，光注入的电荷量 N_{eo}与入射的光谱辐通量呈线性关系，这是应用 CCD 检测光谱强度和进行多通道光谱分析的理论基础。

2. CCD 型传感器的主要表征参数

1) 电荷转移效率 η 及电荷转移损失率 ε

电荷转移效率 η 是表征 CCD 型传感器性能好坏的重要参数。把一次转移后，

到达下一个势阱中的电荷与原来势阱中的电荷之比称为转移效率。例如，$t=0$ 时，某电极下的电荷为 $Q(0)$，在时间 t 后，转移到下一个电极下势阱中的电荷为 $Q(t)$，则转移效率 η 为

$$\eta=\frac{Q(t)}{Q(0)}\times 100\% \tag{9.15}$$

因此，转移损失率 ε 为

$$\varepsilon=\frac{Q(0)-Q(t)}{Q(0)}=1-\frac{Q(t)}{Q(0)}=1-\eta \tag{9.16}$$

如果线阵 CCD 有 n 个栅电极，则总的转移效率 η_Q 和损失率有如下关系式：

$$\eta_Q=\eta^n=(1-\varepsilon)^n\approx e^{-n\varepsilon} \tag{9.17}$$

由此可见，提高转移电荷转移效率 η 是 CCD 型传感器是否实用的关键。

2）工作频率 f

CCD 是一种非稳态器件，如果驱动脉冲电压变化太慢，则在电荷存储时间内，MOS 电容已向稳态过渡，即热激发产生的少数载流子不断加入存储的信号电荷中，会使信号受到干扰。为了避免由于热激发产生的少数载流子对于注入信号的干扰，注入电荷从一个电极转移到下一个电极所用的转移时间 t 必须小于少数载流子的平均寿命 τ，即 $t<\tau$。在正常工作条件下，对于三相 CCD 而言，时间 t 为

$$t=\frac{T}{3}=\frac{1}{3f}<\tau \tag{9.18}$$

式中，T 为时钟脉冲的周期，可得工作频率的下限为 $f_{下}>\frac{1}{3\tau}$。由此可见，CCD 工作频率的下限与少数载流子的寿命 τ 有关，τ 越短，$f_{下}$ 越高。

由于 CCD 的电极长度不是无限小，信号电荷通过电极需要一定的时间。若驱动的时钟脉冲变化太快，在转移势阱中的电荷全部转移到接收势阱中之前，时钟脉冲电压的相位已经变化了，这就使部分剩余电荷来不及转移，引起电荷转移损失。当工作频率升高时，若电荷本身从一个电极转移到另一个电极所需要的转移时间 t 大于驱动脉冲使其转移的时间 $T/3$，那么，信号电荷跟不上驱动脉冲的变化，将会使转移效率大大下降。因此，为了使电荷能有效地转移，对于三相 CCD 来说，必须使转移时间 $t\ll T/3$，即 $f_{上}\ll\frac{1}{3t}$。这就是电荷自身的转移时间对驱动脉冲频率上限的限制。由于电荷转移的快慢与载流子迁移率、电极长度、衬底杂质浓度和温度等因素有关，因此，对于相同的结构设计，N 沟道 CCD 比 P 沟道 CCD 的工作频率高。随着半导体材料科学与制造工艺的发展，更高频率的体沟道线阵 CCD 的最高驱动频率已经超过了几百兆赫兹。而驱动频率上限的提高也为 CCD 在高速采集方面的应用打下了基础。

3）光电转换特性

在 CCD 中，信号电荷是由入射光子被硅衬底吸收产生的少数载流子形成的，

一般它具有良好的光电转换特性。通常，CCD 的光电转换因子 γ 可达到 99.7%，即 $\gamma \approx 1$。

一般情况下，CCD 是低照度器件，它的低照度线性非常好。当输入光照度大于 100lx 以后，CCD 的输出电压将逐渐趋向饱和。

4）光谱特性

用纯半导体硅作为衬底的 CCD，其光谱响应曲线在背面光照时与硅光电二极管一样，其光谱响应范围为 0.4～1.11μm，如图 9.12 所示，而响应的峰值波长基本为 0.8～0.9μm。由于器件背面没有复杂的电极结构，因此背面光照能得到高而均匀的量子效率。

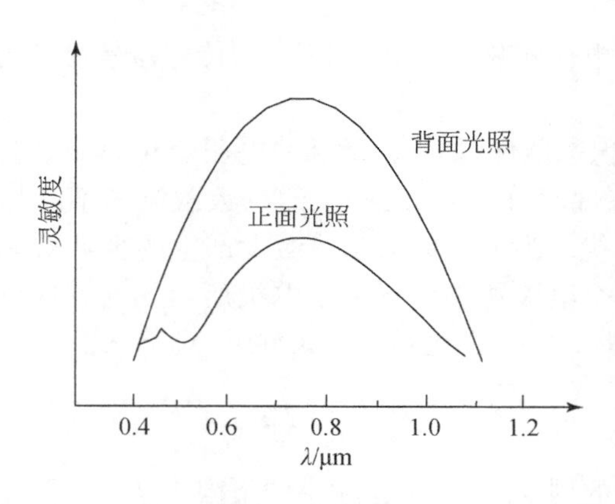

图 9.12　CCD 的光谱响应

5）分辨率

分辨率是 CCD 型传感器最重要的一个参数，因为它是指 CCD 型传感器对检测光谱中明暗细节的分辨能力。分辨率通常用每毫米黑白条纹对数(单位为线对/mm)来表示。CCD 是离散采样器件，根据奈奎斯特采样定理，一个 CCD 型传感器能够分辨的最高空间频率等于它的空间采样频率的一半，这个频率称为奈奎斯特极限频率。如果某一方向上的像元间距为 a，则该方向上的空间采样频率为 $1/a$(线对/mm)，它可以分辨的最大空间频率 $f_{\max}$ 为

$$f_{\max}=\frac{1}{2a} \tag{9.19}$$

式中，$f_{\max}$ 的量纲为线对/mm。设线阵 CCD 像敏器光敏区的总长度为 L，用 L 乘以式(9.19)，即可得到 CCD 型传感器的最大分辨率为

$$f_{\max}L=\frac{1}{a}L=\frac{N}{2} \tag{9.20}$$

式中，N 为 CCD 型传感器的位数。对于 2048 位线阵 CCD 型传感器，$N=2048$，故得 $f_{\max}L=1024$，即 2048 位线阵 CCD 最多可分辨 1024 对线。显然，CCD 的像素

越高，其分辨率也越高。CCD型传感器最终的分辨率还与传感器所采用的狭缝的大小有关。通过增加光敏单元数量或者降低CCD上的光谱频带宽度，均可有效提高CCD的分辨率。

6）暗电流

在没有光照或其他方式对器件进行电荷注入的情况下产生的电流称为暗电流。暗电流是大多光电传感器所共有的特性，也是判断一个光电传感器好坏的重要标准。耗尽的硅衬底中电子由价带至导带的本征跃迁、少数载流子在中性体内的扩散、来自SiO_2界面和基片之间的耗尽区的电子热运动等都可能产生暗电流。暗电流还与温度有关，温度越高，热激发产生的载流子越多，因此，暗电流也就越大。温度每降低100℃，暗电流可降低一半。因此，采用致冷法，暗电流可大大下降，从而可使CCD适用于低照度工作。CCD型传感器常使用P型MOS单元，使得它具有非常低的暗电流。而且，在CCD阵列中，出现暗电流尖峰的位置总是相同的，因此可以利用信号处理技术，把出现电流尖峰的单元位置存储在PROM中，读出时除去该单元的信号，只读取相邻单元的信号值，就能消除暗电流尖峰的对光谱采集的影响。

7）动态范围

CCD型传感器的动态范围是指其输出的饱和电压与暗场下噪声峰-峰电压之比，即

$$\text{动态范围}=U_{sat}/U_{np\text{-}p} \tag{9.21}$$

式中，U_{sat}为输出饱和电压；$U_{np\text{-}p}$为噪声的峰-峰值。

CCD型传感器具有高达十个数量级（10^5～10^6）宽度的动态线性响应范围，而且具有理想的响应线性。在整个动态响应范围内，都能保持线性响应，这对光谱定量分析具有特别的意义。

8）灵敏度[20]

灵敏度是CCD型传感器的重要参数。CCD探测器的灵敏度与很多因素有关，计算和测试都比较复杂，但可由它的单位直接得出物理意义，这就是单位光功率所产生的信号电流（单位为mA/W）。光辐射的能流密度常以辐射出射度W/m^2表示。对于标准钨丝灯而言，辐射出射度与光出射度的关系为$1W/m^2=17lx$。因此，对于给定芯片尺寸的CCD来说，灵敏度单位可用nA/lx表示。开口率为CCD的感光单元面积与一个像素总面积之比，CCD探测器的开口率和感光单元的电极形式及其材料对CCD探测器的灵敏度影响都很大。

9.3.4　驻极体电容式传声器

1. 驻极体电容式传声器的工作原理[15]

驻极体电容传声器的原理如图9.13所示。这种传声器的换能器部分由一片

一面蒸有金属的驻极体薄膜与一个开有若干小孔的金属电极(称为背极)构成。驻极体面与背极相对,中间有一空气隙。这实际上是一个以空气隙和驻极体作为绝缘介质,以背极和驻极体上的金属层作为两个电极的介质电容器。电容器的两极之间接有一个电阻,这个电阻是传声器的前置放大器或阻抗变换器的输入电阻。

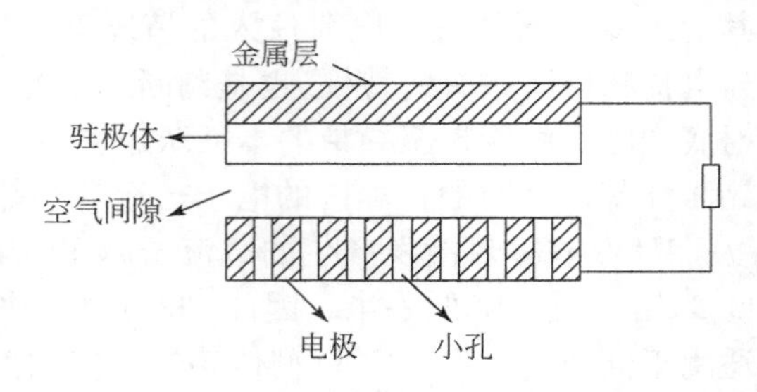

图 9.13　驻极体电容传声器原理

其工作原理如下。由于驻极体薄膜(通常为 10～12μm 厚)上有自由电荷,因此,当声波的作用使振膜产生振动时,电容器两极之间就有了电荷量,于是改变了静态电容。电容量的改变使电容器的输出端之间产生了相应的交变电压信号,从而完成了声电转换任务。

当驻极体膜片本身带有电荷,表面电荷的电量为 Q,板极间的电容量为 C 时,在极头上产生的电压 $U=Q/C$,当受到振动或受到气流的摩擦时,由于振动使两极板间的距离改变,即电容 C 改变,而电量 Q 不变,就会引起电压的变化,电压变化的大小,反映了外界声压的强弱。这种电压变化频率反映了外界声音的频率,这就是驻极体传声器的工作原理。

2. 驻极体电容式传声器的主要表征参数[20]

1) 灵敏度

灵敏度表示传声器的声电转换效率。在自由声场中,当向传声器施加一个声压为 1Pa 的声信号时,传声器的开路输出电压即为该传声器的灵敏度。其数学表达式为

$$M=\frac{e_0}{p} \tag{9.22}$$

式中,M 为传声器的灵敏度(V/Pa);e_0 为传声器的开路输出电压(V);p 为传声器所受的声压(Pa)。

2) 指向性

指向性又称为方向性,是表征传声器对不同入射方向的声信号检测的灵敏度。一般的指向性有三种类型,全指向性传声器对来自四周的声波都有基本相同的灵敏度;单指向性传声器的正面灵敏度比背面灵敏度高,根据指向性特性曲线的形状

不同,又可分为心型、超心型及近超心型等。双向传声器前后两面的灵敏度一样,但两侧的灵敏度均比较低。

3)固有噪声

固有噪声是指在没有声波作用于传声器(通常在消声室中测试)时,由于传声器内部电路的热噪声或周围空气压力起伏的影响,在传声器的输出端测出的噪声电压。常用等效声级来衡量传声器的固有噪声。假设有一声波作用在传声器上,它产生的输出电压与传声器的固有噪声电压相等,这一声压级就等于传声器的等效传声器的固有噪声级。噪声电压一般规定用 A 计权网络测量,其数学表达式为

$$L_{\mathrm{enl}} = 20\lg \frac{U_{\mathrm{i}}}{Mp_0} \tag{9.23}$$

式中,U_{i} 为 A 计权网络的传声器的固有噪声电压;M 为传声器的灵敏度;p_0为参考声压,$p_0 = 2\times10^{-5}\,\mathrm{Pa}$。

传声器的等效噪声级与传声器的灵敏度有关,两只传声器输出的噪声电压相同,灵敏度高的等效噪声级低。

4) 信噪比

传声器的信噪比指的是传声器的有效输出电信号与传声器内在噪声电压之比,一般用 dB 值表示。其表达式为

$$\mathrm{SNR} = \frac{e_0}{U_{\mathrm{i}}} \tag{9.24}$$

传声器的信噪比越高,可检测的光声信号极限值越低,越有利于对痕量气体组分的定量检测。

5) 输出阻抗

传声器的输出阻抗是它的输出负载阻抗的额定值。传声器的输出阻抗有高阻和低阻两类。高阻传声器的输出阻抗一般为几千欧姆至十几千欧姆,低阻传声器的输出阻抗一般为 100～600Ω。有的传声器有高阻抗和低阻抗两种输出阻抗可供选择(一般用一个开关转换)。低阻传声器适合较远距离传送,这是因为电缆较长时,传声器电缆的分布电容较大,使用高阻传声器时,高频信号的衰减大,影响高频频响。同样长度的电缆,配接低阻传声器时高频信号的衰减减少,对高频的影响小一些。

6) 最大声压级

一般传声器在输入声压过高时,会产生严重的失真。传声器的最大输入声压级是指传声器不产生严重失真(如失真超过 2%)的最大输入声压级。此项指标是衡量高档传声器动态范围的一项重要指标。

9.3.5　石英音叉

2002 年,美国 Rice 大学的 Kosterev 等选用共振频率为 32.768kHz 的石英音

叉作为声学传感器，开创了一种通过声波振动激发音叉共振来探测光声信号的光声光谱新技术[21]。

1. 石英音叉传声器的工作原理[22]

石英音叉是一种利用石英晶体的压电效应制成的声传感器(图 9.14)。当在某些电介质晶体上沿一定方向施加外力时，在发生形变的同时，在其某两个相对的表面上出现异号极化电荷；当外力去掉后，形变消失，两表面重新回到不带电状态，这种只是由于应变或应力而产生电极化的现象称为正压电效应。如果在两电极上施加交变电压信号，则交变的电场会使石英发生方向相反的交替形变，当外电场频率正好与晶体的共振频率一致时，晶体的形变会发生共振，形变振幅达到最大。将石英音叉作为声传感器就是利用石英晶体在共振频率下的正压电效应。

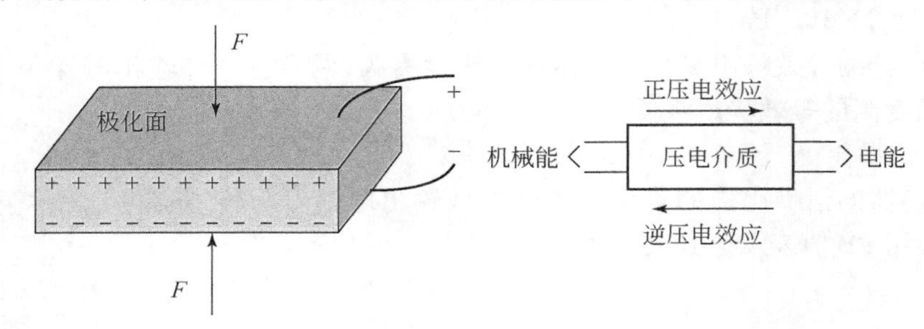

图 9.14　压电效应示意图

经调制的激光聚焦到石英音叉两叉指的中央，由于光声效应存在，光源将被待测气体吸收并产生声波。若声波的频率接近或等于石英音叉的共振频率，石英音叉将发生共振，由于石英音叉的压电效应，其振动信号被转换成电流信号输出。通过测量电信号的大小，即可检测光声效应的强度，从而对待测气体进行定性及定量检测。某石英音叉的频率响应曲线如图 9.15 所示[22]。

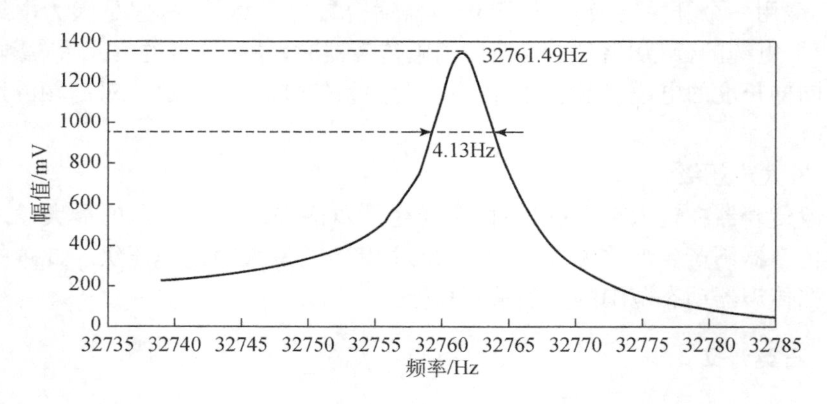

图 9.15　石英音叉的频率响应曲线

2. 石英音叉传声器的主要表征参数[23]

1）共振频率

石英音叉的共振频率与音叉双臂的长度、质量以及工作环境有关。由于石英音叉在设计时其尺寸参数或者构型的不同，都可能导致石英音叉传声器的共振频率不一样，但调制信号的调制频率范围必须包含石英音叉传声器的共振频率，这样才能保证石英音叉传声器工作在最佳工作性能频段。常见的石英音叉共振频率有32.768kHz、48kHz、50kHz、503.5kHz、1～40.50MHz 等。选择石英音叉传感器时，其共振频率必须与调制信号发生器匹配。

2）品质因数

品质因数反映的是振动能量的积累损耗或振动受到的阻尼的大小，品质因数值越大表明音叉能量累积效果越好，损耗越小，振动受到的阻尼越小。由于石英音叉结构紧凑，其品质因数常高达 10^4～10^5，因此具有极强的噪声免疫能力。

3）晶振频率稳定度

晶振频率稳定度表征石英音叉振动频率的相对偏差，ppm 是其基本单位。1ppm 代表石英音叉的实际共振频率与额定共振频率的偏差为 $1/10^6$。其绝对值越小，表明石英音叉越稳定，其测量的光声信号线性度越高。

9.4　光学检测法传感器的应用及发展

光电检测常用传感器经历了只能进行单光谱分析到能一次性进行多光谱分析，再到目前可对全光谱进行分析的历程。单光谱分析只能分析某一个小波段的光谱特性，因此限定了每次仅能分析一种物质，不同的气体组分需要不同的探测器进行测量；多光谱分析可同时测量多种气体组分，工作效率有所提高，但测量组分种类受到探测器检测通道的限制。全光谱分析不受探测器通道限制，可任意选择波段分析，因此可对工作波段有响应的多个组分同时进行检测分析。目前，全波段检测分析的光谱分析有傅里叶红外光谱仪、紫外-可见光谱仪以及拉曼光谱仪。傅里叶红外光谱仪的探测器主要采用的是热释电型探测器，检测波段主要集中在中、远红外波段；紫外光谱仪和拉曼光谱仪所选用的探测器主要为面阵 CCD 或电荷注入探测器(CID)。常见气体组分光谱测量仪器如图 9.16 所示。

在傅里叶红外光谱仪中，日本岛津(SHIMADZU)公司和德国 BRUKER 公司在市场中有较高的认可度。在拉曼光谱仪领域，英国 Andor 公司和美国赛普斯(SCIAPS)公司的产品有比较高的认可度，而美国 OceanOptics 公司和荷兰 AVANTES 公司的产品在紫外-可见光谱领域占据了比较大的市场份额，目前采用紫外-可见光谱吸收光谱法检测气体成分所采用的光谱仪主要产自这两公司[24]。

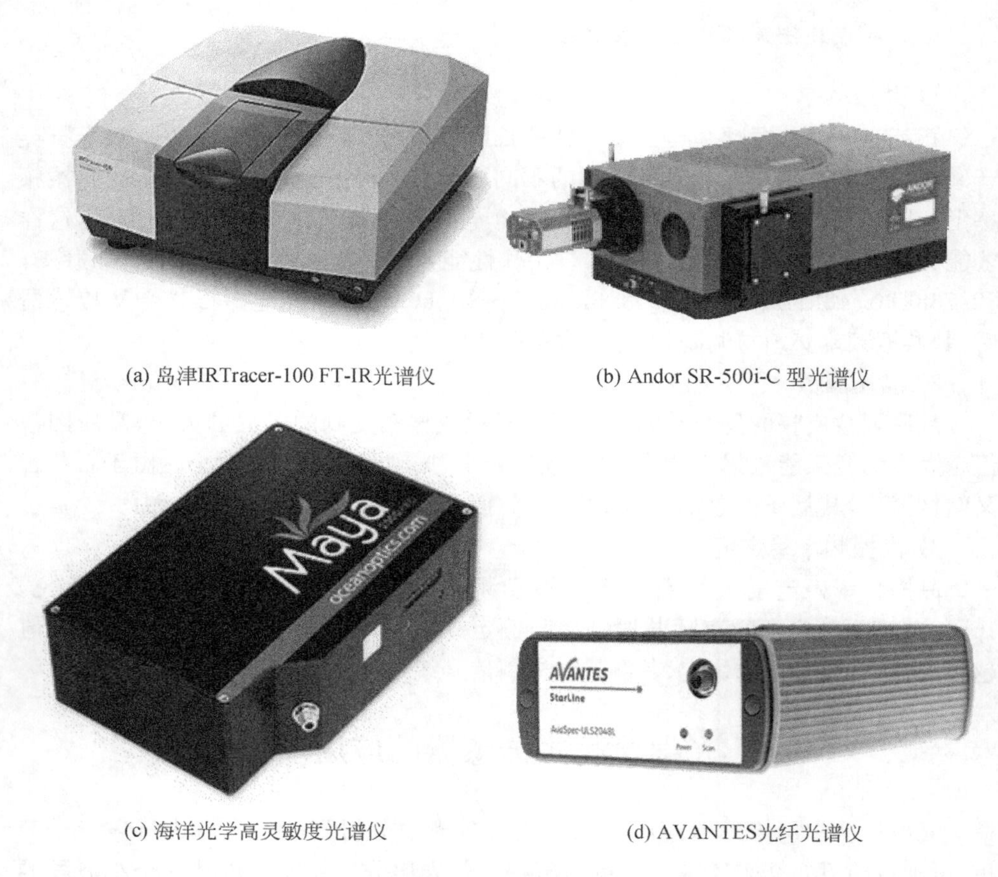

(a) 岛津IRTracer-100 FT-IR光谱仪　　(b) Andor SR-500i-C 型光谱仪

(c) 海洋光学高灵敏度光谱仪　　(d) AVANTES光纤光谱仪

图 9.16　常见气体组分光谱测量仪器

岛津 IRTracer-100 FT-IR 傅里叶红外光谱仪具有 60000∶1 的高信噪比，最高分辨率为 0.25cm^{-1}，能以 20 谱图/s 的高速度测定，可较好地跟踪并分析组分红外特征谱图的详细变化。英国 Andor 公司的 SR-500i-C 型光谱仪的焦距为 500mm，具有双入口狭缝和三块光栅（1800 刻线、1200 刻线、600 刻线），提高了拉曼检测平台的灵活性。其中，1800 刻线光栅的闪耀波长为 500nm，用于高分辨率可见光拉曼；1200 刻线光栅的闪耀波长为 750nm，用于高分辨率近红外拉曼；600 刻线光栅的闪耀波长为 500nm，用于宽光谱可见光拉曼[10]。海洋光学的 USB4000 微型光谱仪是其获得巨大成功的产品 USB2000 的改进型，可工作在 200～1100nm 波段，有很好的紫外波段光谱的探测能力。Maya2000 和 Maya2000Pro 是海洋光学最新推出的高灵敏度、背照式 2D FFT-CCD 光谱仪，采用具有 2048×64 个有效像素的面阵 CCD，高达 90%的量子化率，有较大的动态范围和优秀的紫外响应，非常适合于要求紫外灵敏度高的应用场合。AVANTES 公司的微型光谱仪产品系列采用对称式 Czerny-Turner 光学结构。AvaSpec-ULS2048(L)型光纤光谱仪选用 2048×14 个像素的高紫外灵敏度面阵 CCD 作为传感器件,拥有极高的紫外灵敏度,其可测量波长范围是 200～1100nm。目前两家公司生产的微型光谱仪是市面上较为认可的紫外-可见光谱仪。

(a) B&K产微音器　(b) 北京声望声电产微音器　(c) 石英晶振

图 9.17　常见气体组分光谱测量用声传感器

光声光谱技术的出现可以追溯到 1880 年 Bell 发现的光声效应[25],此后近 50 年的时间里,该技术的研究几乎处于停滞状态,直到 1938 年苏联学者 Viegerov 将光声技术应用于气体光谱分析。随着激光技术的发展,以及光声探测器等配套技术的发展,光声光谱技术得到长足发展[26]。传统传声器常采用的是驻极体电容式传声器,国外的 B&K 公司以及国内北京声望声电技术有限公司生产的微音器在市场上都有着不错的应用(图 9.17)。随着新技术的发展,石英音叉等新型的声探测器得到了迅猛的发展(图 9.17)。虽然由石英音叉晶振制作而成的传感器商品还未见报道,但是各高校及研究机构对其的研究却不甚枚举。目前,石英增强型光声光谱(QEPAS)技术已经完全实现了对小分子 CO_2、CO、CH_4、NO_2 等的高灵敏度测量。

参考文献

[1] 侯春园. 与大气污染相关的几类含氮和含氧小分子自由基的激发态理论研究[博士学位论文]. 长春:吉林大学,2007.

[2] 周公度,段连运. 结构化学基础. 4 版. 北京:北京大学出版社,2014.

[3] 任江波. 基于红外吸收光谱法的 SF_6 局部放电分解组分特性研究[硕士学位论文]. 重庆:重庆大学,2010.

[4] 方曦. 基于 TDLAS 技术的多组分气体检测系统研究与电路设计[硕士学位论文]. 合肥:中国科学院合肥物质科学研究院,2007.

[5] 范敏. 局部放电下 SF_6 分解特征组分的光声光谱检测研究[硕士学位论文]. 重庆:重庆大学,2012.

[6] 陈乐君,刘玉玲,余飞鸿. 光声光谱气体探测器的新发展. 光学仪器,2006,28(5):86-91.

[7] 郑海明,蔡小舒. 基于差分吸收光谱法的烟气排放监测实验. 环境工程,2007,25(01):66-68.

[8] 郑龙江,李鹏,秦瑞峰,等. 气体浓度检测光学技术的研究现状和发展趋势. 激光与光电子学进展,2008,45(8):24-32.

[9] 李梅梅. 光学检测二氧化硫浓度关键技术研究[硕士学位论文]. 秦皇岛:燕山大学,2014.

[10] 赵立志. 变压器油中溶解气体拉曼光谱特性及检测研究[硕士学位论文]. 重庆:重庆大学,2014.

[11] 乔西娅. 拉曼光谱特征提取方法在定性分析中的应用[硕士学位论文]. 杭州:浙江大学,2010.

[12] 何睿. 基于红外光谱吸收原理的二氧化碳气体检测系统的设计与实验研究[硕士学位论文]. 长春:吉林大学,2009.

[13] 李昌厚. 紫外可见分光光度计及其应用. 北京:化学工业出版社,2010.

[14] 陈扬骎. 激光光谱测量技术. 上海:华东师范大学出版社,2006.

[15] 陈小平. 扬声器和传声器原理与应用. 北京:中国广播电视出版社,2005.

[16] Kauppinen J, Wilcken K, Kauppinen I, et al. High sensitivity in gas analysis with photoacoustic detection. Microchemical Journal,2004,76(1-2):151-159.

[17] 王庆有. 光电技术. 3版. 北京:电子工业出版社,2013.

[18] 徐可欣. 生物医学光子学. 北京:科学出版社,2007.

[19] 雷玉堂. 光电检测技术. 2版. 北京:中国计量出版社,2009.

[20] 吴宗汉. 微型驻极体传声器的设计. 北京:国防工业出版社,2009.

[21] Kosterev A A,Bakhirkin Y A,Curl R F,et al. Quartz-enhanced photoacoustic spectroscopy. Optics Letters,2002,27(21):1902-1904.

[22] 鲍伟义. 石英增强光声光谱技术研究与探索 [硕士学位论文]. 重庆:重庆大学,2011.

[23] 陈莹梅,陆申龙. 音叉的共振频率与双臂质量的关系研究及其应用. 物理实验,2006,26(7):6-9.

[24] 程梁. 微型光谱仪系统的研究及其应用[博士学位论文]. 杭州:浙江大学,2008.

[25] Bell A. Upon the production and reproduction of sound by light. Journal of the Society of Telegraph Engineers,1880,9(34):404-426.

[26] Kuusela T, Peura J, Matveev B A, et al. Photoacoustic gas detection using a cantilever microphone and III-V mid-IR LEDs. Vibrational Spectroscopy,2009,51(2):289-293.

第 10 章　电力变压器局部放电监测

前面介绍了检测常见高压电气设备 PD 的各类传感器，其中对不同检测手段的原理和优势以及所应用传感器的机理、特点和评价标准等方面进行了分析和探讨。随着我国电力行业的突飞猛进和电气设备在线监测/带电检测的深入，电力变压器作为电力系统中最昂贵和最重要的设备之一，大量应用传感器检测 PD 的手段逐渐应用在电力变压器中。基于此，本章通过一些具体案例，介绍不同检测手段在电力变压器 PD 检测中的应用。

10.1　电力变压器局部放电超声波检测

10.1.1　案例一：间歇性局部放电检测

某 240MVA/220kV 三相变压器如图 10.1(a)所示，运行中油色谱分析发现乙炔成分在一段时间内有较显著的增长，检修人员初步分析后发现仅靠乙炔成分的显著增长无法判断出变压器故障发生的部位、时间、频度与强度，需要进一步使用声发射技术对该变压器进行检测[1]。

(a) 240MVA三相变压器

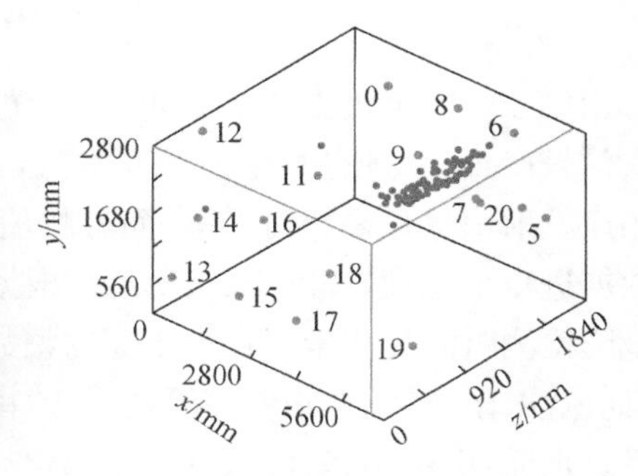

(b) 传感器三维坐标位置图

图 10.1　被测变压器及传感器三维坐标位置图

检测采用美国物理声学公司便携式 24 通道 DiSP 声发射系统，检测过程基本遵循美国电力科学院（EPRI）推荐的声发射 PD 检测程序。根据变压器的实际尺寸，使用了 16 个超声脉冲通道和内置 40dB 前置放大器的 150kHz 频率的探头 R15I，探头布置如图 10.1(b)所示。检测过程的前半段，现场受到了较强的风沙袭击，后半段检测时风沙停止。整个检测过程变压器的冷却风扇一直处于工作状态，可能产生噪声干扰信号。将使用的16个超声脉冲通道编号为5～20。图10.2为所有通道约4h的检测数据。

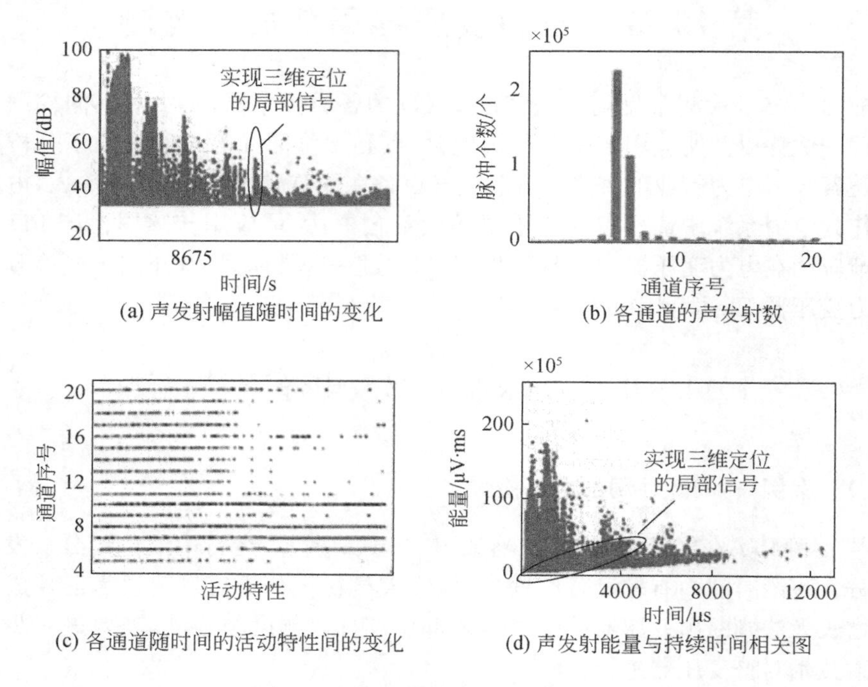

(a) 声发射幅值随时间的变化
(b) 各通道的声发射数
(c) 各通道随时间的活动特性间的变化
(d) 声发射能量与持续时间相关图

图10.2 各通道的声发射检测结果

由图10.2(a)与图10.2(c)可见，检测过程中，前半段时间各通道都有较激烈的声发射信号产生，而且有些幅值还非常大，达到或接近100dB；而后半段时间内很多通道的声发射信号显得相对平静，而且幅值也较小。采用声发射特征指数分析技术[1]对数据进行了处理，如图10.3所示。根据变压器PD的特性，与PD有关的特征指数应该随检测时间变化聚集在大于零的整数值附近，并呈现出规则分布的模式；而由噪声(如风沙、雨、雪和电磁噪声等)引起的特征指数则呈无规则的随机分布或特征指数为零。据此，由图10.3可以看出，除第6通道外，各通道的前半段测试时间内的特征指数几乎都呈现无规则随机分布的趋势。而在后半段的检测时间内，除通道6～8外，其他通道或是接收到很少的声发射信号，或是特征指数无任何规律性。结合在检测过程中的风沙袭击，可以判断前半段测试的确受到风沙的影响，产生噪声干扰信号。而后半段大多数通道接收到很少的声发射信号，这表明冷却泵的连续工作状态对检测几乎没有影响。

通过观察图10.3各个通道的特征指数，发现在风沙停止几分钟后，即检测开始约8675s后，有几个通道(通道5～11与通道20)的特征指数在较短的时间内(约

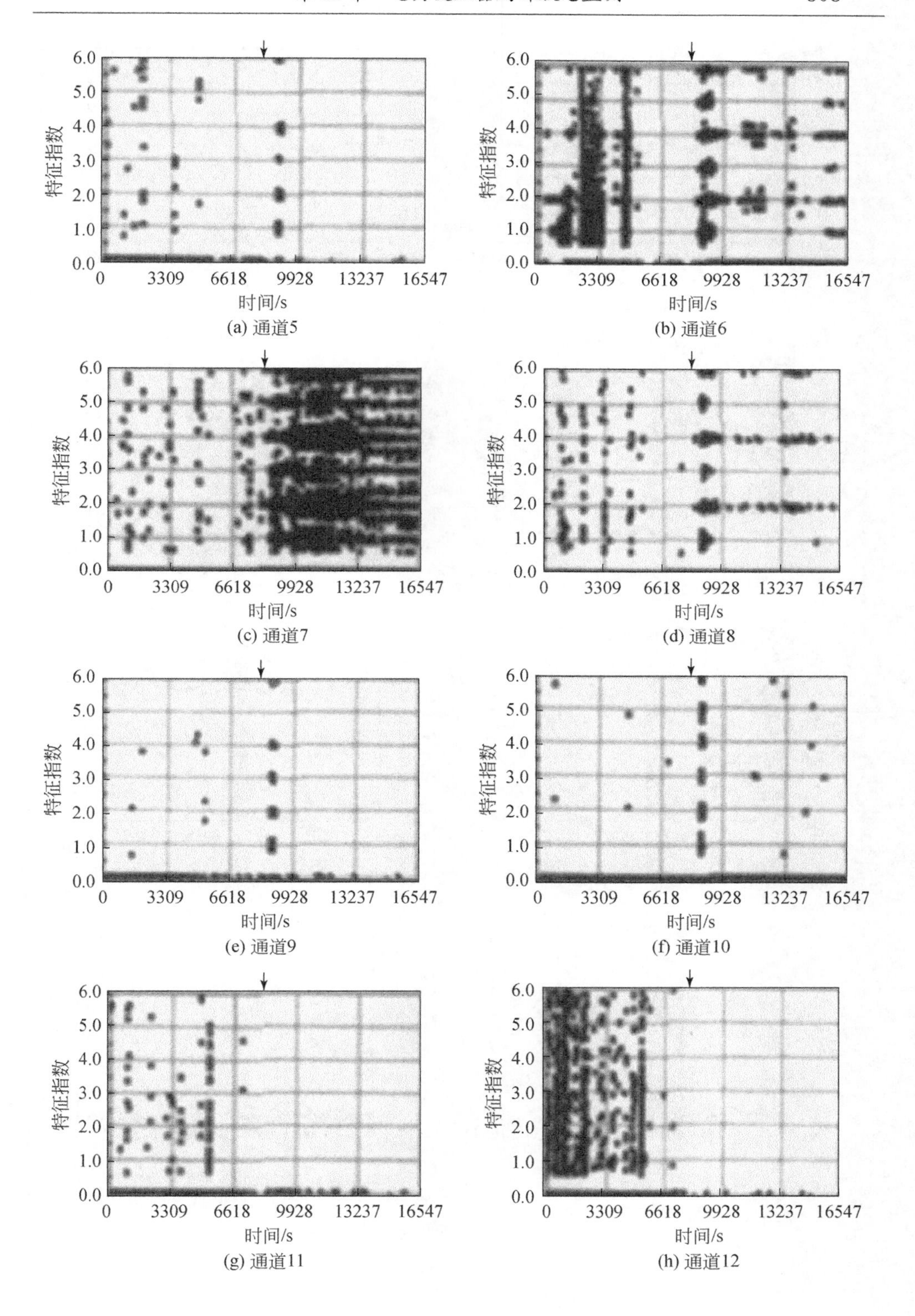

(a) 通道5

(b) 通道6

(c) 通道7

(d) 通道8

(e) 通道9

(f) 通道10

(g) 通道11

(h) 通道12

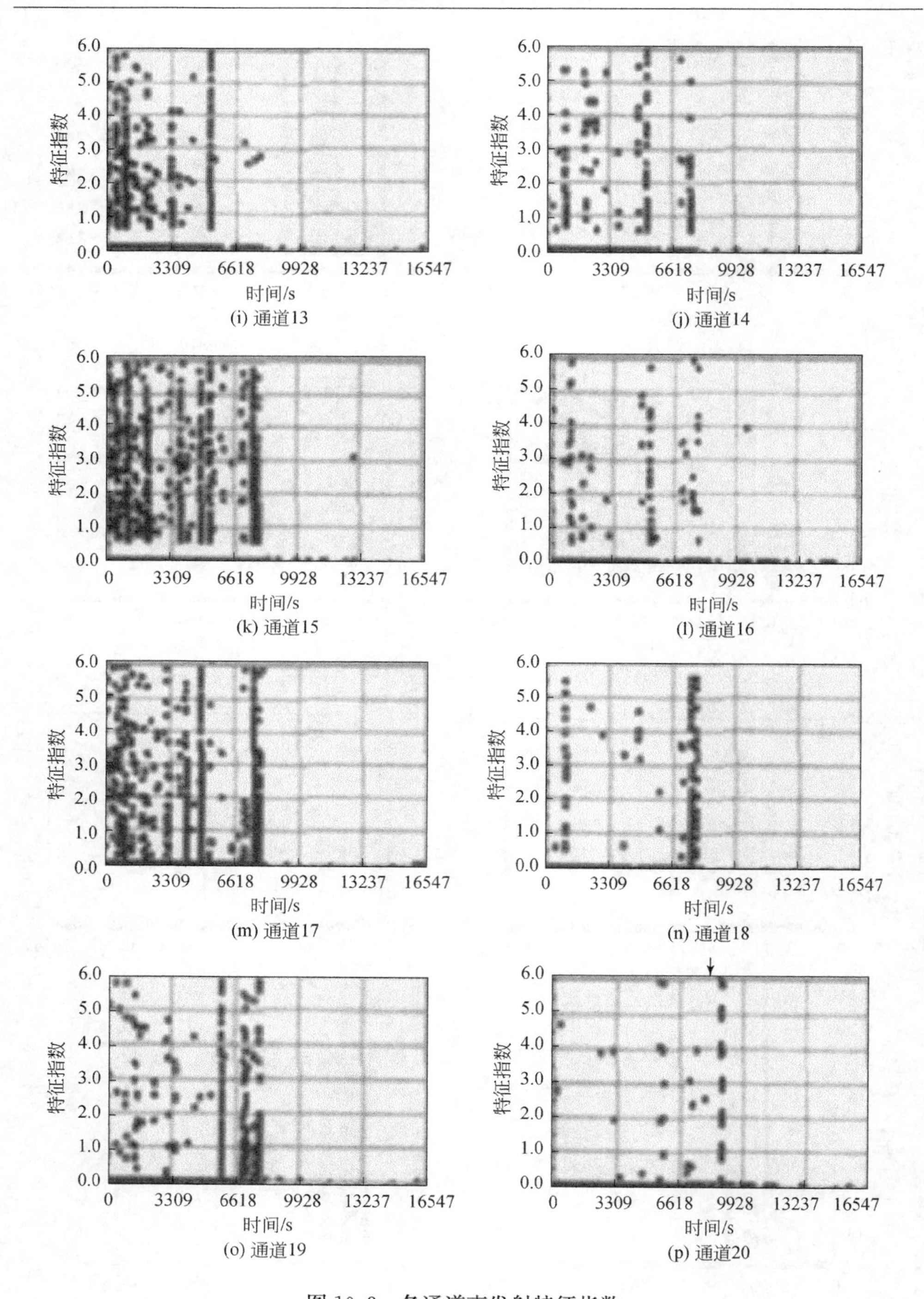

(i) 通道13 (j) 通道14 (k) 通道15 (l) 通道16 (m) 通道17 (n) 通道18 (o) 通道19 (p) 通道20

图 10.3 各通道声发射特征指数

几分钟)同时呈现了规则的沿整数值分布,这是一个典型的PD现象的特征。另外,由三维定位(图10.4)中的PD事件随时间变化图(图10.4(b))也可看出,恰巧在这段时间内探测到了大量的PD定位。因此,比较可靠地推论为在检测开始约8675s后发生了短暂的、持续时间为数分钟的较激烈的PD现象,该放电现象同时被多个通道探测到并获得了定位。

由于现场检测中各种因素对PD信号的干扰,每一个独立的PD事件的定位都不一定是准确的,而有可能散布于真实的PD源附近。然而,当大量的定位被探测到时,与PD有关的定位将在真实的PD源附近产生聚类,而这个定位聚类的中心位置则应是对真实放电源的逼近。为此,通过三维定位在3个正交平面的投影(图10.4(c)~(e))可得定位聚类的中心为[$x=4120$,$y=1840$,$z=1570$]。从三维定位的角度来说,尽管有时噪声也能给出定位,但是由于噪声本身在时间及空间位置上的随机性,其定位一般具有分散性,几乎不可能得到如图10.4中较为集中的定位。因此,基本可以确定在该位置附近发生了PD。

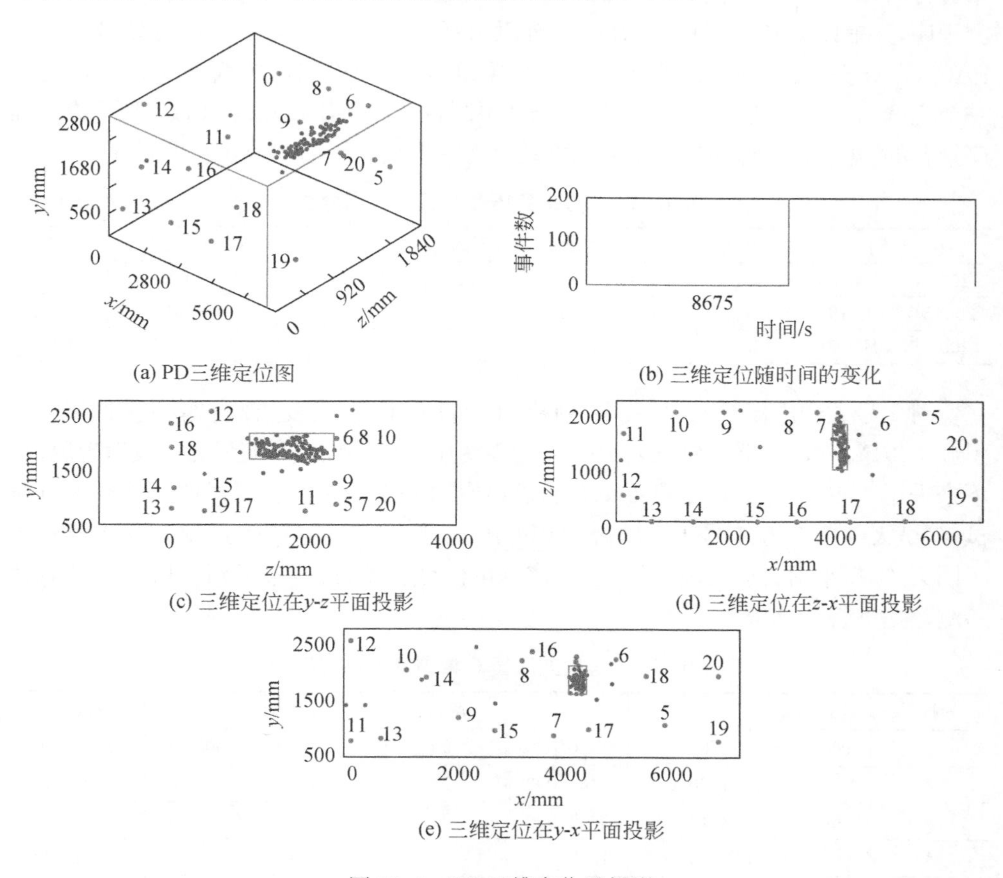

(a) PD三维定位图

(b) 三维定位随时间的变化

(c) 三维定位在y-z平面投影

(d) 三维定位在z-x平面投影

(e) 三维定位在y-x平面投影

图10.4 PD三维定位及投影

本次检测，在PD较激烈的时刻有7个通道探测到了PD信号，而在PD不激烈的时候仅有3个通道探测到PD信号。因此，应尽量选用多通道仪器进行检测。由检测结果可以看出，PD并不一定随时随地发生，而是间歇性地发生。所以，采用24h(一个完整的用电负载周期)连续检测是比较合理的检测方案。采用声发射特征指数分析技术能有效地将风沙噪声、风扇的机械噪声等与PD信号区分开来。结合三维定位技术，可比较有效地诊断变压器PD的激烈程度及发生部位。检测结束后，将可疑点汇报给检修单位，根据评估等级，对该变压器的状况做出继续使用、观察使用、密切观察使用或立即停运检测等决策。

10.1.2　案例二：局部放电三维定位

某500kV变电站1号主变压器油色谱分析的历史数据显示，氢气含量异常升高且超过"注意值"(表10.1)。为了确定故障源位置，检修人员采用PD声发射检测技术进行故障定位[2]。使用PAC与EPRI共同研发的变压器PD声发射检测技术与检测程序，并辅以PAC公司最新开发的辅助分析方法及软件对信号进行处理。根据PAC/EPRI提供的声发射检测程序，变压器PD声发射检测需持续至少24h，以包含一个完整的用电负载周期。由于现场条件限制，检测的时间远低于PA/EPRI检测程序推荐的检测时间，这使试验不能完整地反映一个负载周期(24h)的PD状况。

表10.1　1号主变压器C相油色谱分析　　(单位：μL/L)

日期	氢气	甲烷	乙烷	乙烯	乙炔	一氧化碳	二氧化碳	总烃
2004年2月10日	810.0	62.8	4.8	0.3	0	103.0	994.0	37.9
2004年10月13日	1172.0	100.3	7.6	0.5	0	187	1617.0	108.4
2005年3月31日	1637.0	129.5	11.4	2.5	0	188.0	1343.0	143.4

对1号主变压器C相进行声发射检测，初步试验时，在变压器油箱外壁四周安装了8个传感器(传感器位置见表10.2)，发现变压器局部位置有明显的声发射现象；接下来采用了10个探头重新布置于有明显声发射发生区域的变压器油箱外壁进行测试，测试天气条件为：1号主变压器C相的声发射检测时间持续约1h，期间天气经历了阴天、零星小雨直至大雨，后因下雨信号可信度较低，仅对未下雨时所获得的有效检测数据进行了分析。

表10.2　1号主变压器C相传感器位置坐标

通道	x/mm	y/mm	z/mm	通道	x/mm	y/mm	z/mm
1	0000.000	1700.000	1820.000	6	0960.000	1730.000	0000.000
2	0970.000	1720.000	3400.000	7	0000.000	2280.000	0500.000
3	0660.000	3440.000	3400.000	8	0000.000	2420.000	3170.000
4	0000.000	2750.000	1370.000	9	1630.000	2600.000	0000.000
5	0720.000	3500.000	0000.000	10	1870.000	2470.000	3400.000

图 10.5 为该变电站 1 号主变压器 C 相声发射检测数据参数图，图中左上为各个通道随时间的变化历程，左下为所有通道幅值、能量和持续时间三者随时间的变化，右上为每一个通道的撞击数，右下为所有通道的能量与持续时间的特征关系图。

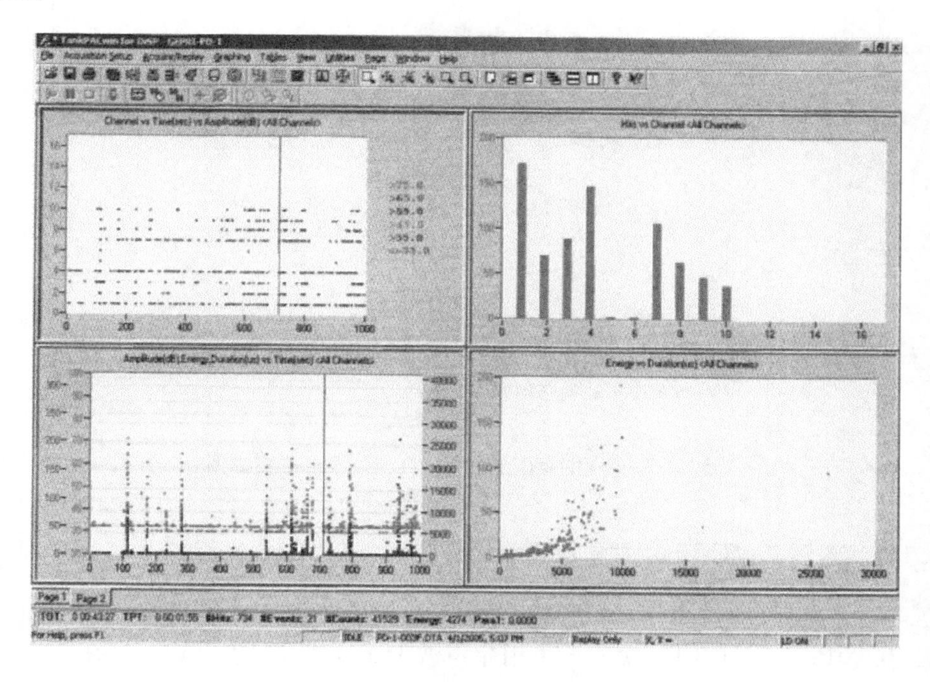

图 10.5　1 号主变压器 C 相检测参数图

由图 10.5 可以看出，1 号主变压器 C 相在正常工作负载状态下，时常有突发性信号产生，且幅度较高。检测数据经过后续处理，经滤除一些低幅度噪声信号及干扰信号后，可得到变压器 PD 数据的三维定位及其于 3 个平面的二维投影(图 10.6)。三维定位显示这段时间共检测到 21 个定位，且基本聚集于变压器的同一个角落，但 PD 发生的频度很低，几十秒至几分钟才产生一次。从二维投影图可见定位中心大约为[x=950mm，y=2950mm，z=2600mm]，由检测方向看去，该位置是变压器的右上角。

常规的高压 PD 试验结果显示 1 号主变压器 C 相 PD 量偏大，但该放电是非破坏性的，对变压器安全运行影响不大。本次声发射检测结果与油色谱分析及常规高压 PD 试验的结果基本吻合，但更准确的声发射检测结果应通过 24h 的整个负载周期检测来获得，声发射检测结果给出了 1 号主变压器 C 相 PD 的三维定位，弥补了传统常规试验方法的不足。

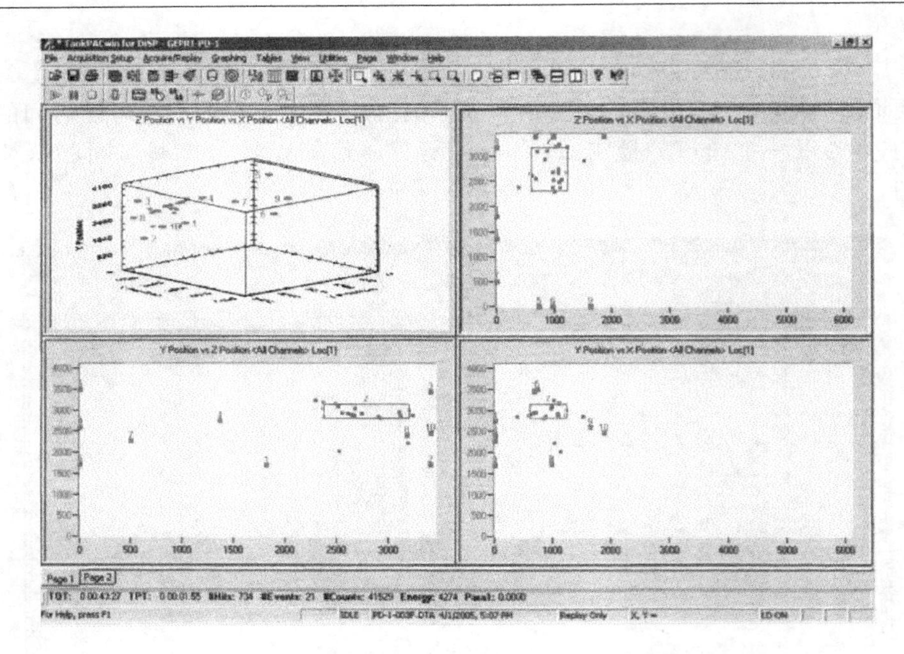

图 10.6　1 号主变压器三维 PD 定位及二维投影图

10.1.3　案例三:悬浮电位放电故障

某 220kV 变电站 1 号主变压器于 2011 年 5 月 1 日生产,2011 年 12 月 7 日投运。在 2012 年 3 月 2 日,检测人员用超声波 PD 检测方法发现该主变压器 35kV 侧 C 相穿墙套管有异常的 PD 信号,随后在 2012 年 6 月、9 月和 2013 年 4 月对该穿墙套管进行了跟踪检测,结果为 PD 信号依然存在。对 1 号主变压器 35kV 侧穿墙套管 C 相进行检测的试验数据如表 10.3 所示。由检测结果可以看出,该穿墙套管有 PD 发生,其数据大于标准缺陷注意值 15dB,且有逐渐发展的趋势,初步判断穿墙套管内部有悬浮电位缺陷引起放电。

表 10.3　1 号主变压器 35kV C 相穿墙套管超声波 PD 检测数据

日期	湿度/%	温度/℃	室内测试值/dB	室外测试值/dB
2012 年 3 月 2 日	57	−5	24	23
2012 年 9 月 7 日	26	27	27	27
2013 年 4 月 5 日	53	6	32	30

经研究决定进行停电检查,检修人员发现 C 相穿墙套管内部下导电铜排上的弹簧和穿墙套管内壁上有明显的放电烧蚀痕迹,如图 10.7 所示。原因是下导电铜排上的等电位弹簧与穿墙套管内壁的半导电层未接触,导致在距离半导电层最近

处发生悬浮电位放电，如图 10.8 所示。

图 10.7　穿墙套管内壁烧蚀处

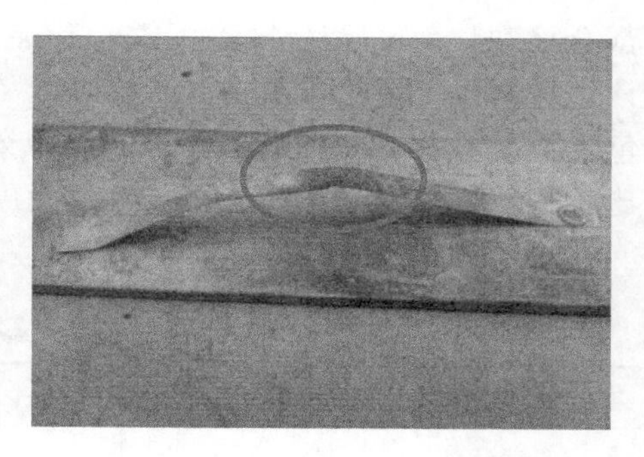

图 10.8　导电铜排未良好接触

随后对放电烧蚀处进行处理，并更换弹簧，并对穿墙套管内壁进行了清扫处理。再对故障处理的穿墙套管进行测量，复测数据如表 10.4 所示，测试结果显示 PD 信号消失，缺陷消除。

表 10.4　1 号主变压器 35kV C 相穿墙套管超声波 PD 检测数据

检测日期	湿度/%	温度/℃	室内测试值/dB	室外测试值/dB
2013 年 4 月 16 日	42	2	2	2
2013 年 7 月 12 日	35	24	1	2
2013 年 10 月 9 日	33	9	1	2

10.2　电力变压器局部放电及局部过热光测法检测

10.2.1　案例一：散热器堵塞故障

2010 年 6 月在对某 500kV 变电站进行全站设备一次红外测温时，发现 3 号主变压器 C 相本体温度比另外两相高出约 16℃[3]，如图 10.9 所示，具体为本体上层油温 A 相 49℃、B 相 45℃和 C 相 64℃。

(a) A相

(b) B相

(c) C相

图 10.9　3 号主变压器三相红外热像图

在运行情况下，对3号主变压器的铁心和夹件电流进行了测量，测量数据都合格，且变化不大，排除了铁心和夹件多点接地引起发热的问题。为了分析该变压器内部是否有局部过热故障，对过热的C相取样进行油色谱分析。油色谱测量数据如表10.5所示。可以看出，油色谱数据也正常，且与历史数据比较无明显变化，说明变压器内部无局部过热现象，变压器内部存在问题的可能性小。

表10.5　3号主变压器C相本体油色谱分析数据

特征气体	甲烷	乙烷	乙烯	乙炔	氢气	一氧化碳	二氧化碳	总烃
含量/(μL/L)	8	2	2	0	16	759	2731	11

为了进一步查找过热故障原因，对缺陷变压器进行精确检测，发现该主变C相的1号、3号和4号冷却器有明显异常，如图10.10和图10.11所示。由图10.10可知，A、B两相散热器的温度分布较均匀，没有明显的热点，而C相存在局部温度分布不均匀现象。

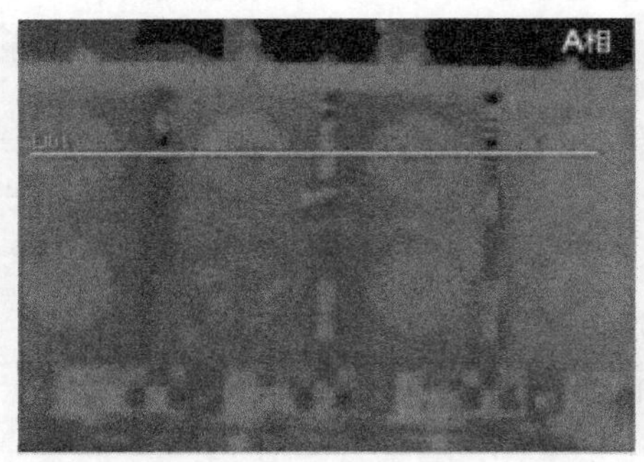

(a) A相正面

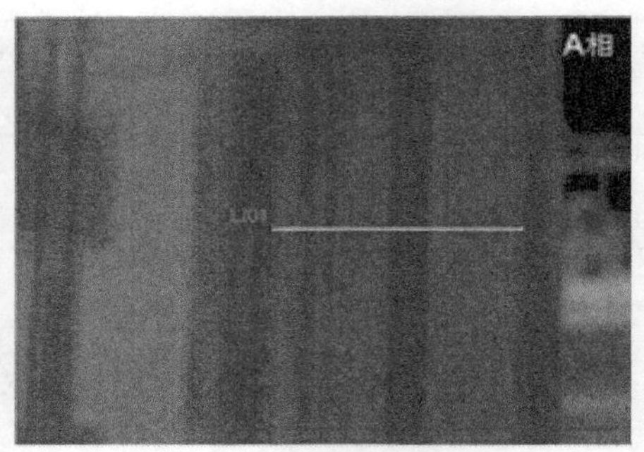

(b) A相背面

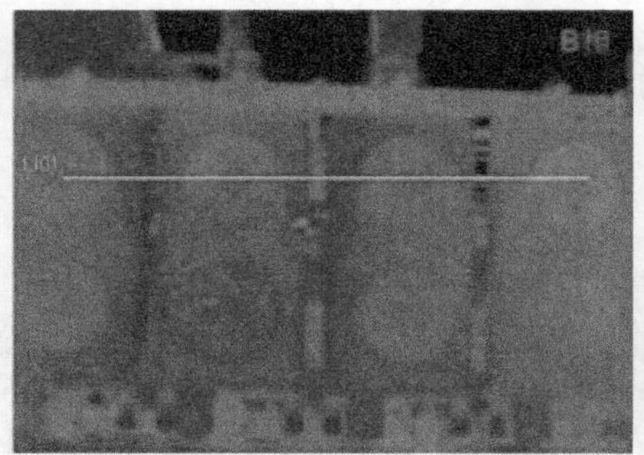

(c) B相正面

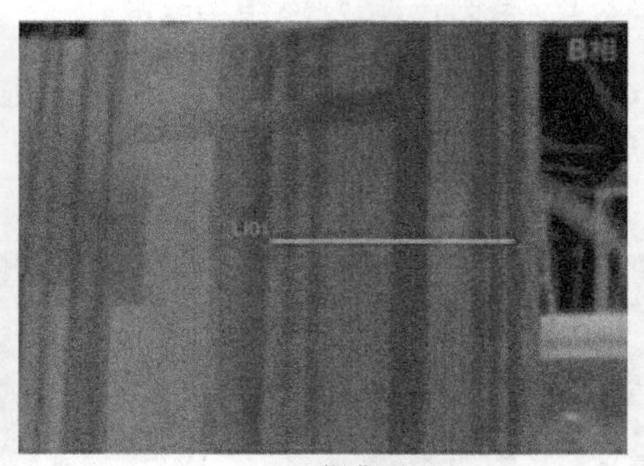

(d) B相背面

(d) C相正面

(e) C相背面

图 10.10　A、B、C 三相 1 号散热器正面和背面红外图

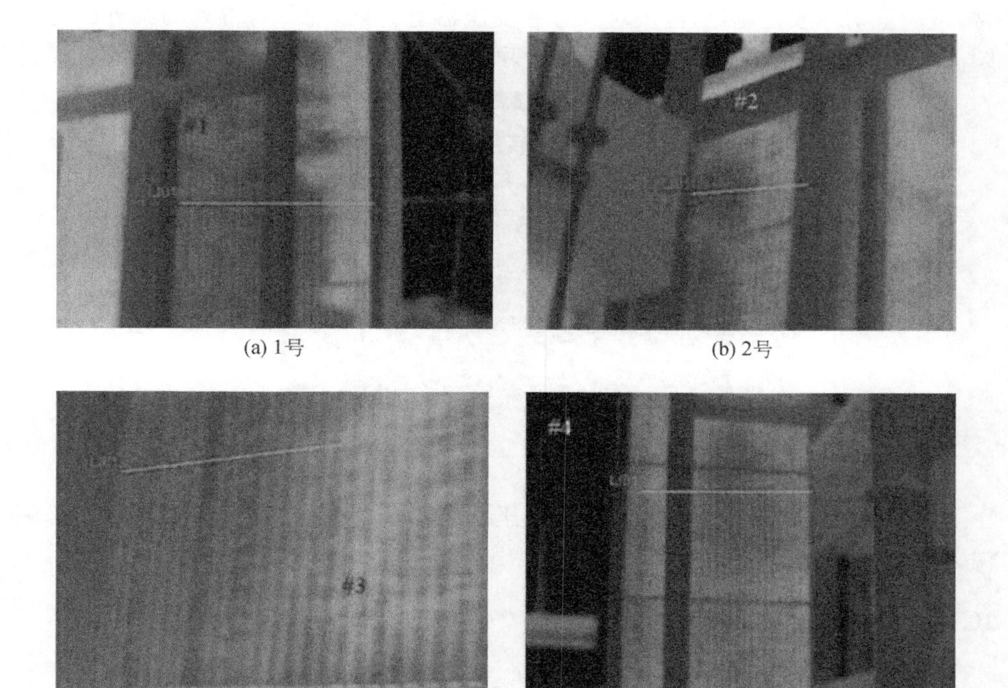

(a) 1号　(b) 2号　(c) 3号　(d) 4号

图 10.11　C 相 4 个散热器红外图

通过对比 C 相 4 个散热器的红外图谱，可以发现这 4 个散热器的散热片部分的温度分布均明显不平衡。随后对 3 号主变散热器进行风量检查，发现 1 号冷却器靠 B 相侧背面约 1/3 处的进风量明显偏小，同时使用 A4 纸覆于 1 号冷却器背面的不同部位，发现右侧 A4 纸不能被紧紧吸附于冷却器背面，将纸置于冷却器背面约 20mm

处,纸自然落地,中间部位对 A4 纸的吸附力明显变强,将纸置于冷却器背面约 20mm 处,纸仍能吸附于冷却器上,与红外成像热像不均匀分布图像相对应。对在运的 3 号、4 号冷却器进行同样的纸吸附试验,发现即使将 A4 纸置于冷却器背面,纸仍然自然落地。再对温升无异常的其他两相进行同样的试验,试验结果与 C 相 1 号冷却器中部结果一致,风量明显比故障相大,纸吸附试验正常。通过以上检查及试验,充分说明了 C 相 1 号冷却器 1/3 部分以及 3 号、4 号冷却器全部散热管道翅片间风道已经发生了明显堵塞,导致流过散热翅片的风量几乎为 0,严重影响了主变的冷却效果。

从现场测试情况进行分析,故障相 1 号、3 号、4 号冷却器进风几乎没有,初步判断为冷却器翅片风道发生了堵塞,导致进风过小,冷却器效率发生了明显变化,引起变压器本体温升异常。

随后对 3 号主变压器 C 相散热器进行彻底清洗,直至各散热器纸吸附试验正常,进风量明显改善,然后再次对 3 号主变压器进行红外测温,得到的红外图片如图 10.12 所示。从图中可以看出,3 号主变压器散热器的温度及温度分布都已正常。

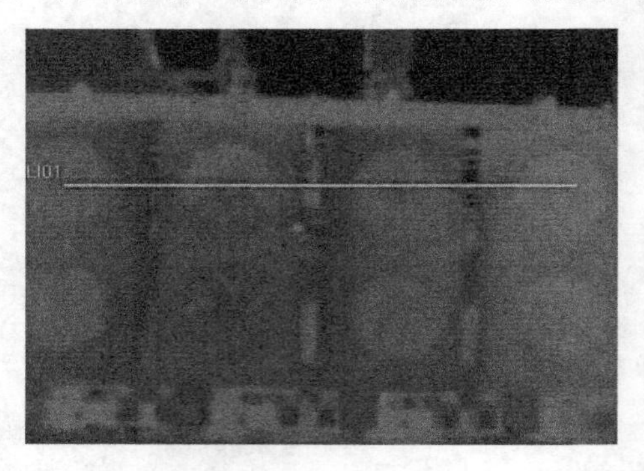

图 10.12 经处理后 3 号主变压器散热器的温度分布

红外检测诊断技术能够有效发现变压器温度异常缺陷。此次通过红外精确测温,准确判断出 500kV 3 号主变压器 C 相过热为散热器问题所导致。

10.2.2 案例二:绝缘管母护套破裂

某 220kV 变电站 2 号主变压器 35kV 侧的全绝缘管母型号为 FPTM-35/2500,于 2011 年 1 月 3 日生产,2012 年 8 月 6 日投运。2013 年 1 月 17 日,检测人员用红外和紫外成像检测方法,发现三相绝缘管母本体局部存在发热和放电缺陷,经跟踪复测表明,缺陷依然存在;29 日检测时又发现 2 号主变压器 35kV 侧的 A 相绝缘管母与避雷器接头处的温度与周围环境相比较高,且在雨雪天气时,由于周围湿度较高,还可以在附近观察到少量雾气。

2013 年 1 月 17 日,检修人员用红外成像仪对 2 号主变压器 35kV 侧的绝缘管母进行检测,发现 2 号主变压器 35kV 侧隔离开关主变侧的绝缘管母端部存在多处发热点，红外测温图谱如图 10.13 所示，测量数据如表 10.6 所示。通过红外检测，发现 A 相绝缘管母发热最严重。

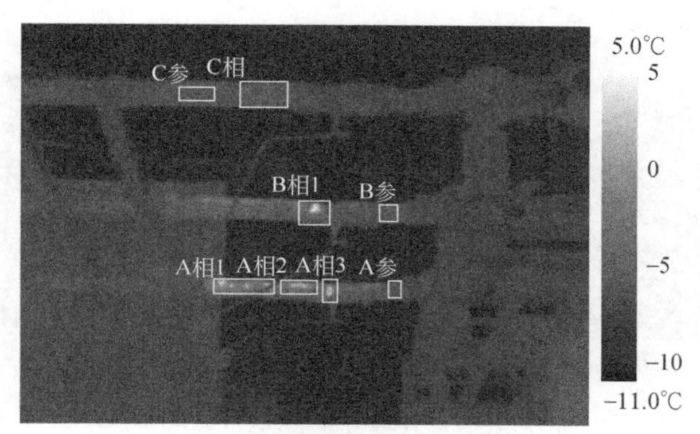

A相1、A相2、A相3、B相、C相为发热和放电点

图 10.13　2 号主变压器 35kV 侧红外图谱(负荷 148.5A)

表 10.6　红外检测结果

检测部位		检测温度/℃	参考温度/℃	环境温度/℃	温差/K	结果
A 相	A 相 1	10.8	−4.9	−11	15.7	严重缺陷
	A 相 2	4.9	−4.9	−11	9.8	严重缺陷
	A 相 3	6.7	−4.9	−11	11.6	严重缺陷
B 相		5.5	−4.9	−11	10.4	严重缺陷
C 相		−3.1	−5.1	−11	2.0	严重缺陷

用紫外成像检测管母，发现主变与避雷器之间发热部位都存在放电现象，紫外成像如图 10.14 所示。

(a) 2号主变压器35kV侧A相3点位

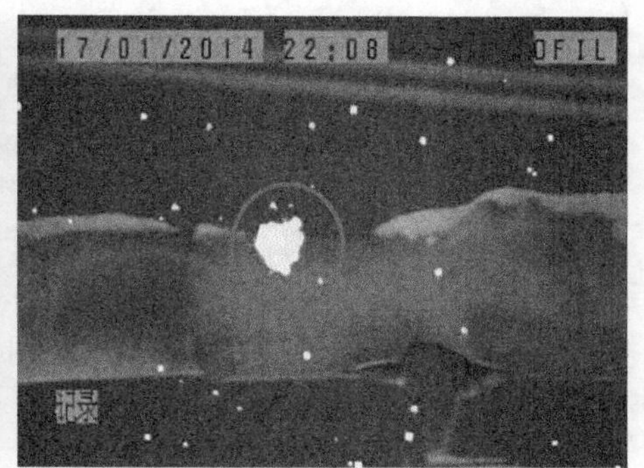

(b) 2号主变压器35kV侧B相1点位

图 10.14　各部位紫外成像测试图谱

2013 年 1 月 29 日，检修人员对设备巡检时发现，2 号主变压器 35kV 侧隔离开关两侧绝缘管母端部发热严重，其中一处温度已达到 45℃，相对温差超过 50℃，且有气体产生，如图 10.15 所示。

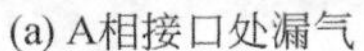
(a) A相接口处漏气

(b) 发热接口位置

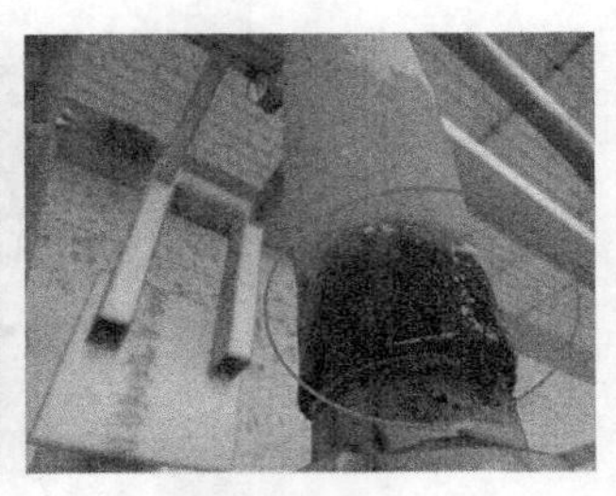
(c) B相外护套烧毁后情形

图 10.15　部分接口及外护套破坏情况

经停电检查，打开 2 号主变压器 35kV 侧的三相绝缘管母端部、隔离开关两侧的绝缘管母端部，共 9 个部位的绝缘护套，发现 9 个部位均有不同程度的电蚀痕迹。其中隔离开关高压室侧 C 相的接头处烧损最严重，长度达 20cm 左右，如图 10.16 所示。

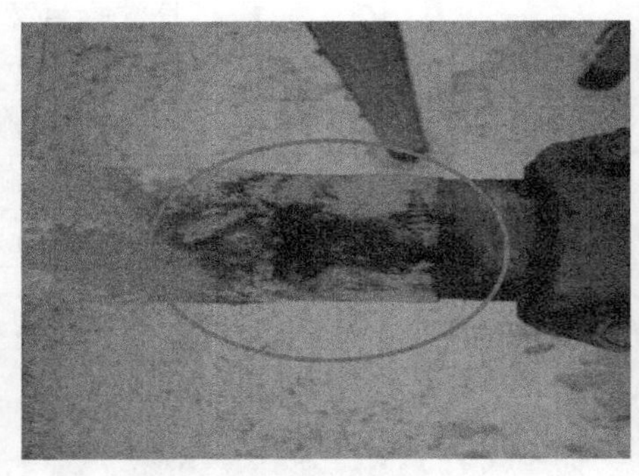
(a) A相绝缘护套

(b) C相绝缘护套

图 10.16　A 相和 C 相绝缘外护套烧毁情况

分析诊断为全绝缘管形母线外绝缘护套覆雪导致沿面爬电距离不够，管母端部受潮处电场强度大，发生了严重的 PD，导致绝缘管母局部发热烧蚀。现场对 9 个接头进行了全面处理，如图 10.17 和图 10.18 所示，处理后送电检测无异常，缺陷消除。

(a) 管母表面清理

(b) 管母灼伤点检查

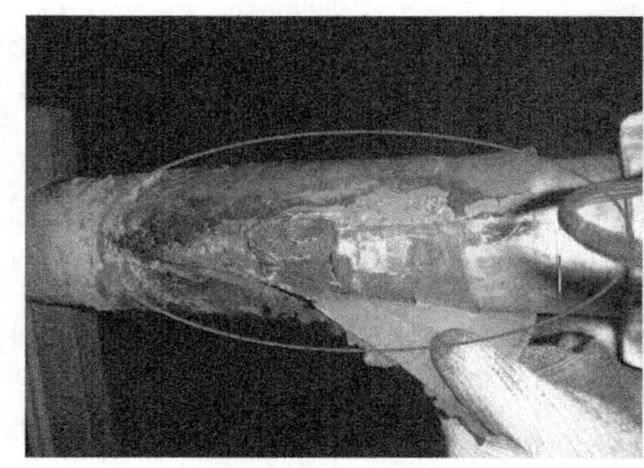

(c) 检查烧毁情况

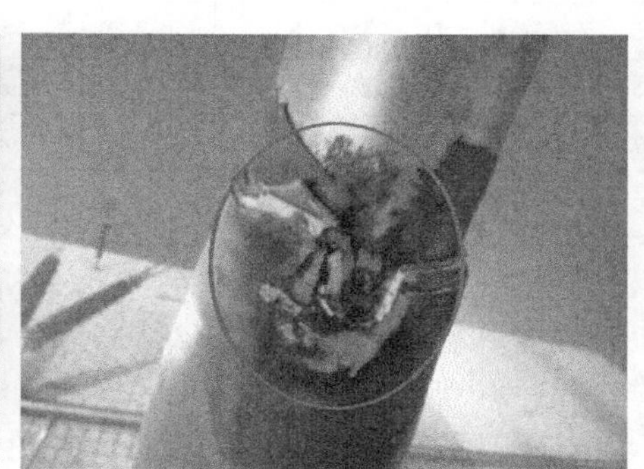

(d) 剥开后示意图

图 10.17　各相管母处理情况

图 10.18　包扎处理后的接头

10.3　变压器油中溶解气体检测法

2010 年 5 月 26 日，某电厂在进行迎峰度夏设备安全状况普查时，发现一台

120MVA/220kV 变压器油中乙炔含量高达 25.5μL/L，远远超过导则规定的注意值(5μL/L)。随后 3 天进行了连续的色谱跟踪监测，发现乙炔仍然呈上升趋势。该变压器色谱分析异常前后的历次试验数据见表 10.7[4]。

表 10.7　某 120MVA/220kV 变压器历次色谱分析结果表（单位：μL/L）

序号	试验日期	氢气	一氧化碳	二氧化碳	甲烷	乙烷	乙烯	乙炔	总烃
1	2008 年 7 月 7 日	6.5	129.7	1642.6	15.6	15.8	0.9	0	32.3
2	2009 年 1 月 12 日	8.6	147.4	2083.4	19.8	18.9	1.0	0	39.7
3	2009 年 7 月 16 日	6.1	150.2	1691.6	22.6	22.2	1.2	0	46.0
4	2010 年 5 月 26 日	79.8	161.8	1652.9	35.6	24.9	13.9	25.5	99.9
5	2010 年 5 月 27 日	85.2	168.0	1741.2	37.3	25.9	14.6	26.8	104.6
6	2010 年 5 月 28 日	83.6	169.6	1656.9	37.6	26.2	14.9	27.7	106.4
7	2010 年 5 月 29 日	84.4	176.5	1840.6	39.7	27.4	15.5	28.4	110.7

该变压器于 2004 年 4 月出厂，2004 年 7 月安装调试后，于 7 月 30 日投入运行后，严格按规程规定的周期进行色谱分析，直到 2009 年 7 月均未见异常，油温正常、气体继电器未动作。但在 2010 年 1 月 25 日，该变压器所负载的前置泵曾发生过短路故障，当时速断保护 C 相动作。

对该变压器进行了绝缘电阻、介损角、直流电阻等常规高压电气试验，结果均合格。油介质损耗因数、体积电阻率、击穿电压、油中水分、油的闭口闪点等项目的试验数据均与 2009 年 7 月无明显差异，油质合格。

利用油色谱分析结果进行诊断，首先进行有无故障诊断，乙炔含量很高且已超过导则规定的注意值(5μL/L)，氢气含量虽然未超过导则规定的注意值(150μL/L)，但经计算，2009 年 7 月 16 日至 2010 年 5 月 26 日氢气的绝对产气速率为 12.1mL/d，已超过导则规定的注意值(10mL/d)，故判断该变压器存在故障。接下来进行故障类型诊断，利用特征气体法进行预判断，乙炔和氢气是主要成分，应属于放电性故障；再计算三比值，其编码组合为 100，属于低能量火花放电故障。诊断结论表明变压器内存在严重的 PD 故障，且故障发展趋势较快，建议立即停运检修。

为了确保安全，该变压器于 5 月 30 日退出运行后经返厂吊罩检查，发现其 10kV 侧 C 相引线弯曲，对箱壁存在明显的放电点。分析认为此次放电故障产生的原因是变压器所负载的前置泵，在 2010 年 1 月 25 日发生了短路故障，当时速断保护 C 相动作，由于瞬间电流变化，产生强大的电动力，导致 C 相引线弯曲，因而造成其对箱壁放电。厂家全面检修后，经试验各项指标合格，留作备用设备。

10.4　多种方法联合检测变压器局部放电

2012 年 8 月，某 500kV 变电站 2 号主变压器(型号 ODFS-250000/500，生产日

期为 2011 年 10 月)投运时,按照国家电网公司《输变电设备状态检修试验规程》要求,使用单位安排检验人员进行主变压器投运后的试验工作[5]。在进行主变压器油中溶解气体分析时,发现试验数据异常,使用单位立即安排专业人员对该变压器进行全面检查。经检查,主变压器运行声音均匀,无其他异响;气体继电器、集气盒等附件检查未见异常。随即制定了绝缘油色谱逐日跟踪检测,并安排进行 PD 带电测试的措施。在对 2 号主变压器跟踪取油样进行油中溶解气体分析时,发现三相油中C_2H_2有缓慢增长的趋势。通过 PD 带电检测并进行超声定位,确认主变压器三相内部均存在 PD。其中,信号较强的 A 相定位结果显示放电源位于箱底铁心与夹件之间的磁屏蔽处,初步判断铁心与夹件之间存在放电,导致油中出现 C_2H_2。

1. 油中溶解气体试验

按照规程要求,主变压器新投运后的第 1 天、4 天、10 天和 30 天各应进行一次油中溶解气体分析试验。在进行 2 号主变压器投运后第 1 天油中溶解气体分析时,各项试验数据正常。投运后第 4 天油中溶解气体分析,三相本体油中均出现痕量 C_2H_2(未超过注意值 1μL/L)。此后,连续进行跟踪监测。连续跟踪 15 天后,绝缘油色谱试验发现 C_2H_2,数据分别为:A 相 0.61μL/L;B 相 0.17μL/L;C 相 0.25μL/L。经改良三比值法计算编码为 202(考虑到烃类气体较低,未超过规程注意值,“三比值”数据仅作为参考),判断为低能放电。

2. 脉冲电流法与超声波综合检测

分别使用 Mico-II 超声定位仪和 TWPD-2E 多通道数字 PD 综合分析仪进行 PD 检测。利用宽频带电流互感器,在变压器铁心接地线及变压器夹件接地线上检测脉冲电流信号。利用 PD 超声探测器在变压器油箱壁上探测变压器内部的 PD 超声波信号,同时进行定位。

测试结果表明,对 A 相采用电测法测得铁心与夹件处均存在放电信号,大小约为 150×10^4 pC(由于校准方式不同,不可与 GB/T 7354 和 GB/T 1094.3 中标准脉冲电流法的检测数据直接比较,数据仅供参考),波形如图 10.19 和图 10.20 所示。

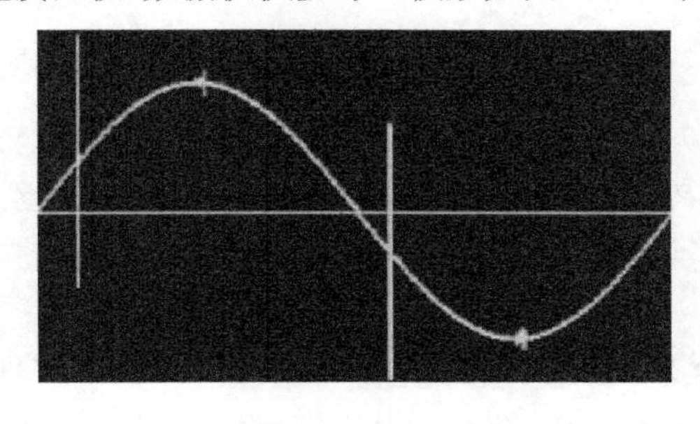

图 10.19　A 相铁心

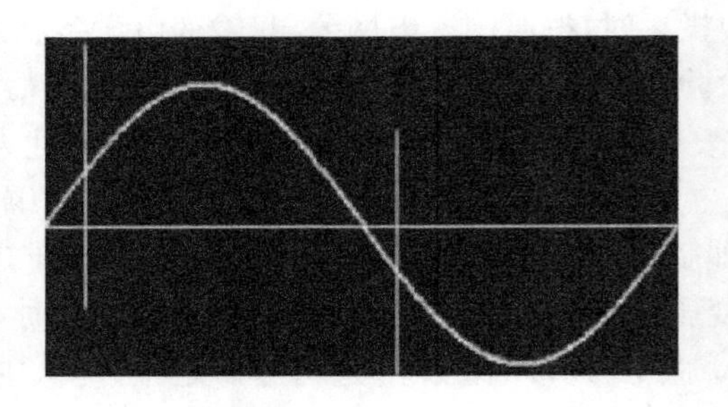

图 10.20　A 相夹件

利用超声法对 A 相进行定位，发现放电主要集中在低压绕组下部储油柜侧夹件区域(高度为 250～600mm)，如图 10.21 所示。通过 PD 测试，发现 A 相同时存在电信号及可疑声信号，同时铁心与夹件位置 PD 量相近、相位相反，说明在 A 相铁心与夹件间产生了放电。结合油色谱试验结果也可以推断该主变内部存在连续的火花放电，此放电可能由悬浮电位导致。综合考虑该变压器结构及定位结果，初步怀疑放电位置位于铁心-夹件之间。

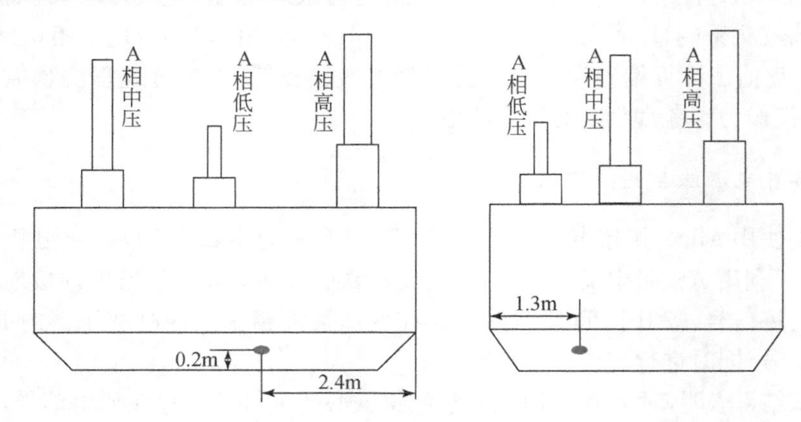

图 10.21　A 相超声定位结构示意图

3. 吊罩诊断结果

2012 年 10 月 17 日，对主变压器进行吊罩检查，未见油箱水迹，无脱落零件，存在少量绝缘纸碎片；器身无明显移位、窜动和变形迹象；铁心无移位迹象；木支架无开裂痕迹，个别固定螺栓松动；器身垫块、围板、撑条及压块无异常移位、损伤。

结合前期试验情况，对磁分路进行了重点拆解检查。发现上部磁分路与夹件安装面处存在积炭痕迹(图 10.22)，擦拭夹件安装面也有放电痕迹。

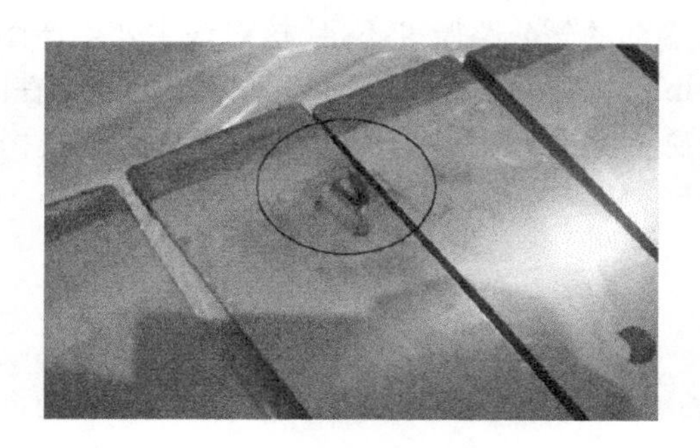

图10.22　上部磁分路的积炭

拆解下部磁分路发现下磁分路端部与铁心处、下磁分路与下夹件处存在放电痕迹，且磁分路端部绝缘多数位移或破损如图10.23和图10.24所示。

图10.23　下夹件磁分路安装面

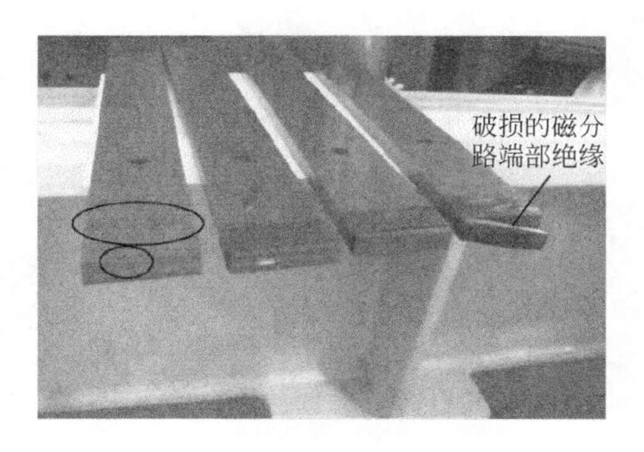

图10.24　下磁分路

通过吊罩检查发现，造成变压器本体油色谱异常的原因为在铁心与夹件间存在一定量的PD，而造成该PD缺陷的原因主要为：磁分路与铁心间距较小且无可靠绝缘保证措施，在铁心漏磁较强时造成磁屏蔽与铁心端部形成较大的电压差造成放电；220kV 绕组端部的磁分路厚度不足[核对该主变生产图纸发现其磁分路设计值厚度为(20±2)mm，实际仅为 14.3mm]，在安装槽内存在间隙，导致磁分路与夹件接触不紧密，使磁分路在运行中形成悬浮电位从而产生积碳。吊罩后检查结果与监测数据分析结论基本一致。

参考文献

[1] 林介东. 240MVA 电力变压器局部放电的声发射检测. 无损检测，2009，31(4)：245-250.

[2] 林介东，胡平，马庆增，等. 500kV 增城变电站变压器局部放电的声发射检测. 广东电力，2006，19(5)：53-56.

[3] 国网湖南省电力公司电力科学研究院. 电力设备红外诊断典型图谱及案例分析. 北京：中国电力出版社，2013.

[4] 王军香. 几起变压器油中溶解气体含量异常的案例分析. 四川水力发电，2014，33(A02)：17-20.

[5] 付炜平，董俊虎，尹子会. 一例利用带电检测技术发现 500kV 变压器内部缺陷案例. 变压器，2013，50(6)：74-77.

第 11 章　气体绝缘设备局部放电监测

气体绝缘装备通常包括气体绝缘组合电器、气体绝缘开关(GIB)、气体绝缘变压器(GIT)和气体绝缘输电管道(GIL),由于具有可靠性高、占地面积少、电磁辐射低以及检修周期长等突出优点,已在电力系统高压输变电领域中得到广泛应用,同时成为现代城市供电系统新建变电站和城网改造的首选装备[1],其安全可靠运行是直接保障大中城市供电可靠性的基础[2]。大量安全运行统计数据表明,气体绝缘装备在发生绝缘故障前,往往会产生 PD,PD 既是加速绝缘劣化最主要的原因,又是表征绝缘状态最有效的特征量。因此,开展气体绝缘设备 PD 检测可以及时发现气体绝缘设备可能存在的隐患,是防止事故发生、保障电网安全运行的重要措施。常用的气体绝缘装备 PD 检测手段有超声波检测法、化学分析法[3]和特高频测量法等方法。

11.1　局部放电超声波检测

11.1.1　案例一:GIS 设备中的 CT 故障

某新建 110kV 变电站的 GIS 设备,在交流耐压试验时进行了超声波 PD 检测[4]。试验过程中,发现出线间隔靠母线侧电流互感器(CT)气室 B 相 PD 信号的峰值和有效值偏大,并且可以明显地听到异音。

检修人员对检测出的 PD 超声波信号有效值、峰值及各项统计参数,结合 CT 气室结构进行了分析,经过连续不同点测量,靠母线侧 CT 气室 B 相外壳处测得信号峰值为 400mV、有效值为 100mV,断路器气室信号峰值为 60mV、有效值为 18mV,靠线路侧 CT 气室信号峰值为 60mV、有效值为 18mV,分析后得出的结论是随着距离的增加,信号强度逐渐衰减,说明噪声源在母线侧 CT 处。

由于 CT 和断路器气室为组装结构,故 PD 信号偏大的原因除屏蔽松动外,还存在运输过程中 CT 移位的可能性。检修人员对 CT 气室进行解体检查,图 11.1 为本间隔靠母线侧 CT 解体后的示意图。对气室内的屏蔽筒、导体、紧固螺栓和二次引线分别排查,除发现有一段二次引线超出屏蔽筒外 2cm 左右外,外观检查未发现其他问题。检查处理完毕后再次进行超声波 PD 检测,发现 PD 信号仍然存在。试验结束后对前后两次试验各项测试和统计参数进行了比对分析,结合 CT 检查情况,得出的结论是超声波检测中的噪声源来自 CT 内部。

图 11.1 母线侧 CT 外观图

考虑到设备运行时，CT 一次侧会有较大的系统电流，如果 CT 存在内部缺陷，则大电流发热会对其安全运行产生不利的影响。同时，考虑到断路器和 CT 同在一个气室，CT 在运行中发生的故障会波及断路器。所以应当对此元件进行更换，为设备的长期稳定运行提供保障。

本间隔 CT 进行了更换后，超声波 PD 检测结果正常，并无异音，设备已顺利投运。

11.1.2 案例二：CT 引线电蚀磨损

在山东某 110kV 变电站 GIS 巡检过程中，发现 101 高压断路器在运行中的声音增大，随即展开超声波测试[5]。首先将传感器接近于初估声源处（101 高压断路器 A 相机构连杆处），测量数据约为 500mV；然后将传感器位置置于在 A 相下法兰处，采集到的超声信号幅值接近 750mV。当传感器置于 A 相其他位置时均比法兰处的信号幅值低，且测量 B 相相同位置的超声信号幅值为 15mV，再测量 C 相相同位置的超声信号幅值为 6mV。可见，当传感器位置越偏离 A 相法兰处，采集到的信号水平越微弱，故可定位故障存在于 101 高压断路器 A 相法兰处。记录该处在连续模式和相位模式下检测到的超声波 PD 信号如图 11.2 和图 11.3 所示。

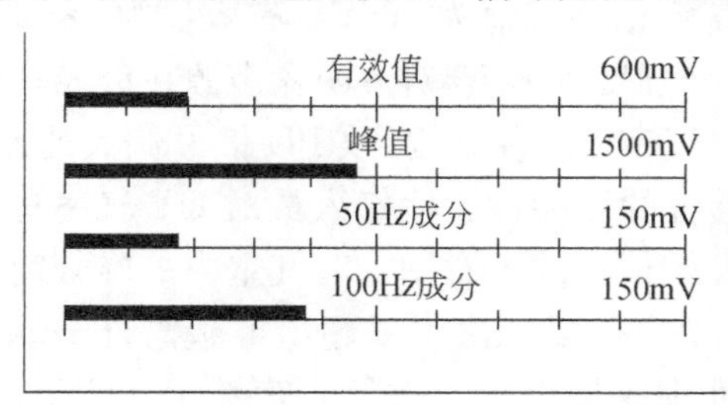

图 11.2 连续模式下 PD 信号

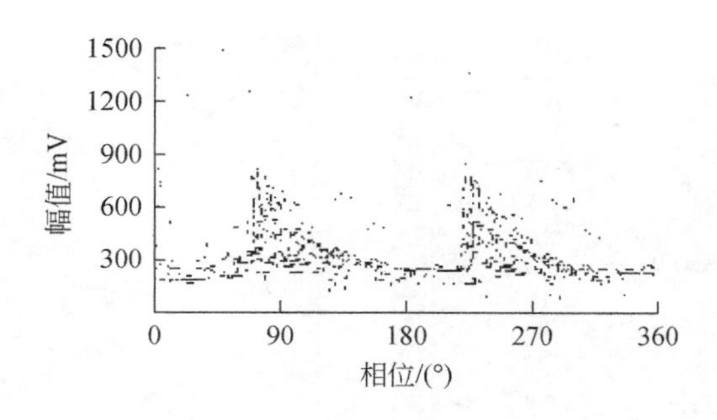

图 11.3　相位模式下 PD 信号

对现场超声波信号分析得到的结论是：①从图 11.2 可以看出，超声波信号在连续模式下 PD 信号的有效值达到 120mV，峰值接近 720mV，峰值因数为 6。其有效值和峰值较高，说明内部存在较大的放电。②超声波信号与 100Hz 相关性强烈，与 50Hz 相关性较弱，$V_{f2}/V_{f1}\approx 2$，放电信号主要表现为倍工频周期信号，说明在高压作用下某处因松动、开路等产生振动信号，存在悬浮故障。③一个周期内会有两簇较集中的超声波信号聚集点，工频信号正负半周均能检测到放电信号，说明有强烈的相位性，从幅值与相位的关系分析，放电脉冲点阵主要集中分布在接近峰值的相位上，说明内部存在由于松动或接触不良形成的耦合电容引起的悬浮电位，当电压超过电容的耐压值时发生大规模放电。④选用 50kHz 时，采集信号数值略有下降，与 100kHz 时相比，其幅值变化不大，说明超声波信号在不同介质中传播特性是在带电导体、金属外壳上由于介质吸收效应导致高频信号衰减较小，在环氧树脂绝缘中对信号有高的吸收性，所以测得的信号高频分量衰减不大，说明放电位置靠近导电体。⑤放电衰减范围分布面积较大，也符合导电体放电的传播特征。⑥超声波信号具有间歇性，间隔为 20～50s，放电持续在 30～90s。综上所述，可确定 101 高压断路器 A 相法兰处内部存在松动或开路放电现象。

经停电解体检修，发现断路器上部的瓷套法兰处，内部 CT 引线绝缘均压环松动，均压环形成沟槽且绝缘部位已经存在严重电蚀磨损，如图 11.4 和图 11.5 所示。正是由于 CT 引线均压环松动，与引线导杆耦合出一个电容，导致容性放电。更换均压环后，跟踪测试均无异常。

11.1.3　案例三：GIS 内部金属悬浮缺陷

对某 110kV 变电站的 HGIS 设备进行超声波 PD 普查，发现了一起典型的金属悬浮 PD 缺陷[6]。该设备为三相分相式 HGIS，如图 11.6 所示，故障位置在 A 相。检测采用的超声波检测为 AIA-1 型检测仪，检测探头的布置点位于图 11.6

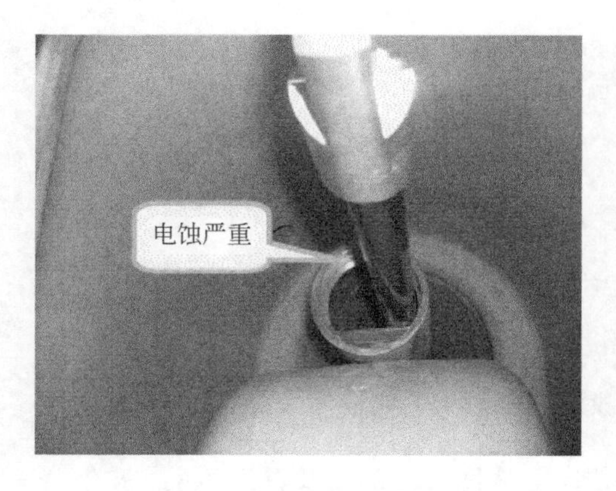

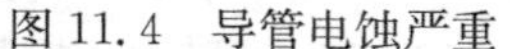
图 11.4 导管电蚀严重

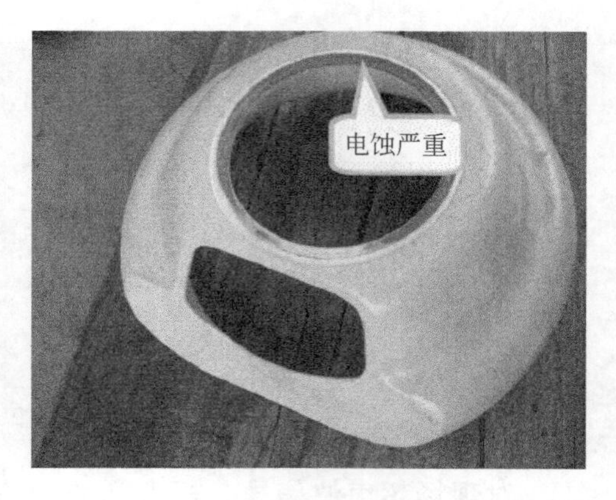

图 11.5 导管均压环悬浮放电形成的沟槽

中所示的测点 1～7。故障位置为实线标记的隔离开关与断路器气室连接处，其中测点 5 和测点 6 位于隔离开关气室侧，测点 7 位于断路器侧。测点 1 和测点 2 位于断路器气室的另一端；测点 3 和测点 4 位于 GIS 端部连接气室。

图 11.6 超声波 PD 检测位置示意图

现场检测过程中，以测点 5～7 的超声波检测信号最强，且其他测点信号幅值明显小于上述信号，据此判断故障点应位于该隔离开关附近。检测结果显示，该 PD 信号峰值为 840mV，测量峰值稳定，与 100Hz 相关性显著，而与 50Hz 相关性极小，PD 中正负半周内对称分布。其图谱呈现典型的金属悬浮 PD 特征，属于 PD 强度较大的均匀电场型悬浮 PD。同时，信号异常位置带有机械振动，推断可能为部件松动所致悬浮放电。

对隔离开关气室解体的结果如图 11.7 所示，检查发现实线标记处的传动轴与绝缘子嵌入座未紧密连接，出现松动。结果也证实了超声波信号检测的结果和判断，即绝缘子金属嵌入座松动后成为悬浮体，感应电压后与地电位的传动轴发生局部放电。由图 11.8 中的绝缘子嵌入座结构可知，嵌入座与传动轴头部之间松动（实测尺寸相差约 0.1mm），形成近似板-板放电间隙，与均匀电场型悬浮局部放电的判断相符。

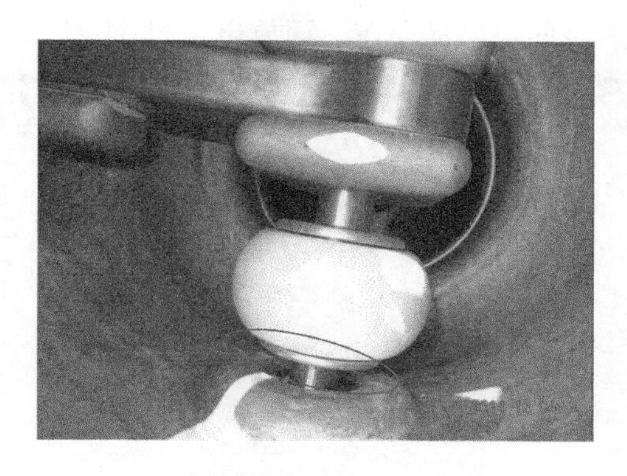

图 11.7　解体隔离开关气室结构图

进一步检查发现，解体气室内和松动部件之间有大量 SF_6 分解、绝缘和金属材料被腐蚀后的残留粉末，如图 11.8 和图 11.9 所示。由残留物的分布位置和残留量可知，该缺陷已较为严重，最终可能造成闪络等严重后果。对该 GIS 设备现场粉末进行清理和部件重新装配后，再次进行现场检测，未检测出局部放电信号，局部放电现象已彻底消除。

图 11.8　松动部件内 SF_6 分解产物

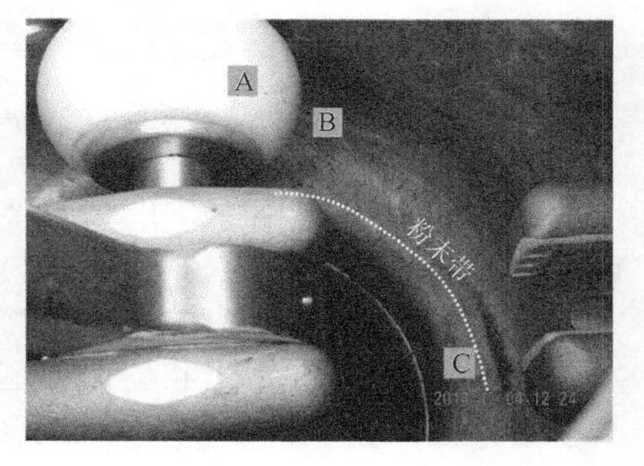

图 11.9　解体气室内 SF_6 分解产物

11.1.4　案例四：绝缘表面脏污导致沿面放电

某 220kV 变电站 35kVⅡ段母线 PT 设备的出厂日期为 2013 年，2015 年 11

月 19 日，运维人员在对该站进行带电检测时，发现该站 35kVⅡ段母线 PT 间隔暂态地电压数值异常，将情况汇报调度及变电检修室，同时加强跟踪检查。

运维人员采用超声波检测，其超声波检测位置为柜体后面 16 个检测点（标记点），呈矩阵分布，如图 11.10 所示。11 月 21 日，运维人员对该站进行带电测试，发现该 PT 间隔内部仍有异常放电，且放电情况有增大的趋势。对该间隔柜进行了超声检测，初步判断为该间隔内部存在沿面放电。11 月 22 日进行了停电处理，经过停电解体检查，发现放电的原因是该间隔内部 PT 手车挡板材质绝缘不符合要求，并及时进行了检修处理，避免了 35kVⅡ段母线 PT 间隔内部闪络故障。

图 11.10　超声波探头矩形布置

表 11.1 是在Ⅱ段母线 PT BLQ 32Y 开关柜内检测到的超声信号，在开关柜前后两侧进行检测，在开关柜前侧未检测到明显的超声信号，这与该开关柜结构有关。超声信号在柜体后侧上半部分幅值基本一致，且无明显的超声信号；柜体下半部分超声幅值较大，且相位特征明显。通过分析可知，柜体下部右侧超声信号相对于左侧超声信号幅值较大，根据超声信号的传播特性，放电点应在柜体下部右侧。根据超声信号的形态特征，初步怀疑为沿面爬电所致，此类放电一般为绝缘表面受潮或者脏污所致；根据检测信号幅值分析，放电部位可能在柜体间连接套管部位。11 月 22 日，对该间隔进行停电处理，检查发现 35kVⅡ段母线该间隔内部气体有刺激性气味，通过进一步检查发现该间隔 PT 手车前后挡板存在明显的放电痕迹。

表 11.1　超声波检测点检测结果

测试点	放电幅值/dB	时域图
1 点	4.3	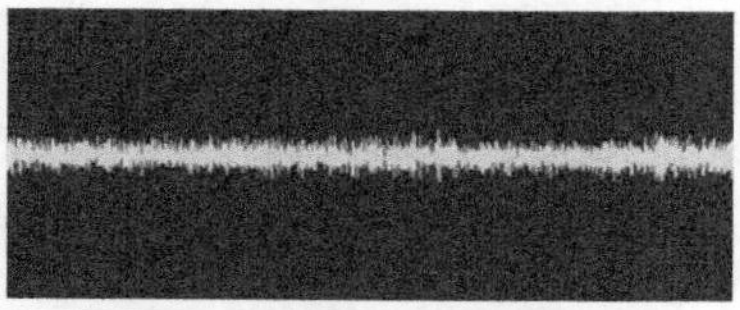
2 点	4.7	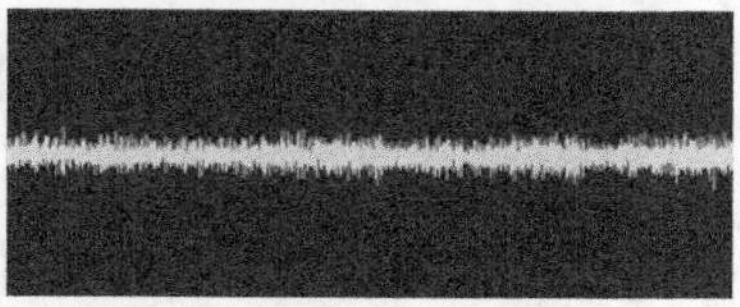
3 点	4.5	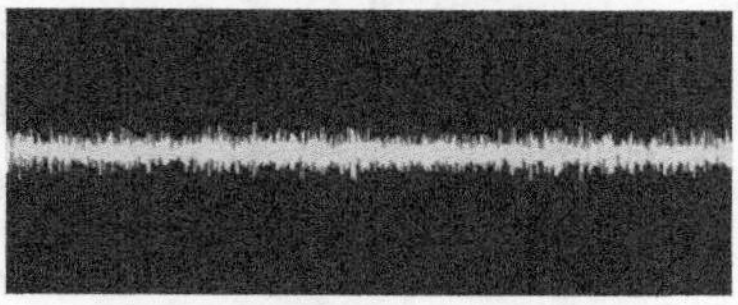
4 点	4.9	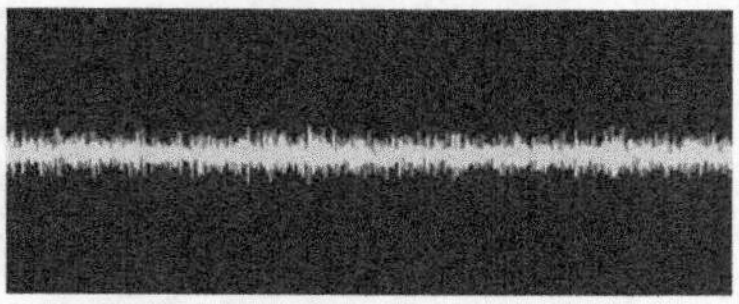
5 点	4.8	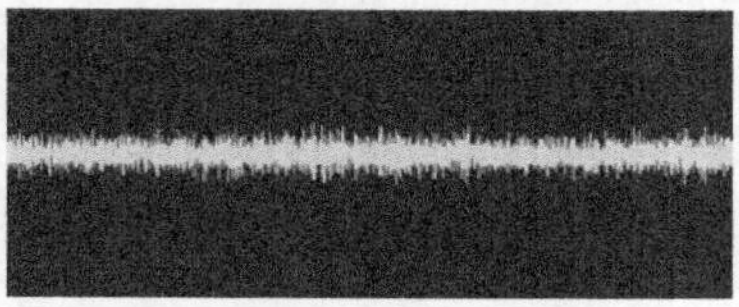
6 点	4.4	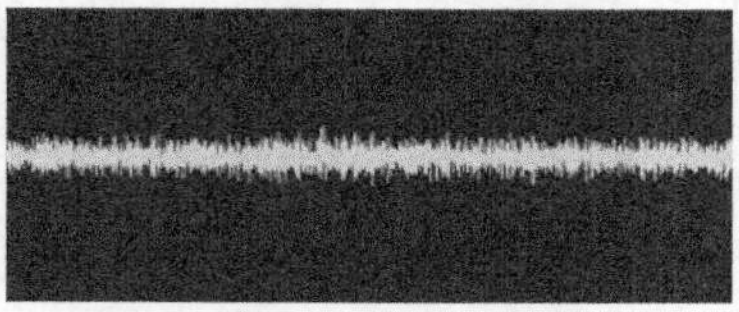
7 点	4.6	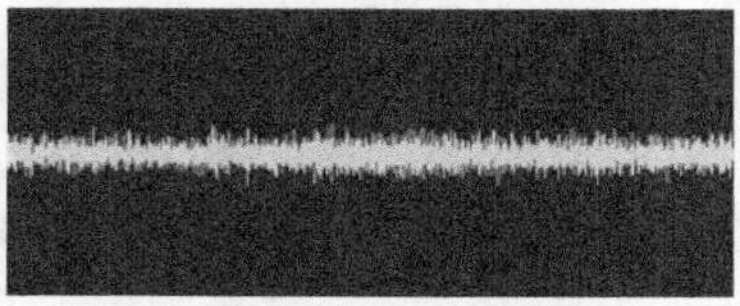
8 点	4.9	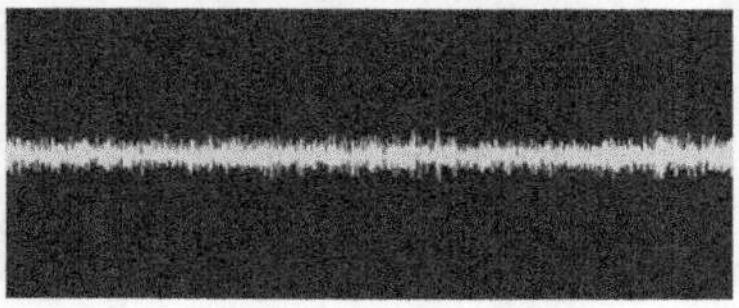

续表

测试点	放电幅值/dB	时域图
9 点	15.3	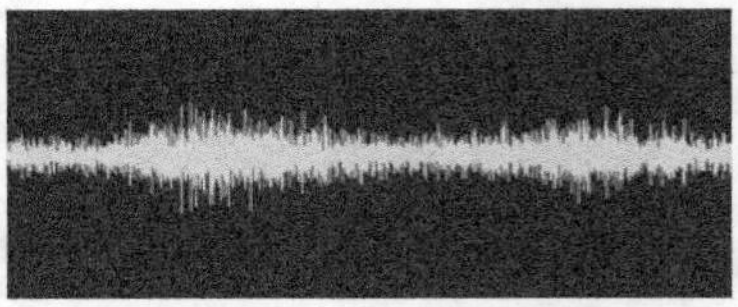
10 点	15.7	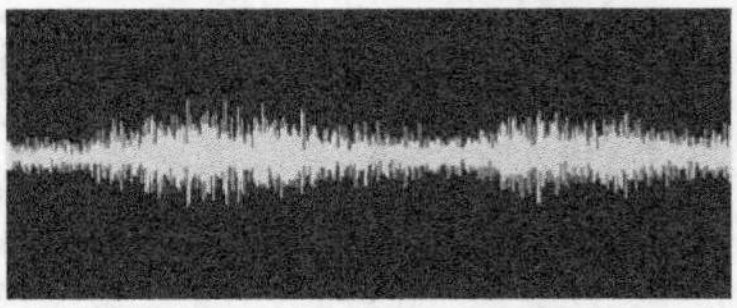
11 点	16.6	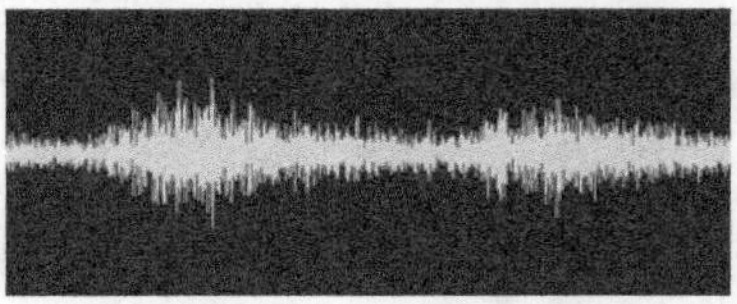
12 点	16.8	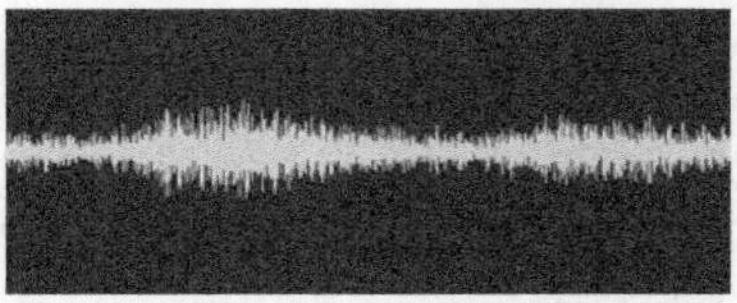
13 点	17.6	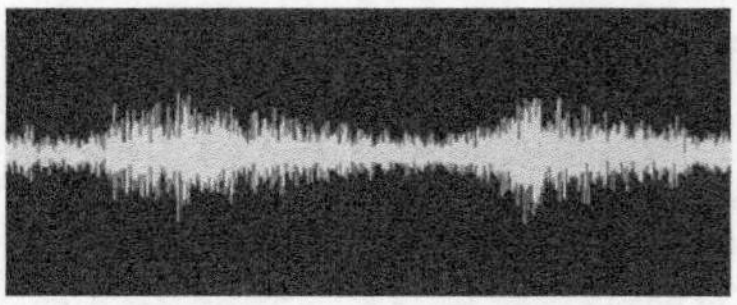
14 点	16.2	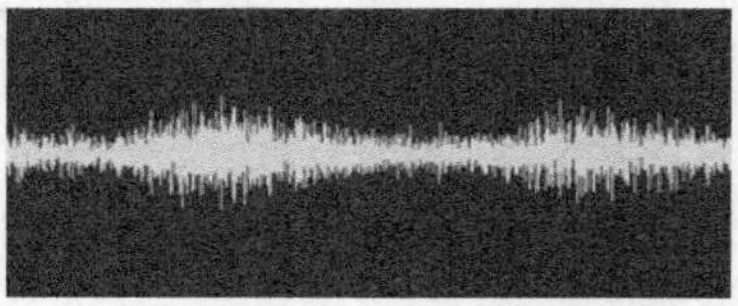
15 点	17.1	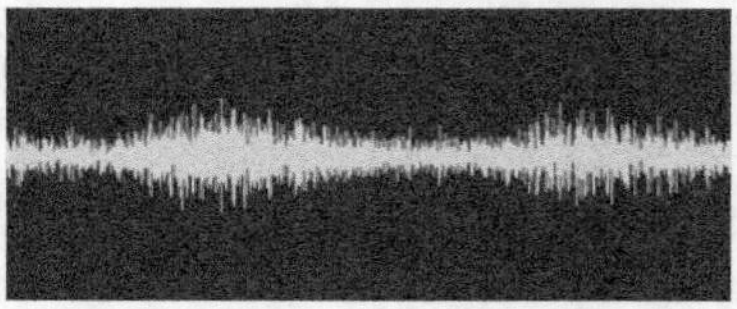
16 点	18.9	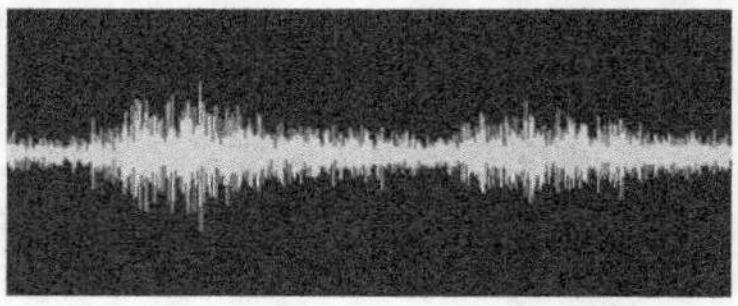

拆除 35kV Ⅱ段母线 PT 间隔后柜门，对各电气连接情况进行检查，找出放电的具体位置(图 11.11)，然后将 32Y PT 手车拉到检修位置，将绝缘材质不佳的手车挡板用绝缘挡板进行更换，最后更换了 PT 手车三相套管(图 11.12)。处理后放电声消失，用超声法检测结果表明 35kV Ⅱ段母线 PT 间隔幅值均在正常范围内。

(a) 挡板放电位置

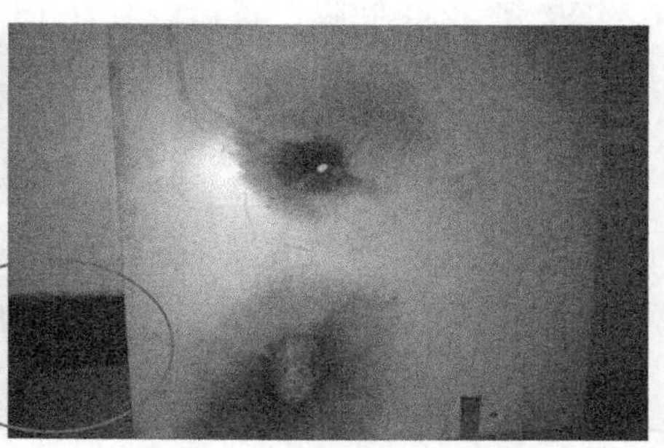

(b) 手车挡板放电痕迹

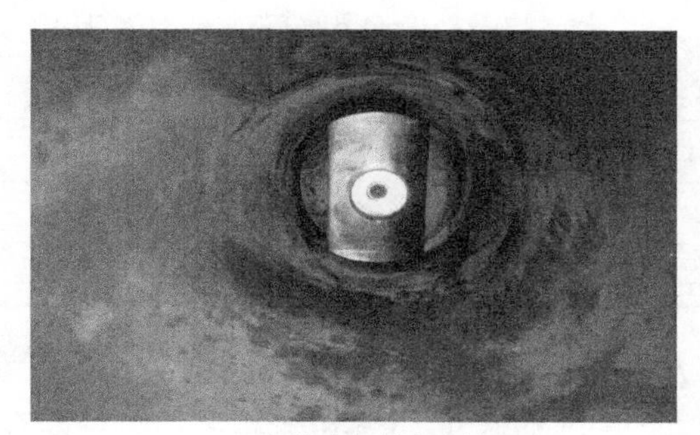

(c) 套管内部放电痕迹

图 11.11　故障情况实拍图

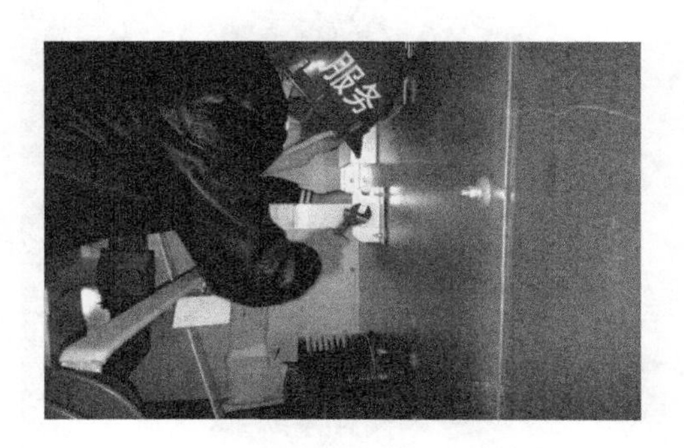

图 11.12　对故障部位维修更换

11.2 局部放电的化学分析法检测

某站220kV型号为ZF6A-252的GIS于2001年6月出厂,同年12月投运,2007年扩建2211间隔。投运以来,GIS运行正常,定期超声波PD带电检测未发现异常。

2014年5月14日,在进行该站进行PD带电检测时,发现该站220kV某线间隔有疑似放电信号。运维人员及时赶赴现场,开展相关复测工作。对相关间隔气室进行SF_6气体分解物测试,结果如表11.2所示。由表可见,除间隔2211-4刀闸气室SO_2+SOF_2含量为1.5μL/L,其他正常。

表11.2 各间隔SF_6气体分解物

被测气室	SF_6气体分解物成分/(μL/L)		
	SO_2+SOF_2	H_2S	HF
该线2211-4刀闸	1.5	0	0
该线4母线	0	0	0
该线附近某线2212-4刀闸	0	0	0
该线附近某线2214-4刀闸	0	0	0

对2211-4刀闸A相气室进行解体检查,发现静触头屏蔽罩表面有颗粒状分解物,如图11.13所示,证实了通过SF_6气体组分检测结果判断存在的绝缘故障。气室内的盆式绝缘子、动触头以及绝缘拉杆等其他部件未发现异常。

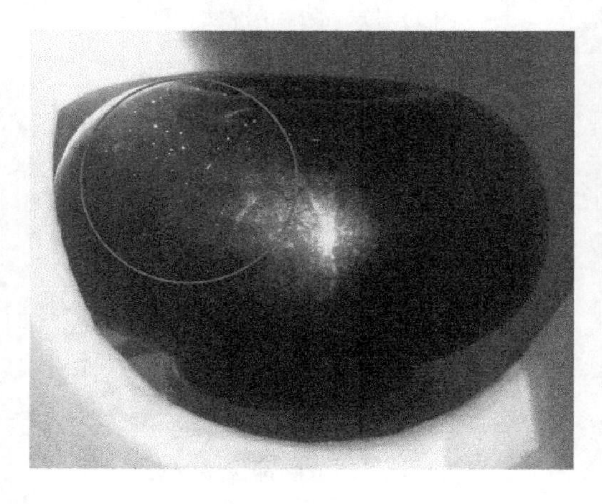

图11.13 A相刀闸静触头

对 2211-4 刀闸气室清洁处理后，从 A 相出线套管处加压进行 PD 测试，升压至 50kV 时，检测到明显的放电信号。在 B、C 两相施加相同的电压，未检测到信号，进一步确定该信号源位于母线 A 相支撑绝缘子附近。打开间隔 4 母线端盖和 A 相底部观察窗，未发现有放电痕迹，如图 11.14 所示。

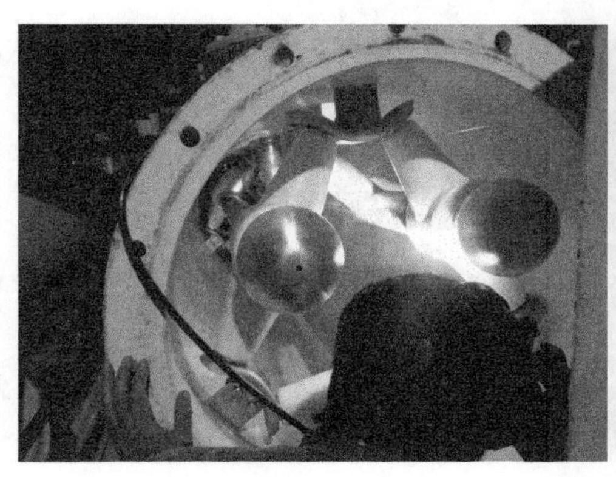
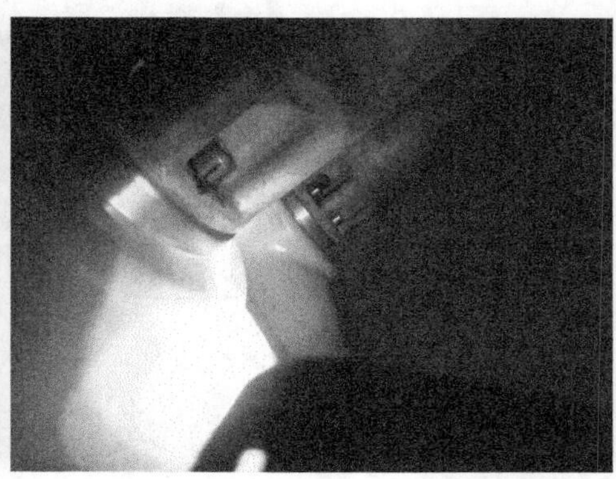

图 11.14　4 母气室端部和 A 相底部观察窗

在拆解母线支撑绝缘子时，发现 A 相支撑绝缘子表面有很多小孔，最大两个小孔直径为 1～1.5mm，如图 11.15 所示。

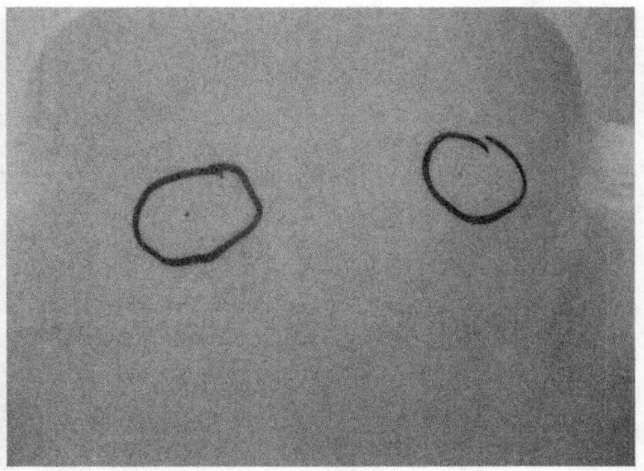

图 11.15　4 母气室内 A 相支撑绝缘子

2014 年 5 月 23 日，更换该线间隔 2211-4 刀闸三相盆式绝缘子和 4 母线气室 7 只支撑绝缘子后，进行交流耐压试验，试验电压为 368kV(出厂试验值的 80%)，未检测到异常信号。5 月 24 日，该线路恢复送电。

通过对更换下的三相盆式绝缘子和 7 只支撑绝缘子进行 X 射线探伤，发现 A 相支撑绝缘子内部有微小裂纹，如图 11.16 所示，其他 6 只无异常。

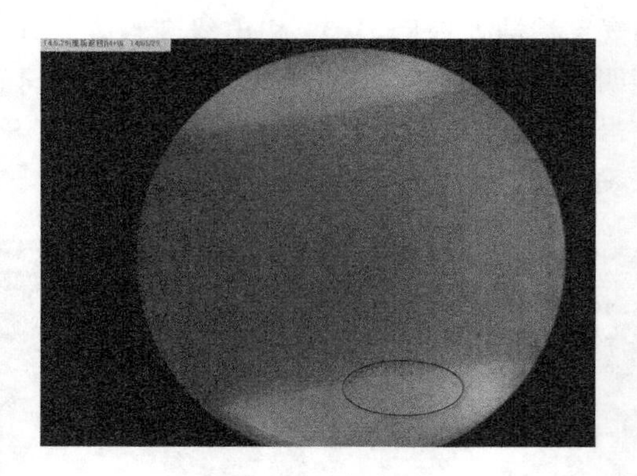

图 11.16 A 相支持绝缘子 X 射线探伤

11.3 局部放电特高频法检测

11.3.1 案例一:杂质引起沿面放电

试验人员于 2015 年 8 月 24 日对某 220kV 变电站进行带电测试,在某 220kV GIS 设备区母联 200 间隔 200A-2 刀闸附近存在特高频 PD 信号,信号稳定且幅值较大,但使用超声波测试法并未发现放电信号。图 11.17 和图 11.18 为测量的特高频信号。

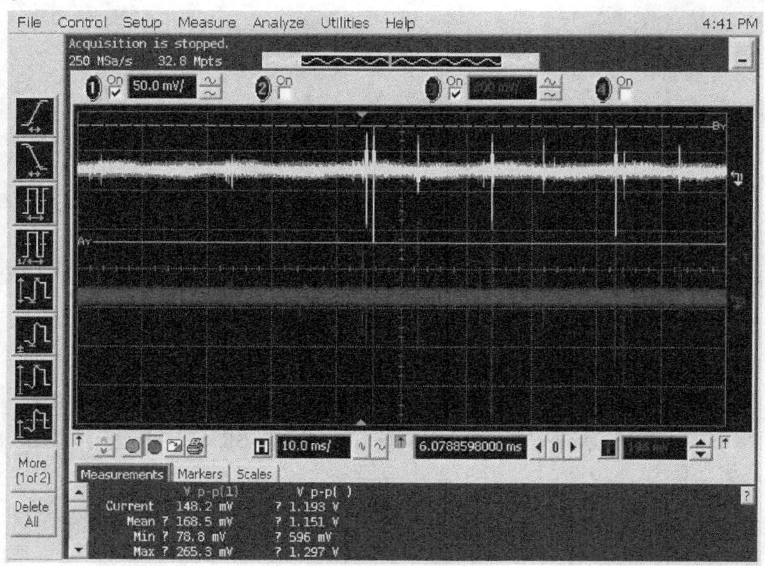

图 11.17 示波器测量的特高频 PD 信号

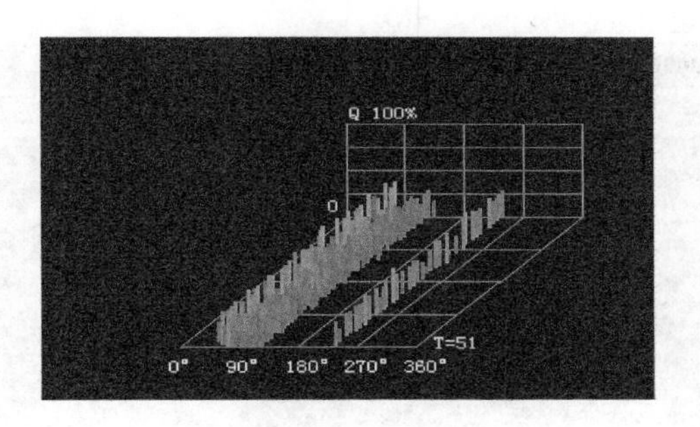

图 11.18　PRPS 图谱

特高频法检测结果显示，该放电信号特征与沿面放电特征相似，应为沿面放电。为了确定放电信号的来源，采用特高频时间差法进行定位分析，判断在母联 200A-2 刀闸与母线间盆式绝缘子附近存在 PD 源，如图 11.19 所示。

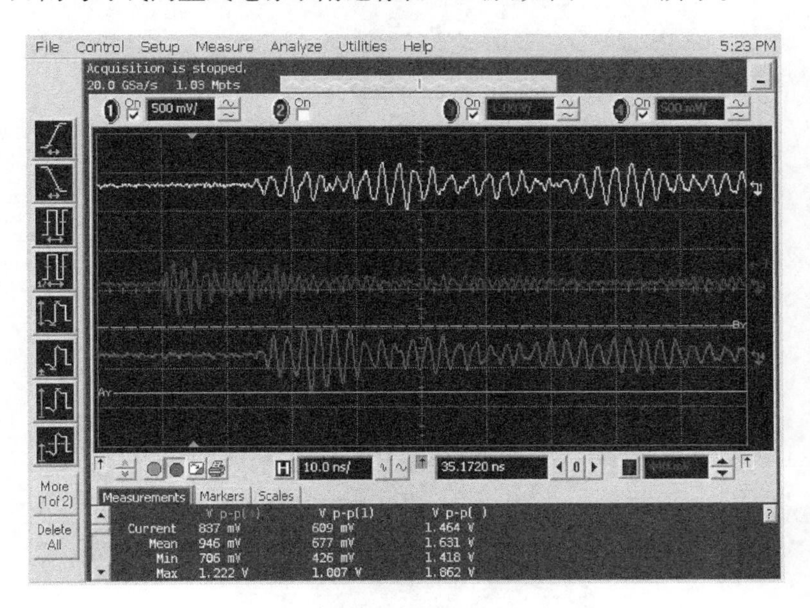

图 11.19　特高频时间差法定位采集 PD 信号

2015 年 10 月 15 日，对 220kV GIS 设备区母联 200 间隔进行复测，发现 200A-2 刀闸附近特高频 PD 信号依然存在，如图 11.20 所示。

2015 年 10 月 18 日，在该站 GIS 大修过程中，GIS 设备拆开后，发现母联 200A-2 刀闸与母线间盆式绝缘子有明显的放电痕迹，如图 11.21 所示。

根据检查情况，确定前期检测到放电是由于 GIS 设备安装时内部杂质处理不干净，引起绝缘子表面沿面放电。

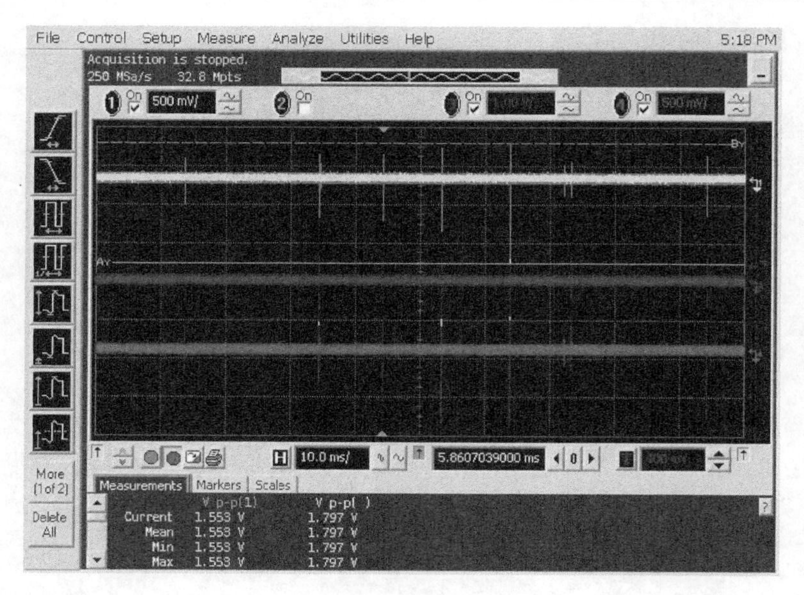

图 11.20　三通道特高频信号

图 11.21　200A-2 刀闸盆式绝缘子拆卸图

11.3.2　案例二:GIS 内部悬浮电位放电

2013 年 7 月 31 日,试验人员使用基于特高频法的便携式 GIS-PD 测试仪对广东某 GIS 变电站进行定期试验时,发现 110kV 1M 母线间隔断续出现 PD 信号,其放电幅值为−72dBm,相位特征明显,定位点位于 1M 母线上 B 线路与 C 线路之间距离 C 线路 2m 处。局部放电定位如图 11.22 所示[7]。

图 11.22　局部放电定位点

由于测量的放电信号幅值不高，为了稳妥起见，为了避免盲目停电检修造成损失，2013 年 8 月 1 日试验人员在该站 110kV 1M 母线间隔上安装了 DMS 公司的 PM05 移动式 PD 测试系统，以方便短期内监测 PD 变化发展的情况。其中，1、2 号传感器分别安装在 1M 母线上 B、C 线路处的盆式绝缘子上，1 号传感器连接通道 1，2 号传感器连接通道 2。

刚开始安装移动式监测系统时，信号放电次数多，幅值不大，随时间变化幅值逐渐变大，放电次数明显减少，而且分析结果显示信号与浮动电极放电的相关性很高，这很有可能是由于表面金属放电间隙在放电影响下逐渐变大，使放电电压升高，放电次数减少，并且通道 2 信号的幅值要比通道 1 的高，可以推断出放电源位于 1M 母线上靠近 C 线路。同时，图谱显示出放电已经发展到比较严重的阶段，因此试验人员建议马上对该母线间隔进行停电检修处理。

2013 年 8 月 31 日对 1M 母线停电进行开盖检查，通过外观检查发现 PD 定位点处 A 相的绝缘支柱有放电的痕迹，同时发现 A 相母线接头处有金属线外露，见图 11.23。该金属线的作用是将触子与屏蔽罩可靠连接，以免出现悬浮电位放电。经过 GIS 生产厂家确认，该缺陷为施工工艺不良造成的。

图 11.23　1M 母线解体检查图片

对A相绝缘支柱进行了检修更换后继续进行PD的在线监测发现PD消失。

11.3.3 案例三:内锥绝缘子裂缝缺陷

2011年7月27日15时6分,GIS-PD在线监测系统监测到广东某110kV变电站传感器OCU1-3(传感器ID)处出现PD[8]。PD信号发展极为迅速,放电率很高。根据特征图谱,专家系统诊断为浮动电极放电。从峰值保持图中可以看见明显的相位特征,判断GIS内部发生PD。随后,传感器OCU1-3处信号幅值和密度明显增大,传感器OCU2-1也监测到明显的PD信号。接收到异常信号后,立即进行跟踪检查。在排除了系统误报警和外界干扰信号外,2011年7月30日,试验部门采用便携式PD诊断仪和示波器对传感器OCU1-3附近的GIS设备间隔进行了PD活动测试和PD定位,定位位置在其中某GIS的A相电缆头附近,如图11.24所示。建议立即停运该设备,尽快对该区域进行开盖检查,检查该GIS内部A相电缆终端的绝缘件、应力锥等部件和其内部绝缘件是否存在污垢及空穴等缺陷。这些缺陷可能会随时导致故障的出现,且风险会随着时间的推移而增加。

2011年8月4日,对更换下来的应力锥和内锥绝缘子进行进一步的检测。根据图11.25所示的内锥绝缘子X射线探伤相片,可以明显看出内锥绝缘子有一较长裂缝及一大气泡,具体部位见图11.26中手指指出的大概范围。2011年8月5日17时更换电缆终端头,通电后在线监测系统未发现异常PD信号。

图11.24　PD定位位置图

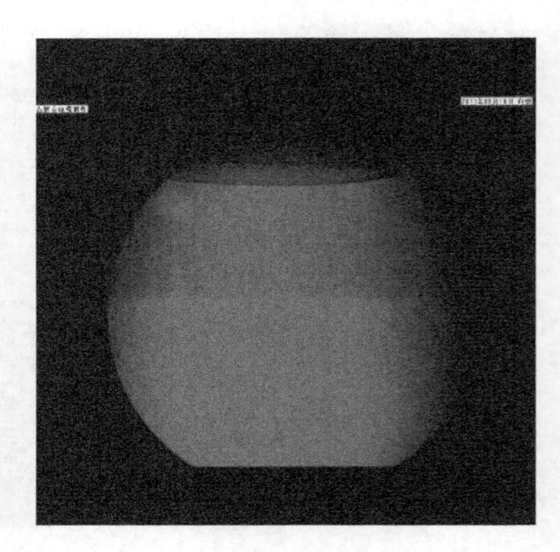

图11.25　内锥绝缘子X射线探伤相片

图 11.26　内锥绝缘子内部大概缺陷部位(手指部位)

参考文献

[1] 唐炬. 组合电器局放在线监测外置传感器和复小波抑制干扰的研究[博士学位论文]. 重庆：重庆大学，2004.

[2] 唐炬，曾福平，范庆涛，等. 基于荧光光纤检测 GIS 局部放电的多重分形谱识别. 高电压技术，2014，02：465-473.

[3] Tang J，Zeng F P，Zhang X X，et al. Correlation analysis between formation process of SF_6 decomposed components and partial discharge qualities. IEEE Transactions on Dielectrics and Electrical Insulation，2013，20(3)：864-875.

[4] 李颖. GIS 局部放电超声检测技术的研究及应用[硕士学位论文]. 大连：大连理工大学，2014.

[5] 王万宝，李永宁，周迎新. GIS 超声波局部放电检测技术的应用分析. 电气技术，2012，2：50-52.

[6] 吴传奇，汪洋，王伟. GIS 悬浮局部放电的超声波现场检测典型应用. 湖北电力，2015，39(10)：6-8.

[7] 陈贤熙，王俊波，余红波. 移动式特高频在线监测系统在 GIS 局部放电检测中的应用. 高压电器，2015，51(5)：157-160.

[8] 商哲. 深圳 110kV 及以上变电站 GIS 局部放电在线监测系统的应用研究[硕士学位论文]. 广州：华南理工大学，2013.

第 12 章　电力电缆局部放电监测

电力电缆也是电力装备的重要设备之一，主要用于传输和分配电能，其常用于城市地下电网、发电站引出线路、工矿企业内部供电及过江海水下输电线。在电力线路中，电缆所占比重正逐渐增加。电力电缆线路是城市电网中重要的组成部分，其安全可靠稳定运行对城市电网具有重要的意义。据统计，到 2013 年，全国已投入运行的 110kV 及以上的高压电缆线路已经超过 8000km，最高电压等级已达 500kV[1]。

随着我国电力制造行业技术的突飞猛进，电力电缆的电压等级越来越高，在电气装备中所占价格比重也越来越大，因绝缘故障导致的停电事故，带来的经济损失也越来越大[2]。因此，对电力电缆的绝缘监测也就非常必要。随着电气设备在线监测/带电检测的不断深入，大量应用传感器的 PD 检测手段逐渐在电力电缆检修中被广泛应用。基于此，本章将通过具体案例介绍不同 PD 检测手段在电力电缆检测中的应用。

12.1　局部放电脉冲电流法检测

12.1.1　案例一：电缆内部故障

文献[3]对 110kV 天龙区东线电力电缆进行了 PD 测量，在检测原理上采用了高频脉冲电流法，传感器的装设位置均在电缆终端，并采用便携式局放测试仪进行测试。由于 PD 行波信号会沿着电缆传播，因此，可以检测到远离电缆终端发生在电缆内部的 PD 信号。

首先对 110kV 天龙区东线电力电缆进行了 6 次移动式 PD 在线监测，6 次测试均发现有疑似 PD 的现象，最终采用离线 PD 测试的方法，确认发生了 PD 并对 PD 部位进行了定位。区东段电力电缆＃02 头终端相关电气接线如图 12.1 所示。下面就第 7 次的离线监测分析如下。

1. 监测方法

首先利用该便携式 PD 测试系统对天龙区东段电力电缆＃02 头侧的电缆进行测量，并且观察信号在停电过程中的变化。停电后在区东段电力电缆＃02 头 C 相终端处注入人工模拟信号对反射时间进行对比，并判断 PD 信号的位置。

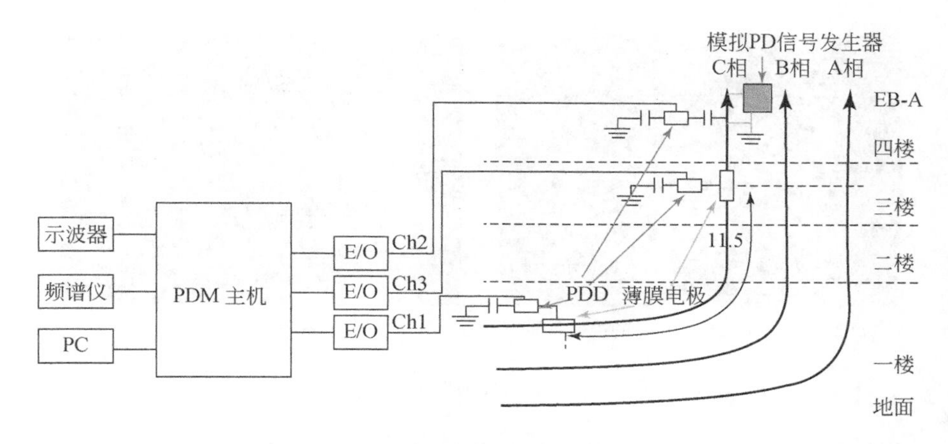

图 12.1　电缆终端接头相关电气接线图

2. 过程分析

(1) 首先确认 PD 信号存在，然后在停电前，先将三相电力电缆用薄膜电极法进行同时测试，在电缆上敷设绝缘薄膜和金属电极，外壳与金属电极间构成一个电容，可将高频放电信号耦合至检测阻抗上。该阻抗检测到的信号可经放大、处理，最终显示 PD 水平。在 C 相观察到与前几次测试基本相同的 PD 波形，如图 12.2 所示。

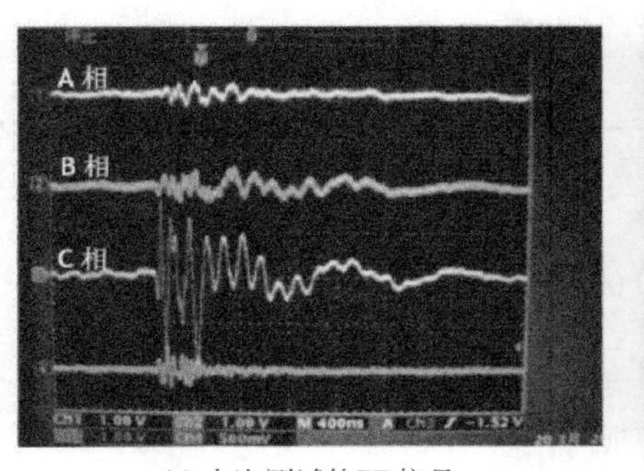

(a) 本次测试的PD信号

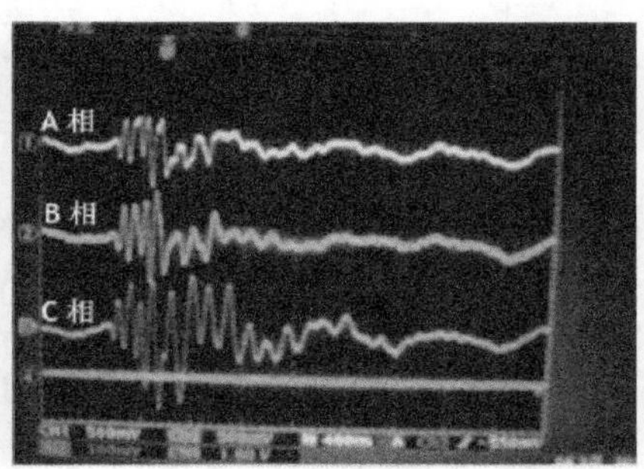

(b) 之前测试的PD信号

图 12.2　前后测试 PD 信号比较

(2) 停电后，分别在区东段电力电缆 C 相靠近＃02 头的 3 个位置安装传感器进行同时测试，然后在＃02 头终端 C 相的线芯注入人工模拟信号，对比运行时＃02头至＃04 接头的反射时间，如图 12.3 所示。

由此可知，在线芯注入人工模拟信号的反射时间与运行时检测到 PD 信号的反射时间大致相同，基本可以说明 PD 的信号来源并非是变压器侧。为了更加准

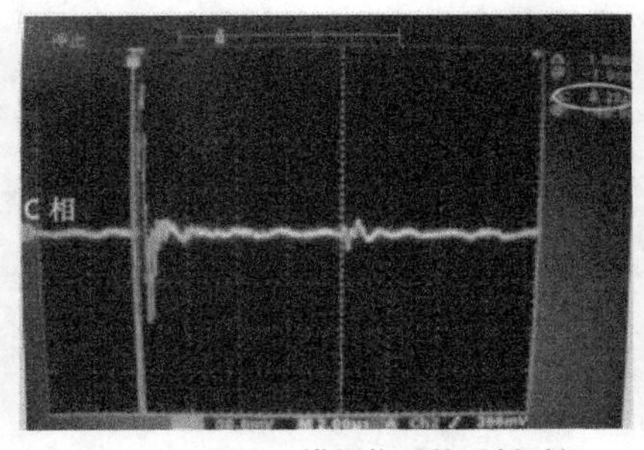

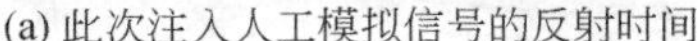
(a) 此次注入人工模拟信号的反射时间

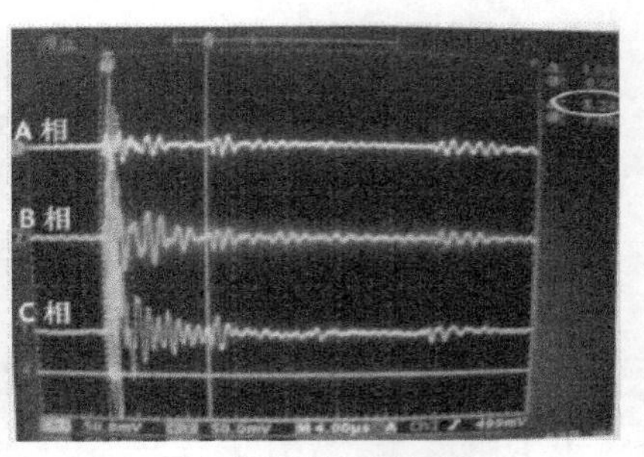

(b) 之前测试的反射时间

图 12.3　前后反射时间测试对比

确地确认原信号波形时间差与注入模拟信号波形时间差基本一致，把在从区东段＃02 头终端所检测到的全部反射时间差数据与此次在线芯注入人工模拟信号进行统计与对比，并归纳反映在图 12.4 中。

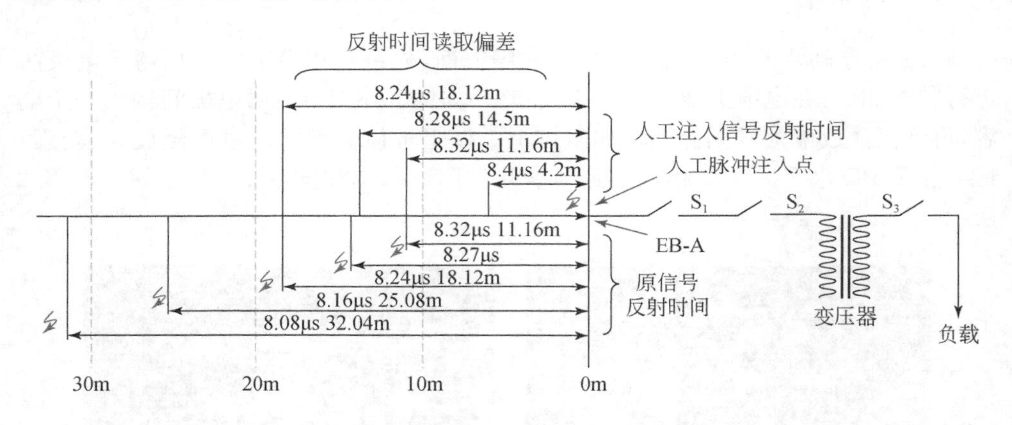

图 12.4　模拟与实测 PD 信号反射时间差归纳统计

由图 12.4 所示，在电力电缆＃02 头终端注入人工模拟信号，信号在＃02 头终端与＃04 中间接头之间传播，利用薄膜电极接收信号，第一次接收到的信号是终端发出的信号，第二次接收到的信号是从中间接头反射回来的信号，两个信号的时间差就是反射时间，测量点距离电力电缆＃02 头终端越远，反射时间越短。

由此可见，如果 8.28μs 是电力电缆＃02 终端至＃04 中间接头之间的最大反射时间，则所有检测到的该疑似 PD 信号的反射时间均小于或最多等于 8.28μs，由上综合统计显示，即该疑似 PD 信号源位置应在距离电力电缆＃02 头 30m 范围内的电缆本体上，或在电力电缆＃02 头终端上。

3. 测试结果

由于该 PD 信号一直保持在 500pC 以上，可以认为该 PD 已具有相当大的危险性。经过此次的人工模拟信号与第 5、6 次在运行时所检测的 PD 信号源位置进行对比、确认，可以判定天龙区东先区东段的 PD 信号位置。基于该测试结果，可以指导相关人员的后续工作，对故障点的搜寻和维修提供帮助。

12.1.2　案例二：电缆连接处故障

江苏省电力公司采用 PDS-G1500 型 PD 检测系统对变电站进行巡检，如图 12.5 所示，成功发现了多个潜在的电力电缆放电缺陷[4]。图 12.6 为该电力电缆 A、B、C 同步测试时的波形。从图中可以看到，该电缆三相都能测到明显的放电脉冲，A、C 相信号极性相同，幅值大小基本一致，B 相信号极性与其他两相相反，信号幅值大约为其他两相的 2 倍，说明 PD 信号发生在 B 相电缆设备上。

图 12.5　高频电流传感器检测电缆中的 PD

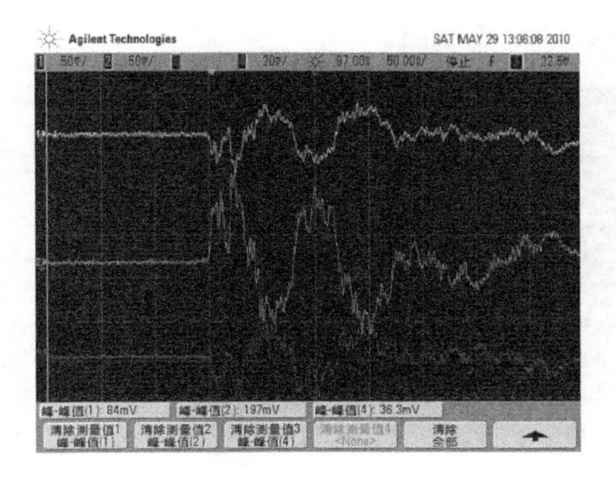

图 12.6　电缆 ABC 三相测试信号波形

从图 12.6 中还可以看出，信号的上升沿在 10ns 级，说明测试时传感器的位置离 PD 源不远，信号传播过程中高频信号没有损失。从信号波形看，在信号起始沿后面的波形不平滑，明显是几个波形叠加而成的，最近的信号叠加在 10 纳秒级，说明 PD 源距离电缆终端很近，与电缆终端相连的设备结构有阻抗突变情况出现，这导致了多次反射信号叠加，形成了 PD 信号毛刺状特征。后经停电解体维护确认 PD 源在电缆终端和开关柜的连接部位。

12.1.3　案例三：电缆尾部故障

1. 案例经过

2014 年 5 月 6 日，利用大尺径钳形高频电流传感器配 Techimp 公司 PDchenk 局放仪，对在某分界小室内的 10kV 电力电缆终端进行了普测，发现 1-1 路电力电缆终端存在 PD 信号[5]。随后对不同检测位置所得结果进行对比分析，初步判断不同位置所得信号属于同一处产生的 PD 信号，判断为电缆终端存在 PD 信号。

2. 测试及分析

2014 年 5 月 6 日，对在某分界小室内的 10kV 电缆终端进行了普测，在距 1-1 路进线电缆 0.5m 与 1.0m 处测试到 PD 信号，如图 12.7 和图 12.8 所示。从图中可以看出，在 0.5m 处有放电相位特征的放电波形出现，幅值为 190mV；在 1.0m 处存在具有 PD 相位特征的放电波形，幅值为 120mV，说明故障距离电力电缆终端更近。

2014 年 6 月 1 日，通过与相关部门协调对该电缆终端进行更换，更换后复测时异常 PD 信号消失。对该电缆终端进行解体，发现密封胶涂抹位置不对，而且在半导电层可见不规整剥削，护套应力锥形状不规整，局部有凸起。因此，电缆终端制作工艺不良是造成 PD 的主要原因。

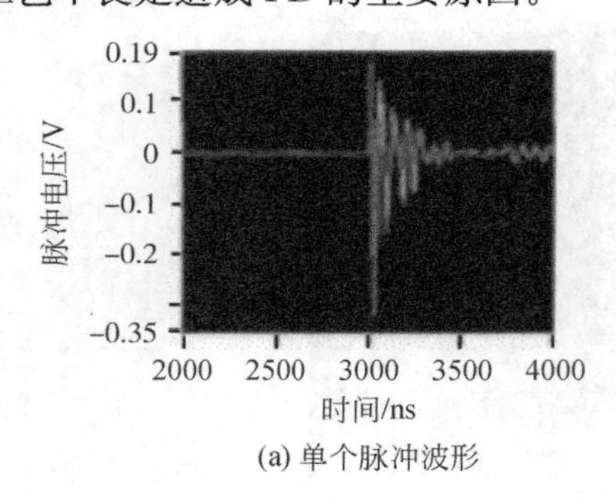

(a) 单个脉冲波形

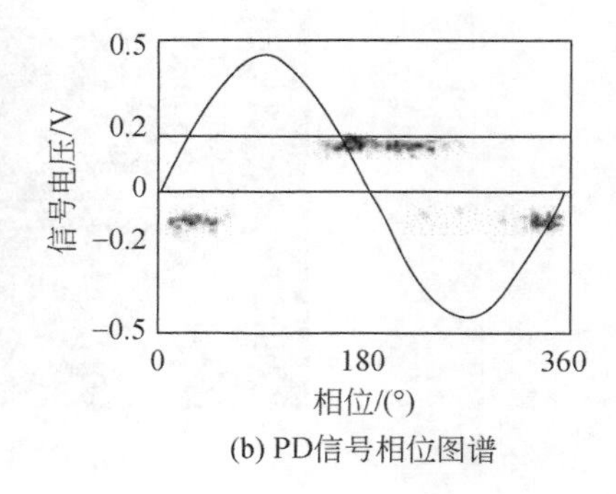

(b) PD信号相位图谱

图 12.7　距电力电缆终端 0.5m 处的测试结果

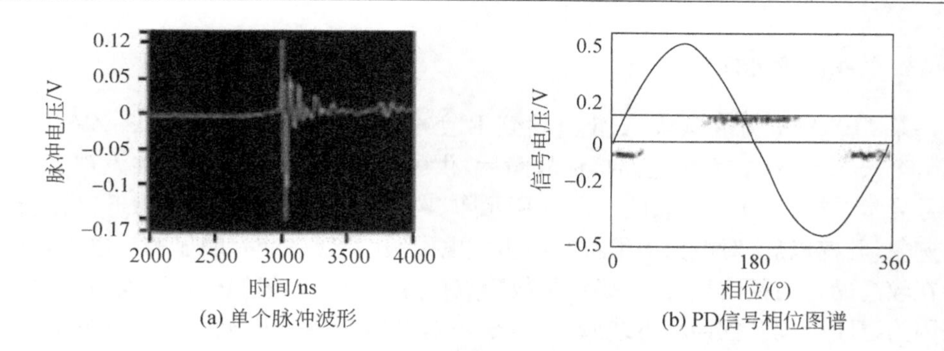

(a) 单个脉冲波形 (b) PD信号相位图谱

图 12.8 距电力电缆终端 1.0m 处的测试结果

12.2 局部放电特高频法检测

12.2.1 案例一:电缆本体故障

1. 电缆故障定位流程

电力电缆故障定位流程一般为在发现故障后,对电力电缆进行冲击放电试验,随后现场工作人员使用手持式仪器寻线定位,先进行粗检,即检测电缆全线,记录数据较大的位置,随后进行细检,开挖电缆,确定故障点。信号检测流程如图 12.9 所示。电缆故障种类繁多,一般可分为三类,即短路故障、断线不接地故障和闪络故障。一般情况下,闪络故障和断线不接地故障属于高阻故障,放电能量较弱,检测时需要使用信号放大器和其他抗干扰手段。

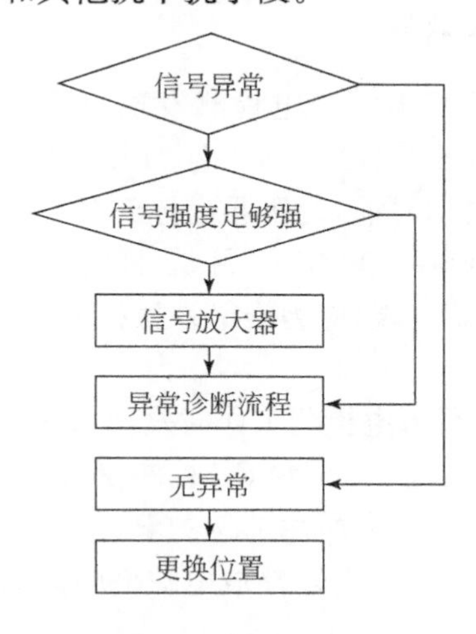

图 12.9 信号检测流程

2. 电缆故障定位实例

某 110kV 电力电缆从 A 变电站到 B 变电站，其型号为 YJLW03-Z 630 64/110，全长 3.5km，在发生短路接地故障后，供电公司执行检测操作，共发现了三处信号异常，异常 PD 信号如图 12.10 所示[6]。其中有两处异常信号附近存在施工的迹象，开挖以后，对电力电缆进行冲击放电试验，发现一处有明显的放电声，并且存在较高的特高频信号，由此确定了故障点位置。经过详细的检查证实，这次故障是因为道路工程开挖误将电缆管道挖破，没有及时将相关情况反馈给供电部门就回填土造成的。

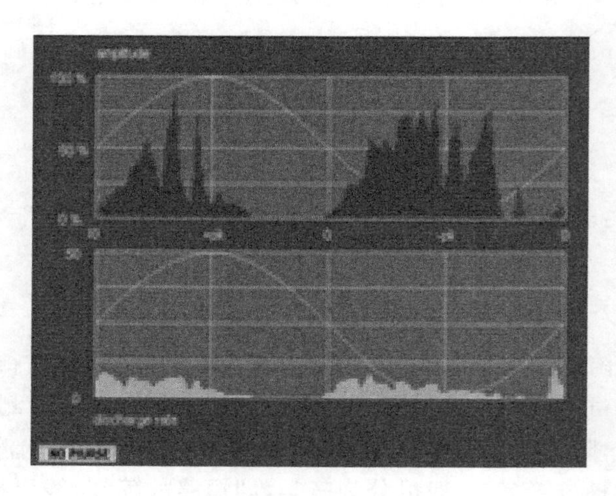

图 12.10　异常 PD 信号

12.2.2　案例二：电缆终端缺陷

一省级电网某 220kV 变电站带电检测发现，1 号主变压器 110kV 侧信号异常[7]，1 号主变压器型号为 SSSZ-250000/220，1997 年 9 月 1 日出厂，2001 年 6 月 28 日投运，检测出 PD 异常信号前，变压器运行正常。1 号主变压器 110kV 侧 B 相电力电缆型号为 XLPE-1800，1999 年 12 月 30 日出厂，2001 年 6 月 28 日投运。电力电缆终端为充油电缆套管终端，应力锥绝缘材料为硅橡胶，其设计结构示意图如图 12.11 所示。

2013 年 1 月 29 日，例行带电检测工作时发现，1 号主变压器 110kV 侧 B 相电力电缆终端存在 PD 信号。采用特高频 PD 检测仪对 B 相电缆终端进行测试，所得图谱如图 12.12 所示。由此可知，所测部位的 PD 幅值已达 70%～90%，且 PD 信号正好出现在＋pk 和－pk 处，符合悬浮放电缺陷的谱图特征。

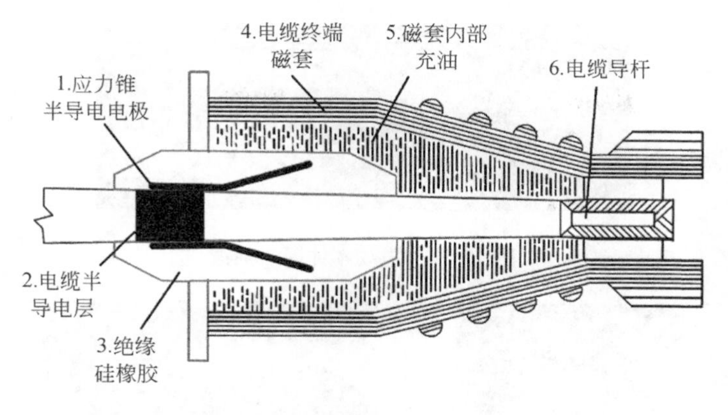

图 12.11　110kV 电缆终端结构示意图

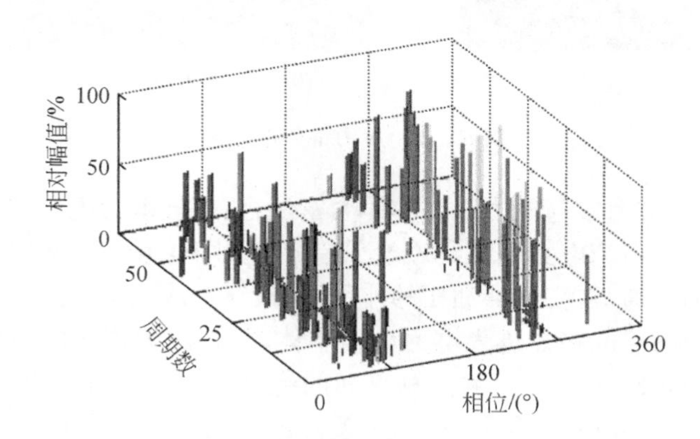

图 12.12　特高频 PD 检测图谱

为了证实所分析电缆终端放电原因的正确性，采取进一步解体的分析方法。首先，拆解下来的电缆终端瓷套根部已出现断裂现象，如图 12.13 所示。当截断电缆终端附近的电缆本体时，有大量油渍从断口处流出，然而交联聚乙烯电缆本体无油渍，电缆本体断口油渍如图 12.14 所示。经进一步解体检查，发现两条等电位连接线与应力锥表面存在放电痕迹，应力锥内侧半导电电极与电缆外半导电层之间存在爬电痕迹，如图 12.15 所示。

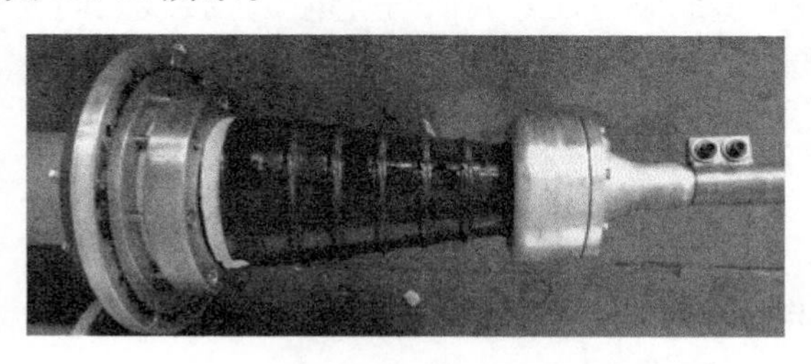

图 12.13　电缆终端瓷套根部断裂图

图 12.14　电缆本体断口油渍

(a) 应力锥外表放电痕迹

(b) 应力锥内径放电痕迹

图 12.15　应力锥放电痕迹

正常情况下，应力锥与电力电缆本体紧密配合，保证电力电缆终端套管内的油不进入电缆本体。但当电力电缆终端套管有裂缝时，电力电缆终端内的变压器油与瓷套管内充油连通，在变压器油压的作用下，最终造成大量变压器油沿着应力锥与电缆接触界面的泄漏路径进入电力电缆本体，并在应力锥与电力电缆接触界面上形成绝缘油膜。2.5kV 下实测接触界面的绝缘电阻达到 48000MΩ。正常运行情况下，应力锥内半导电电极通过电力电缆外半导电层接触接地，金属法兰通过两根截面为 1.5mm^{2}的等电位连接线与电力电缆金属护套相连钳制地电位。从解体情况看，两根等电位连接线与绝缘硅橡胶外表面接触部位发生放电，同时应力锥内半导电电极沿应力锥下端口(图 12.15(b))有爬电痕迹，说明应力锥内外表面放电位置均存在电位差。

通过测量与应力锥接触的电力电缆外半导层电阻为绝缘，可以推断由于渗漏油在电缆外半导电层与应力锥内半导电电极层间形成油膜，破坏了应力锥内半导电电极的均压结构，应力锥内半导电电极在较强电场作用下形成悬浮电位(与特高频法检测结果一致)，造成应力锥外表面与等电位连接线之间放电，应力锥内半导电电极与电力电缆外半导电层之间爬电。

12.3　局部放电红外测温检测

12.3.1　案例一：电流型缺陷

(1) 泰浦 4014 甲 B 相桩头过热 5836 终端(A 相 27.8℃、B 相 119.1℃、C 相

28.2℃、环境温度 26.5℃)[8]。消缺结果:该电缆为泰浦某变电站 35kV 出线(YJV-3 * 400,全长 219.9m),于 1997 年 7 月 22 日投运,5836 终端设备线夹夹头连接处未撬紧,接触电阻过大导致桩头发热(图 12.16)。

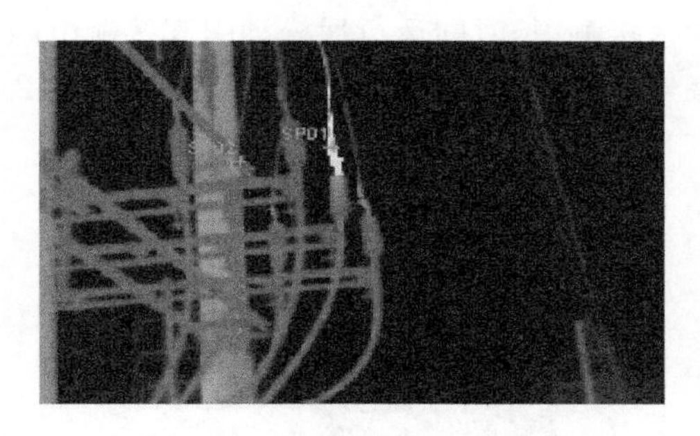

图 12.16　泰浦 4014 甲 B 相桩头过热红外照片

(2) 桥居某变电站 365/35#杆 B 相桩头过热 558 终端(A 相 22.5℃、B 相 239℃、C 相 29.5℃、环境温度 26.5℃)。消缺结果:该电缆为桥居 365/35kV 进线(ZLQFD21-3×240,全长 188.1m),于 1989 年 9 月 27 日投运,558 终端手枪夹头连接处,因长时间裸露于空气中引起金属表面氧化造成接触电阻增加导致桩头发热(图 12.17 和图 12.18)。

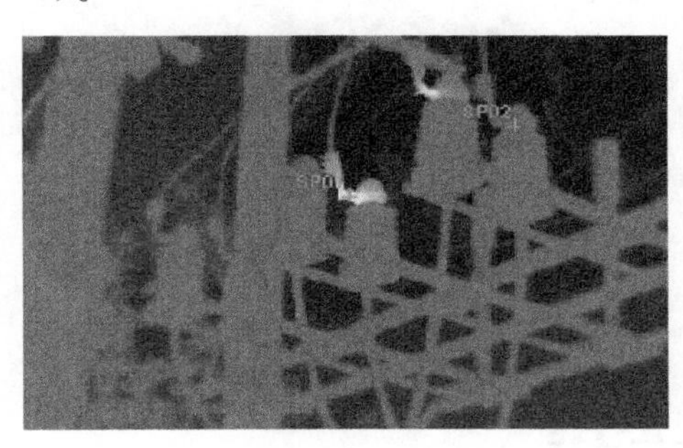

图 12.17　桥居 365/35#杆 B 相桩头热红外照片

图 12.18　桥居 365/35#杆 B 相桩头

(3) 东水某变电站 3852/126＃B 相桩头发热 5836 终端(A 相 17.1℃、B 相 126℃、C 相 17.4℃、环境温度 21.3℃)。消缺结果:该电缆为东水 3852-77 跨越(YJV-3×240,全长 216.3m),于 1995 年 3 月 20 日投运,5836 终端设备线夹与本体线芯连接处无法紧密接触,长时间运行后松动引起接触电阻增大导致桩头发热。该缺陷原为设备线夹连接,现改为压接连接后缺陷消除(图 12.19 和图 12.20)。

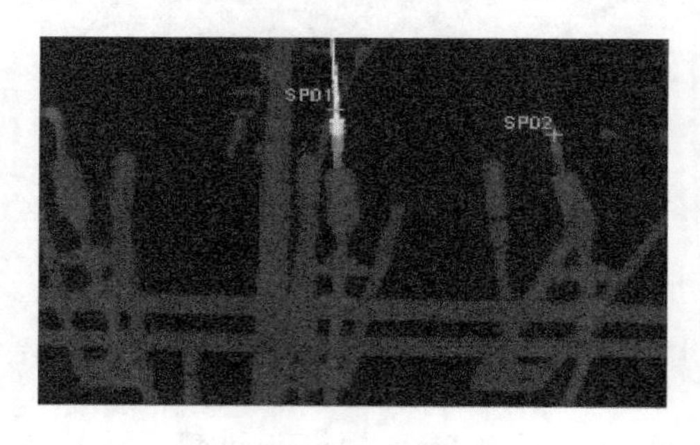

图 12.19 东水 3852/126＃B 相桩头发热红外照片

图 12.20 东水 3852/126＃B 相桩头

12.3.2 案例二:电压型缺陷

(1) 洲遂 8806 全长 6068m(YJV-1×630×3),于 2006 年 5 月 27 日投运[8]。2007 年 8 月 30 日,洲遂 8806 中间 3M 绕包接头发热(环境温度 30℃,三相接头处温度均在 36℃)。原因:接地屏蔽线采用点焊导致接触不良,且此处电场不均匀,最终引起发热(图 12.21)。整改措施:全线 24 套 5319 中间接头接地屏蔽线采用围压后测温正常,证实可能存在接触不良故障,后续维修将拆解补焊(图 12.22)。

(2) 2007 年 5 月 31 日利用 P65 红外测温仪对 10kV 瑞凯公司电缆终端进行检测,发现电缆终端存在温差现象,即环境温度为 28℃时,发热处温度为 36℃(图 12.23)。分析其原因:根据发热位置分析,电缆终端发热由于固定电缆铜屏蔽的弹簧圈紧握力有所减退,接触电阻增加而引起的。整改措施:根据《电力工程电

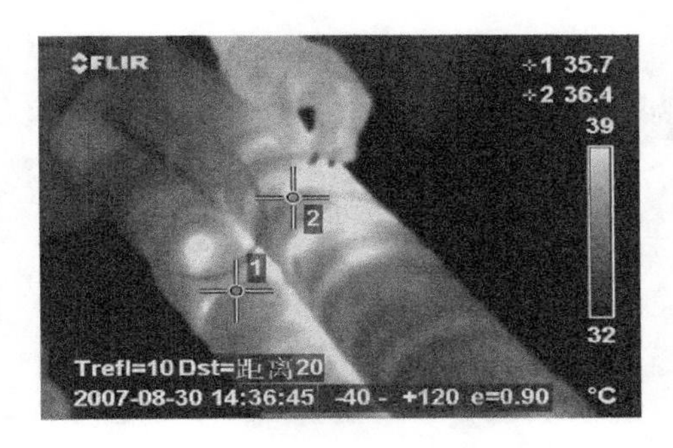

图 12.21　洲遂 8806 中间接头发热红外照片

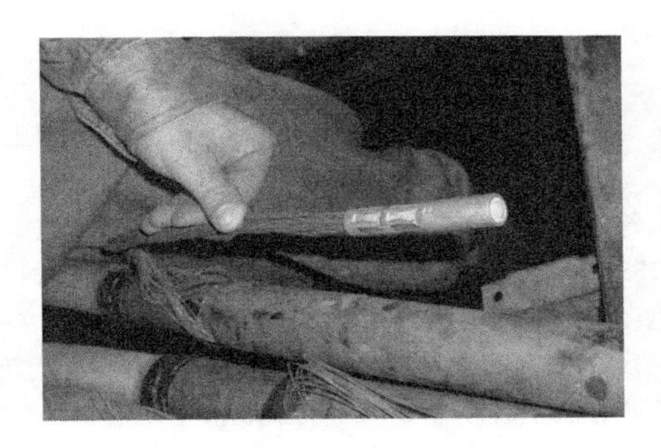

图 12.22　洲遂 8806 中间接头

缆电缆设计规范》(GB 52017—1994),在单芯电缆金属护套任一点的感应电压不超过 50V 的情况下,35kV 及以下线路不长的电缆可采取在电缆一端直接接地的方式(图 12.24)。通过上述接地方式改变,解决了由于固定电缆铜屏蔽的弹簧圈紧握力有所减退使接触电阻增加导致发热的情况。

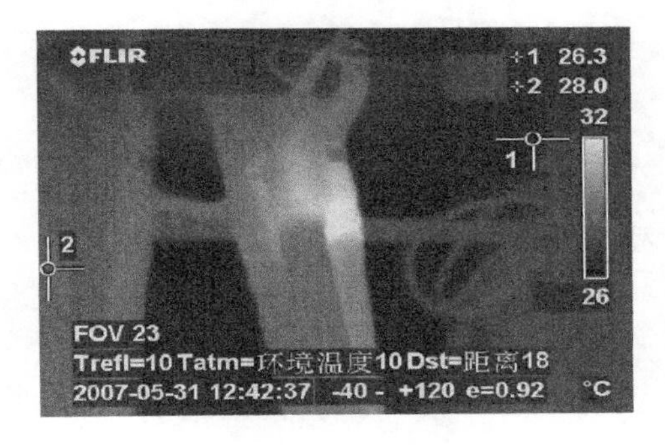

图 12.23　终端头发热红外照片

图 12.24　终端头实物图

参考文献

[1] 魏钢.高压交联聚乙烯电力电缆接头绝缘缺陷检测及识别研究[博士学位论文].重庆:重庆大学,2013.

[2] 魏钢,唐炬,文习山,等.局部放电信号在交联聚乙烯高压电力电缆中衰变与检测.高电压技术,2011,37:1377-1383.

[3] 卞佳音.高压电力电缆故障检测技术的研究[硕士学位论文].广州:华南理工大学,2012.

[4] 韦永中,沈海平.电力电缆局部放电带电检测技术及其应用.科技创新导报,2011,1:61,62.

[5] 胡明辉.绝缘缺陷检测方法在电力电缆中的应用研究.中国电业,2015,6:57-59.

[6] 岳文超,张伟.特高频检测法在电缆故障精确定位中的应用.科技与创新,2015,6:79,80.

[7] 程序,陶诗洋,王文山.一起110kV XLPE电缆终端局放带电检测及解体分析实例.中国电机工程学报,2013,33:226-230.

[8] 洪祎祺.电力电缆运行维护及故障探测[硕士学位论文].上海:上海交通大学,2014.

索　引